Heinz Unbehauen

Regelungstechnik I

Vieweg Handbuch Elektrotechnik
herausgegeben von W. Böge und W. Plaßmann

Formeln und Tabellen Elektrotechnik
herausgegeben von W. Böge und W. Plaßmann

Regelungstechnik für Ingenieure
von M. Reuter und S. Zacher

Regelungstechnik II
Zustandsregelungen, digitale und nichtlineare Regelsysteme
von H. Unbehauen

Automatisieren mit SPS
Theorie und Praxis
von G. Wellenreuther und D. Zastrow

Automatisieren mit SPS
Übersichten und Übungsaufgaben
von G. Wellenreuther und D. Zastrow

Steuerungstechnik mit SPS
von G. Wellenreuther und D. Zastrow

Lösungsbuch Steuerungstechnik mit SPS
von G. Wellenreuther und D. Zastrow

Übungsbuch Regelungstechnik
von S. Zacher

Heinz Unbehauen

Regelungstechnik I

Klassische Verfahren zur Analyse und Synthese linearer
kontinuierlicher Regelsysteme, Fuzzy-Regelsysteme

15., überarbeitete und erweiterte Auflage

Mit 205 Abbildungen und 25 Tabellen

STUDIUM

VIEWEG+
TEUBNER

Bibliografische Information Der Deutschen Nationalbibliothek
Die Deutsche Nationalbibliothek verzeichnet diese Publikation in der
Deutschen Nationalbibliografie; detaillierte bibliografische Daten sind im Internet über
<http://dnb.d-nb.de> abrufbar.

1. Auflage 1982
2., durchgesehene Auflage 1984
3., durchgesehene Auflage 1985
4., durchgesehene Auflage 1986
5., durchgesehene Auflage 1987
6., durchgesehene Auflage 1989
7., überarbeitete und erweiterte Auflage 1992
8., überarbeitete Auflage 1994
9., durchgesehene Auflage 1997
10., vollständig überarbeitete Auflage 2000
11., durchgesehene Auflage 2001
12., durchgesehene Auflage 2002
13., verbesserte Auflage 2005
14., verbesserte und aktualisierte Auflage 2007
15., überarbeitete und erweiterte Auflage 2008

Alle Rechte vorbehalten
© Vieweg+Teubner Verlag | GWV Fachverlage GmbH, Wiesbaden 2008

Lektorat: Reinhard Dapper

Der Vieweg+Teubner Verlag ist ein Unternehmen von Springer Science+Business Media.
www.viewegteubner.de

Umschlaggestaltung: KünkelLopka Medienentwicklung, Heidelberg
Druck und buchbinderische Verarbeitung: MercedesDruck, Berlin
Gedruckt auf säurefreiem und chlorfrei gebleichtem Papier.

ISBN 978-3-8348-0497-6

Vorwort zur 10. Auflage

In den letzten fast zwanzig Jahren seit dem Erscheinen der ersten Auflage der „Regelungstechnik I" hat sich dieses Buch als begleitender Text zu vielen einführenden Vorlesungen in dieses Fachgebiet an zahlreichen Hochschulen gut eingeführt und bewährt, was nicht zuletzt die bisher erschienenen neun Auflagen beweisen. Viele Fachkollegen und Studenten haben sich anerkennend über die zweckmäßige Stoffauswahl geäußert, so dass ich darin bestärkt wurde, den Inhalt der vorliegenden 10. Auflage nicht wesentlich zu kürzen. Vielmehr wurde auf vielfache Anregung ein weiteres Kapitel über Grundlagen der Fuzzy-Regelung ergänzend einbezogen. So präsentiert sich die neue „Regelungstechnik I" als eine gründlich überarbeitete und erweiterte Fassung des bewährten Stoffes, der im Rahmen der vorliegenden 10. Auflage unter Verwendung des Textverarbeitungssystems LATEX neu gestaltet wurde. Dabei bestand die Gefahr, dass sich durch die Neugestaltung des Satzes neue Schreibfehler einschleichen. Doch hoffe ich, dass dem Leser mit dieser 10. Auflage eine ansprechende und weitgehend fehlerfreie Darstellung zur Verfügung gestellt wird.

Obwohl die „Regelungstechnik I" bereits zahlreiche Rechenbeispiele enthält, bestand die ursprüngliche Absicht, bei der Herausgabe einer neuen Auflage dieselbe in einem Anhang durch eine umfangreiche Aufgabensammlung mit detaillierten Lösungen zu erweitern. Ich habe mich aber vom Verlag überzeugen lassen, dass bei dem Volumen dieser Aufgabensammlung ein getrennter kleinerer Zusatzband „Aufgaben zur Regelungstechnik I" zweckmäßiger ist, der dann erstmals 1992 erschien.

Die Regelungstechnik stellt heute ein Grundlagenfach für die meisten Ingenieurwissenschaften dar. Während früher das Prinzip der Regelung in den einzelnen ingenieurwissenschaftlichen Fächern anhand spezieller Anwendungsbeispiele oder gerätetechnischer Funktionen abgeleitet und erläutert wurde, hat sich heute weitgehend die Behandlung der Regelungstechnik als methodische Wissenschaft durchgesetzt, die unabhängig vom Anwendungsgebiet ist. Die Methodik besteht i.a. darin, Regelsysteme aus unterschiedlichen Anwendungsbereichen in einheitlicher Weise darzustellen, zu analysieren und zu entwerfen, wobei aber auf die jeweilige physikalisch-technische Interpretation nicht verzichtet werden kann.

Im vorliegenden Buch, dem ersten Band eines dreiteiligen Werkes, werden die wichtigsten Methoden der bewährten klassischen Regelungstechnik systematisch dargestellt. Die Behandlung beschränkt sich in dieser einführenden Darstellung auf lineare kontinuierliche Regelsysteme, entsprechend einer einführenden Vorlesung in die Regelungstechnik. Dabei wendet sich das Buch an Studenten der Ingenieurwissenschaften und Ingenieure der industriellen Praxis, die sich für regelungstechnische Methoden zur Lösung praktischer Probleme interessieren. Es ist zum Gebrauch neben Vorlesungen auch zum Selbststudium vorgesehen. Für die Darstellung weiterführender Methoden, z.B. zur Behandlung von nichtlinearen Regelsystemen, von Abtastregelsystemen und für die Darstellung und die Synthese von Regelsystemen im Zustandsraum muss auf den Band „Regelungstechnik II" verwiesen werden. Im Band „Regelungstechnik III" werden statistische Verfahren zur Analyse von Regelsystemen sowie der Entwurf adaptiver und optimaler Regelsysteme behandelt.

Es gibt zwar zahlreiche einführende Bücher über Methoden der Regelungstechnik, dennoch versucht das vorliegende Buch, eine Lücke zu schließen. Während in vielen einführenden regelungstechnischen Werken ein großes Gewicht auf die klassischen Verfahren zur Stabilitätsanalyse gelegt wird, kommen meist die Syntheseverfahren zum Entwurf von Regelsystemen zu kurz. Daher war es mein Ziel, Synthese- und Analyseverfahren mindestens gleichgewichtig darzustellen. Dabei entstand ein umfassendes Kapitel über die wichtigsten bewährten Syntheseverfahren zum klassischen Entwurf linearer kontinuierlicher Regelsysteme. Außerdem enthält das Buch ein ausführliches Kapitel über deterministische Verfahren zur experimentellen Analyse von Regelkreisgliedern, die besonders für die praktische Anwendung von Bedeutung sein dürften.

Nach einer Einführung in die Problemstellung der Regelungstechnik, die im Kapitel 1 anschaulich anhand verschiedener Beispiele durchgeführt wird, werden im Kapitel 2 die wesentlichen Eigenschaften von Regelsystemen vom systemtheoretischen Standpunkt aus dargestellt. Im Kapitel 3 werden die wichtigsten Beschreibungsformen für lineare kontinuierliche Systeme im Zeitbereich eingeführt. Die allgemeine Beschreibung linearer kontinuierlicher Systeme im Frequenzbereich schließt sich im Kapitel 4 an. Nachdem damit die notwendigen Grundlagen zur Behandlung von linearen kontinuierlichen Regelsystemen geschaffen sind, können nun im Kapitel 5 das dynamische und stationäre Verhalten von Regelkreisen sowie die gebräuchlichen linearen Reglertypen besprochen werden. Eine der bedeutendsten Problemstellungen für den Regelungstechniker stellt die im Kapitel 6 behandelte Stabilitätsanalyse dar. Die wichtigsten Stabilitätsbegriffe werden definiert und algebraische sowie grafische Stabilitätskriterien eingeführt. Als Übergang zu den Syntheseverfahren, aber gleichermaßen für die Stabilitätsanalyse von Bedeutung, wird im Kapitel 7 das Wurzelortskurvenverfahren dargestellt. Im sehr umfangreichen Kapitel 8 wird eingehend die Problemstellung beim Entwurf linearer kontinuierlicher Regelsysteme mit klassischen Verfahren behandelt. Dabei werden neben den Gütemaßen die wichtigsten Syntheseverfahren im Zeit- und Frequenzbereich vorgestellt. Weiter wird auch auf den Reglerentwurf für Führungs- und Störverhalten eingegangen und schließlich wird gezeigt, wie durch Verwendung vermaschter Regelsysteme eine Verbesserung des Regelverhaltens erzielt werden kann. Kapitel 9 enthält eine Reihe bewährter deterministischer Verfahren zur experimentellen Identifikation von Regelsystemen. Hier wird auch auf die Methoden zur Transformation der Identifikationsergebnisse zwischen Zeit- und Frequenzbereich eingegangen. Das abschließende Kapitel 10, das die Grundlagen der Fuzzy-Regelung enthält, wurde neu aufgenommen. Damit soll dieser in den letzten Jahren aufkommende neue Zweig der Regelungstechnik auch in der regelungstechnischen Grundausbildung gebührend berücksichtigt werden, zumal je nach der speziellen regelungstechnischen Problemstellung sich diese eventuell einfacher mit einem Fuzzy-Regler lösen lässt.

Bei der Darstellung des Stoffes wurde weitgehend versucht, die wesentlichen Zwischenschritte deutlich zu machen und alle Ergebnisse sorgfältig zu begründen, so dass der Leser stets die einzelnen Gedanken selbständig nachvollziehen kann. Für das Verständnis des Stoffes genügen die Kenntnisse über Analysis, Differentialgleichungen, lineare Algebra sowie einige Grundkenntnisse der Funktionentheorie und Mengenlehre, wie sie gewöhnlich die mathematischen Grundvorlesungen für Ingenieure vermitteln. Zum weiteren Verständnis des Stoffes wurden zahlreiche Rechenbeispiele in den Text eingeschlossen. Bezüglich weiterer Rechenbeispiele sei auf den Zusatzband „Aufgaben zur Regelungstechnik I" verwiesen. Bei den verwendeten Symbolen und Benennungen konnte nicht vollständig die Norm DIN 19226 verwendet werden, da diese nicht mit der international üblichen Darstellungsweise übereinstimmt.

Dieses Buch entstand aus einer einführenden Vorlesung in die Grundlagen der Regelungstechnik, die ich seit 1976 für Studenten der Elektrotechnik an der Ruhr-Universität Bochum halte. Meine ehemaligen und jetzigen Studenten und Mitarbeiter sowie viele kritische Leser haben mir während der letzten Jahre zahlreiche Anregungen für die Überarbeitung der früheren Auflagen unterbreitet. Ihnen allen möchte ich für die konstruktiven Hinweise und Verbesserungsvorschläge danken. Mein besonderer Dank gilt vor allem meinen beiden Mitarbeiterinnen, Frau Daniela Trompeter für das Schreiben des Manuskriptes und Frau Andrea Marschall für das Erstellen der Bilder und Tabellen. Beide haben mit großer Geduld und Sorgfalt ganz wesentlich zur äußeren Neugestaltung dieser völlig überarbeiteten und erweiterten 10. Auflage dieses Buches beigetragen. Meinem wissenschaftlichen Mitarbeiter, Herrn Dipl.-Ing. Torsten Knohl, danke ich für die tatkräftige Unterstützung in der Endphase der textlichen Neugestaltung. Dem Vieweg-Verlag sei für die gute Zusammenarbeit und das bereitwillige Eingehen auf meine Wünsche gedankt. Abschließend danke ich auch meiner Frau, nicht nur für das gründliche Korrekturlesen des neu geschriebenen Textes, sondern vor allem für das Verständnis, das sie mir bei der Arbeit an diesem Buch entgegenbrachte.

Hinweise und konstruktive Kritik zur weiteren Verbesserung des Buches werde ich auch von den zukünftigen Lesern gerne entgegennehmen.

Bochum, Juli 2000   *H. Unbehauen*

Vorwort zur 13. Auflage

Die sehr positive Resonanz und große Nachfrage, die die gründlich neu gestaltete und erweiterte 10. Auflage sowie die durchgesehenen 11. und 12. Auflagen der „Regelungstechnik I"bei Studenten und Fachkollegen fanden, erforderten eine weitere Neuauflage. In der vorliegenden 13. Auflage habe ich verschiedene Anregungen meiner Leser aufgenommen und eine Anzahl kleiner Änderungen, Erweiterungen und Verbesserungen durchgeführt. Dem öfter geäußerten Wunsch einer Kurzeinführung in die Programmsysteme MATLAB und Simulink konnte ich jedoch nicht nachkommen, da dies den Rahmen dieses Buches wesentlich überschreiten würde und auch nur wenige der hier behandelten Rechenbeispiele besser damit beherrscht werden könnten. Diesbezüglich sei vielmehr auf die bereits existierende umfangreiche Spezialliteratur wie z.B. [MAT05], [SIM05], [Bod98], [Tew02] u.a. verwiesen.

Bochum, Februar 2005   *H. Unbehauen*

Vorwort zur 14. Auflage

Wie die zahlreichen Buchbesprechungen der Fachkollegen ergeben, wird die „Regelungstechnik I" inzwischen als ein „Klassiker" des Fachgebietes sehr geschätzt. Aufgrund der erfreulich großen Nachfrage war eine Neuauflage erforderlich. In der vorliegenden 14. Auflage wurden einige kleinere Korrekturen und die Aktualisierung des Literaturverzeichnisses durchgeführt. Inbesondere den studentischen Lesern wünsche ich viel Erfolg beim Einstieg in unser faszinierendes Fachgebiet.

Bochum, Dezember 2006   *H. Unbehauen*

Vorwort zur 15. Auflage

25 Jahre nach ihrem erstmaligen Erscheinen liegt nun die 15. Auflage der „Regelungstechnik I" in leicht verbesserter und etwas erweiterter Form vor. Ganz herzlich möchte ich mich bei einigen sehr aufmerksamen Lesern bedanken, die mit ihrer konstruktiven Kritik auf weitere Verbesserungsmöglichkeiten hingewiesen haben. Gerne habe ich auch die Anregung aufgenommen, das Kapitel 8 durch Hinweise auf den Smith-Prädiktor und den IMC-Regler sowie auf „höhere Regelalgorithmen" zu erweitern. Dadurch erfuhr auch das Literaturverzeichnis eine entsprechende Erweiterung. Natürlich muss in diesem Zusammenhang aber erwähnt werden, dass die Entwurfsverfahren für digitale Regler und Zustandsregler erst im Band „Regelungstechnik II" ausführlich behandelt werden.

Für konstruktive Kritik und eventuelle Verbesserungsvorschläge bin ich meinen aufmerksamen Lesern auch künftig dankbar.

Bochum, Februar 2008   *H. Unbehauen*

Inhalt

Inhaltsübersicht zu

Liste der wichtigsten Notationen und Formelzeichen

Skalare Größen werden gewöhnlich durch kleine kursive Buchstaben gekennzeichnet, z.B. a, t oder $f(t)$. Kleine fette kursive Buchstaben werden zur Darstellung von Spaltenvektoren, z.B. $\boldsymbol{a}$ oder $\boldsymbol{f}(t)$ und große fette kursive Buchstaben, z.B. $\boldsymbol{A}$ oder $\boldsymbol{B}(t)$, zur Darstellung von Matrizen verwendet. Ausnahmen von dieser Regel bilden die Einheitsmatrix $\underline{\boldsymbol{I}}$ und die Nullmatrix $\underline{\boldsymbol{O}}$ sowie die in den Bild- oder Frequenzbereich transformierten Größen: Die Laplace-Transformierte z.B. einer zeitabhängigen Funktion $f(t)$ wird durch die kursive Großschreibweise $F(s)$ gekennzeichnet. Konsequenterweise werden dann auch vektorielle Größen im Frequenzbereich durch kursive fette Großbuchstaben charakterisiert, z.B. $\boldsymbol{F}(s)$, $\boldsymbol{U}(s)$ oder $\boldsymbol{Y}(s)$. Um nun im Frequenzbereich auch Matrizen von Vektoren zu unterscheiden, wird hierzu der kursive fette Großbuchstabe noch zusätzlich unterstrichen, z.B. $\underline{\boldsymbol{G}}(s)$.

A	Menge mit Elementen a_i
$A(s)$	Polynom in s
a_i	Koeffizienten des Polynoms $A(s)$ oder der Menge
$A(\omega)$	Amplitudenverlauf des Frequenzgangs oder Amplitudengang
$A_{\mathrm{dB}}(\omega)$	Amplitudengang in Dezibel
A_{R}, $A_{\mathrm{R\,dB}}$	Amplitudenrand, Amplitudenreserve
$\boldsymbol{A}$	Systemmatrix
$\boldsymbol{B}$, $\boldsymbol{b}$	Eingangs- oder Steuermatrix, Steuervektor
$\boldsymbol{C}$, $\boldsymbol{c}^T$	Ausgangs- oder Beobachtungsmatrix, transponierter Beobachtungsvektor beim System mit einem Ausgang
$\boldsymbol{D}$, d	Durchgangsmatrix, skalarer Durchgang beim Eingrößensystem
D	Dämpfungsgrad
D_i	Hurwitz-Determinanten
d	mechanische Dämpfungskonstante
$e(t)$, $E(s)$	Regelabwichung im Zeit- und Frequenzbereich
$e_{\max}$	maximale Überschwingweite der Übergangsfunktion des geschlossenen Regelkreises
$e^*(t)$, $E^*(s)$	Modellfehler (z.B. $y(t) - y_M(t)$)
e_∞	bleibende Regelabweichung
$f(t)$, $f(\tau)$	allgemeine Zeitfunktion
$F(s)$	Laplace-Transformierte von $f(t)$
$g(t)$	Gewichtsfunktion, Impulsantwort
$\boldsymbol{g}(k)$	Vektor der Werte der Gewichtsfolge
$G(s)$	Übertragungsfunktion (allgemein)
$G_{\mathrm{S}}(s)$	Übertragungsfunktion der Regelstrecke
$G_{\mathrm{R}}(s)$	Übertragungsfunktion des Reglers
$G_{\mathrm{o}}(s)$	Übertragungsfunktion des offenen Regelkreises

$G_V(s)$	Übertragungsfunktion eines Vorfilters
$G_W(s)$	Übertragungsfunkton des geschlossenen Regelkreises für Führungs-verhalten
$G_Z(s)$	Übertragungsfunktion des geschlossenen Regelkreises für Störverhalten
$G(j\omega)$	Frequenzgang zu $G(s)$
$h(t)$	Übergangsfunktion, Sprungantwort
$I(\omega)$	Imaginärteil von $G(j\omega)$
I_i	Gütemaß für Integralkriterien
$\mathbf{I}$	Einheitsmatrix
j	imaginäre Einheit $j = \sqrt{-1}$
K	Verstärkungsfaktor
K_D	Verstärkungsfaktor des D-Gliedes
K_I	Verstärkungsfaktor des I-Gliedes
K_P	Verstärkungsfaktor des P-Gliedes
K_R	Verstärkungsfaktor des Reglers, Reglerverstärkung
$K_{R\,krit}$	Stabilitätsrand für die kritische Reglerverstärkung
K_o	Verstärkungsfaktor des offenen Regelkreises ($K_O = K_R K_S$)
$K_W(s)$, $K_Z(s)$	Gewünschte Übertragungsfunktion (Modellverhalten) des geschlossenen Regelkreises für Führungs- und Störverhalten
m	Koeffizient für Polynomordnung, Anzahl der Ausgangsgrößen bei Mehr-größensystemen, Masse bei mechanischen Systemen
M	Motor, auch Meßglied
n	Koeffizient für Polynomordnung, Anzahl der Zustandgrößen
$N(s)$	Nennerpolynom einer Übertragungsfunktion
$P(s)$, $P(j\omega)$	Charakteristisches Polynom
$\boldsymbol{p}$	Parametervektor
r	Anzahl der Eingangsgrößen bei Mehrgrößensystemen
$r_\varepsilon(t)$	Rechteckimpulsfunktion
$R(\omega)$	Realteil von $G(j\omega)$
s	komplexe Variable $s = \sigma + j\omega\,[s^{-1}]$
s_i	Wurzeln des zu s gehörenden Polynoms
s_{P_ν}	Polstellen von $G_o(s)$
$s_{N\mu}$	Nullstellen von $G_o(s)$
t	Zeitvariable $[s]$
t_i	Zeitpunkte in äquidistanten Intervallen Δt
t_m	Zeitprozentkennwerte
t_{an}	Anregelzeit
t_ε	Ausregelzeit auf $\varepsilon\%$

$t_{\max}$	Zeitpunkt für das Auftreten von $e_{\max}$
T, T_i	Zeitkonstanten
T_{a}	Anstiegszeit
$T_{\mathrm{a},50\%}$	Anstiegszeit mit Tangente im Zeitpunkt t_{50}
T_{u}	Verzugszeit
T_{D}	Zeitkonstante des D-Gliedes
T_{I}	Zeitkonstante des I-Gliedes
$T_{\mathrm{I}_{\mathrm{stab}}}$	Stabilitätsrand
T_{t}	Totzeit
$u(t), U(s)$	Stellgröße, Eingangsgröße der Regelstrecke
$\boldsymbol{u}(t), \boldsymbol{U}(s)$	Stell- oder Steuervektor
$u_{\mathrm{H}}(t), U_{\mathrm{H}}(s)$	Hilfsstellgröße
$u_{\mathrm{R}}(t), U_{\mathrm{R}}(s)$	Reglerausgang auf Stellglied wirkend
$\tilde{u}(t)$	Approximation von $u(t)$
$\boldsymbol{U}(k)$	Datenmatrix
$w(t), W(s)$	Führungsgröße, Sollwert
$x_i(t), X_i(s)$	i-te Zustandsgröße
$\boldsymbol{x}(t), \boldsymbol{X}(s)$	Zustandsvektor
$x_{\mathrm{a}}(t), X_{\mathrm{a}}(s)$	allgemeines Ausgangssignal
$x_{\mathrm{e}}(t), X_{\mathrm{e}}(s)$	allgemeines Eingangssignal
$\hat{x}_{\mathrm{a}}(t), \hat{x}_{\mathrm{e}}(t)$	Maximalwerte der betreffenden Signale
$x_{\mathrm{a,s}}, x_{\mathrm{e,s}}$	stationäre Endwerte bei sprungförmigem $x_{\mathrm{e}}(t)$
$\overline{x}_{\mathrm{a}}, \overline{x}_{\mathrm{e}}$	Ruhelagen der betreffenden Signale (stationärer Zustand)
$x^*(t)$	Abweichung von der Ruhelage ($x^*(t) = x(t) - \overline{x}$)
$y(t), Y(s)$	Regelgröße (Istwert), Ausgangsgröße der Regelstrecke nach Messung
$\boldsymbol{y}(t), \boldsymbol{Y}(s)$	Ausgangsvektor, Beobachtungsvektor
$y_{\mathrm{S}}(t)$	Ausgangsgröße der Regelstrecke vor Messglied
$\tilde{y}(t)$	Approximation von $y(t)$
$\boldsymbol{y}(k)$	Meßvektor
$y_{\mathrm{H}}(t), Y_{\mathrm{H}}(s)$	Hilfsregelgröße
$y_{\mathrm{M}}(t) \; Y_{\mathrm{M}}(s)$	Modellausgangsgröße
$Z(s)$	Zählerpolynom einer Übertragungsfunktion
$z_i(t), Z_i(s)$	Störgrößen am Ausgang einer Regelstrecke
$z_i'(t), Z_i'(s)$	Störgrößen am Eingang einer Regelstrecke
$\alpha(s), \beta(s)$	Zähler- und Nennerpolynom von $K_W(s)$
$\gamma(s), \sigma(s)$	Zähler- und Nennerpolynome von $K_Z(s)$
$\delta(t)$	Dirac-Stoß, Impulsfunktion
$\mu_A(x)$	Zugehörigkeitsfunktion einer Fuzzy-Menge A

$\sigma(t)$	Sprungfunktion (Einheitssprung)
σ	Abszisse der komplexen Variablen s, Integrationsvariable
τ	Zeitvariable
τ_ν	Zeitpunkt
$\Delta\tau_\nu$	Zeitintervall $\tau_{\nu+1} - \tau_\nu$
φ	Phasenwinkel
$\varphi(\omega)$	Verlauf der Phasenwinkel des Frequenzganges, Phasengang
$\Delta\varphi$	Phasenänderung
φ_{R}	Phasenrand
ω	Frequenz
ω_0	Eigenfrequenz des PT$_2$S-Übertragungsgliedes
ω_{b}	Bandbreite
ω_{e}	Eckfrequenz
ω_{r}	Resonanzfrequenz
ω_{D}	Durchtrittsfrequenz
ω_{S}	Schnittfrequenz

Mathematische Operatoren

$\mathrm{T}[\ldots]$	allgemeiner Operator
$\mathscr{L}$	Laplace-Operator $\mathscr{L}\{f(t)\} = F(s)$
$\mathscr{L}^{-1}$	Inverser Laplace-Operator $\mathscr{L}^{-1}\{F(s)\} = f(t)$
$\bullet\!\!-\!\!\circ$	Korrespondenz-Symbol $F(s) \circ\!\!-\!\!\bullet f(t)$
$*$	Faltung $f_1(t) * f_2(t) = F_1(s)F_2(s)$
$\mathrm{Grad}\, P(s)$	Grad des Polynoms $P(s)$

Im Blockschaltbild bedeuten:

S	Regelstrecke
R	Regler
St	Stellglied
M	Messglied

Bei der Fuzzy-Regelung bedeuten:

P	positiv
N	negativ
NU, Z	null (zero)
K	klein
G	groß
PK	positiv klein

usw.

1 Einführung in die Problemstellung der Regelungstechnik

1.1 Einordnung der Regelungstechnik

Während die 2. Hälfte des 20. Jahrhunderts häufig als das *Zeitalter der Automatisierung* bezeichnet wurde, wird die heutige technische Entwicklung durch die rasanten Entwicklungen der *Informationstechnik* geprägt, die ihrerseits getragen wird von den drei Säulen der

- Kommunikationstechnik,

- Automatisierungstechnik und

- Technischen Informatik.

Die Automatisierungstechnik ist gekennzeichnet durch selbsttätig arbeitende Maschinen und Geräte, die oftmals zu sehr komplexen, industriellen Prozessen und Systemen zusammengefasst sind. Die Grundlagen dieser automatisierten Prozesse oder der modernen Automatisierungstechnik bilden zu einem großen Teil die Regelungs- und Steuerungstechnik sowie die Prozessdatenverarbeitung. Die in derartigen technischen Prozessen gewöhnlich auf verschiedenen Ebenen ablaufenden Automatisierungsvorgänge (Regeln, Steuern, Überwachen, Protokollieren usw.) der verschiedenen Teilprozesse werden heute durch die übergeordnete Funktion der Leittechnik koordiniert. Obwohl Regelungs- und Steuerungstechnik in fast allen Bereichen der Technik auftreten, stellen sie aufgrund ihrer Denkweise eigenständige Fachgebiete dar, die – wie später gezeigt wird – auch untereinander trotz vieler Gemeinsamkeiten eine klare Unterscheidung aufweisen.

Die Regelungstechnik ist ein sehr stark methodisch orientiertes Fachgebiet. Daher ist der Einsatz regelungstechnischer Methoden weitgehend unabhängig vom jeweiligen Anwendungsfall. Die dabei zu lösenden Probleme sind stets sehr ähnlich; sie treten nicht nur bei technischen, sondern auch bei nichttechnischen dynamischen Systemen, z.B. biologischen, ökonomischen und soziologischen Systemen auf. Der Begriff des *dynamischen Systems* soll hierbei zunächst sehr global betrachtet werden, wobei die folgende Definition gewählt wird:

> Ein dynamisches System stellt eine Funktionseinheit dar zur Verarbeitung und Übertragung von Signalen (z.B. in Form von Energie, Material, Information, Kapital und anderen Größen), wobei die Systemeingangsgrößen als Ursache und die Systemausgangsgrößen als deren *zeitliche* Auswirkung zueinander in Relation gebracht werden.

Die Struktur dieses Systems reicht dabei vom einfachen Eingrößensystem mit nur einer Ein- und Ausgangsgröße (z.B. Messfühler, Verstärker usw.) über das komplexe Mehrgrößensystem mit mehreren Ein- und Ausgangsgrößen (z.B. Destillationskolonne, Hochofen usw.) bis hin zum hierarchisch gegliederten Mehrstufensystem (z.B. Wirtschaftsprozeß), was durch die Blockstrukturen im Bild 1.1.1 symbolisch beschrieben wird.

Das gemeinsame Merkmal der zuvor genannten Systeme ist, dass sich in ihnen eine zielgerichtete Beeinflussung und Informationsverarbeitung bzw. Regelungs- und Steuerungsvorgänge abspielen, die N. Wiener veranlassten, hierfür den übergeordneten Begriff der *Kybernetik* [Wie48] einzuführen. Die Kybernetik versucht, die Gesetzmäßigkeiten von Regelungs- und Steuerungsvorgängen sowie von Informationsprozessen in Natur, Technik und Gesellschaft zu erkennen (Analyse), um diese dann gezielt zur Synthese technischer, bzw. zur Verbesserung natürlicher Systeme zu verwenden. Aus dieser Sicht ist die Regelungstechnik, die im weiteren eingehend behandelt werden soll, weniger den *Geräte-* als vielmehr den *Systemwissenschaften* zuzuordnen. Daher werden bei den weiteren Ausführungen mehr die systemtheoretischen und nicht so sehr die gerätetechnischen Grundlagen der Regelungstechnik herausgearbeitet.

1.2 Systembeschreibung mittels Blockschaltbild

Gemäß der zuvor gewählten Definition erfolgt in einem dynamischen System eine Verarbeitung und Übertragung von Signalen. Derartige Systeme werden daher auch als *Übertragungsglieder* oder *Übertragungssysteme* bezeichnet. Übertragungsglieder besitzen eine eindeutige Wirkungsrichtung, die durch die Pfeilrichtung der Ein- und Ausgangssignale angegeben wird. Jedem Übertragungsglied wird mindestens ein Eingangssignal oder eine *Eingangsgröße* $x_e(t)$ zugeführt und mindestens ein Ausgangssignal oder eine *Ausgangsgröße* $x_a(t)$ geht von einem Übertragungsglied aus. Das Zusammenwirken der einzelnen Übertragungsglieder wird gewöhnlich durch ein Blockschaltbild beschrieben. Die Übertragungsglieder werden dabei durch Kästchen dargestellt, die über Signale miteinander verbunden sind. Ein Beispiel dafür zeigt Bild 1.2.1.

Bei dieser Darstellungsform gelten die in Tabelle 1.2.1 aufgeführten Symbole für die Signalverknüpfung. Es wird weiterhin angenommen, dass die Ausgangsgröße eines Übertragungsgliedes nur von der zugehörigen Eingangsgröße, nicht aber von der Belastung durch die nachfolgende Schaltung abhängt. Übertragungsglieder sind also rückwirkungsfrei. Es gibt nun mehrere Möglichkeiten, das Übertragungsverhalten eines Übertragungsgliedes im Blockschaltbild darzustellen.

Bei *linearen* Systemen kann man

- die zugehörige Differentialgleichung zwischen Eingangs- und Ausgangsgröße,
- den grafischen Verlauf der Übergangsfunktion (Antwort des Systems auf eine sprungförmige Eingangsgröße) oder
- die Übertragungsfunktion oder den Frequenzgang (Kap. 4.2 und 4.3)

in das zugehörige Kästchen gemäß Bild 1.2.2 eintragen.

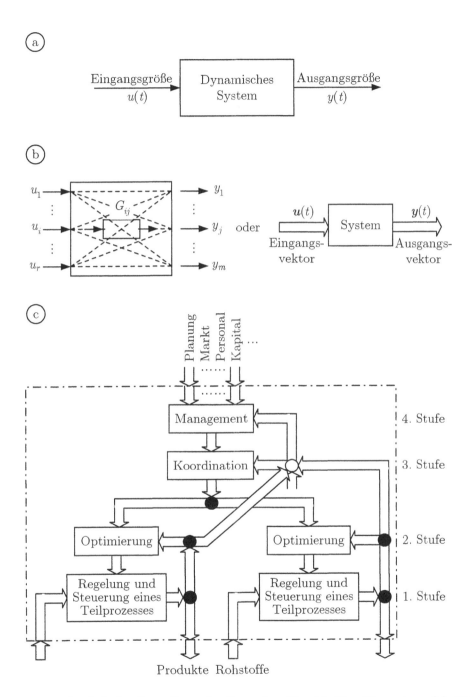

Bild 1.1.1. Symbolische Darstellung des Systembegriffs: (a) Eingrößensystem, (b) Mehrgrößensystem, (c) Mehrstufensystem

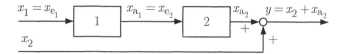

Bild 1.2.1. Beispiel für die Darstellung eines aus mehreren Übertragungsgliedern bestehenden Übertragungssystems im Blockschaltbild

Tabelle 1.2.1 Symbole für Signalverknüpfungen (Anmerkung: Das positive Vorzeichen am Summenpunkt kann auch weggelassen werden)

Benennung	Symbol	Mathemat. Operatoren
Verzweigungs- punkt	x_1 x_2 x_3	$x_1 = x_2 = x_3$
Summen- punkt	x_1 $+$ x_3 $(-)$ x_2	$x_3 = x_1 \pm x_2$
Multiplikations- stelle	x_1 x_2 M x_3	$x_3 = x_1 \cdot x_2$

Bei *nichtlinearen* statischen Übertragungsgliedern wird in einem leicht modifizierten Blocksymbol, einem fünfeckigen Kästchen, meist entweder der Verlauf der statischen Kennlinie oder die spezielle nichtlineare Funktion in direkter oder symbolischer Form (z.B. M für die Multiplikation) dargestellt. Es sei ausdrücklich darauf hingewiesen, dass die hier benutzten Begriffe in den nachfolgenden Abschnitten noch ausführlicher definiert werden.

Neben der Darstellung im Blockschaltbild gibt es noch die Darstellung im *Signalflussdiagramm*. Im Signalflussdiagramm entsprechen Knoten den Signalen und Zweige dem Übertragungsverhalten zwischen zwei Knoten.

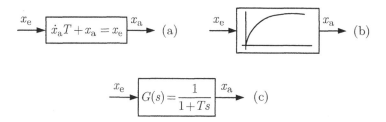

Bild 1.2.2. Einige Beschreibungsmöglichkeiten eines linearen Übertragungsgliedes: (a) Differentialgleichung, (b) Übergangsfunktion, (c) Übertragungsfunktion (Größen, die das System im Frequenzbereich beschreiben, werden im folgenden durch große Buchstaben gekennzeichnet (vgl. Kap. 4.1).)

Im Bild 1.2.3 sind für verschiedene Beispiele Signalflussdiagramm und Blockschaltbild gegenübergestellt.

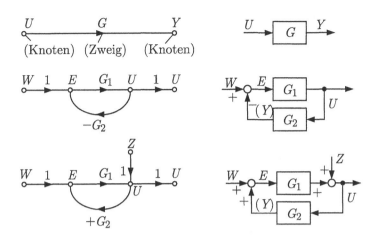

Bild 1.2.3. Korrespondierende Signalflussdiagramme und Blockschaltbilder

1.3 Steuerung und Regelung

Die Begriffe Steuerung und Regelung werden oftmals nicht genügend streng auseinander gehalten. Daher soll der Unterschied zwischen einer Steuerung und einer Regelung nachfolgend am Beispiel einer Raumheizung gezeigt werden. Bei einer *Steuerung* der Raumtemperatur ϑ_R gemäß Bild 1.3.1 wird die Außentemperatur ϑ_A über einen Temperaturfühler gemessen und einem Steuergerät zugeführt. Das Steuergerät verstellt bei einer Änderung der Außentemperatur ϑ_A ($\hat{=}$ Störgröße z_2') über den Motor M und das Ventil V den Wärmefluss Q gemäß seiner im Bild 1.3.2 dargestellten Steuerkennlinie $Q = f(\vartheta_A)$. Die Steigung dieser Kennlinie kann am Steuergerät eingestellt werden. Wird die Raumtemperatur ϑ_R z.B. durch Öffnen eines Fensters ($\hat{=}$ Störgröße z_1') verändert, so hat das keine Auswirkung auf die Ventilstellung, da nur die Außentemperatur den Wärmefluss beeinflusst. Bei dieser Steuerung werden somit nicht die Auswirkungen aller Störgrößen beseitigt.

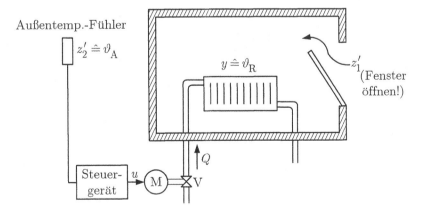

Bild 1.3.1. Gesteuerte Raumheizungsanlage

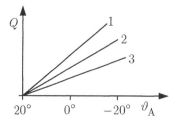

Bild 1.3.2. Kennlinienfeld eines Heizungssteuergerätes für drei verschiedene Einstellungen (1, 2, 3)

Im Falle der im Bild 1.3.3 dargestellten *Regelung* der Raumtemperatur wird die Raumtemperatur ϑ_R gemessen und mit dem eingestellten Sollwert w (z.B. $w = 20°C$) verglichen. Weicht die Raumtemperatur von dem eingestellten Sollwert ab, so wird über einen Regler (R), der die Abweichung verarbeitet, der Wärmefluss Q verändert. Sämtliche Änderungen der Raumtemperatur ϑ_R, z.B. durch Öffnen der Fenster oder durch Sonneneinstrahlung, werden vom Regler erfasst und möglichst beseitigt.

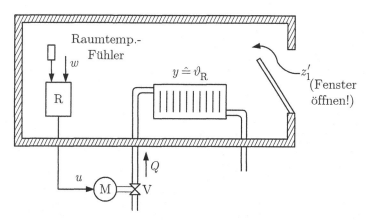

Bild 1.3.3. Geregelte Raumheizungsanlage

Zeichnet man die Blockschaltbilder der Raumtemperatursteuerung bzw. -regelung entsprechend den Bildern 1.3.4 und 1.3.5, so geht daraus der Unterschied zwischen einer Steuerung und einer Regelung unmittelbar hervor.

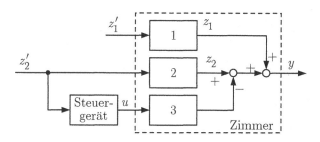

Bild 1.3.4. Blockschaltbild der Heizungssteuerung

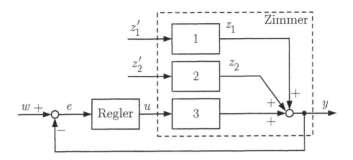

Bild 1.3.5. Blockschaltbild der Heizungsregelung

Der Ablauf der Regelung wird dabei durch folgende Schritte charakterisiert:

- Messung der Regelgröße y (Istwert),
- Bildung der Regelabweichung $e = w - y$ (Vergleich der Regelgröße y mit dem Sollwert w),
- Verarbeitung der Regelabweichung derart, dass durch Verändern der Stellgröße u die Regelabweichung vermindert oder beseitigt wird.

Vergleicht man nun eine Steuerung und eine Regelung, so lassen sich folgende Unterschiede leicht feststellen:

Die Regelung

- stellt einen geschlossenen Wirkungsablauf (Regelkreis) dar;
- kann wegen des geschlossenen Wirkungsprinzips Störungen entgegenwirken (negative Rückkopplung);
- kann instabil werden, d.h. die Regelgröße klingt dann nicht mehr ab, sondern wächst (theoretisch) über alle Grenzen an.

Die Steuerung

- stellt einen offenen Wirkungsablauf (Steuerkette) dar;
- kann nur den Störgrößen entgegenwirken, auf die sie ausgelegt wurde; andere Störeinflüsse sind nicht zu beseitigen;
- kann – sofern das zu steuernde Objekt selbst stabil ist – nicht instabil werden.

1.4   Prinzipielle Funktionsweise einer Regelung

Beim Einsatz einer Regelung sollte man gewöhnlich zwei verschiedene Fälle unterscheiden:

- Einerseits hat eine Regelung die Aufgabe, in einem Prozess Störeinflüsse zu beseitigen. Bestimmte Größen eines Prozesses, die Regelgrößen, sollen vorgegebene feste Sollwerte einhalten, ohne dass Störungen, die auf den Prozess einwirken, von nennenswertem Einfluss sind. Eine derartige Regelung wird als *Festwertregelung* oder *Störgrößenregelung* bezeichnet.

- Andererseits müssen oftmals die Regelgrößen eines Prozesses den sich ändernden Sollwerten möglichst gut nachgeführt werden. Diese Regelungsart wird *Folgeregelung* oder *Nachlaufregelung* genannt. Der sich ändernde Sollwert wird auch als *Führungsgröße* bezeichnet.

In beiden Fällen muss die Regelgröße fortlaufend gemessen und mit ihrem Sollwert verglichen werden. Tritt zwischen Istwert und Sollwert der Regelgröße eine Abweichung (Regelabweichung e) auf, so muss ein geeigneter Eingriff in der Weise erfolgen, dass diese Regelabweichung möglichst wieder verschwindet. Dieser Eingriff wird gewöhnlich über das sogenannte Stellglied vorgenommen. Die Betätigung des Stellgliedes kann von Hand oder auch über ein automatisch arbeitendes Gerät, den Regler, erfolgen. Im ersten Fall spricht man von einer *Handregelung*, im zweiten von einer *selbsttätigen Regelung*. Als typisches Beispiel einer Handregelung sei das Lenken eines Kraftfahrzeuges, also die „Kursregelung" entlang der Straße, genannt. Im weiteren sollen aber ausschließlich Probleme der selbsttätigen Regelung behandelt werden.

Anhand von zwei Beispielen werden die Begriffe Festwert- und Folgeregelung näher erläutert. Bild 1.4.1 zeigt als Beispiel einer Festwertregelung die Drehzahlregelung einer Dampfturbine. Die über ein Zahnrad gemessene Drehzahl, die hier die Regelgröße y darstellt, wirkt auf ein Fliehkraftpendel, das über eine Muffe mit einem mechanischen Hebelarm verbunden ist, der am gegenüberliegenden Ende direkt das Dampfventil betätigt. Fliehkraftpendel und Hebelarm stellen den eigentlichen Regler dar, der in dieser Form gewöhnlich als Fliehkraftregler bezeichnet wird. Um die Drehzahl des Turbogeneratorsatzes konstant zu halten, muss ein konstanter Dampfstrom der Turbine zugeführt werden. Treten nun aber Störungen auf, z.B. in Form von Änderungen des Dampfzustandes (z_1'), des Gegendruckes (z_2') oder Änderungen der Generatorbelastung durch unterschiedlichen Stromverbrauch (z_3'), so wird die Drehzahl von dem gewünschten Wert, dem Sollwert abweichen. Ist die Drehzahl n beispielsweise zu hoch, dann wird aufgrund der größeren Fliehkraft die Muffe des Fliehkraftreglers nach oben gezogen, wodurch auf der Gegenseite des Hebelarmes das Ventil den Dampfstrom stärker drosselt. Dadurch sinkt die Drehzahl; sie stellt sich nach kurzer Zeit wieder auf den Sollwert ein.

Es ist leicht einzusehen, dass sich z.B. die Verschiebung des Auflagepunktes des Hebels im Fliehkraftregler wesentlich auf den Regelvorgang auswirkt. Wird dieses Hebellager sehr weit nach links gerückt, dann wirkt sich eine Verschiebung der Muffe des Fliehkraftregler nur schwach auf die Verstellung des Dampfventils aus, so dass bei auftretenden Störungen die Einhaltung der Solldrehzahl nicht gewährleistet werden kann. Wird andererseits das Hebellager weit nach rechts gerückt, dann wirken sich bereits kleine Änderungen der Drehzahl über den Fliehkraftregler sehr stark auf die Verstellung des Dampfventils aus. Zwar bewirkt eine genügend große Verstellung des Dampfstromes eine rasche Annäherung des Drehzahlistwertes an den Drehzahlsollwert, jedoch kann bei einem zu kräftigen Eingriff des Dampfventils der Istwert auch über das Ziel, also den Sollwert, hinausschießen. Diese Sollwertüberschreitung wird mit einer gewissen durch die Massenträgheit des Turbogenerators bedingten Verzögerung über die ständige Messung der Drehzahl und durch

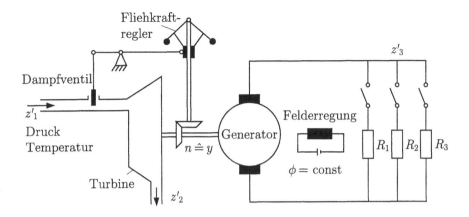

Bild 1.4.1. Drehzahlregelung einer Dampfturbine

Verstellung des Dampfventils wieder rückgängig gemacht (*Rückkopplungsprinzip*), jedoch kann es dabei passieren, dass der Sollwert nun in entgegengesetzter Richtung unterschritten wird. Der Wert der Drehzahl als Regelgröße (Istwert) führt somit Schwingungen um den gewünschten Sollwert aus. Je nach Wahl der Lage des Hebellagers klingen diese bei den oben erwähnten Störungen auftretenden Schwingungen des Drehzahlistwertes mehr oder weniger schnell ab. Bei ungünstiger Wahl der Lage dieses Hebellagers können sich allerdings die Schwingungen auch derart aufschaukeln, dass eine Gefährdung der gesamten Anlage auftritt. Dieser Fall wird *Instabilität* der Regelung bezeichnet.

Anhand dieses hier sehr vereinfacht betrachteten Beispiels lässt sich bereits eine der wichtigsten Problemstellungen der Regelungstechnik erkennen. Diese besteht darin, den Regler so zu entwerfen bzw. einzustellen, dass das Verhalten des gesamten Regelkreises (hier Turbogeneratorsatz einschließlich Fliehkraftregler) mindestens stabil ist. Daneben sollte das Regelverhalten jedoch noch zusätzliche Forderungen erfüllen, z.B. die, dass bei der Ausregelung einer Störung die maximal auftretende Abweichung des Istwertes vom Sollwert der zu regelnden Größe (Regelgröße) möglichst klein wird und/oder dass die Zeit für die Beseitigung einer Störung der Regelgröße minimal zu halten ist. Diese zusätzlichen Forderungen werden gewöhnlich in Form von *Gütekriterien* formuliert. Sofern ein Regelkreis diese Forderungen erfüllt, bezeichnet man ihn als optimal im Sinne des jeweils gewählten Gütekriteriums. Somit gehören die *Stabilitätsanalyse* sowie der *optimale Reglerentwurf* zu den wichtigsten Problemstellungen der Regelungstechnik, die später eingehend behandelt werden.

Als Beispiel für eine Folgeregelung zeigt Bild 1.4.2 ein Winkelübertragungssystem. Hierbei besteht die Regelungsaufgabe darin, ein durch einen Gleichstrommotor angetriebenes Potentiometer (hier das Folgepotentiometer) der Winkelstellung eines Führungspotentiometers nachzuführen. Ist der Stellwinkel φ_1 z.B. von Hand am Führungspotentiometer als Sollwert vorgegeben, so soll der Winkel φ_2 des Folgepotentiometers vom Motor M solange „nachgeführt" werden, bis die Abweichung zwischen φ_1 und φ_2 hinreichend klein ist.

Beide Potentiometer sind in einer Brückenschaltung angeordnet. Dabei stellt u_{sp} die konstante Speisespannung der Brücke dar, während die beiden Potentiometer jeweils mit

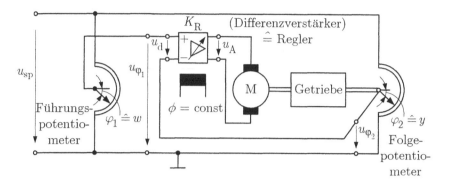

Bild 1.4.2. Folgeregelung mittels Gleichstrommotor

ihren beiden Teilwiderständen die vier ohmschen Widerstände der Brückenschaltung bilden. Die Brückendiagonale wird durch die Differenzspannung $u_d = u_{\varphi_1} - u_{\varphi_2}$ der beiden Potentiometerabgriffe gebildet. Ist $u_d = 0$, dann stimmen die beiden Winkelstellungen φ_1 und φ_2 überein, und die Brücke ist abgeglichen. Es ist leicht einzusehen, dass bei jeder Änderung von φ_1 die zuvor abgeglichene Brückenschaltung verstimmt wird. Eine selbsttätige Anpassung der Brückenschaltung lässt sich nur damit durchführen, dass die Differenzspannung u_d über einen Differenzverstärker zur Ansteuerung der Ankerspannung u_A eines Gleichstrommotors verwendet wird. Dieser Motor verstellt über ein Getriebe die Winkelstellung φ_2 solange, bis die Differenzspannung u_d zu Null wird. Damit ist das Folgepotentiometer dem Führungspotentiometer bezüglich der Winkelstellung nachgeführt. Besitzt der Differenzverstärker eine einstellbare Verstärkung K_R, dann ist die Ankerspannung des Gleichstrommotors durch die Beziehung

$$u_A = K_R u_d$$

gegeben. Ändert sich beispielsweise die Führungsgröße $w = \varphi_1(t)$ sprungartig, so wird die Regelgröße $y(t) = \varphi_2(t)$ den im Bild 1.4.3 dargestellten Verlauf aufweisen. Der zeitliche Verlauf der Regelgröße $y(t)$ hängt also stark von dem am Differenzverstärker eingestellten Wert des Verstärkungsfaktors K_R ab (bei zweckmäßig gewähltem $u_{sp} = $ const). Der Differenzverstärker selbst wirkt als Regler.

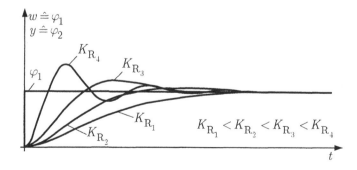

Bild 1.4.3. Verlauf der Regelgröße y nach einer sprungförmigen Veränderung der Führungsgröße w für vier unterschiedliche Werte des Verstärkungsfaktors K_R

Das prinzipielle Verhalten der Regelgröße y ist hierbei der im zuvor behandelten Beispiel dargestellten Drehzahlregelung eines Turbogeneratorsatzes sehr ähnlich. Der Reglerverstärkung K_R entspricht dort offensichtlich das Verhältnis der Hebelarme, das durch
den Auflagepunkt jeweils gegeben ist. In beiden Fällen lässt sich zwar der Sollwert durch
eine große Verstärkung schnell erreichen, jedoch neigt der Schwingungsverlauf bei zu groß
gewählter Verstärkung des Reglers zum Anwachsen der Schwingungsamplituden und somit zur Instabilität des Regelvorganges.

1.5 Die Grundstruktur von Regelkreisen

Nachdem nun einige Beispiele einen ersten Einblick in die Funktionsweise von Regelungen gegeben haben, soll die Struktur, die all diesen Regelkreisen zugrunde liegt, näher
untersucht werden. Ein Regelkreis besteht gemäß Bild 1.5.1 aus folgenden 4 *Hauptbe-
standteilen*:

Regelstrecke, Messglied, Regler und Stellglied.

Die Signale in einem Regelkreis werden hier in Anlehnung an die internationalen Bezeichnungen durch Buchstaben gekennzeichnet, die von der etwas veralteten DIN-Norm
19226 abweichen. Es bedeutet:

y	die Regelgröße (Istwert),	u	die Stellgröße und
w	die Führungsgröße (Sollwert),	z	die Störgröße.
e	die Regelabweichung,		

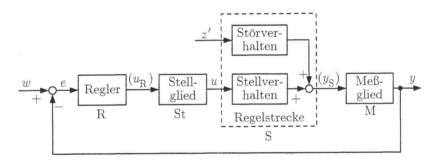

Bild 1.5.1. Blockschaltbild eines Regelkreises

Anhand dieses Blockschaltbildes ist zu erkennen, dass die Aufgabe der Regelung der
Anlage oder eines Prozesses (*Regelstrecke*) darin besteht, die vom *Messglied* erfasste *Regelgröße* $y(t)$ unabhängig von äußeren *Störungen* $z(t)$ entweder auf einem konstanten
Sollwert $w(t) = $ const zu halten (Festwertregelung) oder $y(t)$ einem veränderlichen Sollwert $w(t) \neq$ const (*Führungsgröße*) nachzuführen (Folgeregelung). Diese Aufgabe wird
durch ein Rechengerät, den *Regler* R, ausgeführt. Der Regler verarbeitet[1] die Regelabweichung $e(t) = w(t) - y(t)$, also die Differenz zwischen Sollwert $w(t)$ und Istwert $y(t)$

---

[1] Die gerätetechnische Realisierung des Reglers umfasst gewöhnlich auch die Bildung der Regelabweichung

der Regelgröße, entsprechend seiner Funktionsweise (z.B. proportional, integrierend oder differenzierend) und erzeugt ein Signal $u_R(t)$, das über das *Stellglied* als *Stellgröße* $u(t)$ auf die Regelstrecke einwirkt und z.B. im Falle der Störgrößenregelung dem Störsignal $z(t)$ entgegen wirkt. Durch diesen geschlossen Signalverlauf wird der Regelkreis gekennzeichnet, wobei die Reglerfunktion darin besteht, eine eingetretene Regelabweichung $e(t)$ möglichst schnell zu beseitigen oder zumindest sehr klein zu halten.

Auf diese hier dargestellte Grundstruktur lassen sich auch die im vorhergehenden Abschnitt behandelten beiden Beispiele zurückführen. Allerdings muss darauf hingewiesen werden, dass aus Gründen der gerätetechnischen Realisierung eine strenge Trennung der einzelnen vier regelungstechnischen Funktionen in entsprechenden Geräteeinheiten nicht immer möglich ist. So ist beispielsweise bei der Drehzahlregelung des Turbogeneratorsatzes eine gerätetechnische Trennung zwischen Messglied und Regler nicht zweckmäßig. Das Fliehkraftpendel übernimmt zwar die Aufgabe der Drehzahlmessung, und der damit verbundene Hebelarm kann als Regler interpretiert werden, der direkt auf das Dampfventil als Stellglied wirkt, jedoch stellt der damit beschriebene Fliehkraftregler insgesamt eine Geräteeinheit dar. Aus Bild 1.5.2 geht die Zuordnung zwischen den Geräteeinheiten und den regelungstechnischen Grundfunktionen für beide behandelten Beispiele deutlich hervor.

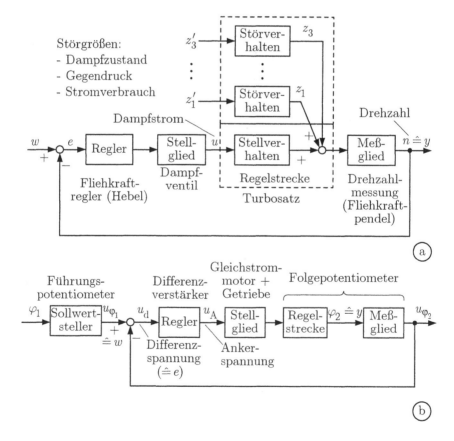

Bild 1.5.2. Zuordnung der gerätetechnischen Funktion zur Grundstruktur des Regelkreises für die Beispiele (a) der Drehzahlregelung einer Dampfturbine gemäß Bild 1.4.1 und (b) des Winkelübertragungssystems gemäß Bild 1.4.2

Aufgrund der Schwierigkeiten, oft keine klare Trennung von Gerätefunktion und regelungstechnischer Grundfunktion vornehmen zu können, ist es häufig zweckmäßig, einen Regelkreis nur in zwei Blöcke zu strukturieren. Dabei wird neben der Regelstrecke, die meist auch das Messglied enthält, als weiterer Block nur noch die *Regeleinrichtung* unterschieden, wie es im Bild 1.5.3 dargestellt ist. Die Regeleinrichtung enthält somit den eigentlichen Regler und gewöhnlich auch das Stellglied.

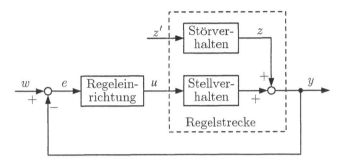

Bild 1.5.3. Vereinfachtes Blockschaltbild eine Regelkreises

Aus den Bildern 1.5.1 und 1.5.3 ist ersichtlich, dass der Vergleich von Sollwert w und Istwert y der Regelgröße zur Bildung der Regelabweichung e gerade durch die *negative Rückkopplung* der Größe y möglich wird. Nur aufgrund des negativen Vorzeichens an der Vergleichsstelle der beiden Signale kann somit die Regelabweichung e gebildet werden, die im Regler entsprechend seiner jeweiligen speziellen mathematischen Funktionsweise (z.B. proportional, integrierend oder differenzierend) zur Bildung der Stellgröße u verarbeitet wird. Das Prinzip der negativen Rückkopplung, kurz auch *Rückkopplungsprinzip* genannt, ist charakteristisch für jeden Regelkreis.

1.6   Einige typische Beispiele für Regelungen

Nachfolgend sollen einige typische Beispiele für Regelungen im Hinblick auf die im Abschnitt 1.5 eingeführte Regelkreisstruktur untersucht werden.

1.6.1   Spannungsregelung

Bild 1.6.1 zeigt das prinzipielle Verhalten der Spannungsregelung eines Gleichstromgenerators. Der Gleichstromgenerator G, der die Regelstrecke darstellt, wird hier von einem nicht gezeichneten Motor mit konstanter Drehzahl angetrieben. Als Regelgröße y ist die Generatorspannung u_G konstant zu halten. Die Regelabweichung e gegenüber der festen Spannung w (Sollwert) wird in einem Spannungsverstärker verarbeitet, der als Ausgangsgröße die Erregerspannung u_e liefert. Dieser proportional arbeitende Spannungsverstärker wirkt als Regler. Als Störgröße z ist die Zu- oder Abschaltung von Verbrauchern anzusehen, die hier durch ohmsche Widerstände R_B gekennzeichnet sind. Wird der Generator z.B. belastet, so sinkt die Generatorspannung u_G. Daraufhin wird aufgrund der negativen

Rückkopplung derselben vom Regler die Erregerspannung u_e erhöht, wodurch wiederum die Generatorspannung steigt. Es handelt sich hierbei also um eine typische Festwertregelung.

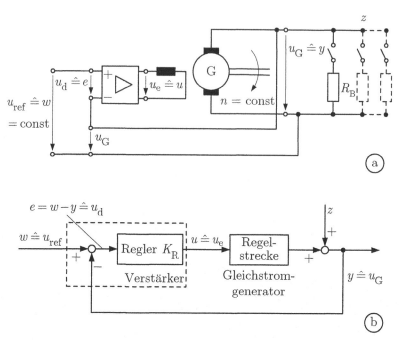

Bild 1.6.1. Anlagenskizze der Spannungsregelung (a) und dazugehöriges Blockschaltbild (b)

1.6.2 Kursregelung

Bezogen auf ein festes Koordinatensystem (z.B. Himmelsrichtungen) wird bei der Kursregelung von Schiffen (oder Flugzeugen) der einzuhaltende Kurs als Sollwert w immer wieder neu festgelegt, (vgl. Bild 1.6.2). Abweichungen (e) des Schiffes (Regelstrecke) von dem vorgegebenen Kurswinkel (w) werden von einem Kreiselkompass gemessen und im Regler (R) verarbeitet. Der Regler bewirkt durch Veränderung des Ruderwinkels (Stellgröße u), dass der tatsächliche Kurswinkel, also die Regelgröße y, ständig auf den Sollkurs nachgestellt wird.

Die Kursregelung kann sowohl als Festwertregelung als auch als Folgeregelung aufgefasst werden. Bei einer festen Vorgabe des Kurssollwertes können Störungen durch Windeinflüsse oder Meeresströmungen auftreten. Diese Störungen des Kurswinkels müssen ausgeregelt werden. Andererseits muss beim Manövrieren der tatsächliche Kurswinkel einem eventuell sich ständig ändernden Sollwert nachgeführt werden. Selbstverständlich ist die Arbeitsweise des Kursregelkreises in beiden Fällen dieselbe.

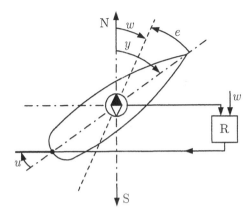

Bild 1.6.2. Kursregelung eines Schiffes

1.6.3 Füllstandsregelung

Bei der im Bild 1.6.3 dargestellten Füllstandsregelung soll die Niveauhöhe (Regelgröße) unabhängig von Störungen (z') im Zu- und Abfluss konstant gehalten werden (Festwertregelung). Dabei stellt der Behälter die Regelstrecke dar. Als Messglied dient ein Schwimmer, dessen Stellung auf einen Hebelmechanismus einwirkt. Dieser gelagerte Hebel arbeitet als Regler, dessen Verstärkung durch das Verhältnis der beiden Hebelarme gegeben ist. Der Reglerausgang u_R, also der linke Hebelarm, wirkt über das Ventil (Stellglied) auf den Zufluss (Stellgröße). Bei zu hohem Füllstand wird der Zufluss gedrosselt. In dem Blockschaltbild sind bei den einzelnen Übertragungsgliedern bereits die Übergangsfunktionen (normierte Sprungantworten) als Symbole für das dynamische Verhalten eingetragen. Auf eine detaillierte Erklärung dieser Symbole wird erst später eingegangen.

1.6.4 Regelung eines Wärmetauschers

In dem im Bild 1.6.4 dargestellten Wärmetauscher wird Sekundärdampf durch Primärdampf aufgeheizt. Dabei sollen unabhängig von Störungen (z_1' und z_2') im Primär- und Sekundärdampfstrom die Temperatur ϑ und der Dampfstrom $\dot{m}$ sekundärseitig auf fest vorgegebenen Werten gehalten werden. Diese beiden Größen stellen somit die Regelgrößen ($y_1 \hat{=} \vartheta$ und $y_2 \hat{=} \dot{m}$) dar. Die beiden Regelgrößen werden von den Reglern R_1 und R_2 getrennt geregelt. Nun besteht allerdings in der Regelstrecke eine Kopplung zwischen der Dampftemperatur ϑ und dem Dampfstrom $\dot{m}$. Wird beispielsweise eine Störung (z_2'), die auf den Sekundärdampfstrom einwirkt, über den Regler R_2 durch Veränderung der Verdichterdrehzahl ausgeregelt, dann wird – bei zunächst konstanter Beheizung durch den Primärdampfstrom – die Dampftemperatur ϑ sich ebenfalls ändern. Dies stellt somit eine Störung für den Regelkreis 1 dar, die der Regler R_1 durch Veränderung der Primärdampfmenge zu beseitigen versucht. Die Änderung der Dampftemperatur ϑ wirkt sich schwach über die Beheizungsänderung auch wieder auf den Dampfstrom $\dot{m}$ aus.

Die Kopplung oder Vermaschung beider Regelkreise geht anschaulich aus dem Blockschaltbild hervor. Der Wärmetauscher besitzt also zwei Regelgrößen y_1 und y_2 sowie

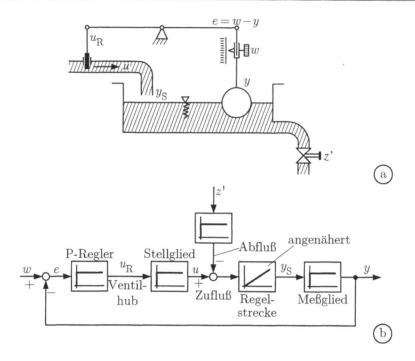

Bild 1.6.3. Anlagenskizze einer Füllstandsregelung (a) und zugehöriges Blockschaltbild (b)

zwei Stellgrößen u_1 und u_2. Ein derartiges System, das mehrere Regelgrößen besitzt, wird gewöhnlich auch als *Mehrgrößensystem* bezeichnet (seltener multivariables System). Im Gegensatz dazu weisen die in den vorangegangenen Abschnitten behandelten Beispiele nur eine Regelgröße auf, weshalb man sie auch *Eingrößensysteme* nennt.

Die zuvor diskutierten Beispiele besitzen nur exemplarischen Charakter. Zahllose Beispiele aus nahezu allen Bereichen der Technik können hier genannt werden. Neben mechanischen und elektrischen Ausführungen von Regelungen werden sehr häufig auch pneumatisch oder hydraulisch arbeitende Geräte oder auch Kombinationen davon, z.B. elektrohydraulische Einrichtungen, in der industriellen Praxis verwendet.

1.7 Historischer Hintergrund

Obwohl die erste nennenswerte technische Entwicklung im Bereich der Regelungstechnik die Erfindung des Drehzahlreglers durch J. Watt im Jahre 1788 darstellt, sollte jedoch vorweg festgestellt werden, dass das Regelungsprinzip grundsätzlich keine technische Erfindung, sondern eigentlich ein Naturphänomen ist. Das Regelungsprinzip, nämlich einen Zustand auch bei Einwirkung äußerer Störungen selbsttätig aufrechtzuerhalten, ist in nahezu allen Lebewesen wiederzufinden. Diese besitzen fühlende und regulierende Organe, die jeder Störung der Lebensbedingungen entgegenwirken. So ermöglicht das Regelungsprinzip z.B. dem Menschen seine aufrechte Haltung; es hält seine Körpertemperatur

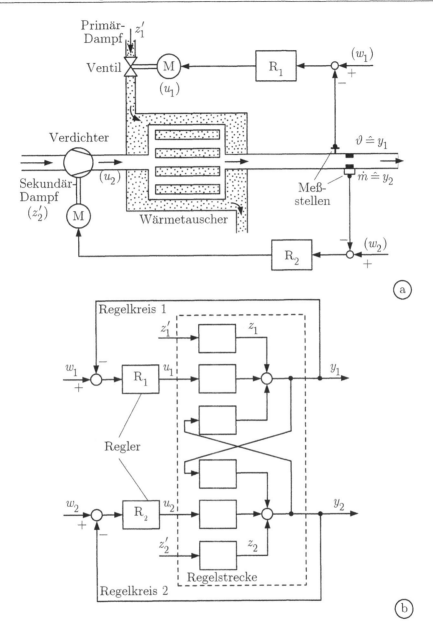

Bild 1.6.4. Mehrgrößenregelsystem eines Wärmetauschers (a) und zugehöriges Blockschaltbild (b)

konstant, ohne dass Hitze oder Kälte sie beeinflussen können. Dieses Regelungsprinzip ist aber auch bei zahlreichen anderen Vorgängen wiederzufinden, so z.B. beim Ablauf von ökonomischen und soziologischen Vorgängen.

Die Entwicklung der Regelungstechnik [May69], [Rör71] lässt sich gemäß Tabelle 1.7.1 in vier größere Perioden einteilen. Die erste Periode (I) beginnt mit der bereits erwähn-

ten Erfindung des Fliehkraftreglers zur Drehzahlregelung von Dampfmaschinen durch
J. Watt um 1788. Am Anfang dieser Zeitperiode stellte allerdings die Regelungstechnik
noch eine Art Kunst dar. Die ersten analytischen Untersuchungen über das Zusammenwirken von Regler und Regelstrecke wurden erst 1868 von J. Maxwell in einer grundlegenden Arbeit [Max68] durchgeführt, der dadurch auch als Begründer einer allgemeinen
Regelungstheorie gilt.

Die zweite Periode (II), die etwa kurz vor 1900 einsetzt, ist gekennzeichnet durch eine strenge mathematische Behandlung regelungstechnischer Vorgänge in verschiedenen
Anwendungsbereichen. Hier sind insbesondere die Arbeiten von A. Stodola [Sto93] und
M. Tolle [Tol05] zu erwähnen, die die Regelung von Turbinen und Kolbenkraftmaschinen
behandeln. Das von Tolle 1905 veröffentlichte Buch über „Regelung von Kraftmaschinen" darf als erstes systematisches regelungstechnisches Lehrbuch angesehen werden. In
dieselbe Zeit fällt die Entwicklung der Stabilitätskriterien von E. Routh [Rou77] und
A. Hurwitz [Hur95]. Etwa um das Jahr 1930 wurde die Regelungstechnik stark durch
die elektrische Nachrichtentechnik befruchtet. Hier waren es vor allem K. Küpfmüller
[Küp28] (1928) mit der Behandlung von Stabilitätsproblemen rückgekoppelter Verstärker
und H. Nyquist [Nyq32] (1932) mit der Einführung neuartiger Stabilitätsbetrachtungen
anhand der Frequenzgangortskurve, die der Regelungstechnik nachhaltige Impulse gaben.

Etwa um 1940 darf der Anfang der dritten Periode (III) gerechnet werden. Während dieser Zeit entstanden die grundlegenden Arbeiten von A. Leonhard [Leo40] und W. Oppelt
[Opp39], die den Verdienst haben, dass die Regelungstechnik damals zu einer einheitli-
chen, systematisch geordneten und selbständigen Ingenieurwissenschaft wurde. In diese
Periode der „klassischen" Regelungstechnik fällt auch die erste geschlossene mathematische Behandlung der Dynamik selbsttätiger Reglungen [OS44], [Bod45].

Die weitere Entwicklung der Regelungstechnik erfolgte in den Nachkriegsjahren haupt-
sächlich auf den Gebieten der statistischen Regelverfahren [Wie49], Abtastregelsysteme
[Tru55] sowie der Behandlung nichtlinearer Regelvorgänge [Cos58] vorwiegend in den
USA und der Sowjetunion. Die Technik der Regelgeräte wurde weitgehend vereinheit-
licht. Es entstanden die pneumatischen und elektronischen Gerätekonzeptionen der PID-
Einheitsregler [BM61].

Um 1960 kann der Beginn der vierten Periode (IV), oft auch als „moderne" Regelungstechnik bezeichnet, datiert werden. Sie ist gekennzeichnet durch den Einsatz elektronischer Rechenmaschinen zur Lösung komplexer regelungstechnischer Problemstellungen, wie sie beispielsweise in der Raumfahrt auftreten. Im Zusammenhang mit der
Verfügbarkeit derartiger leistungsfähiger Rechenmaschinen ist auch die Einführung optimaler Regel- und Steuerverfahren zu sehen, die etwa um 1956 in der Sowjetunion mit der
Entwicklung des „Maximumprinzips" durch L. Pontrjagin [PBGM64] und etwa zur selben Zeit in den USA mit der „dynamischen Programmierung" durch R. Bellman [Bel57]
einsetzte. Das Prinzip dieser modernen optimalen Regelverfahren erforderte als neue Beschreibungsform für Regelsysteme die Verwendung der Zustandsraumdarstellung [Kal61].
Es sei jedoch darauf hingewiesen, dass diese Beschreibungsform etwa achtzig Jahre zuvor
in der theoretischen Mechanik bereits eingeführt wurde. Diese modernen regelungstechnischen Verfahren, die insbesondere für die Behandlung von Mehrgrößensystemen geeignet
sind, benötigen allerdings einen vergleichsweise hohen mathematischen und numerischen
Aufwand. Viele technische Fortschritte speziell im Bereich der Raum- und Luftfahrttech-
nik waren erst durch Einführung dieser Verfahren möglich.

Etwa um 1960 fand der Digitalrechner als Prozessrechner Einsatz bei der direkten digitalen Regelung (Direct Digital Control DDC) in komplexen regelungstechnischen Prozessen, wie sie bei technischen Großanlagen (Mehrgrößenregelsystemen) zur Prozessführung erforderlich sind [Led60]. Diese sogenannten Prozessrechner ermöglichten die Verarbeitung der zahlreichen anfallenden Messwerte und übernahmen dann die optimale Führung des gesamten Prozesses. Dieser Rechnereinsatz beim Realzeitbetrieb geregelter technischer Prozesse erfuhr anfänglich manchen Rückschlag, doch Anfang der siebziger Jahre gehörte bei vielen komplexen Regelanlagen der Prozessrechner als Instrument zur Überwachung, Protokollierung, Regelung und Steuerung technischer Prozesse bereits zur Standardausrüstung. Obwohl schon zu dieser Zeit der Prozessrechner übergeordnete Funktionen zur Koordination der zuvor erwähnten Teilaufgaben, auch als Leittechnik bezeichnet, übernahm, war die Zentralisierung der Rechenleistung und Informationsverarbeitung in einem Gerät trotz verschiedener Sicherheitsschaltungen, wie z.B. „Back-Up"-Schaltung analoger Geräte oder parallel arbeitende Mehrfachrechnersysteme, unbefriedigend und stets mit Risiko behaftet. Die Entwicklung relativ preiswerter Mikroprozessoren etwa ab 1975 führte schließlich in den achtziger Jahren zur digitalen Gerätetechnik und damit zu leistungsfähigen Prozessleitsystemen mit dezentraler verteilter Rechnerkapazität. Diese dezentralen Prozessleitsysteme ersetzten ab 1985 weitgehend den zentralen Prozessrechner bei der Automatisierung technischer Prozesse. Leider waren die bis etwa 1998 neu in Betrieb genommen Prozessleitsysteme von ihrem Software-Aufbau weitgehend „geschlossene" Systeme, die dem Anwender aus sicherheitstechnischen Gründen kaum die Gelegenheit boten, andere als nur die normalerweise installierten klassischen PID-Regler programmtechnisch zu verwirklichen. Erst neuerdings, seit etwa 1998, sind leistungsfähige „offene" Leitsysteme verfügbar, in deren Rahmen der Anwender über den PID-Regler hinaus auch anspruchsvolle Regler implementieren kann. Hier sind für die Zukunft dringende Erweiterungen, insbesondere mit dem Einsatz von nichtlinearen und intelligenten Regelverfahren, wie z.B. Fuzzy-Regler erforderlich.

Obwohl bereits im Jahre 1965 von L. Zadeh [Zad65] vorgeschlagen, stieß die Fuzzy-Regelung in den USA und Europa zunächst auf wenig Interesse. Etwa ab 1980 setzte jedoch zuerst in Japan und dadurch aufgeschreckt ab 1990 auch in den USA und Europa der erfolgreiche Einsatz dieses neuen Zweiges der Regelungstechnik ein. Zusammen mit dem zunehmenden Einsatz von künstlichen neuronalen Netzen für die Reglersysteme eröffnet sich mit diesen Werkzeugen die Realisierung „intelligenter" Regelsysteme zu Beginn des 21. Jahrhunderts, so dass sich hier der Meilenstein für eine neue fünfte Entwicklungsphase der Regelungstechnik abzeichnet.

Leider sind die Begriffe der „klassischen" und „modernen" Regelungstechnik etwas irreführend. Die klassischen Methoden der Regelungstechnik umfassen weitgehend die Analyse- und Syntheseverfahren im Frequenzbereich, die heute im wesentlichen uneingeschränkt ihre volle Bedeutung haben. Die modernen Methoden gestatten hingegen die Behandlung von Regelsystemen auch im Zeitbereich. Je nach dem speziellen Anwendungsfall werden sowohl die einen als auch die anderen Verfahren mit gleicher Priorität eingesetzt. Die intelligenten Regelverfahren stellen teils Alternativen zu den klassischen und modernen Verfahren dar, teils ergänzen sie diese zu weitergehenden Eigenschaften, z.B. zur Entwicklung lernender oder adaptiver Regelverfahren. Die wichtigsten zuvor genannten Verfahren sollen in den nachfolgenden Kapiteln behandelt werden.

Tabelle 1.7.1 Zeitliche Entwicklung in der Regelungstechnik

Periode	Jahr	Name	Fortschritte in der Regelungstechnik
I	1788	J. Watt	Entwicklung des Drehzahlreglers, Anwendung in der Energieerzeugung, z.B. Dampfmaschinen, Windmühlen;
	1868	J. Maxwell	theoretische Analyse des Fliehkraftreglers
II	1877	J. Routh	Anwendung von Differentialgleichungen zur Beschreibung von Regelvorgängen; Stabilitätsuntersuchungen; Regelung von Turbinen und Kolbenmaschinen; Stabilitätsanalyse; Rückkopplungsprinzip; Frequenzgangmethoden; Anwendungen: Energietechnik, Nachrichtentechnik, Waffentechnik, Luftfahrttechnik.
	1893	A. Stodola	
	1895	A. Hurwitz	
	1905	M. Tolle	
	1928	K. Küpfmüller	
	1932	A. Nyquist	
III	1940	A. Leonhard W. Oppelt	Entwicklung der Regelungstechnik zu einer selbständigen Disziplin der Ingenieurwissenschaften; systematische mathemat. Darstellung; Einführung neuer Methoden im Frequenzbereich; Laplace-Transformation; statistische Methoden der Regelungstechnik; Abtastregelsysteme; nichtlineare Regelvorgänge; Entwicklung elektronischer und pneumatischer Einheitsregler; breite industrielle Anwendungen; Gründung der IFAC (International Federation of Automatic Control).
	1944	R. Oldenbourg und H. Sartorius	
	1945	H. Bode	
	1950	N. Wiener	
	1955	J. Truxal	
	1956	IFAC	
IV	1956	L. Pontrjagin	Entwicklung des Maximumprinzips und der dynamischen Programmierung zur Behandlung optimaler Regelvorgänge; Einführung der Zustandsraum-Darstellung und der Stabilitätsbetrachtungen nach Ljapunow (bereits 1892 entwickelt); Einsatz elektronischer Rechenanlagen zur Analyse und Synthese von Mehrgrößenregelsystemen; Einsatz von Prozessrechnern zur direkten digitalen Regelung (DDC-Konzept zur Prozessführung); Software-Entwicklung für Regelungsaufgaben; Anwendungen in nahezu allen Teilgebieten der Technik sowie auch bei nichttechnischen Problemen (z.B. Weltmodell nach Forrester [For71]); Fuzzy-Regelung
	1957	R. Bellman	
	1960	DDC (Industrie)	
	1965	L. Zadeh	
	1972	(Industrie)	Einsatz von Mikrorechnern für Regelsysteme
	1975	(Industrie)	Einsatz von Leitsystemen
	1980	(Industrie)	Vordringen der digitalen Gerätetechnik
	1985	(Industrie)	Breiter Einsatz von Fuzzy-Reglern in Japan
	1995	(Industrie)	Einsatz intelligenter Regelverfahren (Fuzzy-Regler, künstlich neuronale Netze, Expertensysteme)
	1998	(Industrie)	Offene Prozessleitsysteme

2 Einige wichtige Eigenschaften von Regelsystemen

2.1 Mathematische Modelle

Da die folgenden Überlegungen nicht nur für Regelsysteme, sondern allgemein auch für andere dynamische Systeme gültig sind, soll zunächst nur von Systemen gesprochen werden. Lässt sich das Verhalten eines Systems aufgrund physikalischer oder anderer Gesetzmäßigkeiten analytisch erfassen oder anhand von Messungen bestimmen und in eine mathematische Beschreibungsform bringen, so stellen die entsprechenden Gleichungen das *mathematische Modell* desselben dar. Mathematische Modelle werden z.B. gebildet durch Differentialgleichungen, algebraische oder logische Gleichungen. Die spezielle Form des mathematischen Modells hängt dabei im wesentlichen von den tatsächlichen Systemeigenschaften ab, deren wichtigste – im Bild 2.1 dargestellt [Unb73] – im Abschnitt 2.2 kurz beschrieben werden.

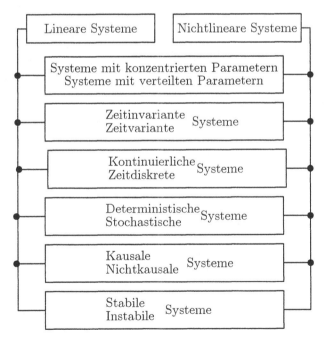

Bild 2.1.1. Gesichtspunkte zur Beschreibung der Eigenschaften von Regelsystemen

Die Frage, wozu eigentlich solche mathematischen Modelle von einzelnen Regelkreisgliedern oder komplexeren Regelsystemen gebraucht werden, ist hier durchaus berechtigt. Im allgemeinen stellen derartige mathematische Systemmodelle die Ausgangsbasis für die Analyse oder Synthese eines Regelsystems sowie auch für Simulationsstudien mit Hilfe von Simulationsprogrammen z.B. Matlab [MAT05]/Simulink [SIM05] dar. Generell ermöglicht die *Simulation* eines Systems [Sch74] das Durchspielen verschiedenartiger Betriebsfälle und Situationen, die am realen Prozess nicht oder nur unter erheblichem Aufwand überprüft werden können, was gerade im Entwurfsstadium von großer Bedeutung sein kann.

Um das tatsächliche Verhalten eines realen Systems in abstrahierter Form durch ein mathematisches Modell eventuell vereinfacht, aber doch genügend genau zu beschreiben, müssen sowohl die Parameter als auch die Struktur des Modells ermittelt (identifiziert) werden. Diese Aufgabe der Systemidentifikation kann theoretisch oder experimentell gelöst werden.

Bei der *theoretischen Identifikation* eines Systems wird anhand der physikalischen und technischen Daten der Anlage oder des Prozesses das mathematische Modell gewonnen. Dabei geht man im wesentlichen von den Elementarvorgängen aus, durch die der technische Prozess beschrieben wird (vgl. 10.1). Anhand physikalischer Gesetzmäßigkeiten (z.B. Erhaltungssätze) werden dann diese Grundvorgänge in Form von Bilanzgleichungen mathematisch formuliert. Sind die inneren und äußeren Bedingungen bekannt, dann kann das System rechnerisch identifiziert werden.

In vielen Fällen können mit Hilfe einer *experimentellen Identifikation* sehr schnell wichtige Unterlagen über das Verhalten eines Systems gewonnen werden, ohne dasselbe detaillierter zu kennen. Die experimentelle Systemidentifikation umfasst in einem ersten Teilvorgang die Messung der Systemeingangs- und Systemausgangsgrößen. Im zweiten Teilvorgang wird anhand der Auswertung der zeitlichen Verläufe von Ein- und Ausgangsgrößen und unter Verwendung eventuell vorhandener a priori-Kenntnisse das mathematische Modell aufgestellt. Dies geschieht unter Einsatz teilweise komplizierter numerischer Verfahren.

2.2   Dynamisches und statisches Verhalten von Systemen

Man unterscheidet bei Systemen gewöhnlich zwischen dem dynamischen und statischen Verhalten. Das *dynamische Verhalten* oder Zeitverhalten beschreibt den zeitlichen Verlauf der Systemausgangsgröße $x_a(t)$ bei vorgegebener Systemeingangsgröße $x_e(t)$. Diese Verknüpfung zwischen der Ein- und Ausgangsgröße lässt sich allgemein durch einen Operator T ausdrücken; d.h. zu jedem reellen $x_e(t)$ gehört ein reelles $x_a(t)$, so dass

$$x_a(t) = \mathrm{T}[x_e(t)] \qquad (2.2.1)$$

gilt. Als Beispiel dafür sei im Bild 2.2.1 die Antwort $x_a(t)$ eines Systems auf eine sprungförmige Veränderung der Eingangsgröße $x_e(t)$ betrachtet. In diesem Beispiel beschreibt $x_a(t)$ den zeitlichen Übergang von einem stationären Anfangszustand zur Zeit $t \leq 0$ in einen stationären Endzustand (theoretisch für $t \to \infty$) $x_a(\infty)$.

Variiert man nun – wie im Bild 2.2.2 dargestellt – die Sprunghöhe $x_{e,s} = $ const und trägt

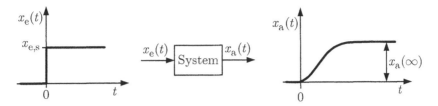

Bild 2.2.1. Beispiel für das dynamische Verhalten eines Systems

die sich einstellenden stationären Werte der Ausgangsgröße $x_{a,s} = x_a(\infty)$ über $x_{e,s}$ auf, so erhält man die statische Kennlinie

$$x_{a,s} = f(x_{e,s}),\qquad(2.2.2)$$

die das *statische Verhalten* oder Beharrungsverhalten des Systems in einem gewissen Arbeitsbereich beschreibt. Gl. (2.2.2) gibt also den Zusammenhang der Signalwerte im Ruhezustand an. Bei der weiteren Verwendung der Gl. (2.2.2) soll allerdings der einfacheren Darstellung wegen auf die Schreibweise $x_{a,s} = x_a$ und $x_{e,s} = x_e$ übergegangen werden, wobei x_a und x_e jeweils stationäre Werte von $x_a(t)$ und $x_e(t)$ darstellen.

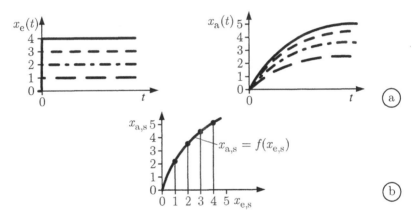

Bild 2.2.2. Beispiel für das dynamische (a) und statische (b) Verhalten eines Systems

2.3 Systemeigenschaften

2.3.1 Lineare und nichtlineare Systeme

Definition der Linearität: Ein System heißt genau dann linear, wenn unter Verwendung des in Gl. (2.2.1) eingeführten Operators das Superpositionsprinzip

$$\sum_{i=1}^{n} k_i x_{a_i}(t) = T\left[\sum_{i=1}^{n} k_i x_{e_i}(t)\right] \tag{2.3.1}$$

für eine beliebige Linearkombination von Eingangsgrößen $x_{e_i}(t)$, für $i = 1,2,3,\ldots,n$ gilt; k_i sind reelle Konstanten. Anschaulich beschreibt Gl. (2.3.1) folgenden Sachverhalt: Lässt man nacheinander auf den Eingang eines Systems n beliebige Eingangsgrößen $x_{e_i}(t)$ einwirken und bestimmt die Systemantworten $x_{a_i}(t)$, so ergibt sich die Systemantwort auf die Summe der n Eingangsgrößen als Summe der n Systemantworten $x_{a_i}(t)$. Gilt das Superpositionsprinzip nicht, so ist das System nichtlinear.

Lineare kontinuierliche Systeme[1] können immer durch lineare Differentialgleichungen beschrieben werden. Als Beispiel sei eine gewöhnliche lineare Differentialgleichung n-ter Ordnung betrachtet:

$$\sum_{i=0}^{n} a_i(t) \frac{d^i}{dt^i} x_a(t) = \sum_{j=0}^{n} b_j(t) \frac{d^j}{dt^j} x_e(t). \tag{2.3.2}$$

Wie man leicht sieht, gilt auch hier das Superpositionsprinzip entsprechend Gl. (2.3.1).

Da heute für die Behandlung linearer Systeme eine weitgehend abgeschlossene Theorie ([Tho73]; [Unb98]) zur Verfügung steht, ist man beim Auftreten von Nichtlinearitäten i.a. bemüht, eine Linearisierung durchzuführen. Zwar sind die meisten in der Technik vorkommenden Probleme von nichtlinearer Natur, doch gelingt es in sehr vielen Fällen, durch einen linearisierten Ansatz das Systemverhalten hinreichend genau zu beschreiben. Die Durchführung der *Linearisierung* hängt vom jeweiligen nichtlinearen Charakter des Systems ab. Daher wird im weiteren zwischen der Linearisierung einer statischen Kennlinie und der Linearisierung einer nichtlinearen Differentialgleichung unterschieden.

(a) Linearisierung einer statischen Kennlinie

Wird die nichtlineare Kennlinie für das statische Verhalten eines Systems durch

$$x_a = f(x_e) \tag{2.3.3}$$

beschrieben, so kann diese nichtlineare Gleichung im jeweils betrachteten Arbeitspunkt $(\overline{x}_e, \overline{x}_a)$ in die Taylor-Reihe

$$x_a = f(\overline{x}_e) + \left.\frac{df}{dx_e}\right|_{x_e = \overline{x}_e} (x_e - \overline{x}_e) + \frac{1}{2!} \left.\frac{d^2 f}{dx_e^2}\right|_{x_e = \overline{x}_e} (x_e - \overline{x}_e)^2 + \ldots \tag{2.3.4}$$

entwickelt werden. Sind die Abweichungen $(x_e - \overline{x}_e)$ um den Arbeitspunkt klein, so können die Terme mit den höheren Ableitungen vernachlässigt werden, und aus Gl. (2.3.4) folgt

$$x_a \approx \overline{x}_a + K(x_e - \overline{x}_e)$$

mit

$$\overline{x}_a = f(\overline{x}_e) \quad \text{und} \quad K = \left.\frac{df}{dx_e}\right|_{x_e = \overline{x}_e},$$

---

[1] Definition kontinuierlicher Systeme s. Abschnitt 2.3.4

oder umgeformt
$$x_a - \overline{x}_a \approx K(x_e - \overline{x}_e).$$
(2.3.5)

Dieselbe Vorgehensweise ist auch für eine Funktion mit zwei oder mehreren unabhängigen Variablen möglich. So gilt z.B. für

$$x_a = f(x_{e_1}, x_{e_2})$$
(2.3.6)

die Taylor-Reihenentwicklung im Arbeitspunkt $(\overline{x}_a, \overline{x}_{e_1}, \overline{x}_{e_2})$

$$x_a = f(\overline{x}_{e_1}, \overline{x}_{e_2}) + \underbrace{\left.\frac{\partial f}{\partial x_{e_i}}\right|_{\substack{x_{e_1}=\overline{x}_{e_1}\\ x_{e_2}=\overline{x}_{e_2}}}(x_{e_1} - \overline{x}_{e_1})}_{K_1} + \underbrace{\left.\frac{\partial f}{\partial x_{e_2}}\right|_{\substack{x_{e_2}=\overline{x}_{e_2}\\ x_{e_1}=\overline{x}_{e_1}}}(x_{e_2} - \overline{x}_{e_2})}_{K_2} + \ldots.$$

Bricht man die Reihenentwicklung nach den ersten Ableitungen ab und formt um, so erhält man näherungsweise den linearen Zusammenhang

$$x_a - \overline{x}_a \approx K_1(x_{e_1} - \overline{x}_{e_1}) + K_2(x_{e_2} - \overline{x}_{e_2}).$$
(2.3.7)

(b) Linearisierung einer nichtlinearen Differentialgleichung

Ein nichtlineares dynamisches System mit der Eingangsgröße $x_e(t) = u(t)$ und der Ausgangsgröße $x_a(t) = x(t)$ werde beschrieben durch die nichtlineare Differentialgleichung 1. Ordnung

$$\dot{x}(t) = f[x(t), u(t)],$$
(2.3.8)

die in der Umgebung einer *Ruhelage* $(\overline{x}, \overline{u})$ linearisiert werden soll. Eine Ruhelage $\overline{x}$ zu einer konstanten Eingangsgröße $\overline{u}$ ist dadurch gekennzeichnet, dass $x(t)$ zeitlich konstant ist, d.h. es gilt $\dot{x}(t) = 0$. Man erhält zu einer gegebenen Eingangsgröße $\overline{u}$ die Ruhelagen des Systems durch Lösen der Gleichung

$$0 = f(\overline{x}, \overline{u}).$$
(2.3.9)

Bezeichnet man mit $x^*(t)$ die Abweichung der Variablen $x(t)$ von der Ruhelage $\overline{x}$, dann gilt

$$x(t) = \overline{x} + x^*(t),$$
(2.3.10a)

und daraus folgt

$$\dot{x}(t) = \dot{x}^*(t).$$
(2.3.10b)

Ganz entsprechend ergibt sich für die zweite Variable

$$u(t) = \overline{u} + u^*(t)$$
(2.3.11a)

und deren Ableitung

$$\dot{u}(t) = \dot{u}^*(t).$$
(2.3.11b)

Die Taylor-Reihenentwicklung von Gl. (2.3.8) um die Ruhelage $(\overline{x}, \overline{u})$ liefert nun

$$\dot{x}(t) = f[\overline{x},\overline{u}] + \frac{\partial f}{\partial x}\bigg|_{\substack{x=\overline{x}\\u=\overline{u}}} (x - \overline{x}) + \frac{\partial f}{\partial u}\bigg|_{\substack{u=\overline{u}\\x=\overline{x}}} (u - \overline{u}) + \ldots,$$

und bei Vernachlässigung der Terme mit den höheren Ableitungen und Berücksichtigung der Gln. (2.3.9) bis (2.3.11b) erhält man näherungsweise die lineare Differentialgleichung

$$\dot{x}^*(t) \approx Ax^*(t) + Bu^*(t) \tag{2.3.12}$$

mit

$$A = \frac{\partial f(x,u)}{\partial x}\bigg|_{\substack{x=\overline{x}\\u=\overline{u}}} \quad \text{und } B = \frac{\partial f(x.u)}{\partial u}\bigg|_{\substack{u=\overline{u}\\x=\overline{x}}}.$$

Ganz entsprechend kann auch bei nichtlinearen Vektordifferentialgleichungen

$$\dot{\boldsymbol{x}}(t) = \boldsymbol{f}[\boldsymbol{x}(t),\boldsymbol{u}(t)] \text{ mit } \boldsymbol{x}(t) = [x_1(t) \ldots x_n(t)]^T \tag{2.3.13}$$
$$\boldsymbol{u}(t) = [u_1(t) \ldots u_r(t)]^T$$

vorgegangen werden. Dabei stellen $\boldsymbol{f}(\boldsymbol{x},\boldsymbol{u}),\boldsymbol{x}(t)$ und $\boldsymbol{u}(t)$ Spaltenvektoren dar. Die Linearisierung liefert die lineare Vektordifferentialgleichung

$$\dot{\boldsymbol{x}}^*(t) \approx \boldsymbol{A}\boldsymbol{x}^*(t) + \boldsymbol{B}\boldsymbol{u}^*(t), \tag{2.3.14}$$

wobei $\boldsymbol{A}$ und $\boldsymbol{B}$ als Jacobi-Matrizen die partiellen Ableitungen enthalten:

$$\boldsymbol{A} = \begin{bmatrix} \dfrac{\partial f_1(\boldsymbol{x},\boldsymbol{u})}{\partial x_1} & \cdots & \dfrac{\partial f_1(\boldsymbol{x},\boldsymbol{u})}{\partial x_n} \\ \vdots & & \vdots \\ \dfrac{\partial f_n(\boldsymbol{x},\boldsymbol{u})}{\partial x_1} & \cdots & \dfrac{\partial f_n(\boldsymbol{x},\boldsymbol{u})}{\partial x_n} \end{bmatrix}_{\substack{x=\overline{x}\\u=\overline{u}}} \tag{2.3.15}$$

$$\boldsymbol{B} = \begin{bmatrix} \dfrac{\partial f_1(\boldsymbol{x},\boldsymbol{u})}{\partial u_1} & \cdots & \dfrac{\partial f_1(\boldsymbol{x},\boldsymbol{u})}{\partial u_r} \\ \vdots & & \vdots \\ \dfrac{\partial f_n(\boldsymbol{x},\boldsymbol{u})}{\partial u_1} & \cdots & \dfrac{\partial f_n(\boldsymbol{x},\boldsymbol{u})}{\partial u_r} \end{bmatrix}_{\substack{x=\overline{x}\\u=\overline{u}}} \tag{2.3.16}$$

Beispiel 2.3.1
Gegeben sei die nichtlineare Differentialgleichung

$$\dot{x} = x(x - 1) + u = f(x,u).$$

Es lässt sich leicht anhand der Beziehung $\dot{x} = 0$ bzw. $f(\overline{x},\overline{u}) = 0$ feststellen, dass nur für $u = \overline{u} \leq 1/4$ Ruhelagen existieren, und dass die gegebene nichtlineare Differentialgleichung zu jedem derartigen $\overline{u}$ zwei Ruhelagen besitzt. Beispielsweise ergeben sich für $\overline{u} = 0$ als Lösung der Gleichung

$$\dot{x} = 0 = x(x - 1)$$

die beiden Werte

$$\overline{x} = 0 \qquad \text{und} \qquad \overline{x} = 1.$$

Zu $\overline{u} = -2$ gibt es ebenfalls zwei Ruhelagen, die sich aus

$$\dot{x} = 0 = x^2 - x - 2 \,|_{\overline{x},\overline{u}}$$

ergeben:

$$\overline{x} = -1 \qquad \text{und} \qquad \overline{x} = 2.$$

Für diese Ruhelagen gilt mit $x = \overline{x}$ und $u = \overline{u}$, wie sich leicht nachprüfen lässt,

$$f(x,u) = x(x-1) + u = 0\,|_{\overline{x},\overline{u}}.$$

Die Linearisierung liefert nach Gl. (2.3.12)

$$\dot{x}^*(t) \approx Ax^*(t) + Bu^*(t)$$

mit

$$A = \frac{\partial f}{\partial x}\,\Big|_{\overline{x},\overline{u}} = 2\overline{x} - 1 \quad \text{und} \quad B = \frac{\partial f}{\partial u}\,\Big|_{\overline{x},\overline{u}} = 1.$$

In der Tabelle 2.3.1 sind für verschiedene Ruhelagen die zugehörigen linearisierten Differentialgleichungen angegeben.

Tabelle 2.3.1 Linearisierte Differentialgleichungen für Beispiel 2.3.1

Ruhelage $\overline{x}$	$\overline{u}$	linearisierte Differentialgleichung
0	0	$\dot{x}^*(t) \approx -x^*(t) + u^*(t)$
1	0	$\dot{x}^*(t) \approx x^*(t) + u^*(t)$
- 1	- 2	$\dot{x}^*(t) \approx -3x^*(t) + u^*(t)$
2	- 2	$\dot{x}^*(t) \approx 3x^*(t) + u^*(t)$

Beispiel 2.3.2
Die homogene Differentialgleichung eines nichtlinearen Systems sei gegeben durch

$$\ddot{y} + a\dot{y} + K \sin y = 0.$$

Setzt man

$$x_1 = y \qquad \text{und} \qquad x_2 = \dot{x}_1 = \dot{y},$$

so erhält man das System von zwei Differentialgleichungen 1. Ordnung:

$$\dot{x}_1 = x_2 \qquad\qquad\qquad = f_1(x)$$
$$\dot{x}_2 = -K \sin x_1 - ax_2 = f_2(x).$$

Die möglichen Ruhelagen des Systems ergeben sich durch Lösen des Gleichungssystems:

$$0 = \overline{x}_2$$
$$0 = -K \sin \overline{x}_1 - a\overline{x}_2.$$

Man erhält als Lösung:

$$\overline{x}_2 = 0$$
$$\overline{x}_1 = n\pi, \qquad n = 0, \pm 1, \pm 2, \ldots.$$

Mit den Gln. (2.3.14) und (2.3.15) folgt für die linearisierte Bewegung

$$\dot{x}^* \approx \begin{bmatrix} \dfrac{\partial f_1}{\partial x_1} & \dfrac{\partial f_1}{\partial x_2} \\[2ex] \dfrac{\partial f_2}{\partial x_1} & \dfrac{\partial f_2}{\partial x_2} \end{bmatrix}_{x_1=\overline{x}_1;\,x_2=\overline{x}_2} x^*.$$

Es interessiere nur die Ruhelage $\overline{x}_1 = 0$; $\overline{x}_2 = 0$. Als linearisiertes homogenes Differentialgleichungssystem um diese Ruhelage erhält man:

$$\dot{x}^* \approx \begin{bmatrix} 0 & 1 \\ -K \cos x_1 & -a \end{bmatrix}_{\overline{x}_1=0;\,\overline{x}_2=0} x^* = \begin{bmatrix} 0 & 1 \\ -K & -a \end{bmatrix} x^*.$$

∎

2.3.2 Systeme mit konzentrierten oder verteilten Parametern

Man kann sich ein Übertragungssystem zusammengesetzt denken aus endlich vielen idealisierten einzelnen Elementen, z.B. ohmschen Widerständen, Kapazitäten, Induktivitäten, Dämpfern, Federn, Massen usw. Derartige Systeme werden als Systeme mit konzentrierten Parametern bezeichnet. Diese werden durch gewöhnliche Differentialgleichungen beschrieben. Besitzt ein System unendlich viele, unendlich kleine Einzelelemente der oben angeführten Art, dann stellt es ein System mit verteilten Parametern dar, das durch partielle Differentialgleichungen beschrieben wird. Der Spannungsverlauf auf einer Leitung ist eine Funktion von Ort *und* Zeit und damit nur durch eine partielle Differentialgleichung beschreibbar. Ein anderes Beispiel für ein System mit verteilten Parametern ist das Schwingungsverhalten einer massebehafteten Feder (Bild 2.3.1).

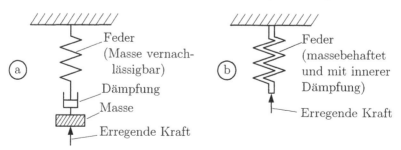

Bild 2.3.1. Beispiele für ein Schwingungssystem mit konzentrierten (a) und verteilten (b) Parametern

2.3.3 Zeitvariante und zeitinvariante Systeme

Sind die Systemparameter nicht konstant, sondern ändern sie sich in Abhängigkeit von der Zeit, dann ist das System zeitvariant (oft auch als zeitvariabel oder nichtstationär bezeichnet). Ist das nicht der Fall, dann wird das System als zeitinvariant bezeichnet. Als Beispiel für zeitvariante Systeme können u.a. folgende Systeme genannt werden:

- Rakete (Massenänderung)

- Kernreaktor (Abbrand)

- temperaturabhängiger Widerstand (bei zeitlicher Änderung der Temperatur).

Häufiger und wichtiger sind zeitinvariante Systeme, deren Parameter alle konstant sind. Die Zeitinvarianz lässt sich formal durch die Operatorschreibweise

$$x_a(t - t_0) = \mathrm{T}[x_e(t - t_0)] \tag{2.3.17}$$

kennzeichnen, welche aussagt, dass eine zeitliche Verschiebung des Eingangssignals $x_e(t)$ um t_0 eine gleiche Verschiebung des Ausgangssignals $x_a(t)$ zur Folge hat, ohne dass $x_a(t)$ verfälscht wird. Einfachheitshalber wird meist $t_0 = 0$ gewählt. Ein typisches Beispiel für ein zeitvariantes und zeitinvariantes System zeigt Bild 2.3.2 a, bei dem sich durch die ausströmende Flüssigkeit die Masse $m(t)$ verändert.

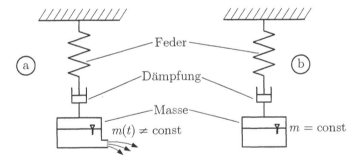

Bild 2.3.2. Beispiel für ein Schwingungssystem mit zeitvariantem (a) und zeitinvariantem (b) Verhalten

2.3.4 Systeme mit kontinuierlicher oder diskreter Arbeitsweise

Ist eine Systemvariable (Signal) y, zum Beispiel die Eingangs- oder Ausgangsgröße eines Systems, zu jedem beliebigen Zeitpunkt gegeben, und ist sie innerhalb gewisser Grenzen stetig veränderbar, dann spricht man von einem *kontinuierlichen* Signalverlauf (Bild 2.3.3a). Kann das Signal nur gewisse diskrete Amplitudenwerte annehmen, dann liegt ein *quantisiertes* Signal vor (Bild 2.3.3b). Ist hingegen der Wert des Signals nur zu bestimmten diskreten Zeitpunkten bekannt, so handelt es sich um ein *zeitdiskretes* (oder kurz: diskretes) Signal (Bild 2.3.3c). Sind die Signalwerte zu äquidistanten Zeitpunkten mit dem Intervall T gegeben, so liegt ein Abtastsignal mit der Abtastperiode T vor. Systeme, in denen derartige Signale verarbeitet werden, bezeichnet man auch als *Abtastsysteme* ([Ack88]; Fl93]). In sämtlichen Regelsystemen, in denen ein Digitalrechner z.B. die Funktion eines Reglers übernimmt, können von diesem nur zeitdiskrete quantisierte Signale verarbeitet werden (Bild 2.3.3d).

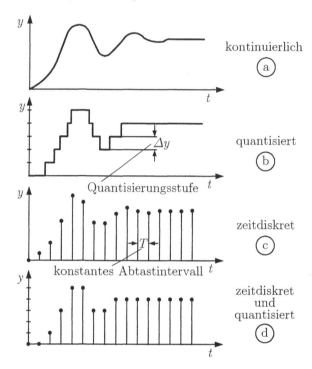

Bild 2.3.3. Unterscheidungsmerkmale für kontinuierliche und diskrete Signale

2.3.5   Systeme mit deterministischen oder stochastischen Variablen

Eine Systemvariable kann entweder deterministischen oder stochastischen Charakter aufweisen. Die deterministischen oder stochastischen Eigenschaften beziehen sich sowohl auf die in einem System auftretenden Signale als auch auf die Parameter des mathematischen Systemmodells. Im deterministischen Fall sind die Signale und das mathematische Modell eines Systems eindeutig bestimmt. Das zeitliche Verhalten (Bild 2.3.4a) des Systems lässt sich somit auch reproduzieren. Im stochastischen Fall hingegen besitzen die auf das System einwirkenden Signale und/oder das Systemmodell, z.B. ein Koeffizient der Systemgleichung (also in diesem Fall eine stochastische Variable), stochastischen, d.h. entsprechend Bild 2.3.4b völlig regellosen Charakter. Der Wert dieser in den Signalen oder im System auftretenden Variablen kann daher zu jedem Zeitpunkt nur durch statistische Gesetzmäßigkeiten ([Sch68a]; [Sol63]) beschrieben werden und ist somit nicht mehr reproduzierbar.

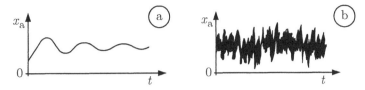

Bild 2.3.4. Deterministischer (a) und stochastischer (b) Signalverlauf $x_a(t)$

Da häufig der etwas unpräzise Begriff des „stochastischen Systems"benutzt wird, sollte bei der Verwendung dieses Begriffes stets eindeutig geklärt werden, ob die stochastischen Variablen tatsächlich in den Koeffizienten der Systemgleichungen oder nur in den zugehörigen Signalen auftreten.

2.3.6 Kausale und nichtkausale Systeme

Bei einem kausalen System ist die Ausgangsgröße $x_a(t)$ zu einem beliebigen Zeitpunkt t_1 nur vom Verlauf der Eingangsgröße $x_e(t)$ bis zu diesem Zeitpunkt t_1 abhängig; es muss also erst eine Ursache auftreten, bevor sich eine Wirkung zeigt. Ist diese Eigenschaft nicht vorhanden, dann ist das System nichtkausal. Alle realen Systeme sind kausal.

2.3.7 Stabile und instabile Systeme

Die Stabilität stellt bei Regelsystemen eine wichtige Systemeigenschaft dar, die später noch ausführlich besprochen wird. Hier soll zunächst nur festgestellt werden, dass ein System genau dann eingangs-/ausgangsstabil ist, wenn jedes beschränkte zulässige Eingangssignal $x_e(t)$ ein ebenfalls beschränktes Ausgangssignal $x_a(t)$ zur Folge hat. Ist dies nicht der Fall, dann ist das System instabil (Bild 2.3.5).

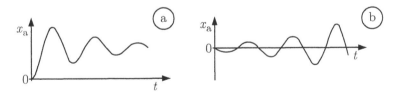

Bild 2.3.5. Stabiles (a) und instabiles (b) Systemverhalten $x_a(t)$ bei beschränkter Eingangsgröße $x_e(t)$

2.3.8 Eingrößen- und Mehrgrößensysteme

Ein System, welches genau eine Eingangs- und Ausgangsgröße besitzt, heißt Eingrößensystem. Ein System mit mehreren Eingangsgrößen und einer oder mehreren Ausgangsgrößen heißt Mehrgrößensystem oder multivariables System, wenn mindestens eine Ausgangsgröße von mehreren Eingangsgrosen abhängig ist. Ein Mehrgrößensystem liegt auch vor, wenn das System nur eine Eingangsgröße, aber mehrere Ausgangsgrößen aufweist.

Neben den hier diskutierten Systemeigenschaften werden später noch einige weitere eingeführt. So sind beispielsweise die *Steuerbarkeit* und *Beobachtbarkeit* eines Systems wesentliche Eigenschaften, die das innere Systemverhalten beschreiben. Da aber die für die Definition erforderlichen Grundlagen erst im Band „Regelungstechnik II" behandelt werden, kann an dieser Stelle auf diese Systemeigenschaft noch nicht eingegangen werden.

Es sei noch erwähnt, dass ein System gewöhnlich mehrere der hier aufgeführten Eigenschaften besitzt, die dann auch zu seiner Charakterisierung verwendet werden. So werden z.B. in den nachfolgenden Abschnitten zunächst lineare invariante kontinuierliche Systeme behandelt.

3 Beschreibung linearer kontinuierlicher Systeme im Zeitbereich

3.1 Beschreibung mittels Differentialgleichungen

Wie bereits in den beiden vorhergehenden Kapiteln gezeigt wurde, kann das Übertragungsverhalten linearer kontinuierlicher Systeme durch lineare Differentialgleichungen beschrieben werden. Im Falle von Systemen mit konzentrierten Parametern führt dies auf gewöhnliche lineare Differentialgleichungen gemäß Gl. (2.3.2), während bei Systemen mit verteilten Parametern sich partielle lineare Differentialgleichungen als mathematische Modelle zur Systembeschreibung ergeben. Im Abschnitt 2.1 wurde bereits angedeutet, dass bei der Aufstellung des mathematischen Systemmodells – abgesehen von der experimentellen Systemidentifikation – stets von den *physikalischen Grundgesetzen* ausgegangen wird. Bei *elektrischen Systemen* sind dies die Kirchhoffschen Gesetze, das Ohmsche Gesetz, das Induktionsgesetz usw. (bei Netzwerken, also Systemen mit konzentrierten Parametern), sowie die Maxwellschen Gleichungen (diese kommen bei Feldern, also Systemen mit örtlich verteilten Parametern hinzu). Bei *mechanischen Systemen* gelten das Newtonsche Gesetz, die Kräfte- und Momentengleichgewichte, sowie die Erhaltungssätze von Impulsen und Energien, während bei *thermodynamischen Systemen* die Erhaltungssätze der inneren Energie oder Enthalpie sowie die Wärmeleitungs- und Wärmeübertragungsgesetze anzuwenden sind, oft in Verbindung mit Gesetzen der Hydro- oder Gasdynamik. Selbstverständlich kann im Rahmen des vorliegenden Abschnitts nicht in breiter Form auf die Erstellung mathematischer Modelle für derartige unterschiedliche technische Systeme eingegangen werden. Da aber der Regelungstechniker in der Lage sein muss, in sehr verschiedenen Anwendungsbereichen die entsprechenden Systemmodelle zu erstellen, wird nachfolgend aus allen drei genannten Bereichen ein repräsentatives Beispiel ausgewählt.

3.1.1 Elektrische Systeme

Für die Behandlung elektrischer Netzwerke ([CF78], [Unb93], [CKK68]) benötigt man u.a. die Kirchhoffschen Gesetze:

1. Die Summe der einem Knotenpunkt zufließenden Ströme ist gleich Null:

$$\sum i_i = 0 \quad \text{in einem Knotenpunkt.}$$

2. Die Summe der Spannungen bei einem Umlauf in einer Masche ist gleich Null:

$$\sum u_i = 0 \quad \text{bei einem Umlauf in einer Masche.}$$

Das Aufstellen der Differentialgleichungen eines Netzwerkes wird an dem *Beispiel* des Reihenschwingkreises nach Bild 3.1.1 gezeigt. Hierbei wird durch R ein ohmscher Widerstand, C eine Kapazität und L eine Induktivität gekennzeichnet. Als Eingangs- und Ausgangsgrößen $x_e(t)$ und $x_a(t)$ werden die Spannungen an den beiden Klemmenpaaren des Netzwerkes angesehen. Eine eventuell vorhandene Anfangsspannung an der Kapazität wird durch $u_C(0)$ berücksichtigt.

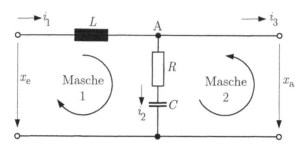

Bild 3.1.1. Reihenschwingkreis

Mit den Kirchhoffschen Gesetzen gilt:

- Für Masche 1:

$$x_e(t) = L\frac{di_1}{dt} + Ri_2 + \frac{1}{C}\int_0^t i_2(\tau)\,d\tau + u_C(0). \tag{3.1.1}$$

- Für Masche 2:

$$x_a(t) = Ri_2 + \frac{1}{C}\int_0^t i_2(\tau)\,d\tau + u_C(0). \tag{3.1.2}$$

- Für Knoten A:

$$i_1 - i_2 - i_3 = 0. \tag{3.1.3}$$

Es wird vorausgesetzt, dass der Ausgang des Netzwerkes nicht belastet ist. Für den Strom i_3 folgt daraus $i_3 = 0$, und somit ergibt sich

$$i_1 = i_2 = i. \tag{3.1.4}$$

Aus den Gln. (3.1.1) und (3.1.2) erhält man

$$x_e(t) = L\frac{di_1}{dt} + x_a(t) \tag{3.1.5}$$

und daraus folgt

$$i_1(t) = \frac{1}{L}\int_0^t [x_e(\tau) - x_a(\tau)]\,d\tau. \tag{3.1.6}$$

Unter Beachtung von Gl. (3.1.4) wird i_1 in Gl. (3.1.2) eingesetzt. Dies liefert

$$x_a(t) = R\frac{1}{L}\int\limits_0^t [x_e(\tau) - x_a(\tau)]\,d\tau$$

$$+ \frac{1}{CL}\int\limits_0^t\int\limits_0^{\tau_1} [x_e(\tau_2) - x_a(\tau_2)]\,d\tau_2\,d\tau_1 + u_C(0). \tag{3.1.7}$$

Wird nun Gl. (3.1.7) zweimal differenziert, dann erhält man

$$\frac{d^2 x_a}{dt^2} = \frac{R}{L}\left(\frac{dx_e}{dt} - \frac{dx_a}{dt}\right) + \frac{1}{CL}(x_e - x_a), \tag{3.1.8}$$

und die Umformung liefert schließlich

$$CL\frac{d^2 x_a}{dt^2} + CR\frac{dx_a}{dt} + x_a = CR\frac{dx_e}{dt} + x_e. \tag{3.1.9}$$

Mit den Abkürzungen
$$T_1 = RC \quad \text{und} \quad T_2 = \sqrt{LC}$$

ergibt sich somit als mathematisches Modell des betrachteten Reihenschwingkreises die lineare Differentialgleichung 2. Ordnung mit konstanten Koeffizienten

$$T_2^2\frac{d^2 x_a}{dt^2} + T_1\frac{dx_a}{dt} + x_a = T_1\frac{dx_e}{dt} + x_e. \tag{3.1.10}$$

Zur eindeutigen Bestimmung von $x_a(t)$ müssen zwei Anfangsbedingungen $x_a(0)$ und $\dot{x}_a(0)$ gegeben sein. Die Ordnung eines solchen physikalischen Systems erkennt man an der Anzahl der voneinander unabhängigen Energiespeicher (hier L und C).

3.1.2 Mechanische Systeme

Zum Aufstellen der Differentialgleichungen von mechanischen Systemen ([Mag69]; [Lip68]) benötigt man die folgenden Gesetze:

- Newtonsches Gesetz,

- Kräfte- und Momentengleichgewichte,

- Erhaltungssätze von Impuls, Drehimpuls und Energie.

Als *Beispiel* für ein mechanisches System soll die Differentialgleichung eines gedämpften Schwingers nach Bild 3.1.2 ermittelt werden. Dabei charakterisieren c die Federkonstante, d die Dämpfungskonstante und m die Masse desselben. Die Größen $v_1(= x_a)$, v_2 und x_e beschreiben jeweils die Geschwindigkeiten in den gekennzeichneten Punkten.

Das Newtonsche Gesetz

$$m\frac{dv}{dt} = \sum F_i \quad (F_i = \text{äußere Kräfte})$$

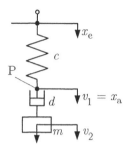

Bild 3.1.2. Gedämpfter mechanischer Schwinger

liefert im vorliegenden Fall

$$m\frac{\mathrm{d}\nu_2}{\mathrm{d}t} = d(\nu_1 - \nu_2).\qquad(3.1.11)$$

Als Kräftegleichgewicht im Punkt P (Dämpfungskraft = Federkraft) gilt, sofern die Feder zum Zeitpunkt $t = 0$ keine Anfangsauslenkung besitzt,

$$d(\nu_1 - \nu_2) = c\int\limits_0^t [x_e(\tau) - \nu_1(\tau)]\,\mathrm{d}\tau.\qquad(3.1.12)$$

Aus den Gln. (3.1.11) und (3.1.12) folgt

$$\frac{\mathrm{d}\nu_2}{\mathrm{d}t} = \frac{c}{m}\left[\int\limits_0^t x_e(\tau)\,\mathrm{d}\tau - \int\limits_0^t \nu_1(\tau)\,\mathrm{d}\tau\right].\qquad(3.1.13)$$

Da man ν_1 als Ausgangsgröße x_a des Systems betrachtet und deshalb an dem Zusammenhang zwischen ν_1 und x_e interessiert ist, wird ν_2 eliminiert. Dazu wird Gl. (3.1.12) differenziert:

$$d\frac{\mathrm{d}\nu_1}{\mathrm{d}t} - d\frac{\mathrm{d}\nu_2}{\mathrm{d}t} = c[x_e - \nu_1].\qquad(3.1.14)$$

Setzt man Gl. (3.1.13) in Gl. (3.1.14) ein und differenziert diese Gleichung anschließend noch einmal, so liefert dies:

$$d\frac{\mathrm{d}^2\nu_1}{\mathrm{d}t^2} - \frac{dc}{m}x_e + \frac{dc}{m}\nu_1 = c\frac{\mathrm{d}x_e}{\mathrm{d}t} - c\frac{\mathrm{d}\nu_1}{\mathrm{d}t}.\qquad(3.1.15)$$

Man sieht zunächst, dass auch Gl. (3.1.15) eine lineare Differentialgleichung 2. Ordnung mit konstanten Koeffizienten ist. Mit den Abkürzungen

$$T_1 = \frac{m}{d}\quad\text{und}\quad T_2 = \sqrt{\frac{m}{c}}$$

und mit $x_a = \nu_1$ ergibt sich

$$T_2^2 \frac{\mathrm{d}^2 x_\mathrm{a}}{\mathrm{d}t^2} + T_1 \frac{\mathrm{d}x_\mathrm{a}}{\mathrm{d}t} + x_\mathrm{a} = T_1 \frac{\mathrm{d}x_\mathrm{e}}{\mathrm{d}t} + x_\mathrm{e}. \tag{3.1.16}$$

Diese Gleichung besitzt dieselbe mathematische Struktur wie die des elektrischen Netzwerkes gemäß Gl. (3.1.10). Beide Systeme sind daher analog zueinander.

Die Analogie zwischen mechanischen Systemen, bestehend aus den drei Grundelementen Masse (m), Feder (c) und Dämpfer (d) und elektrischen Systemen mit ohmschen Widerständen (R), Kapazitäten (C) und Induktivitäten (L) lässt sich leicht verallgemeinern, wie Bild 3.1.3 zeigt. Dabei ist zu beachten, dass die im linken oberen Teil von Bild 3.1.3 dargestellte Masse nur eine „Verbindungsstange" nach außen besitzt, an der eine Kraft F angreift. Das System „Masse + Verbindungsstange" stellt also ein mechanisches Eintor dar. Das analoge elektrische Element muss damit ebenfalls ein Eintor (Zweipol) sein. Die Feder und der Dämpfer hingegen sind mechanische Zweitore. Deshalb müssen die analogen elektrischen Elemente auch Zweitore (Vierpole) sein. Es gibt nun zwei Zuordnungsmöglichkeiten für mechanische und elektrische Größen. In der Analogie 1. Art entsprechen sich:

-     Kraft   und   Spannung $F \,\hat{=}\, u$;
-     Geschwindigkeit   und   Strom $\nu \,\hat{=}\, i$.

In der Analogie 2. Art ist es genau umgekehrt, es entsprechen sich:

-     Kraft   und   Strom $F \,\hat{=}\, i$;
-     Geschwindigkeit   und   Spannung $\nu \,\hat{=}\, u$.

Die beiden Analogien sind also zueinander elektrisch dual. Da nun, wie Bild 3.1.3 zeigt, die Differentialgleichung des mechanischen Elements mathematisch identisch ist mit der des analogen elektrischen Elements, ist man oft bestrebt, mechanische „Netzwerke" in analoge elektrische umzuwandeln. Dazu wird häufiger die Analogie 2. Art benutzt. Betrachtet man einen „mechanischen Knoten", so gilt stets $\sum F_i = 0$. In der Analogie 1. Art lautet die analoge Beziehung $\sum u_i = 0$. Dies ist aber eine Maschengleichung. In der Analogie 2. Art hingegen lautet die analoge elektrische Gleichung $\sum i_i = 0$; sie stellt ebenfalls eine Knotengleichung dar. Ein zu einem mechanischen Netzwerk analoges elektrisches Netzwerk gibt also nur in der Analogie 2. Art die Struktur des mechanischen Netzwerkes wieder. Die Analogie 2. Art wird daher „schaltungstreu" genannt, während die Analogie 1. Art als „schaltungsdual" bezeichnet wird. Ein mechanischer „Parallelschwingkreis" entspricht in der Analogie 2. Art einem elektrischen Parallelschwingkreis, in der Analogie 1. Art hingegen einem Reihenschwingkreis (Bild 3.1.3).

3.1.3   Thermische Systeme

Wie bereits eingangs erwähnt, benötigt man zur Bestimmung der Differentialgleichungen thermischer Systeme ([Kut68]; [Pro62]; [YM70]; [DV70])

- die Erhaltungssätze der inneren Energie oder Enthalpie sowie

Mechanisches System	Analoge elektrische Systeme	
	Analogie 2. Art	Analogie 1. Art
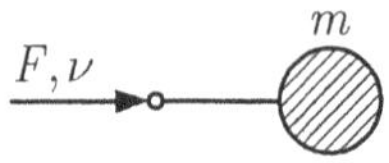 $F = m\dfrac{\mathrm{d}\nu}{\mathrm{d}t}$	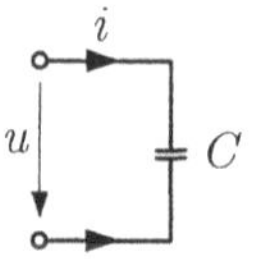 $i = C\dfrac{\mathrm{d}u}{\mathrm{d}t}$	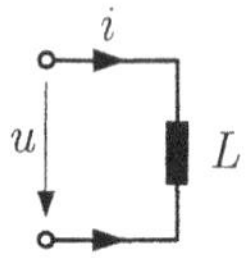 $u = L\dfrac{\mathrm{d}i}{\mathrm{d}t}$
$c = \dfrac{1}{n}$  $F_1 = F_2 = F$ $F = \dfrac{1}{n}\displaystyle\int (\nu_1 - \nu_2)\mathrm{d}t$	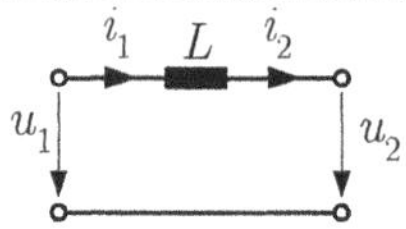 $i_1 = i_2 = i$ $i = \dfrac{1}{L}\displaystyle\int (u_1 - u_2)\mathrm{d}t$	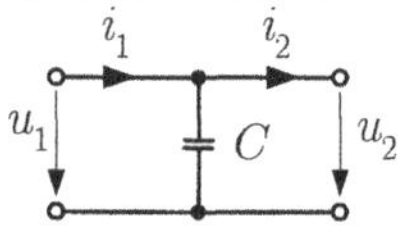 $u_1 = u_2 = u$ $u = \dfrac{1}{C}\displaystyle\int (i_1 - i_2)\mathrm{d}t$
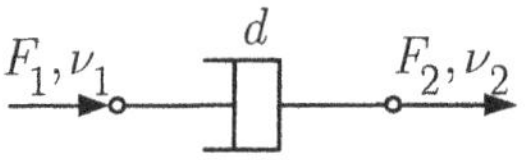 $F_1 = F_2 = F$ $F = d(\nu_1 - \nu_2)$	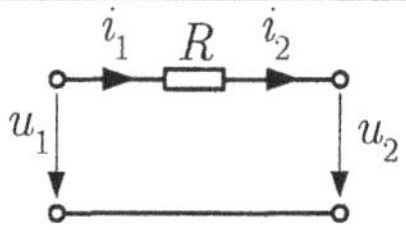 $i_1 = i_2 = i$ $i = \dfrac{1}{R}(u_1 - u_2)$	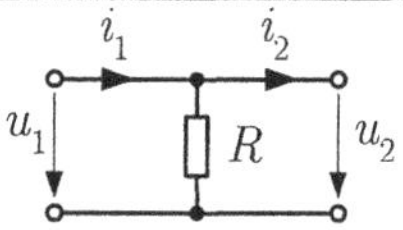 $u_1 = u_2 = u$ $u = R(i_1 - i_2)$
F, ν	$F \mathrel{\hat{=}} i \quad \nu \mathrel{\hat{=}} u$	$F \mathrel{\hat{=}} u \quad \nu \mathrel{\hat{=}} i$

An den Toren entsprechen sich:

mechanischer Leerlauf: $\quad F = 0$	elektrischer Leerlauf: $\quad i = 0$	elektrischer Kurzschluß: $\quad u = 0$
mechanischer Kurzschluß: $\quad n = 0$	elektrischer Kurzschluß: $\quad u = 0$	elektrischer Leerlauf: $\quad i = 0$

Analoge Schaltungen:

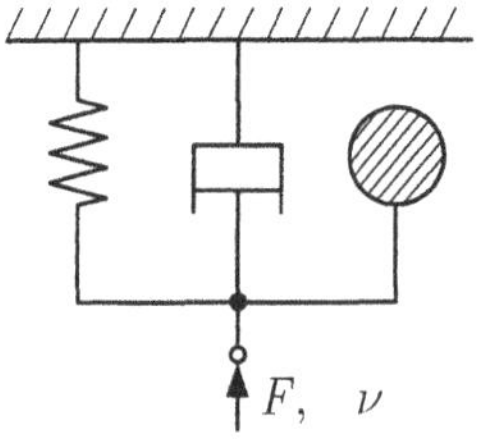

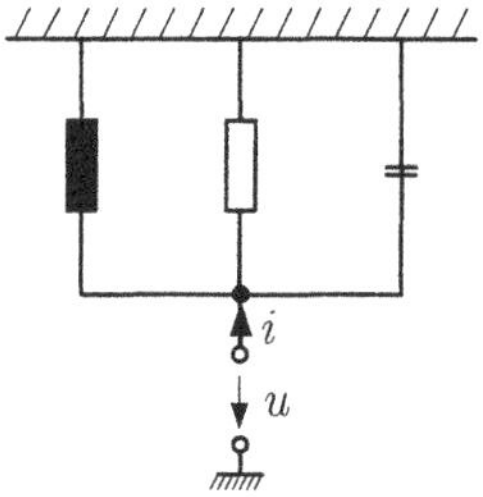

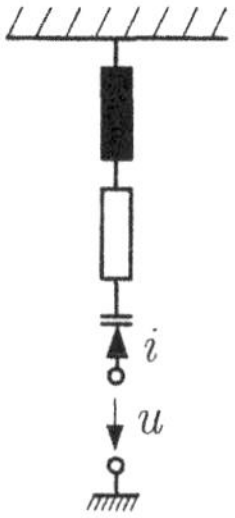

Bild 3.1.3. Elektrische und mechanische Analogien

- die Wärmeleitungs- und Wärmeübertragungsgesetze.

Als *Beispiel* hierfür soll nun nachfolgend das mathematische Modell des Stoff- und Wärmetransports in einem dickwandigen, von einem Fluid durchströmten Rohr gemäß Bild 3.1.4 betrachtet werden [Pro62]. Zunächst werden die folgenden vereinfachenden *Annahmen* getroffen:

- Die Temperatur, sowohl im Fluid, als auch in der Rohrwand, ist nur von der Koordinate z abhängig.

- Der gesamte Wärmetransport in Richtung der Rohrachse wird nur durch den Massetransport, nicht aber durch Wärmeleitung innerhalb des Fluids oder der Rohrwand hervorgerufen.

- Die Strömungsgeschwindigkeit des Fluids ist im ganzen Rohr konstant und hat nur eine Komponente in z-Richtung.

- Die Stoffwerte von Fluid und Rohr sind über die Rohrlänge konstant.

- Nach außen hin ist das Rohr ideal isoliert.

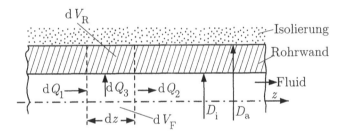

Bild 3.1.4. Ausschnitt aus dem untersuchten Rohr

Mit folgenden *Bezeichnungen*

$\vartheta(z,t)$	Fluidtemperatur
$\theta(z,t)$	Rohrtemperatur
$\dot{m}$	Fluidstrom
L	Rohrlänge
w_F	Fluidgeschwindigkeit
$\rho_\mathrm{F}, \rho_\mathrm{R}$	Dichte (Fluid, Rohr)
$c_\mathrm{F}, c_\mathrm{R}$	spezifische Wärme (Fluid, Rohr)
α	Wärmeübergangszahl Fluid/Rohr
$D_\mathrm{i}, D_\mathrm{a}$	innerer und äußerer Rohrdurchmesser

sollen nun die Differentialgleichungen des mathematischen Modells hergeleitet werden. Betrachtet wird ein Rohrelement der Länge dz. Das zugehörige Rohrwandvolumen sei dV_R, das entsprechende Fluidvolumen sei dV_F. Die Herleitung des mathematischen Modells dieses thermischen Systems erfolgt nun in folgenden Stufen:

a) Während des Zeitintervalls $\mathrm{d}t$ fließt in das Volumen $\mathrm{d}V_\mathrm{F}$ die Wärmemenge

$$\mathrm{d}Q_1 = c_\mathrm{F}\vartheta\dot{m}\,\mathrm{d}t \tag{3.1.17}$$

hinein. Gleichzeitig fließt die Wärmemenge

$$\mathrm{d}Q_2 = c_\mathrm{F}\left(\vartheta + \frac{\partial\vartheta}{\partial z}\mathrm{d}z\right)\dot{m}\,\mathrm{d}t \tag{3.1.18}$$

aus dem Volumenelement $\mathrm{d}V_\mathrm{F}$ wieder heraus.

b) Wärme gelangt in das Rohrwandvolumen $\mathrm{d}V_\mathrm{R}$ voraussetzungsgemäß nur durch Wärmeübergang zwischen dem Fluid und der Rohrwand. Die zwischen Rohrwand und Fluid im Zeitintervall $\mathrm{d}t$ ausgetauschte Wärmemenge (Wärmeübergang) beträgt

$$\mathrm{d}Q_3 = \alpha(\vartheta - \theta)\,\pi D_\mathrm{i}\mathrm{d}z\,\mathrm{d}t. \tag{3.1.19}$$

c) Während des Zeitintervalls $\mathrm{d}t$ ändert sich im Fluidelement $\mathrm{d}V_\mathrm{F}$ die gespeicherte Wärmemenge um

$$\mathrm{d}Q_\mathrm{F} = \rho_\mathrm{F}\mathrm{d}V_\mathrm{F}c_\mathrm{F}\frac{\partial\vartheta}{\partial t}\mathrm{d}t \tag{3.1.20}$$

$$= \rho_\mathrm{F}\frac{\pi}{4}D_\mathrm{i}^2\mathrm{d}z\,c_\mathrm{F}\frac{\partial\vartheta}{\partial t}\mathrm{d}t,$$

wodurch sich die Temperatur ϑ ebenfalls ändert.

d) Nun lässt sich die Wärmebilanzgleichung für das Fluid im betrachteten Zeitintervall $\mathrm{d}t$ angeben:

$$\mathrm{d}Q_\mathrm{F} = \mathrm{d}Q_1 - \mathrm{d}Q_2 - \mathrm{d}Q_3. \tag{3.1.21}$$

Setzt man hier die Gln. (3.1.17) bis (3.1.20) ein, so erhält man

$$\frac{\pi}{4}D_\mathrm{i}^2\rho_\mathrm{F}c_\mathrm{F}\frac{\partial\vartheta}{\partial t}\mathrm{d}z\,\mathrm{d}t = c_\mathrm{F}\dot{m}\vartheta\,\mathrm{d}t - c_\mathrm{F}\left(\vartheta + \frac{\partial\vartheta}{\partial z}\mathrm{d}z\right)\dot{m}\,\mathrm{d}t- \tag{3.1.22}$$

$$- \alpha(\vartheta - \theta)\,\pi D_\mathrm{i}\mathrm{d}z\,\mathrm{d}t.$$

e) Für die Wärmespeicherung im Rohrwandelement $\mathrm{d}V_\mathrm{R}$ folgt andererseits im selben Zeitintervall (ähnlich wie unter c)

$$\mathrm{d}Q_\mathrm{R} = \rho_\mathrm{R}\mathrm{d}V_\mathrm{R}c_\mathrm{R}\frac{\partial\theta}{\partial t}\mathrm{d}t \tag{3.1.23}$$

$$= \rho_\mathrm{R}\frac{\pi}{4}(D_\mathrm{a}^2 - D_\mathrm{i}^2)\,\mathrm{d}z\,c_\mathrm{R}\frac{\partial\theta}{\partial t}\mathrm{d}t.$$

f) Damit lässt sich nun die Wärmebilanzgleichung für das Rohrwandelement angeben. Es gilt

$$\mathrm{d}Q_\mathrm{R} = \mathrm{d}Q_3, \tag{3.1.24}$$

da nach den getroffenen Voraussetzungen an der Rohraußenwand eine ideale Wärmeisolierung vorhanden ist. Nun setzt man die Gln. (3.1.19) und (3.1.23) in Gl. (3.1.24) ein und erhält

$$\frac{\pi}{4}(D_a^2 - D_i^2)\,\rho_R c_R \frac{\partial \theta}{\partial t}\mathrm{d}z\,\mathrm{d}t = \alpha(\vartheta - \theta)\,\pi D_i \mathrm{d}z\,\mathrm{d}t. \tag{3.1.25}$$

Mit den Abkürzungen

$$w_F = \frac{\dot{m}}{\frac{\pi}{4}D_i^2 \rho_F}$$

$$K_1 = \frac{\alpha \pi D_i}{\frac{\pi}{4}D_i^2 \rho_F c_F}$$

$$K_2 = \frac{\alpha \pi D_i}{\frac{\pi}{4}(D_a^2 - D_i^2)\,\rho_R c_R}$$

gehen die Gln. (3.1.22) und (3.1.25) nach einigen einfachen Umformungen über in

$$\frac{\partial \vartheta}{\partial t} + w_F \frac{\partial \vartheta}{\partial z} = K_1(\theta - \vartheta) \tag{3.1.26}$$

und

$$\frac{\partial \theta}{\partial t} = K_2(\vartheta - \theta). \tag{3.1.27}$$

Diese beiden *partiellen Differentialgleichungen* stellen die mathematische Beschreibung des hier betrachteten technischen Systems dar (System mit *örtlich* verteilten Parametern). Zur vollständigen Lösung wird außer den beiden (zeitlichen) Anfangsbedingungen

$$\vartheta(z,0) \quad \text{und} \quad \theta(z,0)$$

auch noch die (örtliche) Randbedingung

$$\vartheta(0,t)$$

benötigt.

Als *Spezialfall* soll nun das dünnwandige Rohr behandelt werden, bei dem $\mathrm{d}Q_3 = 0$ wird, da die Speichereigenschaft der Rohrwand vernachlässigbar klein ist. Für diesen Fall geht Gl. (3.1.26) über in

$$\frac{\partial \vartheta}{\partial t} + w_F \frac{\partial \vartheta}{\partial z} = 0. \tag{3.1.28}$$

Bei Systemen mit örtlich verteilten Parametern muss die Eingangsgröße $x_e(t)$ nicht unbedingt in den Differentialgleichungen auftreten, sie kann vielmehr auch in die Randbedingungen eingehen. Im vorliegenden Fall wird als Eingangsgröße die Fluid-Temperatur am Rohreingang betrachtet:

$$\vartheta(0,t) = x_e(t) \qquad t > 0. \tag{3.1.29}$$

Entsprechend wird als Ausgangsgröße die Fluid-Temperatur am Ende des Rohres der Länge L definiert:

$$\vartheta(L,t) = x_a(t). \tag{3.1.30}$$

Mit dem Lösungsansatz

$$\vartheta(z,t) = f\left(t - \frac{z}{w_F}\right) = f(\tau) \tag{3.1.31a}$$

erhält man die partiellen Ableitungen

$$\frac{\partial \vartheta}{\partial t} = \frac{\partial f}{\partial \tau} \quad \text{und} \quad \frac{\partial \vartheta}{\partial z} = \frac{\partial f}{\partial \tau}\left(-\frac{1}{w_\mathrm{F}}\right),$$

die die Gl. (3.1.28) erfüllen, wie man leicht durch Einsetzen dieser Beziehungen erkennt. Außerdem liefert dieser Lösungsansatz unmittelbar

$$\vartheta(0,t) = f(t) = x_\mathrm{e}(t)$$

und

$$\vartheta(L,t) = f\left(t - \frac{L}{w_\mathrm{F}}\right) = x_\mathrm{a}(t). \tag{3.1.31b}$$

Man erhält somit als Lösung von Gl. (3.1.28)

$$x_\mathrm{a}(t) = x_\mathrm{e}(t - T_\mathrm{t}) \quad \text{mit} \quad T_\mathrm{t} = \frac{L}{w_\mathrm{F}}. \tag{3.1.32}$$

Diese Gleichung beschreibt den reinen Transportvorgang im Rohr. Die Zeit T_t, um die die Ausgangsgröße $x_\mathrm{a}(t)$ der Eingangsgröße $x_\mathrm{e}(t)$ nacheilt, wird als Totzeit oder Transportzeit bezeichnet.

3.2 Systembeschreibung mittels spezieller Ausgangssignale

3.2.1 Die Übergangsfunktion (Sprungantwort)

Für die weiteren Überlegungen benötigt man den Begriff der *Sprungfunktion* (auch Einheitssprung)

$$\sigma(t) = \begin{cases} 1 & \text{für } t > 0 \\ 0 & \text{für } t < 0. \end{cases} \tag{3.2.1}$$

Nun lässt sich gemäß Bild 3.2.1 die sogenannte Sprungantwort definieren als die Reaktion $x_\mathrm{a}(t)$ des Systems auf eine sprungförmige Veränderung der Eingangsgröße

$$x_\mathrm{e}(t) = \hat{x}_\mathrm{e}\sigma(t) \quad \text{mit} \quad \hat{x}_\mathrm{e} = \text{const}.$$

Die *Übergangsfunktion* stellt dann die auf die Sprunghöhe $\hat{x}_\mathrm{e}$ bezogene Sprungantwort

$$h(t) = \frac{1}{\hat{x}_\mathrm{e}} x_\mathrm{a}(t) \tag{3.2.2}$$

dar, die bei einem kausalen System die Eigenschaft $h(t) = 0$ für $t < 0$ besitzt.

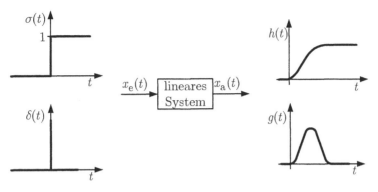

Bild 3.2.1. Zur Definition der Übergangsfunktion $h(t)$ und Gewichtsfunktion $g(t)$

3.2.2 Die Gewichtsfunktion (Impulsantwort)

Die Gewichtsfunktion $g(t)$ ist definiert als die Antwort des Systems auf die Impulsfunktion (Einheitsimpuls oder Dirac-„Stoß") $\delta(t)$. Dabei ist $\delta(t)$ keine Funktion im Sinne der klassischen Analysis, sondern muss als verallgemeinerte Funktion oder *Distribution* [Unb98] aufgefasst werden. Der Einfachheit halber wird $\delta(t)$ näherungsweise als Rechteckimpulsfunktion

$$r_\varepsilon = \begin{cases} 1/\varepsilon & \text{für } 0 \le t \le \varepsilon \\ 0 & \text{sonst} \end{cases} \tag{3.2.3}$$

mit kleinem positiven ε beschrieben (vgl Bild 3.2.2 a). Somit ist die Impulsfunktion definiert durch

$$\delta(t) = \lim_{\varepsilon \to 0} r_\varepsilon(t) \tag{3.2.4}$$

mit den Eigenschaften

$$\delta(t) = 0 \quad \text{für} \quad t \ne 0$$

und

$$\int_{-\infty}^{\infty} \delta(t)\,\mathrm{d}t = 1.$$

Bild 3.2.2. (a) Zur Annäherung der $\delta(t)$-Funktion; (b) symbolische Darstellung der δ-Funktion

Gewöhnlich wird die δ-Funktion gemäß Bild 3.2.2 b für $t = 0$ symbolisch als Pfeil der Länge 1 dargestellt. Man bezeichnet die Länge 1 als die Impulsstärke (zu beachten ist, dass für die Höhe des Impulses dabei weiterhin $\delta(0) \rightarrow \infty$ gilt). Im Sinne der Distributionentheorie besteht zwischen der δ-Funktion und der Sprungfunktion $\sigma(t)$ der Zusammenhang

$$\delta(t) = \frac{\mathrm{d}}{\mathrm{d}t}\sigma(t). \tag{3.2.5}$$

Entsprechend gilt zwischen der Gewichtsfunktion $g(t)$ und der Übergangsfunktion $h(t)$ die Beziehung

$$g(t) = \frac{\mathrm{d}}{\mathrm{d}t}h(t). \tag{3.2.6a}$$

Bezeichnet man den Wert von $h(t)$ für $t = 0+$ mit $h(0+)$, so lässt sich $h(t)$ gemäß der Aufspaltung nach Bild 3.2.3 in der Form

$$h(t) = h_0(t) + h(0+)\,\sigma(t)$$

darstellen, wobei angenommen wird, dass der sprungfreie Anteil $h_0(t)$ auf der gesamten t-Achse stetig und stückweise differenzierbar ist. Damit kann Gl. (3.2.6a) auch in der Form

$$g(t) = \dot{h}(t) = \dot{h}_0(t) + h(0+)\,\delta(t) \tag{3.2.6b}$$

geschrieben werden.

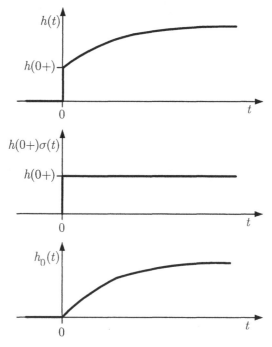

Bild 3.2.3. Aufspaltung der Übergangsfunktion $h(t)$ in eine Sprungfunktion $h(0+)\,\sigma(t)$ und einen sprungfreien Anteil $h_0(t)$

3.2.3 Das Faltungsintegral (Duhamelsches Integral)

Bei den nachfolgenden Überlegungen wird als das zu beschreibende dynamische System die Regelstrecke mit der Eingangsgröße $x_e(t) = u(t)$ und der Ausgangsgröße $x_a(t) = y(t)$ ausgewählt. Es sei jedoch darauf hingewiesen, dass diese Überlegungen ganz allgemein gültig sind. Das Übertragungsverhalten $y(t) = T[u(t)]$ eines linearen zeitinvarianten Systems ist durch Kenntnis eines Funktionenpaares $[y_i(t); u_i(t)]$ eindeutig bestimmt. Kennt man insbesondere die Gewichtsfunktion $(g(t) = T[\delta(t)])$, so kann für ein beliebiges Eingangssignal $u(t)$ das Ausgangssignal $y(t)$ mit Hilfe des Faltungsintegrals

$$y(t) = \int\limits_0^t g(t-\tau)\,u(\tau)\,\mathrm{d}\tau \qquad (3.2.7)$$

bestimmt werden. Umgekehrt lässt sich bei bekanntem Verlauf von $u(t)$ und $y(t)$ durch eine Umkehrung der Faltung die Gewichtsfunktion $g(t)$ berechnen. Sowohl die Gewichtsfunktion $g(t)$ als auch die Übergangsfunktion $h(t)$ sind für die Beschreibung linearer Systeme von großer Bedeutung, da sie die gesamte Information über deren dynamisches Verhalten enthalten.

Der im Abschnitt 2.2 eingeführte und oben bereits benutzte Operator T, der den Zusammenhang zwischen Eingangsgröße $u(t)$ und Ausgangsgröße $y(t)$ in der Form $y(t) = T[u(t)]$ angibt, beschreibt bei linearen zeitinvarianten Systemen somit die „Faltung" von $u(t)$ mit der Gewichtsfunktion $g(t)$.

Zum *Beweis* der Gl. (3.2.7) wird von Bild 3.2.4 ausgegangen. Bezeichnet man mit $\tilde{u}(t)$ die Stufenfunktion, die $u(t)$ approximiert, dann gilt mit den Bezeichnungen entsprechend Bild 3.2.4

$$\tilde{u}(t) = u(0+)\,\sigma(t) + [u(\tau_1) - u(\tau_0)]\,\sigma(t-\tau_1) + \ldots + [u(\tau_n) - u(\tau_{n-1})]\,\sigma(t-\tau_n)$$

oder

$$\tilde{u}(t) = u(0+)\,\sigma(t) + \sum_{\nu=1}^n [u(\tau_\nu) - u(\tau_{\nu-1})]\,\sigma(t-\tau_\nu). \qquad (3.2.8)$$

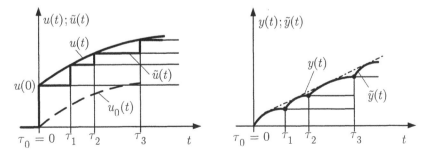

Bild 3.2.4. Zur Herleitung des Faltungsintegrals

Mit $\tau_\nu - \tau_{\nu-1} \to 0$ erhält man als Grenzübergang $\tilde{u}(t) \to u(t)$. Als Folge der Linearität ergibt sich bei Überlagerung der einzelnen Sprungantworten

$$\tilde{y}(t) = u(0+)\, h(t) + \sum_{\nu=1}^{n} [u(\tau_\nu) - u(\tau_{\nu-1})]\, h(t - \tau_\nu) \qquad (3.2.9)$$

oder durch Erweiterung mit $\Delta\tau_\nu = \tau_\nu - \tau_{\nu-1}$

$$\tilde{y}(t) = u(0+)\, h(t) + \sum_{\nu=1}^{n} \frac{[u(\tau_\nu) - u(\tau_{\nu-1})]}{\Delta\tau_\nu}\, h(t - \tau_\nu)\, \Delta\tau_\nu. \qquad (3.2.10)$$

Der Grenzübergang $\Delta\tau_\nu \to d\tau$ liefert schließlich für $\tilde{y}(t)$ die Funktion $y(t)$ und somit bei Berücksichtigung von $u(t) = u_0(t) + u(0+)\,\sigma(t)$ die Beziehung

$$y(t) = u(0+)\, h(t) + \int_0^t \dot{u}_0(\tau)\, h(t - \tau)\, d\tau. \qquad (3.2.11)$$

Hierbei ist $u(0+)$ der Wert von $u(t)$ für $t = 0+$ und $u_0(t)$ sein auf der gesamten t-Achse stetiger und stückweise differenzierbarer Anteil. Ersetzt man in Gl. (3.2.11) $\dot{u}_0(\tau)$ durch

$$\dot{u}_0(\tau) = \dot{u}(\tau) - u(0+)\,\delta(\tau),$$

dann ergibt sich wegen der Ausblendeigenschaft der δ-Funktion

$$y(t) = \int_0^t \dot{u}(\tau)\, h(t - \tau)\, d\tau. \qquad (3.2.12a)$$

Für $\tilde{y}(t)$ erhält man durch Umordnung der Summenterme in Gl. (3.2.9) und Berücksichtigung von $h(t - \tau_{n+1}) = 0$ auch die Darstellung

$$\tilde{y}(t) = \sum_{\nu=0}^{n} u(\tau_\nu)\, [h(t - \tau_\nu) - h(t - \tau_{\nu+1})],$$

und durch Erweiterung mit $\Delta\tau_\nu = \tau_{\nu+1} - \tau_\nu$ folgt

$$\tilde{y}(t) = \sum_{\nu=0}^{n} u(\tau_\nu)\, \frac{[h(t - \tau_\nu) - h(t - \tau_{\nu+1})]}{\Delta\tau_\nu}\, \Delta\tau_\nu.$$

Der Grenzübergang $\Delta\tau_\nu \to d\tau$ ergibt die zu Gl. (3.2.12a) symmetrische Beziehung

$$y(t) = \int_0^t u(\tau)\, \dot{h}(t - \tau)\, d\tau. \qquad (3.2.12b)$$

Gl. (3.2.12b) liefert schließlich unter Berücksichtigung der Gl. (3.2.6a) das Faltungsintegral gemäß Gl. (3.2.7):

$$y(t) = \int_0^t g(t - \tau)\, u(\tau)\, d\tau.$$

3.3 Zustandsraumdarstellung

3.3.1 Zustandsraumdarstellung für Eingrößensysteme

Am Beispiel des im Bild 3.3.1 dargestellten RLC-Netzwerkes soll nachfolgend die Systembeschreibung in Form der Zustandsraumdarstellung ([Csa73], [Föl94], [Oga90]) in einer kurzen Einführung behandelt werden.

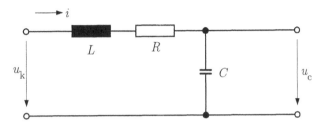

Bild 3.3.1. RLC-Netzwerk

Das dynamische Verhalten dieses am Ausgang nicht belasteten Netzwerkes ist für alle Zeiten $t \geq t_0$ vollständig definiert, wenn

- die Anfangswerte $u_\mathrm{c}(t_0)$, $i(t_0)$

und

- die Eingangsgröße $u_\mathrm{k}(t)$ für $t \geq t_0$

bekannt sind. Durch diese Angaben lassen sich die Größen $i(t)$ und $u_\mathrm{c}(t)$ für alle Werte $t \geq t_0$ bestimmen. Die Größen $i(t)$ und $u_\mathrm{c}(t)$ charakterisieren den „Zustand" des Netzwerkes und werden aus diesem Grund als Zustandsgrößen des Netzwerkes bezeichnet. Für dieses Netzwerk gelten folgende gekoppelte Differentialgleichungen:

$$L\frac{di(t)}{dt} + Ri(t) + u_\mathrm{c}(t) = u_\mathrm{k}(t) \tag{3.3.1}$$

$$C\frac{du_\mathrm{c}(t)}{dt} = i(t). \tag{3.3.2}$$

Durch Einsetzen der Gl. (3.3.2) in (3.3.1) erhält man

$$CL\frac{\mathrm{d}^2 u_\mathrm{c}(t)}{\mathrm{d}t^2} + RC\frac{\mathrm{d}u_\mathrm{c}(t)}{\mathrm{d}t} + u_\mathrm{c}(t) = u_\mathrm{k}(t). \tag{3.3.3}$$

Diese lineare Differentialgleichung 2. Ordnung beschreibt das System bezüglich des Eingangs-/Ausgangs-Verhaltens vollständig. Man kann aber zur Systembeschreibung auch die beiden ursprünglichen linearen Differentialgleichungen 1. Ordnung, also die Gln. (3.3.1) und (3.3.2) benutzen. Dazu fasst man die Gln. (3.3.1) und (3.3.2) zweckmäßigerweise mit Hilfe der Vektorschreibweise zu einer linearen Vektordifferentialgleichung 1. Ordnung

$$\begin{bmatrix} \dfrac{di(t)}{dt} \\ \dfrac{du_{\mathrm{c}}(t)}{dt} \end{bmatrix} = \begin{bmatrix} -\dfrac{R}{L} & -\dfrac{1}{L} \\ \dfrac{1}{C} & 0 \end{bmatrix} \begin{bmatrix} i(t) \\ u_{\mathrm{c}}(t) \end{bmatrix} + \begin{bmatrix} \dfrac{1}{L} \\ 0 \end{bmatrix} u_{\mathrm{k}}(t) \qquad (3.3.4)$$

mit dem Anfangswert

$$\begin{bmatrix} i(t_0) \\ u_{\mathrm{c}}(t_0) \end{bmatrix}$$

zusammen. Diese lineare Vektordifferentialgleichung 1. Ordnung beschreibt den Zusammenhang zwischen der Eingangsgröße und den Zustandsgrößen. Man benötigt nun aber noch eine Gleichung, die die Abhängigkeit der Ausgangsgröße von den Zustandsgrößen und der Eingangsgröße angibt. In diesem Beispiel gilt, wie man direkt sieht, für die Ausgangsgröße

$$y(t) = u_{\mathrm{c}}(t).$$

Führt man nun in Gl. (3.3.4) den Zustandsvektor

$$\boldsymbol{x}(t) = \begin{bmatrix} x_1(t) \\ x_2(t) \end{bmatrix} = \begin{bmatrix} i(t) \\ u_{\mathrm{c}}(t) \end{bmatrix} \quad \text{bzw.} \quad \boldsymbol{x}_0 = \boldsymbol{x}(t_0) = \begin{bmatrix} i(t_0) \\ u_{\mathrm{c}}(t_0) \end{bmatrix},$$

die Vektoren

$$\boldsymbol{b} = \begin{bmatrix} \dfrac{1}{L} \\ 0 \end{bmatrix} \quad \text{und} \quad \boldsymbol{c}^T = [0 \quad 1],$$

die Matrix

$$\boldsymbol{A} = \begin{bmatrix} -\dfrac{R}{L} & -\dfrac{1}{L} \\ \dfrac{1}{C} & 0 \end{bmatrix}$$

sowie die skalaren Größen

$$u(t) = u_{\mathrm{k}}(t) \quad \text{und} \quad d = 0$$

ein, so erhält man die allgemeine Zustandsraumdarstellung für ein lineares zeitinvariantes Eingrößensystem

$$\dot{\boldsymbol{x}}(t) = \boldsymbol{A}\,\boldsymbol{x}(t) + \boldsymbol{b}\,u(t) \qquad \boldsymbol{x}(t_0) \text{ Anfangszustand} \qquad (3.3.5)$$

$$y(t) = \boldsymbol{c}^T \boldsymbol{x}(t) + d\,u(t), \qquad (3.3.6)$$

wobei Gl. (3.3.5) als Zustandsgleichung und Gl. (3.3.6) als Ausgangsgleichung bezeichnet werden. Im allgemeinen Fall mit n Zustandsgrößen stellt Gl. (3.3.5) ein lineares Differentialgleichungssystem 1. Ordnung für $x_1, x_2, \ldots, x_n$ dar, die zum Zustandsvektor $\boldsymbol{x} = [x_1 x_2 \ldots x_n]^T$ zusammengefasst werden. Dabei tritt die skalare Eingangsgröße u multipliziert mit dem Vektor $\boldsymbol{b}$ als erregender Term auf. Gl. (3.3.6) ist dagegen eine rein algebraische Gleichung, die die lineare Abhängigkeit der Ausgangsgröße von den Zustandsgrößen und – falls erforderlich – von der Eingangsgröße angibt. Von der mathematischen Seite aus betrachtet, beruht die Zustandsraumdarstellung auf dem Satz, dass man jede lineare Differentialgleichung n-ter Ordnung in ein System von n Differentialgleichungen 1. Ordnung umwandeln kann.

3.3.2 Zustandsraumdarstellung für Mehrgrößensysteme

Die Gln. (3.3.5) und (3.3.6) geben die Zustandsraumdarstellung für lineare zeitinvariante Eingrößensysteme an. Für lineare zeitinvariante Mehrgrößensysteme der Ordnung n mit r Eingangsgrößen und m Ausgangsgrößen gehen diese Differentialgleichungen in die allgemeine Form

$$\dot{\boldsymbol{x}}(t) = \boldsymbol{A}\,\boldsymbol{x}(t) + \boldsymbol{B}\,\boldsymbol{u}(t) \quad \text{mit der Anfangsbedingung} \quad \boldsymbol{x}(t_0) \tag{3.3.7}$$

$$\boldsymbol{y}(t) = \boldsymbol{C}\,\boldsymbol{x}(t) + \boldsymbol{D}\,\boldsymbol{u}(t) \tag{3.3.8}$$

über, wobei folgende Bezeichnungen gelten:

Zustandsvektor $\qquad \boldsymbol{x}(t) = \begin{bmatrix} x_1(t) \\ \vdots \\ x_n(t) \end{bmatrix} \quad (n \times 1)$ Vektor

Eingangsvektor (Steuervektor) $\qquad \boldsymbol{u}(t) = \begin{bmatrix} u_1(t) \\ \vdots \\ u_r(t) \end{bmatrix} \quad (r \times 1)$ Vektor

Ausgangsvektor (Beobachtungsvektor) $\quad \boldsymbol{y}(t) = \begin{bmatrix} y_1(t) \\ \vdots \\ y_m(t) \end{bmatrix} \quad (m \times 1)$ Vektor

Systemmatrix	$\boldsymbol{A}$	$(n \times n)$ Matrix
Eingangs- oder Steuermatrix	$\boldsymbol{B}$	$(n \times r)$ Matrix
Ausgangs- oder Beobachtungsmatrix	$\boldsymbol{C}$	$(m \times n)$ Matrix
Durchgangsmatrix	$\boldsymbol{D}$	$(m \times r)$ Matrix

Selbstverständlich schließt die allgemeine Darstellung der Gln. (3.3.7) und (3.3.8) auch die Zustandsraumdarstellung des Eingrößensystems mit ein. Zu beachten ist, dass die Matrizen $\boldsymbol{A}, \boldsymbol{B}, \boldsymbol{C}$ und $\boldsymbol{D}$ konstante Elemente aufweisen. Sollten jedoch diese Elemente auch zeitabhängig sein, so lässt sich in analoger Form ebenfalls durch die Gln. (3.3.7) und (3.3.8) das entsprechende zeitvariante System beschreiben, indem $\boldsymbol{A}$ durch $\boldsymbol{A}(t)$ usw. ersetzt wird.

Die Verwendung der Zustandsraumdarstellung hat verschiedene Vorteile, von denen hier einige genannt seien:

1. Ein- und Mehrgrößensysteme können formal gleich behandelt werden.

2. Diese Darstellung ist sowohl für die theoretische Behandlung (analytische Lösungen, Optimierung) als auch für die numerische Berechnung (insbesondere mittels elektronischer Rechenanlagen) gut geeignet.

3. Die Berechnung des Verhaltens des homogenen Systems unter Verwendung der Anfangsbedingung $\boldsymbol{x}(t_0)$ ist sehr einfach.

4. Schließlich gibt diese Darstellung einen besseren Einblick in das innere Systemverhalten. So lassen sich allgemeine Systemeigenschaften wie die Steuerbarkeit oder Beobachtbarkeit des Systems mit dieser Darstellungsform definieren. Diese Begriffe werden im Band „Regelungstechnik II" ausführlich behandelt.

Durch die Gln. (3.3.7) und (3.3.8) werden *lineare* Systeme mit konzentrierten Parametern beschrieben. Die Zustandsraumdarstellung lässt sich jedoch auch auf *nichtlineare* Systeme mit konzentrierten Parametern erweitern:

$$\dot{\boldsymbol{x}}(t) = \boldsymbol{f}_1[\boldsymbol{x}(t),\boldsymbol{u}(t),t] \quad \text{(Vektordifferentialgleichung)} \tag{3.3.9}$$

$$\boldsymbol{y}(t) = \boldsymbol{f}_2[\boldsymbol{x}(t),\boldsymbol{u}(t),t] \quad \text{(Vektorgleichung)}, \tag{3.3.10}$$

wobei die Vektorfunktionen $\boldsymbol{f}_1$ und $\boldsymbol{f}_2$ nichtlineare Zusammenhänge in $\boldsymbol{x}$ und $\boldsymbol{u}$ sowie t beschreiben.

Der Zustandsvektor $\boldsymbol{x}(t)$ stellt allgemein, wie die geometrische Darstellung im Bild 3.3.2 zeigt, für den Zeitpunkt t einen Punkt in einem n-dimensionalen Euklidischen Raum (Zustandsraum) dar. Mit wachsender Zeit t ändert dieser *Zustandspunkt des Systems* seine räumliche Position und beschreibt dabei eine Kurve, die als *Zustandskurve* oder *Trajektorie* des Systems bezeichnet wird.

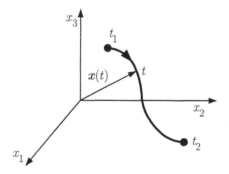

Bild 3.3.2. Eine Trajektorie eines Systems 3. Ordnung im Zustandsraum

4 Beschreibung linearer kontinuierlicher Systeme im Frequenzbereich

4.1 Die Laplace-Transformation

4.1.1 Definition und Konvergenzbereich

Die Laplace-Transformation ([Doe52]; [Föl77]) kann als wichtigstes Hilfsmittel zur Lösung linearer Differentialgleichungen mit konstanten Koeffizienten angesehen werden. Gerade bei regelungstechnischen Aufgaben erfüllen die zu lösenden Differentialgleichungen meist die zum Einsatz der Laplace-Transformation notwendigen Voraussetzungen. Die Laplace-Transformation ist eine *Integraltransformation*, die einer großen Klasse von *Original-funktionen* $f(t)$ umkehrbar eindeutig eine *Bildfunktion* $F(s)$ zuordnet. Diese Zuordnung erfolgt über das *Laplace-Integral* von $f(t)$, also durch

$$F(s) = \int\limits_0^\infty f(t)\,\mathrm{e}^{-st}\mathrm{d}t, \qquad (4.1.1)$$

wobei im Argument dieser *Laplace-Transformierten* $F(s)$ die komplexe Variable $s = \sigma + \mathrm{j}\omega$ auftritt. Für die Anwendung der Gl. (4.1.1) bei den hier betrachteten kausalen Systemen müssen folgende zwei Bedingungen erfüllt sein:

1. $f(t) = 0$ für $t < 0$;

2. das Integral in Gleichung (4.1.1) muss konvergieren.

Hinsichtlich des *Konvergenzbereiches* des Laplace-Integrals gelten nun folgende Überlegungen:

Ist die zu transformierende Funktion $f(t)$ stückweise stetig und gibt es reelle Zahlen α und σ' so, dass für alle $t \geq 0$ gilt

$$|f(t)| < \alpha\,\mathrm{e}^{\sigma' t},$$

dann konvergiert das Laplace-Integral für alle s mit $\mathrm{Re}\,s > \sigma'$. Wählt man insbesondere für σ' den kleinstmöglichen Wert σ_0, so stellt die Bedingung $\mathrm{Re}\,s > \sigma_0$ den größtmöglichen Konvergenzbereich dar. Das Laplace-Integral existiert somit nur in einem Teil der komplexen s-*Ebene*, der sogenannten Konvergenzhalbebene, wie Bild 4.1.1 zeigt. Die Größe σ_0 bezeichnet man auch als Konvergenzabszisse. Für Werte von s mit $\mathrm{Re}\,s < \sigma_0$ hat Gl. (4.1.1) keinen Sinn. Demnach muss für $\sigma > \sigma_0$ der Grenzwert von $f(t)\,\mathrm{e}^{-\sigma t}$ für $t \to \infty$ verschwinden, jedoch für jedes $\sigma < \sigma_0$ nicht.

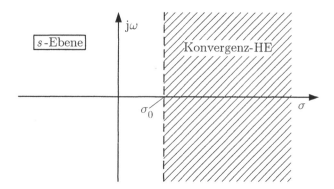

Bild 4.1.1. Konvergenzhalbebene des Laplace-Integrals

Beispiel 4.1.1

$$f(t) = t^n$$

Das Laplace-Integral konvergiert für alle s mit $\sigma > 0$, da $e^{-\sigma t}$ für $t \to \infty$ rascher abnimmt als jede endliche Potenz von t anwächst. ∎

Beispiel 4.1.2

$$f(t) = \sum_{i=0}^{n} a_i t^i$$

Hier gilt dieselbe Aussage wie im vorherigen Beispiel. ∎

Beispiel 4.1.3

$$f(t) = e^{\alpha t}$$

Stellt α eine feste reelle oder komplexe Zahl dar, dann gilt:

$$F(s) = \int_0^\infty e^{\alpha t} e^{-st} dt = \int_0^\infty e^{-(s-\alpha)\,t} dt$$

$$= \left[-\frac{1}{s-\alpha} e^{-(s-\alpha)\,t} \right]_{t=0}^{t\to\infty}.$$

Ist $\operatorname{Re} s > \operatorname{Re} \alpha$, dann ist $\lim\limits_{t\to\infty} e^{-(s-\alpha)\,t} = 0$, und man erhält damit für das Laplace-Integral den Wert

$$F(s) = \frac{1}{s-\alpha}.$$

Für $\operatorname{Re} s < \operatorname{Re} \alpha$ existiert jedoch das Laplace-Integral nicht. ∎

Beispiel 4.1.4

$$f(t) = e^{t^2}$$

Das Laplace-Integral existiert für dieses Beispiel nicht, da e^{t^2} für $t \to \infty$ rascher anwächst als $e^{-\sigma t}$ abnimmt. ∎

Um die Zuordnung zwischen Bildfunktion und Originalfunktion zu kennzeichnen, wird zweckmäßigerweise die Operatorschreibweise

$$F(s) = \mathscr{L}\,[f(t)]$$

eingeführt. Eine andere Möglichkeit der Zuordnung bietet die Verwendung des Korrespondenzzeichens •—○ in folgender Weise:

$$F(s) \bullet\!\!-\!\!\circ f(t).$$

Bei der Behandlung von Regelsystemen stellt die Originalfunktion $f(t)$ gewöhnlich eine Zeitfunktion dar. Da die komplexe Variable s die Frequenz ω enthält, wird die Bildfunktion $F(s)$ oft auch als Frequenzfunktion bezeichnet. Damit ermöglicht die Laplace-Transformation gemäß Gl. (4.1.1) den Übergang vom „Zeitbereich" (Originalbereich) in den „Frequenzbereich" (Bildbereich).

4.1.2 Die Korrespondenztafel für die Laplace-Transformation

Die sogenannte Rücktransformation oder inverse Laplace-Transformation, also die Gewinnung der Originalfunktion aus der Bildfunktion, wird durch das *Umkehrintegral*

$$f(t) = \frac{1}{2\pi \mathrm{j}} \int\limits_{c-\mathrm{j}\infty}^{c+\mathrm{j}\infty} F(s)\,e^{st}\mathrm{d}s \qquad t > 0 \tag{4.1.2}$$

ermöglicht, wobei $f(t) = 0$ für $t < 0$ gilt. Die Größe c muss so gewählt werden, dass der Integrationsweg in der Konvergenzhalbebene längs einer Parallelen zur imaginären Achse im Abstand c verläuft, wobei c größer als die Realteile sämtlicher singulärer Punkte von $F(s)$ sein muss. Für diese inverse Laplace-Transformation wird ebenfalls eine Operatorschreibweise in der Form

$$f(t) = \mathscr{L}^{-1}[F(s)]$$

benutzt. Es ist zu beachten, dass Gl. (4.1.2) an einer Sprungstelle $t = t_s$ den arithmetischen Mittelwert der links- und rechtsseitigen Grenzwerte $[f(t_s+) + f(t_s-)]/2$, speziell im Nullpunkt $t = 0$, den Wert $[f(0+) + f(0-)]/2 = f(0+)/2$ liefert.

Die Laplace-Transformation ist eine *umkehrbar eindeutige* Zuordnung von Originalfunktion und Bildfunktion. Daher braucht in vielen Fällen das Umkehrintegral gar nicht berechnet werden; es können vielmehr *Korrespondenztafeln* verwendet werden, in denen für viele Funktionen die oben genannte Zuordnung enthalten ist [Doe85]. Eine derartige Korrespondenztafel stellt Tabelle 4.1.1 dar. Bei der inversen Laplace-Transformation wird einfach von der rechten Spalte auf die linke Spalte dieser Tabelle Bezug genommen, wobei eventuell auch noch einige der nachfolgend angegebenen Rechenregeln der Laplace-Transformation angewandt werden müssen.

Tabelle 4.1.1: Korrespondenzen zur Laplace-Transformation

Nr.	Zeitfunktion $f(t)$, $f(t) = 0$ für $t < 0$	L-Tranformierte $F(s)$
1	δ-Impuls $\delta(t)$	1
2	Einheitssprung $\sigma(t)$	$\dfrac{1}{s}$
3	t	$\dfrac{1}{s^2}$
4	t^2	$\dfrac{2}{s^3}$
5	$\dfrac{t^n}{n!}$	$\dfrac{1}{s^{n+1}}$
6	e^{-at}	$\dfrac{1}{s+a}$
7	$t\mathrm{e}^{-at}$	$\dfrac{1}{(s+a)^2}$
8	$t^2\mathrm{e}^{-at}$	$\dfrac{2}{(s+a)^3}$
9	$t^n\mathrm{e}^{-at}$	$\dfrac{n!}{(s+a)^{n+1}}$
10	$1 - \mathrm{e}^{-at}$	$\dfrac{a}{s(s+a)}$
11	$\dfrac{1}{a^2}(e^{-at} - 1 + at)$	$\dfrac{1}{s^2(s+a)}$
12	$(1 - at)\,\mathrm{e}^{-at}$	$\dfrac{s}{(s+a)^2}$
13	$\sin\omega_0 t$	$\dfrac{\omega_0}{s^2 + \omega_0^2}$
14	$\cos\omega_0 t$	$\dfrac{s}{s^2 + \omega_0^2}$
15	$\mathrm{e}^{-at}\sin\omega_0 t$	$\dfrac{\omega_0}{(s+a)^2 + \omega_0^2}$
16	$\mathrm{e}^{-at}\cos\omega_0 t$	$\dfrac{s+a}{(s+a)^2 + \omega_0^2}$
17	$\dfrac{1}{a} f\left(\dfrac{t}{a}\right)$	$F(as)\,(a > 0)$
18	$\mathrm{e}^{at} f(t)$	$F(s - a)$
19	$f(t - a)$ für $t > a \geq 0$ $\quad 0$ für $t < a$	$\mathrm{e}^{-as} F(s)$

Fortsetzung von **Tabelle 4.1.1**

20	$-t\,f(t)$	$\dfrac{\mathrm{d}\,F(s)}{\mathrm{d}s}$
21	$(-t)^n\,f(t)$	$\dfrac{\mathrm{d}^n F(s)}{\mathrm{d}s^n}$
22	$f_1(t)\,f_2(t)$	$\dfrac{1}{2\pi\mathrm{j}}\displaystyle\int\limits_{c-\mathrm{j}\infty}^{c+\mathrm{j}\infty} F_1(p)\,F_2(s-p)\,\mathrm{d}p$

4.1.3 Haupteigenschaften der Laplace-Transformation

a) *Überlagerungssatz*:

Für beliebige Konstanten a_1, a_2 gilt:

$$\mathscr{L}\left\{a_1 f_1(t) + a_2 f_2(t)\right\} = a_1 F_1(s) + a_2 F_2(s). \tag{4.1.3}$$

Die Laplace-Transformation ist also eine lineare Integraltransformation.

b) *Ähnlichkeitssatz*:

Für eine beliebige Konstante $a > 0$ gilt

$$\mathscr{L}\left\{f(at)\right\} = \frac{1}{a}F\left(\frac{s}{a}\right). \tag{4.1.4}$$

Dieser Zusammenhang folgt aus Gl. (4.1.1) mit der Substitution $\tau = at$.

c) *Verschiebesatz*:

Für eine beliebige Konstante $a > 0$ gilt

$$\mathscr{L}\left\{f(t-a)\right\} = \mathrm{e}^{-as}F(s). \tag{4.1.5}$$

Dieser Zusammenhang folgt mit der Substitution $\tau = t-a$ unmittelbar aus Gl. (4.1.1).

d) *Differentiation*:

Da bei einer kausalen Zeitfunktion $f(t)$, deren Differentialquotient für $t > 0$ existiert, auch mit Sprungstellen für $t = 0$ gerechnet werden muss, wird als untere Integrationsgrenze für Gl. (4.1.1) der Wert $0+$ gewählt, um damit den Punkt $t = 0$ aus dem Integrationsintervall herauszunehmen. Dies ändert den Wert des Integrals nicht, sofern man sich auf klassische Funktionen (also keine Distributionen) beschränkt. Damit erhält man durch partielle Integration

$$\mathscr{L}\left\{\frac{\mathrm{d}\,f(t)}{\mathrm{d}t}\right\} = \int\limits_{0+}^{\infty} \mathrm{e}^{-st}\,\frac{\mathrm{d}\,f(t)}{\mathrm{d}t}\,\mathrm{d}t = \left[\mathrm{e}^{-st}f(t)\right]\Big|_{0+}^{\infty} + s\int\limits_{0+}^{\infty} \mathrm{e}^{-st}f(t)\,\mathrm{d}t$$

oder

$$\mathscr{L}\left\{\frac{\mathrm{d}\,f(t)}{\mathrm{d}t}\right\} = s\,F(s) - f(0+). \tag{4.1.6}$$

Bei mehrfacher Differentiation folgt entsprechend

$$\mathscr{L}\left\{\frac{\mathrm{d}^n f(t)}{\mathrm{d}\,t^n}\right\} = s^n F(s) - \sum_{i=1}^{n} s^{n-i} \frac{\mathrm{d}^{(i-1)} f(t)}{\mathrm{d}\,t^{(i-1)}}\bigg|_{t=0+}. \tag{4.1.7}$$

e) *Integration*:

Aus

$$\mathscr{L}\left\{\int_0^t f(\tau)\,\mathrm{d}\tau\right\} = \int_0^\infty \int_0^t f(\tau)\,\mathrm{d}\tau\,\mathrm{e}^{-st}\mathrm{d}t$$

erhält man durch partielle Integration

$$\mathscr{L}\left\{\int_0^t f(\tau)\,\mathrm{d}\tau\right\} = -\frac{1}{s}\left[\int_0^t f(\tau)\,\mathrm{d}\tau\,\mathrm{e}^{-st}\right]_0^\infty + \frac{1}{s}\int_0^\infty f(t)\,\mathrm{e}^{-st}\mathrm{d}t$$

$$= \frac{1}{s}\int_0^\infty f(t)\,\mathrm{e}^{-st}\mathrm{d}t$$

$$\mathscr{L}\left\{\int_0^t f(\tau)\,\mathrm{d}\tau\right\} = \frac{1}{s}F(s). \tag{4.1.8}$$

f) *Faltungssatz im Zeitbereich*:

Die Faltung zweier Zeitfunktionen $f_1(t)$ und $f_2(t)$, dargestellt durch die symbolische Schreibweise $f_1(t) * f_2(t)$, ist definiert als

$$f_1(t) * f_2(t) = \int_0^t f_1(\tau)\,f_2(t-\tau)\,\mathrm{d}\tau. \tag{4.1.9}$$

Wie man leicht durch Vertauschen der Variablen nachweisen kann, stellt die Faltung eine symmetrische Operation dar, denn es gilt

$$f_1(t) * f_2(t) = f_2(t) * f_1(t)$$

oder

$$\int_0^t f_1(\tau)\,f_2(t-\tau)\,\mathrm{d}\tau = \int_0^t f_2(\tau)\,f_1(t-\tau)\,\mathrm{d}\tau.$$

Nachfolgend soll nun gezeigt werden, dass der Faltung zweier Originalfunktionen die Multiplikation der zugehörigen Bildfunktionen entspricht, also

$$\mathscr{L}\left\{f_1(t) * f_2(t)\right\} = F_1(s)\,F_2(s). \tag{4.1.10}$$

Die Laplace-Transformierte von Gl. (4.1.9) ist gegeben durch

$$\mathscr{L}\left\{f_1(t) * f_2(t)\right\} = \mathscr{L}\left\{\int\limits_0^t f_1(\tau)\, f_2(t-\tau)\, \mathrm{d}\tau\right\}$$

$$= \int\limits_{t=0}^\infty \int\limits_{\tau=0}^t \mathrm{e}^{-st} f_1(\tau)\, f_2(t-\tau)\, \mathrm{d}\tau\, \mathrm{d}t.$$

Die Substitution $\sigma = t - \tau$ bzw. $\mathrm{d}\sigma = \mathrm{d}t$ liefert dann mit der hier erlaubten Ausdehnung der oberen Integrationsgrenze nach $\tau \to \infty$

$$\mathscr{L}\left\{f_1(t) * f_2(t)\right\} = \int\limits_{\sigma=-\tau}^\infty \int\limits_{\tau=0}^\infty \mathrm{e}^{-s(\tau+\sigma)} f_1(\tau)\, f_2(\sigma)\, \mathrm{d}\tau\, \mathrm{d}\sigma.$$

Da aber beide Funktionen $f_1(t)$ und $f_2(t)$ für $t < 0$ die Werte Null besitzen, gilt unter Berücksichtigung der unteren Integrationsgrenze

$$\mathscr{L}\left\{f_1(t) * f_2(t)\right\} = \int\limits_0^\infty \mathrm{e}^{-s\tau} f_1(\tau)\, \mathrm{d}\tau \int\limits_0^\infty \mathrm{e}^{-s\sigma} f_2(\sigma)\, \mathrm{d}\sigma.$$

Die rechte Seite dieser Gleichung stellt gerade das Produkt $F_1(s)F_2(s)$ dar, womit der Faltungssatz gemäß Gl. (4.1.10) bewiesen ist.

Wendet man diesen Satz auf das im Abschnitt 3.2.3 abgeleitete Faltungsintegral an, Gl. (3.2.7), dann folgt

$$Y(s) = G(s)\, U(s), \qquad\qquad (4.1.11)$$

wobei offensichtlich der Laplace-Transformierten von $g(t)$ die Funktion $G(s)$ entspricht. Diese Funktion bezeichnet man gewöhnlich als *Übertragungsfunktion* des entsprechenden Systems. Die Übertragungsfunktion

$$G(s) = \frac{Y(s)}{U(s)} \quad \text{oder} \quad G(s) = \mathscr{L}\left\{g(t)\right\} \qquad\qquad (4.1.12)$$

ergibt sich also entweder aus dem Verhältnis der Laplace-Transformierten des Ausgangssignals $y(t)$ und des Eingangssignals $u(t)$ des betrachteten Systems oder direkt als Laplace-Transformierte der zugehörigen Gewichtsfunktion $g(t)$. Ist $G(s)$ gegeben, dann lässt sich damit für jede gegebene Eingangsgröße $U(s)$ die entsprechende Ausgangsgröße $Y(s)$ direkt berechnen.

g) *Faltungssatz im Frequenzbereich:*

Während die bisherigen Überlegungen sich auf die Faltung zweier Zeitfunktionen beschränkten, soll nachfolgend auch noch die Faltung im Frequenzbereich

$$\mathscr{L}\left\{f_1(t)\, f_2(t)\right\} = \frac{1}{2\pi\mathrm{j}} \int\limits_{c-\mathrm{j}\infty}^{c+\mathrm{j}\infty} F_1(p)\, F_2(s-p)\, \mathrm{d}p \qquad\qquad (4.1.13)$$

behandelt werden. Dabei gilt $F_1(s)$ •—∘$f_1(t)$ und $F_2(s)$ •—∘$f_2(t)$. Weiterhin stellt p eine komplexe Integrationsvariable dar. Gemäß diesem Satz ist die Laplace-Transformierte des Produktes zweier Zeitfunktionen gleich der Faltung von $F_1(s)$ und $F_2(s)$ im Bildbereich.

Für das Produkt zweier kausaler Zeitfunktionen

$$f(t) = f_1(t)\, f_2(t) \tag{4.1.14}$$

mit den Laplace-Transformierten $F_1(s)$ und $F_2(s)$ und den Konvergenzbereichen $\mathrm{Re}\, s > \sigma_1$ bzw. $\mathrm{Re}\, s > \sigma_2$ folgt durch Laplace-Transformation von $f(t)$

$$\mathscr{L}\{f(t)\} = F(s) = \int_0^\infty f_1(t)\, f_2(t)\, \mathrm{e}^{-st} \mathrm{d}t. \tag{4.1.15}$$

Mit dem Umkehrintegral gemäß Gl. (4.1.2)

$$f_1(t) = \frac{1}{2\pi\mathrm{j}} \int_{c-\mathrm{j}\infty}^{c+\mathrm{j}\infty} F_1(p)\, \mathrm{e}^{pt} \mathrm{d}p \qquad c > \sigma_1 \tag{4.1.16}$$

ergibt sich durch Einsetzen dieser Beziehung in Gl. (4.1.15)

$$F(s) = \int_0^\infty f_2(t)\, \mathrm{e}^{-st} \left[\frac{1}{2\pi\mathrm{j}} \int_{c-\mathrm{j}\infty}^{c+\mathrm{j}\infty} F_1(p)\, \mathrm{e}^{pt} \mathrm{d}p \right] \mathrm{d}t. \tag{4.1.17}$$

Durch das hier erlaubte Vertauschen der Reihenfolge der Integration (sofern die Integrale die Konvergenzbedingungen erfüllen) erhält man dann

$$F(s) = \frac{1}{2\pi\mathrm{j}} \int_{c-\mathrm{j}\infty}^{c+\mathrm{j}\infty} F_1(p)\, \mathrm{d}p \int_0^\infty f_2(t)\, \mathrm{e}^{-(s-p)\,t} \mathrm{d}t, \tag{4.1.18}$$

wobei das zweite Integral durch

$$F_2(s-p) = \int_0^\infty f_2(t)\, \mathrm{e}^{-(s-p)\,t} \mathrm{d}t = \mathscr{L}\left\{ \mathrm{e}^{pt} f_2(t) \right\} \tag{4.1.19}$$

ersetzt werden darf. Dieses Integral das – nebenbei bemerkt – den Verschiebesatz im Frequenzbereich darstellt, konvergiert für $\mathrm{Re}(s-p) > \sigma_2$. Durch Einsetzen der Gl. (4.1.19) in Gl. (4.1.18) ist somit Gl. (4.1.13) bewiesen. In Gl. (4.1.19) muss demnach der Realteil von p so groß gewählt werden, dass sich die Konvergenzbereiche von $F_1(p)$ und $F_2(s-p)$ teilweise überdecken, d.h. die Abszisse c der Integrationsgeraden muss im gemeinsamen Konvergenzbereich von $F_1(p)$ und $F_2(s-p)$ liegen und somit gilt

$$\sigma_1 < c < \mathrm{Re}\, s - \sigma_2.$$

h) *Die Grenzwertsätze:*

Der *Satz vom Anfangswert* ermöglicht die direkte Berechnung des Funktionswertes $f(0+)$ einer kausalen Zeitfunktion $f(t)$ aus der Laplace-Transformierten $F(s)$. Wenn $f(t)$ und $\dot{f}(t)$ Laplace-Transformierte besitzen, dann gilt

$$f(0+) = \lim_{t \to 0+} f(t) = \lim_{s \to \infty} s\, F(s), \qquad (4.1.20)$$

sofern $\lim_{t \to 0} f(t)$ existiert. Zum Beweis [Föl77] bildet man von

$$\mathcal{L}\left\{\dot{f}(t)\right\} = \int_{0+}^{\infty} \dot{f}(t)\, \mathrm{e}^{-st} \mathrm{d}t = s\, F(s) - f(0+)$$

den Grenzwert für $s \to \infty$:

$$\lim_{s \to \infty} \int_{0+}^{\infty} \dot{f}(t)\, \mathrm{e}^{-st} \mathrm{d}t = \lim_{s \to \infty} [s\, F(s) - f(0+)].$$

Da hierbei die Integration unabhängig von s ist, dürfen Grenzwertbildung und Integration unter der Voraussetzung, dass das Integral gleichmäßig konvergiert, vertauscht werden. Da vorausgesetzt wird, dass $\mathcal{L}[f(t)]$ existiert, gilt somit

$$\lim_{s \to \infty} \dot{f}(t)\, \mathrm{e}^{-st} = 0.$$

Damit erhält man schließlich

$$\lim_{s \to \infty} s\, F(s) = f(0+).$$

Mit Hilfe des *Satzes vom Endwert* lässt sich das Verhalten von $f(t)$ für $t \to \infty$ aus $F(s)$ bestimmen, sofern wiederum $f(t)$ und $\dot{f}(t)$ eine Laplace-Transformierte besitzen und der Grenzwert $\lim_{t \to \infty} f(t)$ auch tatsächlich existiert. Dann gilt:

$$f(\infty) = \lim_{t \to \infty} f(t) = \lim_{s \to 0} s\, F(s). \qquad (4.1.21)$$

Zum Beweis [Föl77] bildet man den Grenzwert

$$\lim_{s \to 0} \int_{0+}^{\infty} \dot{f}(t)\, \mathrm{e}^{-st} \mathrm{d}t = \lim_{s \to 0} [s\, F(s) - f(0+)].$$

Auch hier darf unter der Voraussetzung der Konvergenz des Integrals die Reihenfolge von Grenzwertbildung und Integration vertauscht werden. Dies liefert

$$\int_{0+}^{\infty} \dot{f}(t)\, \mathrm{d}t = \lim_{s \to 0} [s\, F(s) - f(0+)],$$

und nach Ausführen der Integration folgt

$$f(\infty) - f(0+) = \lim_{s \to 0} [s\, F(s) - f(0+)]$$

$$f(\infty) = \lim_{s \to 0} s\, F(s).$$

Man beachte, dass sich

$$\lim_{t \to \infty} f(t) \quad \text{oder} \quad \lim_{t \to 0} f(t)$$

aus der zugehörigen Laplace-Transformierten $\mathscr{L}\{f(t)\}$ durch Anwendung der Grenz-wertsätze nur berechnen lässt, wenn a priori die Existenz des entsprechenden Grenz-wertes im Zeitbereich gesichert ist. Zwei Beispiele sollen dies verdeutlichen:

Beispiel 4.1.5

$$f(t) = \mathrm{e}^{\alpha t}(\alpha > 0) \circ\!\!-\!\!\bullet F(s) = \frac{1}{s - \alpha}$$

Der stationäre, asymptotische Endwert $\lim\limits_{t \to \infty} \mathrm{e}^{\alpha t}$ existiert hier offensichtlich nicht. Daher darf der Endwertsatz nicht angewandt werden. ∎

Beispiel 4.1.6

$$f(t) = \cos \omega_0 t \circ\!\!-\!\!\bullet F(s) = \frac{s}{s^2 + \omega_0^2}$$

Der Endwert $\lim\limits_{t \to \infty} \cos \omega_0 t$ existiert hier ebenfalls nicht, und daher darf dieser Grenzwert-satz wiederum nicht angewandt werden. ∎

Anhand dieser beiden Beispiele ist leicht ersichtlich, dass folgende allgemeine Aussage gemacht werden kann: Besitzt die Laplace-Transformierte $F(s)$, abgesehen von einem einfachen Pol im Nullpunkt $s = 0$, auf der imaginären Achse oder in der rechten s-Halbebene Pole, dann kann der Satz vom Endwert nicht angewandt werden.

4.1.4   Die inverse Laplace-Transformation

Die inverse Laplace-Transformation wird durch Gl. (4.1.2) beschrieben. Wie bereits im Abschnitt 4.1.2 erwähnt wurde, ist in vielen Fällen eine direkte Auswertung des komple-xen Umkehrintegrals nicht erforderlich, da für die wichtigsten elementaren Funktionen Korrespondenztabellen entsprechend Tabelle 4.1.1 zur Verfügung stehen. Ist jedoch für eine kompliziertere Funktion $F(s)$ die entsprechende Korrespondenz nicht in einer sol-chen Tabelle zu finden, dann muss diese Funktion in eine Summe einfacher Funktionen von s

$$F(s) = F_1(s) + F_2(s) + \ldots + F_n(s) \tag{4.1.22}$$

zerlegt werden, deren inverse Laplace-Tranformierten bereits bekannt sind:

$$\begin{aligned} \mathscr{L}^{-1}\{F(s)\} &= \mathscr{L}^{-1}\{F_1(s)\} + \mathscr{L}^{-1}\{F_2(s)\} + \ldots + \mathscr{L}^{-1}\{F_3(s)\} \\ &= f_1(t) + f_2(t) + \ldots + f_n(t) = f(t). \end{aligned} \tag{4.1.23}$$

Bei regelungstechnischen Problemen tritt sehr häufig $F(s)$ in Form einer *gebrochen ra-tionalen Funktion*

$$F(s) = \frac{d_0 + d_1 s + \ldots d_m s^m}{e_0 + e_1 s + \ldots + s^n} = \frac{Z(s)}{N(s)} \tag{4.1.24}$$

auf, wobei $Z(s)$ und $N(s)$ das Zähler- bzw. Nennerpolynom darstellen.

Ist $m > n$, dann wird zweckmäßigerweise $Z(s)$ durch $N(s)$ geteilt, wodurch eine Funktion in s sowie als Rest eine gebrochen rationale Funktion entsteht, deren Zählerpolynom $Z_1(s)$ eine niedrigere Ordnung als n besitzt. Ist z.B. $m = n + 2$, dann wird

$$\frac{Z(s)}{N(s)} = k_2 s^2 + k_1 s + k_0 + \frac{Z_1(s)}{N(s)}, \tag{4.1.25}$$

wobei $\mathrm{Grad}\{Z_1(s)\} < n$ ist und k_0, k_1 und k_2 konstante Größen darstellen.

Nun lässt sich eine gebrochen rationale Funktion $F(s)$ gemäß Gl. (4.1.24) durch Anwendung der *Partialbruchzerlegung* in einfachere Funktionen, wie in Gl. (4.1.22) angedeutet, zerlegen. Dazu muss bekanntlich das Nennerpolynom $N(s)$ faktorisiert werden, so dass man die Form

$$F(s) = \frac{Z(s)}{(s - s_1)(s - s_2) \ldots (s - s_n)} \tag{4.1.26}$$

bekommt. Für ein Nennerpolynom n-ter Ordnung erhält man dann n Wurzeln oder Nullstellen $s = s_1, s_2, \ldots, s_n$. Diese Nullstellen von $N(s)$ sind somit auch die *Pole* von $F(s)$. Für verschiedene Arten von Polen soll nun nachfolgend das Vorgehen bei der Partialbruchzerlegung gezeigt werden.

Fall 1: $F(s)$ besitzt nur *einfache Pole*.

Hierbei lässt sich $F(s)$ in eine Partialbruchzerlegung der Form

$$F(s) = \sum_{k=1}^{n} \frac{c_k}{s - s_k} \tag{4.1.27}$$

entwickeln, wobei die *Residuen* c_k reelle oder auch komplexe Konstanten sind. Mit Hilfe der Korrespondenztabelle erhält man dann unmittelbar die zugehörige Zeitfunktion

$$f(t) = \sum_{k=1}^{n} c_k e^{s_k t} \quad \text{für} \quad t > 0. \tag{4.1.28}$$

Dabei lassen sich die Werte c_k entweder durch Koeffizientenvergleich oder mit dem Residuensatz der Funktionentheorie gemäß

$$c_k = \frac{Z(s_k)}{N'(s_k)} = (s - s_k) \frac{Z(s)}{N(s)} \bigg|_{s = s_k} \tag{4.1.29}$$

für $k = 1, 2, \ldots, n$ bestimmen, wobei $N'(s_k) = \mathrm{d}\,N/\mathrm{d}s \,|_{s = s_k}$ kennzeichnet.

Fall 2: $F(s)$ besitzt auch *mehrfache Pole*.

Treten die mehrfachen Pole von $F(s)$ jeweils mit der Vielfachheit $r_k (k = 1, 2, \ldots, l)$ auf, dann lautet die entsprechende Partialbruchzerlegung

$$F(s) = \sum_{k=1}^{l} \sum_{\nu=1}^{r_k} \frac{c_{k\nu}}{(s - s_k)^\nu} \quad \text{mit} \quad n = \sum_{k=1}^{l} r_k. \tag{4.1.30}$$

Die Rücktransformation der Gl. (4.1.30) in den Zeitbereich liefert

$$f(t) = \sum_{k=1}^{l} e^{s_k t} \sum_{\nu=1}^{r_k} \frac{c_{k\nu} t^{\nu-1}}{(\nu-1)!} \quad \text{für} \quad t > 0. \tag{4.1.31}$$

Dabei berechnen sich die entsprechenden reellen oder komplexen Koeffizienten $c_{k\nu}$ für $\nu = 1, 2, \ldots, r_k$ gemäß dem Residuensatz zu

$$c_{k\nu} = \frac{1}{(r_k - \nu)!} \left\{ \frac{\mathrm{d}^{(r_k - \nu)}}{\mathrm{d}s^{(r_k - \nu)}} \left[F(s)(s - s_k)^{r_k} \right] \right\}_{s = s_k}. \tag{4.1.32}$$

Diese allgemeine Beziehung enthält natürlich auch den Fall der einfachen Pole von $F(s)$. Die Pole dürfen reell oder komplex sein. Man beachte außerdem, dass hierbei definitionsgemäß $0! = 1$ wird.

Fall 3: $F(s)$ besitzt auch *konjugierte komplexe Pole*.

Da sowohl das Zählerpolynom $Z(s)$ als auch das Nennerpolynom $N(s)$ der Funktion $F(s)$ rationale algebraische Funktionen darstellen, treten eventuell vorhandene komplexe Faktoren, also Nullstellen oder Pole, stets als konjugiert komplexe Paare auf. Besitzt $F(s)$ gerade ein konjugiert komplexes Polpaar $s_{1,2} = \sigma_1 \pm j\omega_1$, dann lässt sich für die zugehörige Teilfunktion $F_{1,2}(s)$ bei der Partialbruchzerlegung von

$$F(s) = \frac{Z(s)}{N(s)} = F_{1,2}(s) + F_3(s) + \ldots + F_n(s)$$

selbstverständlich Gl. (4.1.27) anwenden:

$$F_{1,2}(s) = \frac{c_1}{s - (\sigma_1 + j\omega_1)} + \frac{c_2}{s - (\sigma_1 - j\omega_1)}, \tag{4.1.33}$$

wobei jedoch die Residuen entsprechend der Beziehung

$$c_{1,2} = \delta_1 \pm j\varepsilon_1$$

ebenfalls konjugiert komplex werden. Deshalb werden beide Brüche von $F_{1,2}(s)$ zusammengefasst, und man erhält somit

$$F_{1,2}(s) = \frac{\beta_0 + \beta_1 s}{\alpha_0 + \alpha_1 s + s^2} \tag{4.1.34}$$

mit den reellen Koeffizienten

$$\left. \begin{array}{ll} \alpha_0 = & \sigma_1^2 + \omega_1^2 \qquad\qquad ; \alpha_1 = -2\sigma_1 \\ \beta_0 = & -2(\sigma_1 \delta_1 + \omega_1 \varepsilon_1) \;\; ; \beta_1 = 2\delta_1 \end{array} \right\}. \tag{4.1.35}$$

Die Ermittlung der Koeffizienten β_0 und β_1 erfolgt wiederum mit dem Residuensatz durch

$$(\beta_0 + \beta_1 s)\big|_{s = s_1} = (s - s_1)(s - s_2) \frac{Z(s)}{N(s)}\bigg|_{s = s_1}. \tag{4.1.36}$$

Da s_1 eine komplexe Größe ist, werden beide Seiten dieser Beziehung komplex. Durch Vergleich jeweils der Real- und Imaginärteile beider Seiten erhält man zwei Gleichungen zur Bestimmung von β_0 und β_1. Dieses Vorgehen soll am folgenden Beispiel gezeigt werden.

Beispiel 4.1.7
Mit Hilfe der inversen Laplace-Transformation ist $f(t)$ aus

$$F(s) = \frac{1}{(s^2 + 2s + 2)(s + 2)}$$

zu bestimmen. Die Partialbruchzerlegung von $F(s)$ liefert

$$F(s) = F_{1,2}(s) + F_3(s) = \frac{\beta_0 + \beta_1 s}{s^2 + 2s + 2} + \frac{c_3}{s + 2},$$

wobei die Teilfunktion $F_{1,2}(s)$ das konjugierte komplexe Polpaar

$$s_{1,2} = -1 \pm j$$

enthält. Außerdem wird der dritte Pol von $F(s)$

$$s_3 = -2.$$

Für die Koeffizienten β_0 und β_1 folgt mit Gl. (4.1.36)

$$(\beta_0 + \beta_1 s)\big|_{s=s_1} = \frac{1}{s + 2}\bigg|_{s=s_1}$$

$$(\beta_0 - \beta_1) + j\beta_1 = \frac{1}{-1 + j + 2} = \frac{1}{2} - j\frac{1}{2}.$$

Durch Gleichsetzen der Real- und Imaginärteile auf beiden Seiten ergibt sich

$$\beta_0 - \beta_1 = \frac{1}{2} \quad \text{und} \quad \beta_1 = -\frac{1}{2}$$

und daraus schließlich $\beta_0 = 0$.

Mit Gl. (4.1.29) lässt sich das Residuum

$$c_3 = (s + 2)\,\frac{1}{(s^2 + 2s + 2)(s + 2)}\bigg|_{s=s_3} = \frac{1}{2}$$

bestimmen. Damit lautet nun die Partialbruchentwicklung von $F(s)$

$$F(s) = -\frac{1}{2}\left[\frac{s}{s^2 + 2s + 2}\right] + \frac{1}{2}\frac{1}{s + 2},$$

die zweckmäßigerweise noch in die Form

$$F(s) = -\frac{1}{2}\left[\frac{s + 1}{(s + 1)^2 + 1} - \frac{1}{(s + 1)^2 + 1} - \frac{1}{s + 2}\right]$$

gebracht wird, damit für die inverse Laplace-Transformation direkt die Tabelle 4.1.1 verwendet werden kann. Unter Berücksichtigung der Korrespondenzen 16, 15 und 6 und bei Beachtung, dass t aufgrund der Multiplikation mit den entsprechenden Frequenzwerten dimensionslos wird, folgt

$$f(t) = -\frac{1}{2}[e^{-t}\cos t - e^{-t}\sin t - e^{-2t}] \quad \text{für} \quad t > 0$$

oder umgeformt

$$f(t) = \frac{1}{2}e^{-t}[e^{-t} + \sin t - \cos t] \quad \text{für} \quad t > 0.$$

Der grafische Verlauf von $f(t)$ ist im Bild 4.1.2 a dargestellt. Daneben enthält das Bild 4.1.2 b auch die Lage der zugehörigen Polstellen dieses Beispiels in der komplexen s-Ebene.   ■

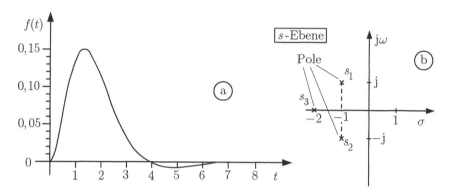

Bild 4.1.2. (a) Verlauf der Originalfunktion $f(t)$ (Zeitfunktion) und (b) Lage der Polstellen in der s-Ebene

Wie man leicht anhand dieses Beispiels erkennt, ist die Lage der Pole s_1, s_2 und s_3 für den Verlauf von $f(t)$ ausschlaggebend. Da hier sämtliche Pole von $F(s)$ negativen Realteil besitzen, ist der Verlauf von $f(t)$ gedämpft, d.h. er klingt für $t \rightarrow \infty$ auf Null ab. Wäre jedoch der Realteil eines Poles positiv, dann würde für $t \rightarrow \infty$ auch $f(t)$ unendlich groß werden. Da bei regelungstechnischen Problemen die Originalfunktion $f(t)$ stets den zeitlichen Verlauf einer im Regelkreis auftretenden Systemgröße darstellt, lässt sich das Schwingungsverhalten dieser Systemgröße $f(t)$ durch die Untersuchung der Lage der Polstellen der zugehörigen Bildfunktion $F(s)$ direkt beurteilen. Auf diese so entscheidende Bedeutung der Lage der Polstellen einer Bildfunktion wird später noch ausführlich eingegangen.

4.1.5 Die Lösung von linearen Differentialgleichungen mit Hilfe der Laplace-Transformation

Die Laplace-Transformation, deren wichtigste Grundlagen in dem vorangegangenen Abschnitt behandelt wurden, stellt – wie im folgenden gezeigt wird – eine sehr elegante Möglichkeit zur schnellen und schematischen Lösung von linearen Differentialgleichungen mit konstanten Koeffizienten dar, wobei als wichtigstes Hilfsmittel meist eine Korrespondenztabelle ausreicht. Anstatt die im Originalbereich gegebene Differentialgleichung mit Anfangsbedingungen direkt zu lösen, wird der Umweg über den Bildbereich genommen, wo dann nur noch eine algebraische Gleichung zu lösen ist. Die Lösung von Differentialgleichungen erfolgt demnach allgemein gemäß Bild 4.1.3 in folgenden drei Schritten:

1. Transformation der Differentialgleichung in den Bildbereich,

2. Lösung der algebraischen Gleichung im Bildbereich,

3. Rücktransformation der Lösung in den Originalbereich.

Bild 4.1.3. Schema zur Lösung von Differentialgleichungen mit der Laplace-Transformation

Während die beiden ersten Schritte trivial sind, erfordert der dritte Schritt gewöhnlich den meisten Aufwand. Das Vorgehen wird im folgenden anhand von zwei Beispielen gezeigt.

Beispiel 4.1.8
Gegeben ist die Differentialgleichung (in dimensionsloser Darstellung)

$$\ddot{f}(t) + 3\dot{f}(t) + 2f(t) = e^{-t}$$

mit den Anfangsbedingungen $f(0+) = \dot{f}(0+) = 0$. Die Lösung erfolgt in den zuvor angegebenen Schritten:

1. Schritt:
$$s^2 F(s) + 3s F(s) + 2F(s) = \frac{1}{s+1}$$

2. Schritt:
$$F(s) = \frac{1}{s+1} \frac{1}{s^2 + 3s + 2}$$

3. Schritt:
   Vor der Rücktransformation wird $F(s)$ in Partialbrüche zerlegt, da die Korrespondenztafeln nur bestimmte Standardfunktionen enthalten:
$$F(s) = \frac{1}{s+2} - \frac{1}{s+1} + \frac{1}{(s+1)^2}.$$

   Mittels der Korrespondenzen 6 und 7 aus Tabelle 4.1.1 folgt durch die inverse Laplace-Transformation als Lösung der gegebenen Differentialgleichung
$$f(t) = e^{-2t} - e^{-t} + t\,e^{-t}.$$

∎

Beispiel 4.1.9
Gegeben ist die Differentialgleichung

$$\ddot{x} + a_1 \dot{x} + a_0 x = 0, \tag{4.1.37}$$

wobei a_0 und a_1 konstante Größen und die Anfangsbedingungen $\dot{x}(0+)$ und $x(0+)$ bekannt sind. Auch hier erfolgt die Lösung in der zuvor beschriebenen Form:

1. Schritt:

$$s^2 X(s) - s\,x(0+) - \dot{x}(0+) + a_1[s\,X(s) - x(0+)] + a_0 X(s) = 0$$

2. Schritt:

$$X(s) = \frac{s + a_1}{s^2 + a_1 s + a_0}\, x(0+) + \frac{1}{s^2 + a_1 s + a_0}\, \dot{x}(0+), \qquad (4.1.38)$$

also

$$X(s) = L_0(s)\, x(0+) + L(s)\, \dot{x}(0+)$$

mit den Abkürzungen

$$L_0(s) = \frac{Z_0(s)}{N(s)} = \frac{s + a_1}{s^2 + a_1 s + a_0} \quad \text{und} \quad L(s) = \frac{Z(s)}{N(s)} = \frac{1}{s^2 + a_1 s + a_0}.$$

3. Schritt:

Fall a): Zwei *einfache reelle Nullstellen des Nenners*:

Gegeben ist

$$N(s) = s^2 + a_1 s + a_0 = (s - \alpha_1)\,(s - \alpha_2).$$

Für die beiden gebrochen rationalen Ausdrücke $L_0(s)$ und $L(s)$ folgt durch Partialbruchzerlegung

$$L_0(s) = \frac{A_1}{s - \alpha_1} + \frac{A_2}{s - \alpha_2} \quad \text{und} \quad L(s) = \frac{B_1}{s - \alpha_1} + \frac{B_2}{s - \alpha_2}.$$

Die Koeffizienten A_i und B_i lassen sich nun durch Koeffizientenvergleich oder durch Anwendung der Gl. (4.1.29) bestimmen:

$$A_i = \frac{Z_0(\alpha_i)}{N'(\alpha_i)}; \quad B_i = \frac{Z(\alpha_i)}{N'(\alpha_i)} \quad \text{für} \quad i = 1,2.$$

Damit folgt für Gl. (4.1.38)

$$X(s) = \left[\frac{A_1}{s - \alpha_1} + \frac{A_2}{s - \alpha_2}\right] x(0+) + \left[\frac{B_1}{s - \alpha_1} + \frac{B_2}{s - \alpha_2}\right] \dot{x}(0+),$$

und durch Anwendung der Korrespondenz 6 aus Tabelle 4.1.1 ergibt sich als Lösung der Differentialgleichung

$$\begin{aligned} x(t) &= \left[A_1 e^{\alpha_1 t} + A_2 e^{\alpha_2 t}\right] x(0+) + \left[B_1 e^{\alpha_1 t} + B_2 e^{\alpha_2 t}\right] \dot{x}(0+) \\ &= \left[A_1 x(0+) + B_1 \dot{x}(0+)\right] e^{\alpha_1 t} + \left[A_2 x(0+) + B_2 \dot{x}(0+)\right] e^{\alpha_2 t}. \end{aligned} \qquad (4.1.39)$$

Fall b): Eine *doppelte reelle Nullstelle des Nenners*:

Gegeben ist

$$N(s) = (s - \alpha)^2.$$

Hier folgt für die beiden gebrochen rationalen Ausdrücke $L_0(s)$ und $L(s)$ von Gl. (4.1.38) als Partialbruchzerlegung

$$L_0(s) = \frac{A_1}{s - \alpha} + \frac{A_2}{(s - \alpha)^2} \quad \text{und} \quad L(s) = \frac{B_1}{s - \alpha} + \frac{B_2}{(s - \alpha)^2}.$$

Nun werden die Koeffizienten A_i und B_i durch Koeffizientenvergleich oder durch Anwendung der Gl. (4.1.32) bestimmt:

$$A_1 = \left\{ \frac{\mathrm{d}}{\mathrm{d}s} \left[\frac{Z_0(s)}{N(s)} (s - \alpha)^2 \right] \right\}_{s=\alpha} = 1, \quad A_2 = \left[\frac{Z_0(s)}{N(s)} (s - \alpha)^2 \right]_{s=\alpha} = \alpha + a_1$$

und

$$B_1 = \left\{ \frac{\mathrm{d}}{\mathrm{d}s} \left[\frac{Z(s)}{N(s)} (s - \alpha)^2 \right] \right\}_{s=\alpha} = 0, \quad B_2 = \left[\frac{Z(s)}{N(s)} (s - \alpha)^2 \right]_{s=\alpha} = 1.$$

Damit erhält man schließlich für die Lösung im Bildbereich

$$X(s) = \frac{x(0+)}{s - \alpha} + \frac{(\alpha + a_1)\, x(0+) + \dot{x}(0+)}{(s - \alpha)^2}.$$

Durch Anwendung der inversen Laplace-Transformation folgt schließlich als gesuchte Lösung der Differentialgleichung

$$x(t) = x(0+)\, e^{\alpha t} + \left[(\alpha + a_1)\, x(0+) + \dot{x}(0+) \right] t\, e^{\alpha t}. \tag{4.1.40}$$

Fall c): Zwei *konjugiert komplexe Nullstellen des Nenners*:

Gegeben ist

$$N(s) = (s - \alpha_1)\,(s - \alpha_2) \quad \text{mit} \quad \alpha_{1,2} = \sigma_1 \pm \mathrm{j}\omega_1.$$

Durch Einsetzen von α_1 und α_2 und Ausmultiplizieren dieses Ausdruckes ergibt sich

$$N(s) = (s - \sigma_1)^2 + \omega_1^2.$$

Der Vergleich mit dem Nenner der ursprünglichen Beziehung, Gl. (4.1.38) liefert entsprechend Gl. (4.1.35)

$$a_0 = \sigma_1^2 + \omega_1^2 \quad \text{und} \quad a_1 = -2\sigma_1.$$

Mit diesen Koeffizienten geht Gl. (4.1.38) über in die Form

$$\begin{aligned}
X(s) &= \frac{s - 2\sigma_1}{(s - \sigma_1)^2 + \omega_1^2}\, x(0+) + \frac{1}{(s - \sigma_1)^2 + \omega_1^2}\, \dot{x}(0+) \\
&= \left[\frac{s - \sigma_1}{(s - \sigma_1)^2 + \omega_1^2} - \frac{\sigma_1}{\omega_1} \frac{\omega_1}{(s - \sigma_1)^2 + \omega_1^2} \right] x(0+) \\
&\quad + \frac{1}{\omega_1} \frac{\omega_1}{(s - \sigma_1)^2 + \omega_1^2}\, \dot{x}(0+),
\end{aligned}$$

und daraus erhält man direkt unter Verwendung der Korrespondenzen 15 und 16 aus Tabelle 4.1.1 die zu $X(s)$ gehörende Originalfunktion (Zeitfunktion)

$$x(t) = e^{\sigma_1 t} \left[\cos \omega_1 t - \frac{\sigma_1}{\omega_1} \sin \omega_1 t \right] x(0+) + \frac{1}{\omega_1} e^{\sigma_1 t} \dot{x}(0+) \sin \omega_1 t$$

oder umgeformt

$$x(t) = \mathrm{e}^{\sigma_1 t} \left\{ x(0+) \cos \omega_1 t + \left[\frac{1}{\omega_1} \dot{x}(0+) - \frac{\sigma_1}{\omega_1} x(0+) \right] \sin \omega_1 t \right\} \qquad (4.1.41)$$

als Lösung der Differentialgleichung.

∎

Auch anhand dieses Beispiels ist wiederum die Bedeutung der Lage der Nullstellen von $N(s)$ bzw. der Pole von $X(s)$ gemäß Gl. (4.1.38) ersichtlich. Für alle drei hier untersuchten Spezialfälle wird der Lösungsweg bzw. die Lösung der Differentialgleichung entsprechend den Gln. (4.1.39), (4.1.40) und (4.1.41) maßgeblich von der Lage der Polstellen von $X(s)$ bestimmt. Diese Polstellen von $X(s)$ sind – wie man sich leicht an beiden hier behandelten Beispielen überzeugen kann – allgemein nur abhängig von der linken Seite der zugehörigen Differentialgleichung, also deren homogenem Teil. Bekanntlich beschreibt die Lösung der homogenen Differentialgleichung die *Eigenbewegungen* des Systems, also das Verhalten, das nur von den Anfangsbedingungen abhängig ist. Betrachtet man daher für den allgemeinen Fall den homogenen Teil der gewöhnlichen linearen Differentialgleichungen n-ter Ordnung gemäß Gl. (2.3.2) mit konstanten Koeffizienten

$$\sum_{i=0}^{n} a_i \frac{\mathrm{d}^i x_a(t)}{\mathrm{d}t^i} = 0 \qquad (4.1.42)$$

unter Berücksichtigung aller n Anfangswertbedingungen

$$(\mathrm{d}^i x_a(t)/\mathrm{d}t^i)|_{t=0+} \quad \text{für} \quad i = 0,1,\ldots,n-1,$$

dann lässt sich diese Gleichung nach Anwendung der Laplace-Transformation

$$X_a(s) \left[\sum_{i=0}^{n} a_i s^i \right] - \left[\sum_{i=1}^{n} a_i \sum_{\nu=1}^{i} s^{i-\nu} \frac{\mathrm{d}^{\nu-1}}{\mathrm{d}t^{\nu-1}} x_a(t) \Big|_{t=0+} \right] = 0$$

in eine der Gl. (4.1.38) entsprechende Form bringen

$$X_a(s) = \frac{\displaystyle\sum_{i=1}^{n} a_i \sum_{\nu=1}^{i} s^{i-\nu} \frac{\mathrm{d}^{\nu-1}}{\mathrm{d}t^{\nu-1}} x_{a(t)} \Big|_{t=0+}}{\displaystyle\sum_{i=0}^{n} a_i s^i} = \frac{Z(s)}{N(s)}, \qquad (4.1.43)$$

wobei $Z(s)$ und $N(s)$ Polynome in s darstellen, und damit die Anfangsbedingungen nur im Zählerpolynom $Z(s)$ enthalten sind. Die das Eigenverhalten beschreibenden Pole $s_k (k = 1,2,\ldots,n)$ von $X_a(s)$ ergeben sich somit unmittelbar aus der Lösung der Gleichung

$$\sum_{i=0}^{n} a_i s^i = 0. \qquad (4.1.44)$$

Die Faktorisierung dieser Beziehung liefert dann

$$a_n (s - s_1)(s - s_2) \ldots (s - s_n) = 0. \qquad (4.1.45)$$

Die hierin enthaltenen Pole s_k von $X_a(s)$ ermöglichen eine Partialbruchdarstellung von $X_a(s)$, beispielsweise für den Fall einfacher Pole entsprechend Gl. (4.1.27). Für diesen Fall erhält man gemäß Gl. (4.1.28) als Lösung der homogenen Differentialgleichung, Gl. (4.1.42), die Beziehung

$$x_a(t) = \sum_{k=1}^{n} c_k e^{s_k t} \quad \text{für} \quad t > 0.$$

Daraus erkennt man, dass die Lage der Pole s_k von $X_a(s)$ in der s-Ebene vollständig das Eigenverhalten oder Schwingungsverhalten des durch die Gl. (4.1.42) beschriebenen Systems charakterisiert. Man erhält somit für Re $s_k < 0$ (linke s-Halbebene) einen abklingenden und für Re $s_k > 0$ (rechte s-Halbebene) einen aufklingenden Schwingungsverlauf von $x_a(t)$, während sich für Polpaare mit Re $s_k = 0$ Dauerschwingungen einstellen. Gl. (4.1.44) bzw. Gl. (4.1.45) wird daher auch als *charakteristische Gleichung* und die Pole s_k von $X_a(s)$ werden oft auch als *Eigenwerte* derselben bezeichnet. Die Untersuchung der charakteristischen Gleichung liefert somit die wichtigste Information über das Schwingungsverhalten eines Systems.

4.1.6 Laplace-Transformation der Impulsfunktion $\delta(t)$

Die Impulsfunktion $\delta(t)$ ist *keine Funktion* im Sinne der klassischen Analysis, sondern eine Distribution (Pseudofunktion). Aus diesem Grunde ist ohne eine Einführung der Distributionentheorie das Integral

$$\mathscr{L}\{\delta(t)\} = \int\limits_{0}^{\infty} \delta(t)\, e^{-st} dt \tag{4.1.46}$$

nicht definiert. Die Singularität fällt exakt mit der unteren Integrationsgrenze zusammen. Näherungsweise lässt sich aber die Impulsfunktion gemäß Gl. (3.2.4) durch den Grenzwert

$$\delta(t) = \lim_{\varepsilon \to 0} r_\varepsilon(t)$$

darstellen. Streng genommen ist diese Darstellung von $\delta(t)$ jedoch keine Distribution, da $r_\varepsilon(t)$ für $0 \le t \le \infty$ nicht beliebig oft differenzierbar ist. Wegen der einfachen Beschreibung gegenüber anderen Funktionen (z.B. Gauß-Funktionen) soll ihr aber hier der Vorzug gegeben werden. Aus den Gln. (3.2.4) und (4.1.46) folgt damit

$$\mathscr{L}\{\delta(t)\} = \int\limits_{0}^{\infty} \left[\lim_{\varepsilon \to 0} r_\varepsilon(t)\right] e^{-st} dt. \tag{4.1.47}$$

Da Gl. (3.2.3) auch in der Form

$$r_\varepsilon(t) = \frac{1}{\varepsilon}[\sigma(t) - \sigma(t - \varepsilon)] \tag{4.1.48}$$

dargestellt werden kann, und da die Integration unabhängig von ε ist, dürfen Grenzwertbildung und Integration vertauscht werden. Somit folgt aus den Gln. (4.1.47) und (4.1.48)

$$\mathscr{L}\left\{\delta(t)\right\} = \lim_{\varepsilon \to 0} \left\{ \frac{1}{\varepsilon} \int_0^{\infty} \left[\sigma(t) - \sigma(t - \varepsilon)\right] e^{-st} dt \right\}$$

$$\mathscr{L}\left\{\delta(t)\right\} = \lim_{\varepsilon \to 0} \left\{ \frac{1}{\varepsilon} \frac{1}{s} \left(1 - e^{-\varepsilon s}\right) \right\}.$$

Durch Anwendung der Regel von l'Hospital erhält man daraus schließlich

$$\mathscr{L}\left\{\delta(t)\right\} = \lim_{\varepsilon \to 0} \frac{s\, e^{-\varepsilon s}}{s} = 1. \tag{4.1.49}$$

Beispiel 4.1.10
Gegeben ist die Differentialgleichung

$$\frac{\mathrm{d}x_a}{\mathrm{d}t} = \delta(t).$$

Gesucht ist die Lösung $x_a(t)$.

Anmerkung: Der Differentiationssatz gemäß Gl. (4.1.6) gilt – wie bereits erwähnt – nur für klassische Funktionen. Besitzt ein Signal jedoch eine δ-Funktion bei $t = 0$, dann muss die untere Integrationsgrenze von Gl. (4.1.1) zu $t = 0-$ und damit in Gl. (4.1.16) der linksseitige Anfangswert $x_a(0-)$ gewählt werden. Gemäß der Definition der Gl. (4.1.1) sind aber alle linksseitigen Anfangswerte stets Null.

Die Lösung erfolgt dann in folgenden drei Schritten:

1. Schritt:
   Die Laplace-Transformation der gegebenen Differentialgleichung ergibt:

   $$s\, X_a(s) - x_a(0-) = 1 \qquad \text{mit } x_a(0-) = 0.$$

2. Schritt:
   Die Lösung der algebraischen Gleichung liefert:

   $$X_a(s) = \frac{1}{s}.$$

3. Schritt:
   Aus der Rücktransformation dieser Beziehung folgt als Lösung der gegebenen Differentialgleichung

   $$x_a(t) = \sigma(t),$$

   wobei $\sigma(t)$ die Sprungfunktion darstellt.

■

4.2 Die Übertragungsfunktion

4.2.1 Definition und Herleitung

Lineare, kontinuierliche, zeitinvariante Systeme mit konzentrierten Parametern werden – sofern eine Totzeit zunächst nicht berücksichtigt wird – durch die gewöhnliche Differentialgleichung

$$\sum_{i=0}^{n} a_i \frac{\mathrm{d}^i x_\mathrm{a}(t)}{\mathrm{d}t^i} = \sum_{j=0}^{m} b_j \frac{\mathrm{d}^j x_\mathrm{e}(t)}{\mathrm{d}t^j} \tag{4.2.1}$$

beschrieben. Beispiele hierfür wurden im Abschnitt 3.1 behandelt. Setzt man alle *Anfangsbedingungen* gleich *Null* und wendet auf beiden Seiten der Gleichung die Laplace-Transformation an, so erhält man

$$X_\mathrm{a}(s) \sum_{i=0}^{n} a_i s^i = X_\mathrm{e}(s) \sum_{j=0}^{m} b_j s^j,$$

oder umgeformt

$$\frac{X_\mathrm{a}(s)}{X_\mathrm{e}(s)} = \frac{b_0 + b_1 s + \ldots + b_m s^m}{a_0 + a_1 s + \ldots + a_n s^n} = G(s) = \frac{Z(s)}{N(s)}, \tag{4.2.2}$$

wobei $Z(s)$ und $N(s)$ das Zähler- und Nennerpolynom dieser Beziehung beschreiben. Der Quotient der Laplace-Transformierten von Ausgangsgröße und Eingangsgröße des oben klassifizierten Systemtyps ist eine gebrochen rationale Funktion in s, deren Koeffizienten nur von der Struktur und den Parametern des Systems abhängen. Diese das Übertragungsverhalten des Systems vollständig beschreibende Funktion $G(s)$ wurde bereits in Gl. (4.1.11) definiert; sie wird *Übertragungsfunktion* des Systems genannt. Mit Hilfe der Übertragungsfunktion kann bei bekannter Eingangsgröße $x_\mathrm{e}(t)$ bzw. $X_\mathrm{e}(s)$ unmittelbar die Laplace-Transfomierte der Ausgangsgröße

$$X_\mathrm{a}(s) = G(s) \, X_\mathrm{e}(s) \tag{4.2.3}$$

ermittelt werden.

Es sei ausdrücklich darauf hingewiesen, dass ein Übertragungsglied, bei dem $m > n$ ist, physikalisch nicht realisierbar ist. Die Übertragungsfunktion eines idealen (nicht realisierbaren) differenzierenden Übertragungsgliedes (D-Glied) wird nach Gl. (4.1.6) durch $G(s) = s$ beschrieben. Jede Übertragungsfunktion mit $m > n$ lässt sich in folgende Form

$$G(s) = \frac{Z(s)}{N(s)} = \frac{Z_1(s)}{N(s)} + k_0 + k_1 s + \ldots + k_{m-n} s^{m-n}$$

zerlegen, wobei $\mathrm{Grad}\{Z_1(s)\} = n - 1$ gilt und stets Terme in s mit positivem Exponenten und damit ideal differenzierende Glieder auftreten. Derartige D-Glieder würden aber für ein Eingangssignal beliebig hoher Frequenz ein Ausgangssignal beliebig großer Amplitude liefern, was physikalisch nicht zu realisieren ist. Als *Realisierbarkeitsbedingung* für die Übertragungsfunktion gemäß Gl. (4.2.2) gilt daher

$$\mathrm{Grad}\{Z(s)\} \leq \mathrm{Grad}\{N(s)\} \quad \text{oder} \quad m \leq n. \tag{4.2.4}$$

Die Übertragungsfunktion muss nun keineswegs immer die oben angegebene Form haben. Berücksichtigt man beispielsweise noch eine *Totzeit* T_t, dann erhält man anstelle von Gl. (4.2.1) die Differentialgleichung

$$\sum_{i=0}^{n} a_i \frac{\mathrm{d}^i x_a(t)}{\mathrm{d}t^i} = \sum_{j=0}^{m} b_j \frac{\mathrm{d}^j x_e(t - T_t)}{\mathrm{d}t^j}. \tag{4.2.5}$$

Die Laplace-Transformation liefert in diesem Fall die *transzendente* Übertragungsfunktion

$$G(s) = \frac{Z(s)}{N(s)} \mathrm{e}^{-sT_t}. \tag{4.2.6}$$

Im Abschnitt 3.2.3 wurde bereits gezeigt, dass man bei linearen Systemen die Systemausgangsgröße $x_a(t)$ durch Faltung der Eingangsgröße $x_e(t)$ mit der Gewichtsfunktion (Impulsantwort) $g(t)$ aus

$$x_a(t) = \int_0^t g(t - \tau) \, x_e(\tau) \, \mathrm{d}\tau$$

erhält. Die Anwendung der Laplace-Transformation liefert analog zu Gl. (4.1.11)

$$X_a(s) = \mathscr{L}\{g(t)\} X_e(s). \tag{4.2.7}$$

Der Vergleich mit Gl. (4.2.3) zeigt, dass die Übertragungsfunktion $G(s)$ gerade die Laplace-Transformierte der Gewichtsfunktion $g(f)$ ist:

$$G(s) = \mathscr{L}\{g(t)\}. \tag{4.2.8}$$

4.2.2   Pole und Nullstellen der Übertragungsfunktion

Für eine Reihe von Untersuchungen (z.B. Stabilitätsbetrachtungen) ist es zweckmäßig, die gebrochen rationale Übertragungsfunktion $G(s)$ gemäß Gl. (4.2.2) faktorisiert in der Form

$$G(s) = \frac{Z(s)}{N(s)} = k_0 \frac{(s - s_{N_1})(s - s_{N_2}) \dots (s - s_{N_m})}{(s - s_{P_1})(s - s_{P_2}) \dots (s - s_{P_n})} \tag{4.2.9}$$

darzustellen. Da aus physikalischen Gründen nur reelle Koeffizienten a_i, b_j vorkommen, können die *Polstellen* s_{P_i} bzw. die *Nullstellen* s_{N_j} von $G(s)$ *reell* oder *konjugiert komplex* sein. Pole und Nullstellen lassen sich anschaulich in der komplexen s-Ebene entsprechend Bild 4.2.1 darstellen. Ein lineares zeitinvariantes System *ohne* Totzeit wird somit durch die Angabe der Pol- und Nullstellenverteilung sowie des Faktors k_0 vollständig beschrieben.

Darüber hinaus haben die Pole der Übertragungsfunktion eine weitere Bedeutung. Betrachtet man das ungestörte System $(x_e(t) \equiv 0)$ nach Gl. (4.2.1) und will man den Zeitverlauf der Ausgangsgröße $x_a(t)$ nach Vorgabe von n Anfangsbedingungen ermitteln, so hat man die zugehörige homogene Differentialgleichung

$$\sum_{i=0}^{n} a_i \frac{\mathrm{d}^i x_a(t)}{\mathrm{d}t^i} = 0 \tag{4.2.10}$$

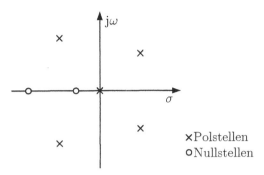

Bild 4.2.1. Beispiel für die Pol- und Nullstellenverteilung einer gebrochen rationalen Übertragungsfunktion in der komplexen s-Ebene

zu lösen, die genau der Gl. (4.1.42) entspricht. Wird für Gl. (4.2.10) der Lösungsansatz $x_\mathrm{a}(t) = \mathrm{e}^{st}$ gemacht, so erhält man als Bestimmungsgleichung für s die bereits in Gl. (4.1.44) definierte *charakteristische Gleichung*

$$P(s) = \sum_{i=0}^{n} a_i s^i = 0. \tag{4.2.11}$$

Diese Beziehung geht also unmittelbar durch Nullsetzen des Nenners ($N(s) = 0$) aus $G(s)$ hervor, sofern $N(s)$ und $Z(s)$ teilerfremd sind. Die Nullstellen s_k der charakteristischen Gleichung stellen somit Pole s_{P_i} der Übertragungsfunktion dar. Da – wie im Abschnitt 4.1.5 bereits behandelt – das Eigenverhalten (also der Fall, dass $x_\mathrm{e}(t) \equiv 0$ gesetzt wird) allein durch die charakteristische Gleichung beschrieben wird, beinhalten somit die Pole s_{P_i} der Übertragungsfunktion voll diese Information.

Will man nun den Zeitverlauf $x_\mathrm{a}(t)$ beim Einwirken einer beliebigen Eingangsgröße $x_\mathrm{e}(t)$ für das durch die Übertragungsfunktion $G(s)$ in Form der Gln. (4.2.2) oder (4.2.9) beschriebene System berechnen, dann muss zunächst die zu $x_\mathrm{e}(t)$ gehörende Laplace-Transformierte $X_\mathrm{e}(s)$ gebildet werden. Damit lässt sich nun $X_\mathrm{a}(s)$ gemäß Gl. (4.2.3) berechnen:

$$X_\mathrm{a}(s) = \frac{Z(s)}{N(s)} X_\mathrm{e}(s). \tag{4.2.12}$$

Stellt $X_\mathrm{a}(s)$ in dieser Beziehung eine gebrochen rationale Funktion dar, dann kann diese durch Faktorisierung auf die Form der Gl. (4.1.26) gebracht werden, auf die sich dann nach Durchführung einer Partialbruchzerlegung die inverse Laplace-Transformation anwenden lässt. In die Lösung von $x_\mathrm{a}(t)$ gehen somit neben den Polstellen s_{P_i} auch die Nullstellen s_{N_j} der Übertragungsfunktion $G(s)$ ein. Sämtliche Anfangsbedingungen von $x_\mathrm{a}(t)$ sind dabei definitionsgemäß gleich Null.

4.2.3   Das Rechnen mit Übertragungsfunktionen

Für das Zusammenschalten von Übertragungsgliedern lassen sich nun einfache Rechenregeln zur Bestimmung der Übertragungsfunktion herleiten.

a) *Hintereinanderschaltung*

Aus der Schaltung entsprechend Bild 4.2.2 folgt

$$Y(s) = G_2(s)X_{e_2}(s)$$
$$X_{e_2}(s) = X_{a_1}(s) = G_1(s)\,U(s)$$
$$Y(s) = G_2(s)\,G_1(s)\,U(s).$$

Damit ergibt sich als Gesamtübertragungsfunktion der Hintereinanderschaltung

$$G(s) = \frac{Y(s)}{U(s)} = G_1(s)\,G_2(s). \qquad (4.2.13)$$

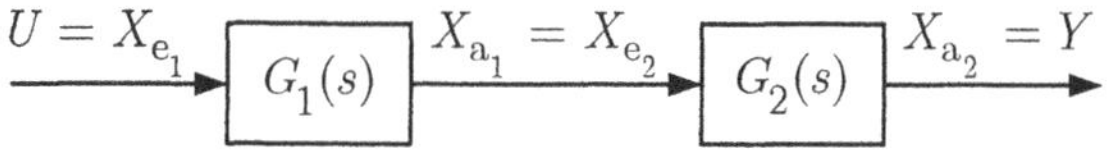

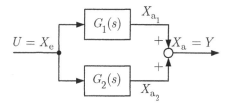

Bild 4.2.2. Hintereinanderschaltung zweier Übertragungsglieder

b) *Parallelschaltung*

Für die Ausgangsgröße der beiden Regelkreisglieder folgt gemäß Bild 4.2.3

$$X_{a_1}(s) = G_1(s)\,U(s)$$
$$X_{a_2}(s) = G_2(s)\,U(s).$$

Als Ausgangsgröße des Gesamtsystems erhält man

$$Y(s) = X_a(s) = X_{a_1}(s) + X_{a_2}(s) = [G_1(s) + G_2(s)]\,U(s),$$

und daraus ergibt sich als Gesamtübertragungsfunktion der Parallelschaltung

$$G(s) = \frac{Y(s)}{U(s)} = G_1(s) + G_2(s). \qquad (4.2.14)$$

Bild 4.2.3. Parallelschaltung zweier Übertragungsglieder

c) *Kreisschaltung*

Aus Bild 4.2.4 folgt unmittelbar für die Ausgangsgröße

$$Y(s) = X_a(s) = [U(s) \underset{(+)}{\overset{-}{\,}} X_{a_2}(s)]\,G_1(s).$$

Mit

$$X_{a_2}(s) = G_2(s)\, Y(s)$$

erhält man

$$Y(s) = [U(s) \underset{(+)}{^-} G_2(s)\, Y(s)]\, G_1(s),$$

und daraus ergibt sich

$$Y(s) = \frac{G_1(s)}{1 \underset{(-)}{^+} G_1(s)\, G_2(s)}\, U(s).$$

Somit lautet die Gesamtübertragungsfunktion der Kreisschaltung

$$G(s) = \frac{Y(s)}{U(s)} = \frac{G_1(s)}{1 \underset{(-)}{^+} G_1(s)\, G_2(s)}. \tag{4.2.15}$$

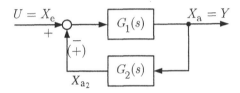

Bild 4.2.4. Kreisschaltung zweier Übertragungsglieder

Da die Ausgangsgröße von $G_1(s)$ über $G_2(s)$ wieder an den Eingang zurückgeführt wird, spricht man auch von einer Rückkopplung. Dabei unterscheidet man zwischen positiver Rückkopplung (Mitkopplung) bei positiver Aufschaltung von $X_{a_2}(s)$ und negativer Rückkopplung (Gegenkopplung) bei negativer Aufschaltung von $X_{a_2}(s)$.

Beispiel 4.2.1
Für den speziellen Fall, dass $G_1(s)$ als reiner Verstärker mit sehr großem Verstärkungsfaktor $K \to \infty$ wirkt, erhält man bei negativer Rückkopplung

$$G(s) = \frac{K}{1 + K\, G_2(s)} = \frac{1}{\frac{1}{K} + G_2(s)} \approx \frac{1}{G_2(s)}.$$

Das gesamte Übertragungsverhalten wird demnach hier nur von dem Rückkopplungsglied bestimmt.

Auf diesem Sachverhalt beruht bekanntlich die gesamte Operationsverstärkertechnik. Dort verwendet man in einer Kreisschaltung für $G_1(s)$ jeweils einen Verstärker mit $K \to \infty$ und kann dann mit Hilfe eines geeigneten Gegenkopplungsnetzwerkes $G_2(s)$ für das Gesamtsystem in gewissen Grenzen jedes beliebige Übertragungsverhalten erzeugen. ∎

4.2.4   Herleitung von $G(s)$ aus der Zustandsraumdarstellung

Wie bereits im Abschnitt 3.3.2 gezeigt wurde, kann eine lineare gewöhnliche Differenti-algleichung n-ter Ordnung entsprechend Gl. (4.2.1) in ein System von n Differentialglei-chungen 1. Ordnung umgeformt werden. Wendet man nun auf ein solches System von n Differentialgleichungen 1. Ordnung, also auf die Zustandsraumdarstellung

$$\dot{\boldsymbol{x}}(t) = \boldsymbol{A}\,\boldsymbol{x}(t) + \boldsymbol{b}\,u(t) \quad \text{mit} \quad \boldsymbol{x}(0) = \boldsymbol{0}, \qquad (4.2.16a)$$

die hier ein Eingrößensystem mit einer Eingangsgröße $u(t)$ und der Ausgangsgröße

$$y(t) = \boldsymbol{c}^{\mathrm{T}}\boldsymbol{x}(t) + d\,u(t) \qquad (4.2.16b)$$

beschreibt, die Laplace-Transformation an, so erhält man aus Gl. (4.2.16a)

$$s\,\boldsymbol{X}(s) = \boldsymbol{A}\,\boldsymbol{X}(s) + \boldsymbol{b}\,U(s).$$

Mit der Einheitsmatrix $\boldsymbol{I}$ folgt

$$(s\,\boldsymbol{I} - \boldsymbol{A})\,\boldsymbol{X}(s) = \boldsymbol{b}\,U(s)$$

$$\boldsymbol{X}(s) = (s\,\boldsymbol{I} - \boldsymbol{A})^{-1}\,\boldsymbol{b}\,U(s). \qquad (4.2.17a)$$

Weiterhin ergibt sich aus Gl. (4.2.16b)

$$Y(s) = \boldsymbol{c}^{\mathrm{T}}\boldsymbol{X}(s) + d\,U(s)$$

$$Y(s) = [\boldsymbol{c}^{\mathrm{T}}\,(s\,\boldsymbol{I} - \boldsymbol{A})^{-1}\,\boldsymbol{b} + d]\,U(s). \qquad (4.2.17b)$$

Wird auch hier die Übertragungsfunktion $G(s) = Y(s)/U(s)$ eingeführt, dann kann $G(s)$ gemäß Gl. (4.2.17b) durch die Größen $\boldsymbol{A}, \boldsymbol{b}, \boldsymbol{c}$ und d ausgedrückt werden:

$$G(s) = \boldsymbol{c}^{\mathrm{T}}(s\,\boldsymbol{I} - \boldsymbol{A})^{-1}\,\boldsymbol{b} + d. \qquad (4.2.18)$$

Gl. (4.2.18) ist natürlich identisch mit Gl. (4.2.2), sofern beide mathematischen Modelle dasselbe System beschreiben. Das soll nachfolgend anhand eines Beispiels verdeutlicht werden.

Beispiel 4.2.2
Von einem System mit dem mathematischen Modell in der sogenannten Frobenius-Standardform oder Regelungsnormalform (für $m < n$)

$$\frac{\mathrm{d}}{\mathrm{d}t}\begin{bmatrix} x_1 \\ x_2 \\ \vdots \\ x_{n-1} \\ x_n \end{bmatrix} = \begin{bmatrix} 0 & 1 & 0 & \ldots\ldots & 0 \\ 0 & 0 & 1 & 0 & \cdots & 0 \\ \hdotsfor{5} \\ 0 & 0 & 0 & 0 & \cdots & 1 \\ -a_0 & -a_1 & -a_2 & \ldots\ldots & -a_{n-1} \end{bmatrix}\begin{bmatrix} x_1 \\ x_2 \\ \vdots \\ x_{n-1} \\ x_n \end{bmatrix} + \begin{bmatrix} 0 \\ \vdots \\ 0 \\ 1 \end{bmatrix} u \qquad (4.2.19a)$$

$$y = [b_0\,b_1\ldots b_m \,|\, 0\,0\ldots 0]\begin{bmatrix} x_1 \\ x_2 \\ \vdots \\ x_n \end{bmatrix} \qquad (4.2.19b)$$

ist die Übertragungsfunktion $G(s)$ und die zugehörige Differentialgleichung n-ter Ordnung gesucht. Das Blockschaltbild für dieses Übertragungssystem zeigt Bild 4.2.5. Es besteht aus n Blöcken mit integrierendem Verhalten (Integratoren oder I-Glieder) und $n + m + 1$ Blöcken mit rein proportionalem Übertragungsverhalten.

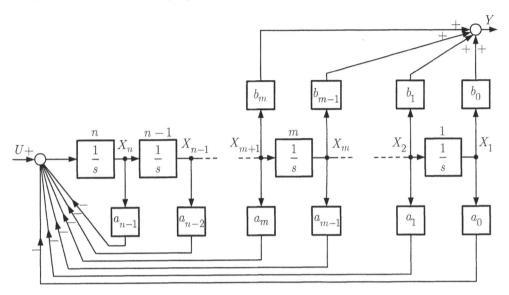

Bild 4.2.5. Blockschaltbild zur Frobeniusform

Die Übertragungsfunktion $G(s)$ soll nun allerdings nicht durch Anwendung von Gl. (4.2.18), sondern mit Hilfe des Blockschaltbildes ermittelt werden. Zuerst wird das Übertragungsverhalten von $U(s)$ nach $X_1(s)$ bestimmt. Aus dem Blockschaltbild, Bild 4.2.5, gewinnt man die Laplace-Transformierten der Zustandsgrößen.

$$X_2(s) = s\, X_1(s)$$
$$X_3(s) = s^2\, X_1(s)$$
$$\vdots$$
$$X_m(s) = s^{m-1}\, X_1(s)$$
$$\vdots$$
$$X_n(s) = s^{n-1}\, X_1(s),$$

und für die Eingangsgröße des n-ten Integrators gilt

$$s\, X_n(s) = -a_{n-1} X_n(s) - a_{n-2} X_{n-1}(s) - \ldots - a_0 X_1(s) + U(s).$$

Werden in dieser Beziehung sämtliche Zustandsgrößen durch $X_1(s)$ ausgedrückt, dann erhält man

$$s^n X_1(s) = -a_{n-1} s^{n-1} X_1(s) - a_{n-2} s^{n-2} X_1(s) - \ldots - a_0 X_1(s) + U(s)$$

und umgeformt

$$\frac{X_1(s)}{U(s)} = \frac{1}{s^n + a_{n-1}s^{n-1} + a_{n-2}\,s^{n-2} + \ldots + a_0}.$$

Im zweiten Schritt bestimmt man die Abhängigkeit der Ausgangsgröße $Y(s)$ von der Zustandsgröße $X_1(s)$. Aus dem Blockschaltbild folgt unmittelbar

$$Y(s) = b_0\,X_1(s) + b_1\,X_2(s) + \ldots + b_m\,X_{m+1}(s).$$

Drückt man alle Zustandsgrößen wiederum durch $X_1(s)$ aus, so erhält man

$$Y(s) = (b_0 + b_1 s + \ldots + b_m s^m)\,X_1(s).$$

oder

$$\frac{Y(s)}{X_1(s)} = b_0 + b_1 s + \ldots + b_m s^m.$$

Die Gesamtübertragungsfunktion $G(s)$ folgt schließlich aus

$$G(s) = \frac{Y(s)}{U(s)} = \frac{Y(s)}{X_1(s)}\,\frac{X_1(s)}{U(s)} = \frac{b_0 + b_1 s + \ldots + b_m s^m}{a_0 + a_1 s + \ldots + a_{n-1}s^{n-1} + s^n},$$

mit $a_n = 1$. Durch Anwendung der inversen Laplace-Transformation ergibt sich im Zeitbereich die zugehörige Differentialgleichung $n - ter$ Ordnung

$$y^{(n)} + a_{n-1}y^{(n-1)} + \ldots a_0 y = b_m u^{(m)} + b_{m-1}u^{(m-1)} + \ldots + b_0 u.$$

Man kann nun umgekehrt zu einer vorliegenden Differentialgleichung der obigen Form $(m < n)$ unmittelbar die Frobenius-Form als eine mögliche Zustandsraumdarstellung angeben. ∎

4.2.5   Die Übertragungsfunktion bei Systemen mit verteilten Parametern

Die Übertragungsfunktion eines linearen kontinuierlichen Systems mit konzentrierten Parametern stellt eine gebrochen rationale Funktion entsprechend Gl. (4.2.2) dar. Für lineare Systeme mit verteilten Parametern ergeben sich für die Modellbeschreibung *transzendente* Übertragungsfunktionen. Dies soll nachfolgend an dem einfachen Beispiel eines Systems mit reiner Laufzeit (Totzeit) T_t gezeigt werden. Dazu wird der reine Laufzeitvorgang einer Temperaturänderung am Eingang eines fluiddurchströmten Rohres der Länge L (siehe Bild 4.2.6) betrachtet. $\vartheta(0,t)$ ist der Zeitverlauf der Temperatur am Anfang, $\vartheta(L,t)$ der Zeitverlauf der Temperatur am Ende des Rohres.

Nach Abschnitt 3.1.3 und Gl. (3.1.28) gilt für diesen Transportvorgang in einem dünnwandigen Rohr die *partielle Differentialgleichung*

$$\frac{\partial \vartheta}{\partial t} = -w_{\mathrm{F}}\frac{\partial \vartheta}{\partial z} \qquad (4.2.20)$$

mit der Anfangsbedingung $\vartheta(z,0) = 0$ und einer beliebig noch vorgebbaren Randbedingung $\vartheta(0,t)$. Auf diese Beziehung wird nun die Laplace-Transformation angewandt, wobei zunächst für die einzelnen Terme gilt:

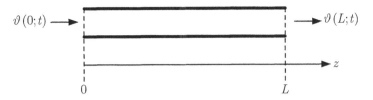

Bild 4.2.6. Wärmetransport in einem Rohr als Beispiel für ein System mit Laufzeit

$$\mathscr{L}\left\{\vartheta(z,t)\right\} = \theta(z,s) = \int\limits_0^\infty \vartheta(z,t)\, e^{-st}\mathrm{d}t$$

$$\mathscr{L}\left\{\frac{\partial\vartheta}{\partial t}\right\} = s\,\theta(z,s) - \vartheta(z,0)$$

$$\mathscr{L}\left\{\frac{\partial\vartheta}{\partial z}\right\} = \frac{\mathrm{d}}{\mathrm{d}z}\theta(z,s).$$

Damit entsteht aus der partiellen Differentialgleichung im Zeitbereich nach Durchführung der Laplace-Transformation eine gewöhnliche Differentialgleichung für die Ortsvariable z:

$$s\theta(z,s) = -w_{\mathrm{F}}\frac{\mathrm{d}}{\mathrm{d}z}\theta(z,s). \tag{4.2.21}$$

In dieser Differentialgleichung hat s lediglich die Funktion eines Parameters. Sie kann gelöst werden durch nochmalige Anwendung der Laplace-Transformation auf $\theta(z,s)$ bezüglich der Ortsvariablen z. Somit ergibt sich als allgemeine Lösung von Gl. (4.2.21)

$$\theta(z,s) = C\,e^{-\frac{z}{w_{\mathrm{F}}}\,s}. \tag{4.2.22}$$

Für die Übertragungsfunktion erhält man damit

$$G(s) = \frac{\theta(L,s)}{\theta(0,s)} = \frac{C\,e^{-\frac{L}{w_{\mathrm{F}}}\,s}}{C\,e^{-\frac{0}{w_{\mathrm{F}}}\,s}}$$

oder

$$G(s) = e^{-\frac{L}{w_{\mathrm{F}}}\,s} = e^{-T_{\mathrm{t}}s}. \tag{4.2.23}$$

Dabei wird $T_{\mathrm{t}} = L/w_{\mathrm{F}}$ als Lauf- oder Totzeit des Systems bezeichnet. Die Übertragungsfunktion nach Gl. (4.2.23) stellt eine transzendente Funktion dar. Durch Anwendung der inversen Laplace-Transformation folgt unter Beachtung der Gln. (3.1.29) und (3.1.30) aus Gl. (4.2.23) direkt wiederum die Gl. (3.1.31b).

Es sei hier noch erwähnt, dass eine andere Möglichkeit zur Beschreibung von Systemen mit verteilten Parametern darin besteht, dass die partiellen Differentialgleichungen des Systems einer Integraltransformation mit Hilfe der Greenschen Funktion unterzogen werden. Dabei kommt der *Greenschen Funktion* eine ganz analoge Bedeutung zu wie der Übertragungsfunktion bei Systemen mit konzentrierten Parametern. Da im weiteren auf diese Beschreibungsform aus Raumgründen nicht näher eingegangen werden kann, muss auf die Spezialliteratur [Gil73] verwiesen werden.

4.2.6 Die Übertragungsmatrix

Im allgemeinen Fall besitzt ein zeitinvariantes, lineares System mehrere Ein- und Ausgangsgrößen $u_1, u_2, \ldots, u_r$ bzw. $y_1, y_2, \ldots, y_m$. Man erhält dann für die Beschreibung dieses *Mehrgrößensystems* das Übertragungsverhalten in der Form der Matrizengleichung

$$Y(s) = \underline{G}(s) \, U(s). \tag{4.2.24}$$

In dieser Beziehung stellen $\underline{G}(s)$ die *Übertragungsmatrix*, $U(s)$ und $Y(s)$ die Laplace-Transformierten des Eingangs- oder Steuervektors $u(t)$ bzw. des Ausgangs- oder Beobachtungsvektors $y(t)$ dar. Die Übertragungsmatrix $\underline{G}(s)$ beschreibt das Übertragungsverhalten des Systems vollständig.

Beispiel 4.2.3
Für das in Bild 4.2.7 dargestellte Mehrgrößensystem gelten die Beziehungen

$$Y_1(s) = G_{11}(s) \, U_1(s) + G_{12}(s) \, U_2(s)$$
$$Y_2(s) = G_{21}(s) \, U_1(s) + G_{22}(s) \, U_2(s),$$

die sich leicht in die Matrizenschreibweise

$$\begin{bmatrix} Y_1(s) \\ Y_2(s) \end{bmatrix} = \begin{bmatrix} G_{11}(s) & G_{12}(s) \\ G_{21}(s) & G_{22}(s) \end{bmatrix} \begin{bmatrix} U_1(s) \\ U_2(s) \end{bmatrix}$$

oder

$$Y(s) = \underline{G}(s) \, U(s)$$

entsprechend Gl. (4.2.24) überführen lassen.

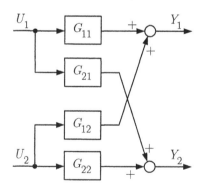

Bild 4.2.7. Übertragungsverhalten eines Mehrgrößensystems mit zwei Eingangsgrößen und zwei Ausgangsgrößen

4.2.7 Die komplexe G-Ebene

Die komplexe Übertragungsfunktion $G(s)$ beschreibt eine lokal konforme Abbildung der s-Ebene auf die G-Ebene. Wegen der bei dieser Abbildung gewährleisteten Winkeltreue wird das orthogonale Netz achsenparalleler Geraden $\sigma = $ const und $\omega = $ const der s-Ebene in ein wiederum orthogonales, aber krummliniges Netz der G-Ebene – wie im Bild 4.2.8 dargestellt – abgebildet. Dabei bleibt „im unendlich Kleinen" auch die Maßstabstreue erhalten.

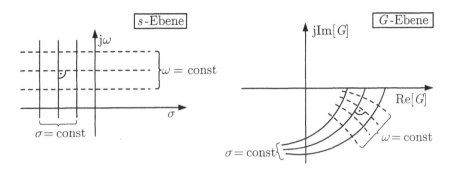

Bild 4.2.8. Lokal konforme Abbildung der Geraden $\sigma = $ const und $\omega = $ const der s-Ebene in die G-Ebene (verallgemeinerte Ortskurve)

Diese Abbildungseigenschaft soll nachfolgend am *Beispiel* der Übertragungsfunktion 1. Ordnung

$$G(s) = \frac{K}{1 + sT} \tag{4.2.25}$$

näher betrachtet werden. Für $s = \sigma + \mathrm{j}\omega$ erhält man aus Gl. (4.2.25)

$$G(\sigma + \mathrm{j}\omega) = \frac{K}{1 + \sigma T + \mathrm{j}\omega T} = K\frac{1 + \sigma T - \mathrm{j}\omega T}{(1 + \sigma T)^2 + \omega^2 T^2}.$$

Daraus folgt für den Real- und Imaginärteil von $G(s)$

$$\mathrm{Re}\{G(s)\} = K\frac{1 + \sigma T}{(1 + \sigma T)^2 + \omega^2 T^2}, \tag{4.2.26a}$$

$$\mathrm{Im}\{G(s)\} = K\frac{-\omega T}{(1 + \sigma T)^2 + \omega^2 T^2}. \tag{4.2.26b}$$

Für die Abbildung werden nun folgende beide Fälle unterschieden:

a) *Abbildung der Geraden* $\sigma = $ const

Die Elimination von ω aus den Gln. (4.2.26a) und (4.2.26b) liefert

$$\omega T = -(1 + \sigma T)\frac{\mathrm{Im}\{G(s)\}}{\mathrm{Re}\{G(s)\}}. \tag{4.2.27}$$

Gl. (4.2.27), in Gl. (4.2.26a) eingesetzt, ergibt nach einer einfachen Umformung

$$\left[\mathrm{Re}\{G(s)\} - \frac{K}{2(1 + \sigma T)}\right]^2 + \mathrm{Im}^2\{G(s)\} = \left[\frac{K}{2(1 + \sigma T)}\right]^2. \tag{4.2.28}$$

Diese Beziehung stellt für die Variablen $\mathrm{Re}\{G(s)\}$ und $\mathrm{Im}\{G(s)\}$ die Gleichung einer Kreisschar mit dem Parameter σ dar. Die Mittelpunkte dieser Kreise liegen auf der reellen Achse der G-Ebene bei $K/[2(1+\sigma T)]$, die Radien haben den Wert $K/[2(1+\sigma T)]$. Damit gehen diese Kreise durch den Ursprung. Für $\omega \geq 0$, $K > 0$ und $T > 0$ werden die Geraden $\sigma = $ const, wie Bild 4.2.9 zeigt, als Halbkreise in der unteren G-Ebene abgebildet. Die Halbkreise für $\sigma = $ const besitzen die ω-Werte als Parameter. Die Kreise beginnen mit $\omega = 0$ auf der reellen G-Achse und enden für $\omega \to \infty$ im Ursprung der G-Ebene.

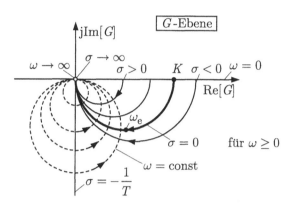

Bild 4.2.9. Konforme Abbildung der oberen s-Ebene ($\omega > 0$) auf die G-Ebene für das Beispiel $G(s) = K/(1 + sT)$

Einen sehr wichtigen speziellen Fall stellt der Halbkreis mit dem Parameter $\sigma = 0$ dar. Er repräsentiert die konforme Abbildung der positiven Imaginärachse der s-Ebene und wird als *Ortskurve des Frequenzganges* $G(\mathrm{j}\omega)$ des Systems bezeichnet. Dieser Halbkreis beginnt für $\omega = 0$ mit dem Wert K auf der positiven reellen Achse der G-Ebene; er besitzt für $|\mathrm{Re}\{G(\mathrm{j}\omega)\}| = |\mathrm{Im}\{G(\mathrm{j}\omega)\}|$ die Frequenz $\omega = \omega_{\mathrm{E}} = 1/T$, die auch als Eckfrequenz bezeichnet wird.

Anhand von Gl. (4.2.28) ist leicht zu sehen, dass sich für $\sigma > 0$ die Radien der Halbkreise so lange verkleinern, bis sie schließlich für $\sigma \to \infty$ den Wert Null annehmen und somit der entsprechende Halbkreis mit dem Nullpunkt der G-Ebene zusammenfällt. Für $\sigma < 0$ hingegen wachsen die Radien an, und zwar so lange, bis für $\sigma = -1/T$ der Radius unendlich wird, und der so entartete Halbkreis mit der negativen Imaginärachse der G-Ebene zusammenfällt. Bei einer noch weiteren Verkleinerung der σ-Werte würde man eine Verlagerung der Mittelpunkte der Halbkreise auf die negative reelle Achse der G-Ebene erhalten, wobei für $\sigma \to \infty$ die Radien wieder den Wert Null annehmen.

- *Abbildung der Geraden $\omega = $ const*

  Wird Gl. (4.2.27) nach

$$\sigma T = -\left(1 + \omega T \frac{\mathrm{Re}\{G(s)\}}{\mathrm{Im}\{G(s)\}}\right) \tag{4.2.29}$$

aufgelöst und in Gl. (4.2.26b) eingesetzt, dann erhält man nach elementarer Umformung

$$\left[\text{Im}\{G(s)\} + \frac{K}{2\omega T}\right]^2 + \text{Re}^2\{G(s)\} = \left[\frac{K}{2\omega T}\right]^2. \qquad (4.2.30)$$

Diese Beziehung stellt wiederum eine Kreisschar allerdings für den Parameter ω dar, deren Mittelpunkte für $\omega \geq 0$ auf der negativen Imaginärachse bei $-K/(2\omega T)$ liegen und die, da die Radien den Wert $K/(2\omega T)$ besitzen, ebenfalls durch den Nullpunkt der G-Ebene gehen. Für $\omega = 0$ wird der Radius unendlich groß, und der Kreis entartet zu einer Geraden, die mit der reellen Achse der G-Ebene zusammenfällt. Für $\omega \to \infty$ schrumpft der Radius auf Null zusammen und der entsprechende Kreis geht in den Nullpunkt der G-Ebene über. Es ist leicht zu sehen, dass sich beide Kreisscharen entsprechend den Gln. (4.2.28) und (4.2.30) rechtwinklig (orthogonal) schneiden.

Die Übertragungsfunktion $G(s) = K/(1+sT)$ gehört zu einer speziellen Klasse von lokal konformen Abbildungen, den linearen Abbildungen. Eine Abbildung, beschrieben durch die Gleichung $G(s) = (As+B)/(Cs+D)$, bildet die Kreise in der s-Ebene immer auf Kreise in der G-Ebene ab. Dabei werden Geraden als spezielle Kreise aufgefasst. Die Einführung der komplexen G-Ebene hat für $\sigma = 0$ als Spezialfall von $G(s)$ die Ortskurve des Frequenzganges $G(\text{j}\omega)$ geliefert. Die Systembeschreibung in Form des Frequenzganges $G(\text{j}\omega)$ in der G-Ebene ist für praktische Anwendungen außerordentlich bedeutsam, da der Frequenzgang eine direkt messbare Beschreibungsform eines Übertragungssystems darstellt. Darauf wird in Abschnitt 4.3 noch ausführlich eingegangen.

4.3 Die Frequenzgangdarstellung

4.3.1 Definition

Wie bereits im Abschnitt 4.2.7 kurz erwähnt wurde, geht für $\sigma = 0$, also für den Spezialfall $s = \text{j}\omega$, die Übertragungsfunktion $G(s)$ über in den *Frequenzgang* $G(\text{j}\omega)$. Während die Übertragungsfunktion $G(s)$ mehr eine abstrakte, nicht messbare Beschreibungsform zur mathematischen Behandlung linearer Systeme darstellt, kann der Frequenzgang $G(\text{j}\omega)$ unmittelbar physikalisch interpretiert und auch gemessen werden. Dazu wird zunächst der Frequenzgang als komplexe Größe

$$G(\text{j}\omega) = R(\omega) + \text{j}I(\omega) \qquad (4.3.1)$$

mit dem Realteil $R(\omega)$ und dem Imaginärteil $I(\omega)$ zweckmäßigerweise durch seinen *Amplitudengang* $A(\omega)$ und seinen *Phasengang* $\varphi(\omega)$ in der Form

$$G(\text{j}\omega) = A(\omega)\,\text{e}^{\text{j}\varphi(\omega)} \qquad (4.3.2)$$

dargestellt. Denkt man sich nun das System durch die Eingangsgröße $x_\text{e}(t)$ sinusförmig mit der Amplitude $\hat{x}_\text{e}$ und der Frequenz ω erregt, also durch

$$x_\text{e}(t) = \hat{x}_\text{e}\sin\omega t, \qquad (4.3.3)$$

dann wird bei einem linearen kontinuierlichen System die   Ausgangsgröße mit derselben Frequenz ω, jedoch mit einer anderen Amplitude $\hat{x}_a$ und mit einer gewissen Phasenverschiebung $\varphi = \omega t_\varphi$ ebenfalls sinusförmige Schwingungen ausführen (Bild 4.3.1a).
Zweckmäßigerweise stellt man beide Schwingungen $x_e(t)$ und $x_a(t)$ auch in der Form
zweier mit der Phasenverschiebung φ und derselben Winkelgeschwindigkeit ω rotierend
gedacht Zeiger von der Länge der jeweiligen Amplitude $\hat{x}_e$ und $\hat{x}_a$ gemäß Bild 4.3.1b
dar. Es gilt somit für die Systemausgangsgröße

$$x_a(t) = \hat{x}_a \sin(\omega t - \varphi). \tag{4.3.4}$$

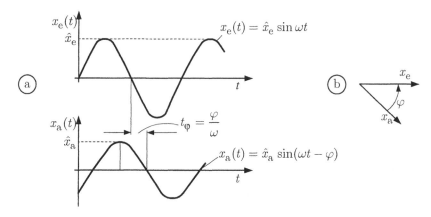

Bild 4.3.1. Sinusförmiges Eingangssignal $x_e(t)$ und zugehöriges Ausgangssignal $x_a(t)$ eines
linearen Übertragungsgliedes (a) sowie Zeigerdarstellung beider Schwingungen (b)

Führt man dieses Experiment für verschiedene Frequenzen $\omega_\nu (\nu = 0,1,2,\ldots)$ mit $\hat{x}_e =$
const durch, dann stellt man eine Frequenzabhängigkeit der Amplitude $\hat{x}_a$ des Ausgangssignals sowie der Phasenverschiebung φ fest, und somit gilt für die jeweilige Frequenz ω_ν

$$\hat{x}_{a,\nu} = \hat{x}_a(\omega_\nu) \quad \text{und} \quad \varphi_\nu = \varphi(\omega_\nu).$$

Nun lässt sich aus dem Verhältnis der Amplituden $\hat{x}_e$ und $\hat{x}_a(\omega)$ der *Amplitudengang* des
Frequenzganges

$$A(\omega) = \frac{\hat{x}_a(\omega)}{\hat{x}_e} = |G(\mathrm{j}\omega)| = \sqrt{R^2(\omega) + I^2(\omega)} \tag{4.3.5}$$

als frequenzabhängige Größe definieren. Weiterhin wird die frequenzabhängige Phasenverschiebung $\varphi(\omega)$ als *Phasengang* des Frequenzganges bezeichnet. Es gilt somit

$$\varphi(\omega) = \arg G(\mathrm{j}\omega) = \arctan \frac{I(\omega)}{R(\omega)}, \tag{4.3.6}$$

wobei stets die Mehrdeutigkeit dieser Funktion entsprechend den Vorzeichen von $R(\omega)$
und $I(\omega)$ zu beachten ist.

Aus diesen Überlegungen ist deutlich ersichtlich, dass durch Verwendung sinusförmiger Eingangssignale $x_e(t)$ unterschiedlicher Frequenz der Amplitudengang $A(\omega)$ und der Phasengang $\varphi(\omega)$ des Frequenzganges $G(j\omega)$ direkt gemessen werden können. Der gesamte Frequenzgang $G(j\omega)$ für alle Frequenzen von $\omega = 0$ bis $\omega \to \infty$ beschreibt ähnlich wie die Übertragungsfunktion $G(s)$ oder die Übergangsfunktion $h(t)$ das Übertragungsverhalten eines linearen kontinuierlichen Systems vollständig. Oft genügen – wie später noch gezeigt wird – auch nur Teilinformationen, z.B. nur die Kenntnis des Realteils $R(\omega)$ oder die Kenntnis des Betrages $A(\omega)$, um den vollständigen Frequenzgang zu bestimmen.

Zwischen der Darstellung eines linearen Systems im Zeit- und Frequenzbereich bestehen einige allgemeine einfache Zusammenhänge. So gelten z.B. aufgrund der Anfangs- und Endwertsätze der Laplace-Transformation die beiden wichtigen Beziehungen zwischen der Übertragungsfunktion $G(s)$ bzw. dem zugehörigen Frequenzgang $G(j\omega)$ und der Übergangsfunktion $h(t)$:

$$\lim_{t \to 0+} h(t) = \lim_{s \to \infty} s\,H(s) = \lim_{s \to \infty} G(s) = \lim_{j\omega \to \infty} G(j\omega), \qquad (4.3.7a)$$

$$\lim_{t \to \infty} h(t) = \lim_{s \to 0} s\,H(s) = \lim_{s \to 0} G(s) = \lim_{j\omega \to 0} G(j\omega), \qquad (4.3.7b)$$

$$\text{da } H(s) = \frac{1}{s}G(s) \text{ ist.}$$

Voraussetzung für die Anwendung dieser Grenzwertsätze ist allerdings die Existenz der entsprechenden Grenzwerte im Zeitbereich (vgl. Abschnitt 4.1.3).

4.3.2 Ortskurvendarstellung des Frequenzganges

Trägt man bei dem oben behandelten Experiment für jeden Wert von ω_ν mit Hilfe von $A(\omega_\nu)$ und $\varphi(\omega_\nu)$ den jeweiligen Wert von

$$G(j\omega_\nu) = A(\omega_\nu)\,e^{j\varphi(\omega_\nu)}$$

in die komplexe G-Ebene ein, so erhält man die in ω parametrisierte Ortskurve des Frequenzganges, manchmal auch als Nyquist-Ortskurve bezeichnet. Bild 4.3.2 zeigt eine solche aus acht Messwerten experimentell ermittelte Ortskurve.

Mit Hilfe der Gln. (4.3.7a) und (4.3.7b) kann aus einer solchen experimentell ermittelten Ortskurve der Verlauf der Übergangsfunktion $h(t)$ grob abgeschätzt werden (Bild 4.3.3). Allerdings kann auch jederzeit bei Kenntnis der analytischen Form von $G(j\omega)$ über $G(s)$ mit Hilfe der Beziehung

$$h(t) = \mathscr{L}^{-1}\left\{\frac{1}{s}G(s)\right\} \qquad (4.3.8)$$

die Übergangsfunktion mathematisch bestimmt werden.

Die Ortskurvendarstellung von Frequenzgängen hat u.a. den Vorteil, dass die Frequenzgänge sowohl von hintereinander als auch von parallel geschalteten Übertragungsgliedern sehr einfach grafisch konstruiert werden können. Dabei werden die zu gleichen ω-Werten gehörenden Zeiger der betreffenden Ortskurven herausgesucht. Bei der Parallelschaltung

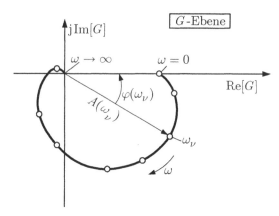

Bild 4.3.2. Beispiel für eine experimentell ermittelte Frequenzgangortskurve

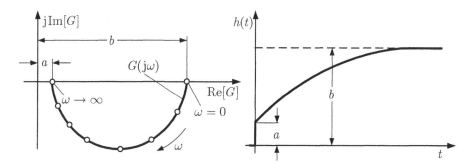

Bild 4.3.3. Zusammenhang zwischen den Anfangs- und Endwerten des Frequenzganges $G(\mathrm{j}\omega)$ und der Übergangsfunktion $h(t)$ eines Übertragungsgliedes

werden die Zeiger vektoriell addiert (Parallelogrammkonstruktion); bei der Hintereinanderschaltung werden die Zeiger vektoriell multipliziert, indem die Längen der Zeiger multipliziert und ihre Winkel addiert werden (Bild 4.3.4).

4.3.3 Darstellung des Frequenzganges durch Frequenzkennlinien (Bode-Diagramm)

Trägt man den Betrag $A(\omega)$ und die Phase $\varphi(\omega)$ des Frequenzganges $G(\mathrm{j}\omega) = A(\omega)\,\mathrm{e}^{\mathrm{j}\varphi(\omega)}$ getrennt über der Frequenz ω gemäß Bild 4.3.5 auf, so erhält man den Amplitudengang oder die *Betragskennlinie* sowie den Phasengang oder die *Phasenkennlinie* des Übertragungsgliedes. Beide zusammen ergeben die *Frequenzkennlinien-Darstellung*. $A(\omega)$ und ω werden dabei zweckmäßigerweise logarithmisch und $\varphi(\omega)$ linear aufgetragen. Diese Darstellung wird als *Bode-Diagramm* bezeichnet. Es ist üblich, $A(\omega)$ in Dezibel [dB] anzugeben. Laut Definition gilt

$$A(\omega)_{\mathrm{dB}} = 20\lg A(\omega) \quad [\mathrm{dB}]. \tag{4.3.9}$$

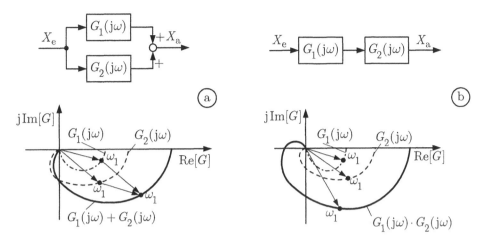

Bild 4.3.4. Addition (a) und Multiplikation (b) von Frequenzgangortskurven

Die Umrechnung von $A(\omega)$ in die logarithmische Form $A(\omega)_{dB}$ kann direkt aus Bild 4.3.6 entnommen werden. Das logarithmische Amplitudenmaß $A(\omega)_{dB}$ besitzt somit eine lineare Zahlenskala.

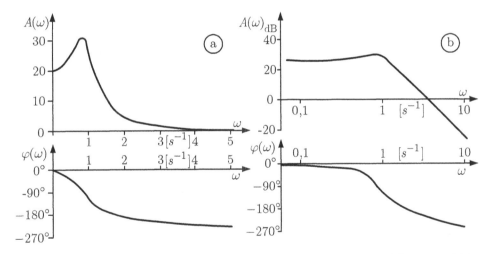

Bild 4.3.5. Darstellung eines Frequenzganges durch Frequenzkennlinien: (a) lineare, (b) logarithmische Darstellung (Bode-Diagramm)

Die logarithmische Darstellung bietet besondere Vorteile bei der *Hintereinanderschaltung* von Übertragungsgliedern, zumal sich kompliziertere Frequenzgänge, wie sie beispielsweise aus

$$G(s) = K \frac{(s - s_{N_1}) \dots (s - s_{N_m})}{(s - s_{P_1}) \dots (s - s_{P_n})} \tag{4.3.10}$$

mit $s = j\omega$ hervorgehen, als Hintereinanderschaltung der Frequenzgänge einfacher Übertragungsglieder der Form

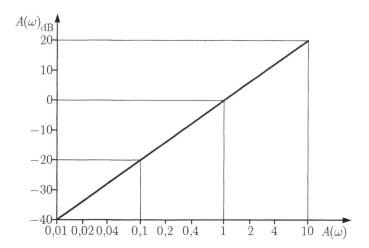

Bild 4.3.6. Umrechnung von $A(\omega)$ in $A(\omega)_{\mathrm{dB}}$ [Dezibel]

$$G_i(\mathrm{j}\omega) = \begin{cases} K = \mathrm{const} & \text{für } i = 0 \\ (\mathrm{j}\omega - s_{\mathrm{N}_i}) & \text{für } i = 1,2,\ldots,m \end{cases} \tag{4.3.11a}$$

und

$$G_i(\mathrm{j}\omega) = \frac{1}{\mathrm{j}\omega - s_{\mathrm{P}_\nu}} \quad \text{für} \quad i = m+1, m+2, \ldots, m+n \tag{4.3.11b}$$

$$\nu = 1,2,\ldots,n$$

darstellen lassen. Es gilt dann

$$G(\mathrm{j}\omega) = K G_1(\mathrm{j}\omega) \ldots G_{m+n}(\mathrm{j}\omega), \tag{4.3.12}$$

wobei

$$G_i(\mathrm{j}\omega) = A_i(\omega)\, \mathrm{e}^{\mathrm{j}\varphi_i(\omega)} \quad \text{für } i = 1,\ldots,m+n$$

ist. Aus der Darstellung

$$G(\mathrm{j}\omega) = K A_1(\omega)\, A_2(\omega) \ldots A_{m+n}(\omega)\, \mathrm{e}^{\mathrm{j}[\varphi_0(\omega) + \varphi_1(\omega) + \varphi_2(\omega) + \ldots + \varphi_{m+n}(\omega)]} \tag{4.3.13}$$

bzw.

$$A(\omega) = |K|\, |G_1(\mathrm{j}\omega)|\, |G_2(\mathrm{j}\omega)| \ldots |G_{m+n}(\mathrm{j}\omega)| = |K|\, A_1(\omega)\, A_2(\omega) \ldots A_{m+n}(\omega)$$

erhält man den *logarithmischen Amplitudengang*

$$\begin{aligned} A(\omega)_{\mathrm{dB}} &= 20\lg\left[|K|\, A_1(\omega)\, A_2(\omega) \ldots A_{m+n}(\omega)\right] \\ &= |K|_{\mathrm{dB}} + A_1(\omega)_{\mathrm{dB}} + A_2(\omega)_{\mathrm{dB}} + \ldots + A_{m+n}(\omega)_{\mathrm{dB}} \end{aligned} \tag{4.3.14}$$

und den *Phasengang*

$$\varphi(\omega) = \varphi_0(\omega) + \varphi_1(\omega) + \varphi_2(\omega) + \ldots + \varphi_{m+n}(\omega), \tag{4.3.15}$$

wobei $\varphi_0(\omega) = 0°$ für $K > 0$ und $\varphi_0(\omega) = -180°$ für $K < 0$.

Der Gesamtfrequenzgang einer Hintereinanderschaltung folgt somit durch Addition der einzelnen Frequenzkennlinien.

Die logarithmische Darstellung des Frequenzganges besitzt außer den hier bei der Hintereinanderschaltung gezeigten Vorteilen noch weitere. So lässt sich z.B. die *Inversion* eines Frequenzgangs, also $1/G(j\omega) = G^{-1}(j\omega)$ in einfacher Weise darstellen. Da

$$20 \lg \left[|G(j\omega)|^{-1} \right] = -20 \lg |G(j\omega)| = -20 \lg A(\omega)$$

und

$$\arg[G^{-1}(j\omega)] = -\arg[G(j\omega)] \tag{4.3.16}$$

gilt, müssen nur die Kurvenverläufe von $A(\omega)$ und $\varphi(\omega)$ an den Achsen $20 \lg A = 0$ (0-dB-Linie) und $\varphi = 0°$ gespiegelt werden.

Wegen der gewählten doppellogarithmischen bzw. einfachlogarithmischen Maßstäbe für $A(\omega)$ bzw. $\varphi(\omega)$ lässt sich näherungsweise der Verlauf von $A(\omega)$ durch Geradenabschnitte und $\varphi(\omega)$ in Form einer Treppenkurve darstellen. Diese „Näherungsgeraden" ermöglichen durch einfache geometrische Konstruktionen die Analyse und Synthese von Regelsystemen. Sie stellen ein sehr wichtiges Hilfsmittel für den Regelungstechniker dar.

4.3.4 Die Zusammenstellung der wichtigsten Übertragungsglieder

Nachfolgend werden für die wichtigsten Übertragungsglieder die Übertragungsfunktion $G(s)$, der Frequenzgang $G(j\omega)$, die Ortskurve des Frequenzganges und das Bode-Diagramm abgeleitet.

4.3.4.1 Das proportional wirkende Übertragungsglied (P-Glied)

Das P-Glied beschreibt einen rein proportionalen Zusammenhang zwischen der Ein- und Ausgangsgröße:

$$x_a(t) = K x_e(t), \tag{4.3.17}$$

wobei K eine beliebige positive oder negative Konstante darstellt. K wird auch als Übertragungsbeiwert oder *Verstärkungsfaktor* des P-Gliedes bezeichnet. Die Übertragungsfunktion lautet für dieses System

$$G(s) = K. \tag{4.3.18a}$$

Die Ortskurve des Frequenzganges

$$G(j\omega) = K \tag{4.3.18b}$$

stellt damit für sämtliche Frequenzen einen Punkt auf der reellen Achse mit dem Abstand K vom Nullpunkt dar, d.h. der Phasengang $\varphi(\omega)$ ist Null für $K > 0$ oder $-180°$ für $K < 0$, während für den logarithmischen Amplitudengang

$$A(\omega)_{dB} = 20 \lg K = K_{dB} = const$$

gilt.

4.3.4.2 Das integrierende Übertragungsglied (I-Glied)

Das dynamische Verhalten dieses Übertragungsgliedes wird im Zeitbereich durch die Beziehung

$$x_a(t) = \frac{1}{T_I} \int\limits_0^t x_e(\tau)\,\mathrm{d}\tau + x_a(0) \qquad (4.3.19)$$

beschrieben, wobei $x_e(t)$ und $x_a(t)$ die Ein- bzw. Ausgangsgröße und T_I eine Konstante der Dimension „Zeit" (*Zeitkonstante*) darstellen. Dieses Übertragungsglied führt eine Integration der Eingangsgröße durch. Deshalb heißt dieses System Integral-Glied oder kurz I-Glied. Setzt man $x_a(0) = 0$, so erhält man durch Laplace-Transformation von Gl. (4.3.19) die Übertragungsfunktion des I-Gliedes

$$G(s) = \frac{1}{s\,T_I}, \qquad (4.3.20)$$

und mit $s = \mathrm{j}\omega$ ergibt sich der Frequenzgang

$$G(\mathrm{j}\omega) = \frac{1}{\mathrm{j}\omega\,T_I} = \frac{1}{\omega\,T_I}\,\mathrm{e}^{-\mathrm{j}\frac{\pi}{2}}, \qquad (4.3.21)$$

woraus als Amplituden- und Phasengang

$$A(\omega) = \frac{1}{\omega\,T_I} \quad \text{und} \quad \varphi(\omega) = -\frac{\pi}{2}$$

folgen. Für den logarithmischen Amplitudengang erhält man dann

$$A(\omega)_{\mathrm{dB}} = +20\,\lg\frac{1}{\omega\,T_I} = -20\,\lg\omega\,T_I. \qquad (4.3.22)$$

Die grafische Darstellung der Gl. (4.3.22) liefert im Bode-Diagramm, Bild 4.3.7a, eine Gerade mit der Steigung - 20 dB/Dekade. Der Phasengang ist frequenzunabhängig. Die Ortskurve des Frequenzganges

$$G(\mathrm{j}\omega) = -\mathrm{j}\frac{1}{\omega\,T_I}$$

fällt, wie man leicht aus Bild 4.3.7b sieht, mit der negativen Imaginärachse zusammen.

4.3.4.3 Das differenzierende Übertragungsglied (D-Glied)

Als Zusammenhang zwischen der Eingangsgröße $x_e(t)$ und der Ausgangsgröße $x_a(t)$ erhält man bei dem D-Glied

$$x_a(t) = T_D\frac{\mathrm{d}}{\mathrm{d}t}x_e(t). \qquad (4.3.23)$$

Dieses Übertragungsglied führt eine Differentiation der Eingangsgröße $x_e(t)$ durch und heißt deshalb differenzierendes Glied oder kurz D-Glied. Die zugehörige Übertragungsfunktion lautet offensichtlich

$$G(s) = s\,T_D, \qquad (4.3.24)$$

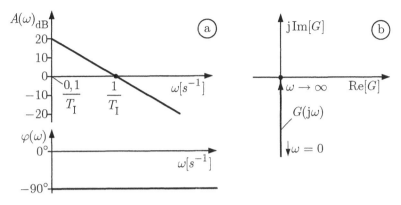

Bild 4.3.7. (a) Amplituden- und Phasengang sowie (b) Ortskurve des Frequenzganges für das I-Glied

und mit $s = \mathrm{j}\omega$ folgt als Frequenzgang

$$G(\mathrm{j}\omega) = \mathrm{j}\omega\,T_\mathrm{D} = \omega\,T_\mathrm{D}\mathrm{e}^{\mathrm{j}\frac{\pi}{2}}, \tag{4.3.25}$$

woraus sich der logarithmische Amplitudengang

$$A(\omega)_{\mathrm{dB}} = 20\lg \omega\,T \tag{4.3.26}$$

und der Phasengang

$$\varphi(\omega) = \frac{\pi}{2} \tag{4.3.27}$$

ergeben. Es ist leicht ersichtlich, dass I- und D-Glied durch Inversion ineinander übergehen. Daher können – entsprechend den einleitenden Bemerkungen – die Kurvenverläufe für den Amplituden- und Phasengang des D-Gliedes durch Spiegelung der entsprechenden Kurvenverläufe des I-Gliedes an der 0-dB-Linie bzw. an der Linie $\varphi = 0$ gewonnen werden, was natürlich auch direkt schon aus den Gln. (4.3.26) und (4.3.27) hervorgeht. Bild 4.3.8 zeigt den grafischen Verlauf von Amplituden- und Phasengang im Bode-Diagramm sowie die Ortskurve des Frequenzganges des D-Gliedes. Die Steigung der Geraden $A(\omega)$ beträgt + 20 dB /Dekade. Der Phasengang ist wiederum frequenzunabhängig.

Das hier beschriebene D-Glied stellt – wie bereits im Abschnitt 4.2.1 erwähnt – ein ideales und damit physikalisch nicht realisierbares Übertragungsglied dar. Für praktische Anwendungen wird das D-Glied durch das im Abschnitt 4.3.4.6 behandelte DT_1-Glied angenähert, sofern $Ts << 1$ gilt.

4.3.4.4 Das Verzögerungsglied 1. Ordnung (PT_1-Glied)

Als Verzögerungsglied 1. Ordnung oder kurz PT_1-Glied bezeichnet man Übertragungsglieder, deren Ausgangsgröße $x_\mathrm{a}(t)$ nach einer sprungförmigen Änderung der Eingangsgröße $x_\mathrm{e}(t)$ exponentiell mit einer bestimmten Anfangssteigerung asymptotisch gegen einen Endwert strebt. Ein Beispiel für ein solches Glied ist der einfache RC-Tiefpass gemäß Bild 4.3.9. Wird zur Zeit $t = 0$ am Eingang z.B. die Spannung $u_\mathrm{e} = 2\,\mathrm{V}$ angelegt,

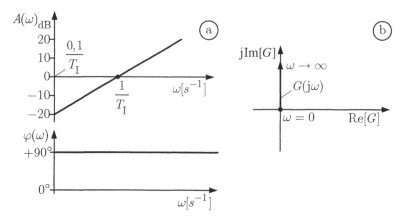

Bild 4.3.8. (a) Amplituden- und Phasengang sowie (b) Ortskurve des Frequenzganges für das D-Glied

dann wird die Spannung u_a am Ausgang exponentiell mit der Zeitkonstanten $T = RC$ asymptotisch gegen den Wert $u_a = 2\text{V}$ streben.

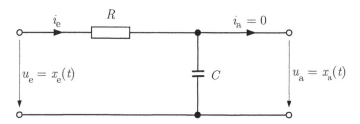

Bild 4.3.9. Einfacher RC-Tiefpass als Beispiel für ein Verzögerungsglied 1. Ordnung

Dieses Verhalten, das als Verzögerung 1. Ordnung definiert wird, ist bedingt durch die Aufladung des Kondensators, der hier die Funktion eines Energiespeichers übernimmt.

Wie sich leicht nachvollziehen lässt, lautet die Differentialgleichung für diesen RC-Tiefpass

$$x_a(t) + RC\dot{x}_a(t) = x_e(t). \tag{4.3.28}$$

Verallgemeinert erhält man als Differentialgleichung eines PT$_1$-Gliedes

$$x_a(t) + T\,\dot{x}_a(t) = K\,x_e(t). \tag{4.3.29}$$

Setzt man $x_a(0) = 0$, so folgt durch Laplace-Transformation als Übertragungsfunktion

$$G(s) = \frac{K}{1 + s\,T} \tag{4.3.30a}$$

und daraus mit $s = \mathrm{j}\omega$ der Frequenzgang

$$G(\mathrm{j}\omega) = K\,\frac{1}{1 + \mathrm{j}\omega\,T}. \tag{4.3.30b}$$

Mit der sogenannten *Eckfrequenz* $\omega_{\mathrm{e}} = \dfrac{1}{T}$ erhält man

$$G(\mathrm{j}\omega) = K\,\frac{1}{1+\mathrm{j}\dfrac{\omega}{\omega_{\mathrm{e}}}} = K\,\frac{1-\mathrm{j}\dfrac{\omega}{\omega_{\mathrm{e}}}}{1+\left(\dfrac{\omega}{\omega_{\mathrm{e}}}\right)^{2}}. \tag{4.3.31}$$

Als Amplitudengang ergibt sich

$$A(\omega) = |G(\mathrm{j}\omega)| = K\,\frac{1}{\sqrt{1+\left(\dfrac{\omega}{\omega_{\mathrm{e}}}\right)^{2}}} \tag{4.3.32}$$

und als Phasengang

$$\varphi(\omega) = \arctan\frac{I(\omega)}{R(\omega)} = -\arctan\frac{\omega}{\omega_{\mathrm{e}}}. \tag{4.3.33}$$

Aus Gl. (4.3.32) lässt sich der logarithmische Amplitudengang

$$A(\omega)_{\mathrm{dB}} = 20\lg K - 20\lg\sqrt{1+\left(\frac{\omega}{\omega_{\mathrm{e}}}\right)^{2}} \tag{4.3.34}$$

herleiten. Gl. (4.3.34) kann asymptotisch durch Geraden approximiert werden, und zwar für:

a) $\dfrac{\omega}{\omega_{\mathrm{e}}} \ll 1$ durch

$$A(\omega)_{\mathrm{dB}} \approx 20\lg K = K_{\mathrm{dB}} \qquad (\textit{Anfangsasymptote}),$$

   wobei

$$\varphi(\omega) \approx 0$$

   wird;

b) $\dfrac{\omega}{\omega_{\mathrm{e}}} \gg 1$ durch

$$A(\omega)_{\mathrm{dB}} \approx 20\lg K - 20\lg\frac{\omega}{\omega_{\mathrm{e}}} \qquad (\textit{Endasymptote}),$$

   wobei

$$\varphi(\omega) \approx -\frac{\pi}{2}$$

gilt.

Im Bode-Diagramm kann $A(\omega)_{\mathrm{dB}}$ somit durch zwei Geraden angenähert werden. Der Verlauf der Anfangsasymptote ist horizontal, während die Endasymptote eine Steigung von - 20 dB/Dekade aufweist. Der Schnittpunkt beider Geraden ergibt sich aus der Beziehung

$$20\lg K = 20\lg K - 20\lg\frac{\omega}{\omega_{\mathrm{e}}}$$

und liefert die Frequenz

$$\omega = \omega_{\mathrm{e}}.$$

Daher wird $\omega = \omega_{\mathrm{e}}$ als Eck- oder Knickfrequenz bezeichnet. Wie leicht aus Bild 4.3.10a zu entnehmen ist, hat der exakte Verlauf von $A(\omega)_{\mathrm{dB}}$ für die Eckfrequenz ω_{e} seine größte Abweichung von den Asymptoten. Als exakte Werte erhält man

$$A(\omega_{\mathrm{e}}) = K\frac{1}{\sqrt{2}} \quad \text{und} \quad \varphi(\omega_{\mathrm{e}}) = -\frac{\pi}{4}.$$

Somit beträgt die Abweichung des Amplitudenganges von den Asymptoten für $\omega = \omega_{\mathrm{e}}$

$$\Delta A(\omega_{\mathrm{e}})_{\mathrm{dB}} = -20\lg\sqrt{2}\ \mathrm{dB} \approx -3\,\mathrm{dB}.$$

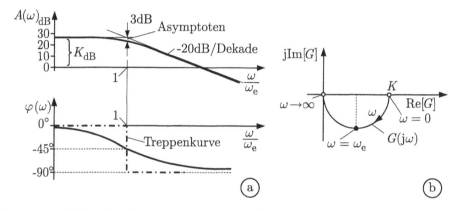

Bild 4.3.10. (a) Amplituden- und Phasengang sowie (b) Ortskurve des Frequenzganges des PT_1-Gliedes

Die Abweichungen für andere Frequenzen liegen im logarithmischen Maßstab symmetrisch zur Knickfrequenz, wie aus Tabelle 4.3.1 direkt zu ersehen ist. Damit ist eine sehr einfache Konstruktion des Amplitudenganges im Bode-Diagramm möglich. Eine ähnlich einfache Konstruktion des Phasenganges ist nicht möglich, allerdings lässt sich der Phasengang grob durch eine Treppenkurve annähern.

Wie bereits im Abschnitt 4.2.7 ausgeführt wurde, ergibt die Ortskurve des Frequenzganges des PT_1-Gliedes einen Halbkreis, der für $\omega = 0$ mit dem Wert K auf der positiven reellen Achse der G-Ebene beginnt und für $\omega \rightarrow \infty$ im Koordinatenursprung endet (vgl. Bild 4.3.10b).

Die konstante Größe $T = 1/\omega_{\mathrm{e}}$ in der Übertragungsfunktion bzw. im Frequenzgang wird gewöhnlich als *Zeitkonstante* des PT_1-Gliedes bezeichnet; sie ergibt sich aus dem Schnittpunkt der Anfangssteigung der Übergangsfunktion $h(t)$ mit dem asymptotischen Endwert $h(\infty)$. Diese Zeitkonstante kann auch physikalisch interpretiert werden; sie stellt, wie Bild 4.3.11 zeigt, die Zeit dar, bis zu der die Übergangsfunktion ca. 63 % des Endwertes $h(\infty)$ erreicht hat. Die Größe K wird – ähnlich wie beim P-Glied – als *Verstärkungsfaktor* des PT_1-Gliedes bezeichnet. Er ist als Wert des Frequenzganges für $\omega = 0$ definiert.

Tabelle 4.3.1 Amplituden- und Phasengang sowie Abweichung $\Delta A(\omega)$ des Amplitudenganges von den Asymptoten eines PT_1-Gliedes mit $K = 1$

$\dfrac{\omega}{\omega_e}$	$A(\omega)_{dB}$	$\varphi(\omega)$	$\Delta A(\omega)_{dB}$
0,03	0	- 2°	0
0,1	−0,04	- 6°	−0,04
0,25	−0,26	- 14°	−0,26
1,0	−3	- 45°	−3,0
4,0	−12	- 76°	−0,26
10,0	−20	- 84°	−0,04
30,0	−30	- 88°	0

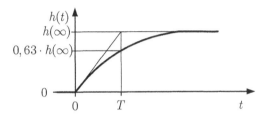

Bild 4.3.11. Grafischer Verlauf der Übergangsfunktion $h(t)$ eines PT_1-Gliedes

4.3.4.5 Das proportional-differenzierend wirkende Übertragungsglied (PD-Glied)

Das PD-Glied weist sowohl proportionales als auch differenzierendes Übertragungsverhalten auf. Es wird durch die Übertragungsfunktion

$$G(s) = K(1 + sT) \qquad (4.3.35a)$$

beschrieben. Abgesehen vom Verstärkungsfaktor K stellt dieses Glied das zum PT_1-Glied inverse Glied dar. Für $K = 1$ erhält man daher den Verlauf des logarithmischen Amplitudenganges sowie des Phasenganges durch entsprechende Spiegelung an der 0-dB-Achse bzw. an der Linie $\varphi(\omega) = 0$. Die Ortskurve

$$G(j\omega) = K(1 + j\omega T) \qquad (4.3.35b)$$

stellt eine Halbgerade dar, die für $\omega = 0$ auf der reellen Achse bei K beginnt und dann für anwachsende ω-Werte parallel zur imaginären Achse verläuft.

4.3.4.6 Das Vorhalteglied (DT$_1$-Glied)

Als Vorhalteglied bezeichnet man Übertragungsglieder, deren Ausgangsgröße $x_a(t)$ bei einer sprungförmigen Eingangsgröße zunächst sprungartig ansteigt und dann exponentiell mit einer charakteristischen Zeitkonstante gegen Null läuft. Als Beispiel für ein solches Glied zeigt Bild 4.3.12 einen einfachen RC-Hochpass.

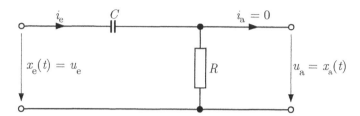

Bild 4.3.12. Einfacher RC-Hochpaß als Beispiel für ein DT_1-Glied

Die Differentialgleichung für diese Schaltung lautet

$$C\frac{d(u_e - u_a)}{dt} = \frac{u_a}{R}$$

bzw. umgeformt

$$u_a + RC\frac{du_a}{dt} = RC\frac{du_e}{dt}.$$

Durch Anwendung der Laplace-Transformation ergibt sich daraus die Übertragungsfunktion

$$G(s) = \frac{U_a(s)}{U_e(s)} = \frac{RCs}{1 + RCs}. \tag{4.3.36}$$

Die Übertragungsfunktion eines allgemeinen DT_1-Gliedes ist durch

$$G(s) = K\frac{Ts}{1 + Ts} \tag{4.3.37}$$

definiert. Zur Konstruktion des Bode-Diagramms geht man von dem Frequenzgang

$$G(j\omega) = K\frac{j\omega T}{1 + j\omega T} \tag{4.3.38}$$

aus. Mit $\omega_e = \dfrac{1}{T}$ erhält man

$$G(j\omega) = Kj\frac{\omega}{\omega_e}\frac{1}{1 + j\dfrac{\omega}{\omega_e}} = \frac{\omega}{\omega_e}K\frac{\dfrac{\omega}{\omega_e} + j}{1 + \left(\dfrac{\omega}{\omega_e}\right)^2}. \tag{4.3.39}$$

Aus dieser Beziehung folgt für den Amplitudengang

$$A(\omega) = |G(j\omega)| = \frac{\omega}{\omega_e}K\frac{1}{\sqrt{1 + \left(\dfrac{\omega}{\omega_e}\right)^2}},$$

bzw. in logarithmischer Form

$$A(\omega)_{\mathrm{dB}} = 20 \lg \frac{\omega}{\omega_{\mathrm{e}}} + 20 \lg K - 20 \lg \sqrt{1 + \left(\frac{\omega}{\omega_{\mathrm{e}}}\right)^2}. \qquad (4.3.40)$$

Als Phasengang ergibt sich nach einfacher Zwischenrechnung

$$\varphi(\omega) = \frac{\pi}{2} - \arctan\left(\frac{\omega}{\omega_{\mathrm{e}}}\right). \qquad (4.3.41)$$

Der Vergleich von Gl. (4.3.40) mit den Gln. (4.3.34) und (4.3.36) zeigt, dass sich der logarithmische Amplitudengang des DT_1-Gliedes aus der Addition der entsprechenden Kurven des PT_1-Gliedes und D-Gliedes ergibt. Dasselbe gilt für den Phasengang $\varphi(\omega)$. Damit lässt sich gemäß Bild 4.3.13 für das DT_1-Glied der Verlauf des Amplitudenganges, des Phasenganges sowie der Ortskurve einfach konstruieren.

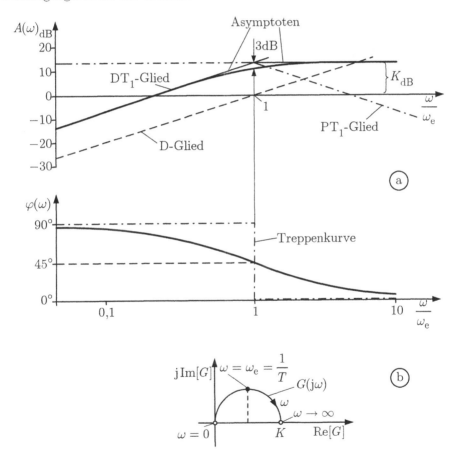

Bild 4.3.13. (a) Amplituden- und Phasengang sowie (b) Ortskurve des Frequenzganges des DT_1-Gliedes

Als Übergangsfunktion $h(t)$ ergibt sich der im Bild 4.3.14 dargestellte Verlauf. Der Verlauf von $h(t)$ lässt sich anhand der Gln. (4.3.7a) und (4.3.7b) grob aus dem Verlauf der Frequenzgangortskurve abschätzen.

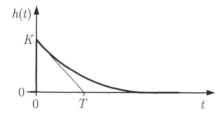

Bild 4.3.14. Grafischer Verlauf der Übergangsfunktion $h(t)$ eines DT_1-Gliedes

4.3.4.7 Das Verzögerungsglied 2. Ordnung (PT_2-Glied und PT_2S-Glied)

Das Verzögerungsglied 2. Ordnung ist gekennzeichnet durch zwei voneinander unabhängige Energiespeicher. Je nach den Dämpfungseigenschaften bzw. der Lage der Pole von $G(s)$ unterscheidet man beim Verzögerungsglied 2. Ordnung zwischen schwingendem und aperiodischem Verhalten. Besitzt ein Verzögerungsglied 2. Ordnung ein konjugiert komplexes Polpaar, dann weist es schwingendes Verhalten (PT_2S-Verhalten) auf. Liegen die beiden Pole auf der negativen reellen Achse, so besitzt das Übertragungsglied ein verzögerndes PT_2-Verhalten.

Als Beispiel eines Verzögerungsgliedes 2. Ordnung sei zunächst das im Bild 4.3.15 dargestellte RLC-Netzwerk betrachtet. Aus der Maschengleichung

$$i_e R + L \frac{di_e}{dt} + u_a = u_e \tag{4.3.42}$$

ergibt sich mit

$$i_e = C \frac{du_a}{dt}$$

die das Netzwerk beschreibende Differentialgleichung

$$LC \frac{d^2 u_a}{dt^2} + RC \frac{du_a}{dt} + u_a(t) = u_e(t). \tag{4.3.43}$$

Die zugehörige Übertragungsfunktion lautet somit

$$G(s) = \frac{U_a(s)}{U_e(s)} = \frac{1}{1 + RC\,s + LC\,s^2}. \tag{4.3.44}$$

Für die allgemeine Beschreibung eines Verzögerungsgliedes 2. Ordnung wählt man als Übertragungsfunktion

$$G(s) = \frac{K}{1 + T_1 s + T_2^2 s^2}. \tag{4.3.45}$$

Führt man nun Begriffe ein, die das Zeitverhalten charakterisieren, und zwar den *Dämpfungsgrad*

$$D = \frac{1}{2} \frac{T_1}{T_2} \tag{4.3.46}$$

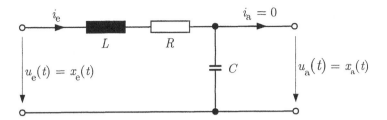

Bild 4.3.15. Einfaches RLC-Netzwerk als Beispiel für ein Verzögerungsglied 2. Ordnung

sowie die *Eigenfrequenz* (der nicht gedämpften Schwingung)

$$\omega_0 = \frac{1}{T_2}, \tag{4.3.47}$$

so erhält man aus Gl. (4.3.45)

$$G(s) = \frac{K}{1 + \frac{2D}{\omega_0}s + \frac{1}{\omega_0^2}s^2} = \frac{K}{N(s)}. \tag{4.3.48}$$

Für $s = \mathrm{j}\omega$ folgt daraus als Frequenzgang

$$G(\mathrm{j}\omega) = \frac{K}{1 + \mathrm{j}2D\dfrac{\omega}{\omega_0} - \dfrac{\omega^2}{\omega_0^2}} = K\,\frac{\left[1 - \left(\dfrac{\omega}{\omega_0}\right)^2\right] - \mathrm{j}2D\dfrac{\omega}{\omega_0}}{\left[1 - \left(\dfrac{\omega}{\omega_0}\right)^2\right]^2 + \left[2D\dfrac{\omega}{\omega_0}\right]^2}. \tag{4.3.49}$$

Somit lautet der zugehörige Amplitudengang

$$A(\omega) = \frac{K}{\sqrt{\left[1 - \left(\dfrac{\omega}{\omega_0}\right)^2\right]^2 + \left(2D\dfrac{\omega}{\omega_0}\right)^2}} \tag{4.3.50}$$

und der Phasengang

$$\varphi(\omega) = -\arctan\frac{2D\dfrac{\omega}{\omega_0}}{1 - \left(\dfrac{\omega}{\omega_0}\right)^2}, \tag{4.3.51}$$

wobei allerdings die Mehrdeutigkeit der arctan-Funktion zu beachten ist. Für den logarithmischen Amplitudengang ergibt sich aus Gl. (4.3.50)

$$A(\omega)_{\mathrm{dB}} = 20\lg K - 20\lg\sqrt{\left[1 - \left(\dfrac{\omega}{\omega_0}\right)^2\right]^2 + \left(2D\dfrac{\omega}{\omega_0}\right)^2}. \tag{4.3.52}$$

Der Verlauf von $A(\omega)_{\mathrm{dB}}$ lässt sich durch folgende Asymptoten approximieren:

a) Für $\dfrac{\omega}{\omega_0} \ll 1$ durch

$$A(\omega)_{\mathrm{dB}} \approx 20 \lg K \quad (Anfangsasymptote),$$

mit

$$\varphi(\omega) \approx 0.$$

b) Für $\dfrac{\omega}{\omega_0} \gg 1$ durch

$$A(\omega)_{\mathrm{dB}} \approx 20 \lg K - 20 \lg \left(\frac{\omega}{\omega_0}\right)^2 \approx 20 \lg K - 40 \lg \left(\frac{\omega}{\omega_0}\right) \quad (Endasymptote),$$

mit

$$\varphi(\omega) \approx -\pi.$$

Die Endasymptote stellt im Bode-Diagramm eine Gerade mit der Steigung - 40 dB/Dekade dar. Als Schnittpunkt beider Asymptoten folgt aus

$$20 \lg K = 20 \lg K - 40 \lg \left(\frac{\omega}{\omega_0}\right)$$

die auf ω_0 normierte Kreisfrequenz $\omega/\omega_0 = 1$.

Der tatsächliche Wert von $A(\omega)_{\mathrm{dB}}$ kann bei $\omega = \omega_0$ beträchtlich vom Asymptotenschnittpunkt abweichen, denn er ist gemäß Gl. (4.3.52)

$$A(\omega_0)_{\mathrm{dB}} = 20 \lg K - 20 \lg 2D.$$

Für $D < 0{,}5$ liegt der Wert oberhalb, für $D > 0{,}5$ unterhalb der Asymptoten.

Bild 4.3.16 zeigt für $0 < D \leq 2{,}5$ und $K = 1$ den Verlauf von $A(\omega)_{\mathrm{dB}}$ und $\varphi(\omega)$ im Bode-Diagramm. Diese Darstellung enthält die später näher beschriebenen Fälle für das PT$_2$S- und das PT$_2$-Verhalten eines Verzögerungsgliedes 2. Ordnung. Aus Bild 4.3.16 ist ersichtlich, dass beim Amplitudengang ab einem bestimmten Dämpfungsgrad D für die einzelnen Kurvenverläufe jeweils ein Maximalwert existiert.

Dieser Maximalwert tritt für die einzelnen D-Werte bei der sogenannten *Resonanzfrequenz* ω_r auf. Aus Gl. (4.3.50) lässt sich der Maximalwert des Amplitudenganges $A(\omega)_{\mathrm{max}} = A(\omega_r)$ sowie die Resonanzfrequenz ω_r einfach ermitteln. $A(\omega)$ wird maximal, wenn der Radikand im Nenner der Gl. (4.3.50), also

$$a(\omega) = \left[1 - \left(\frac{\omega}{\omega_0}\right)^2\right]^2 + \left(2D\frac{\omega}{\omega_0}\right)^2,$$

ein Minimum wird. Nullsetzen der ersten Ableitung liefert für $\omega = \omega_r$

$$\left.\frac{\mathrm{d}a(\omega)}{\mathrm{d}\omega}\right|_{\omega_r} = 0 = -1 + \left(\frac{\omega_r}{\omega_0}\right)^2 + 2D^2.$$

Daraus ergibt sich die Resonanzfrequenz

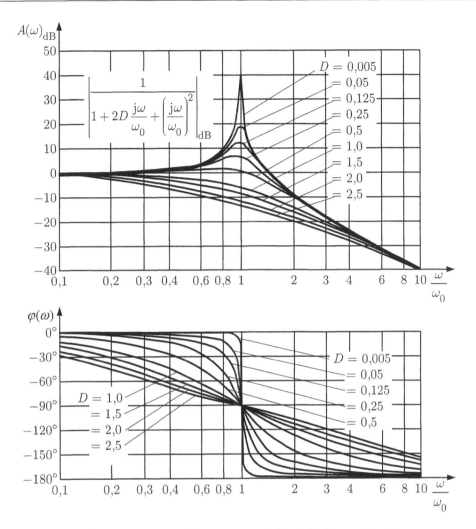

Bild 4.3.16. Bode-Diagramm eines Verzögerungsgliedes 2. Ordnung ($K = 1$)

$$\omega_{\mathrm{r}} = \omega_0 \sqrt{1 - 2D^2} \qquad \left(\text{ für } D < \tfrac{1}{\sqrt{2}} \right), \tag{4.3.53}$$

sowie der Maximalwert des Amplitudenganges für $K = 1$ zu

$$A(\omega)_{\max} = A(\omega_{\mathrm{r}}) = \frac{1}{2D\sqrt{1 - D^2}}. \tag{4.3.54}$$

Aus Gl. (4.3.53) folgt, dass ein Maximum nur für $(1 - 2D^2) > 0$ bzw. $D < 1/\sqrt{2}$ existiert. Für $D = 1/\sqrt{2} = 0{,}707$ wird $\omega_{\mathrm{r}} = 0$ und $A(\omega_{\mathrm{r}}) = 1$ bzw. $A(\omega_{\mathrm{r}})_{\mathrm{dB}} = 0$, und für $D = 0$ wird $\omega_{\mathrm{r}} = \omega_0$ und $A(\omega_{\mathrm{r}}) = \infty$.

Bild 4.3.17 zeigt noch die Frequenzgangortskurve eines Übertragungsgliedes 2. Ordnung. Aus Gl. (4.3.49) folgt, dass für $\omega = \omega_0$ der Realteil von $G(\mathrm{j}\omega)$, also $R(\omega_0) = 0$ wird. Somit schneidet bei $\omega = \omega_0$ die Ortskurve die imaginäre Achse, wie aus Bild 4.3.17 ersichtlich ist.

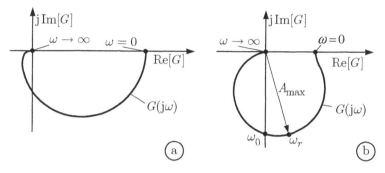

Bild 4.3.17. Ortskurve des Frequenzganges eines Verzögerungsgliedes 2. Ordnung, (a) PT_2-Glied, (b) PT_2S-Glied

Das dynamische Eigenverhalten eines Übertragungsgliedes wird nach Gl. (4.2.11) durch die Wurzeln der charakteristischen Gleichung bzw. durch die Pole der Übertragungsfunktion bestimmt. Aus der charakteristischen Gleichung des Verzögerungsgliedes 2. Ordnung

$$P(s) \equiv N(s) = 1 + \frac{2D}{\omega_0}s + \frac{1}{\omega_0^2}s^2 = 0 \qquad (4.3.55)$$

erhält man somit als Pole der Übertragungsfunktion, Gl. (4.3.48),

$$s_{1,2} = -\omega_0 D \pm \omega_0 \sqrt{D^2 - 1}. \qquad (4.3.56)$$

In Abhängigkeit von der Lage der Pole in der s-Ebene lässt sich nun anschaulich das Schwingungsverhalten eines Verzögerungsgliedes 2. Ordnung beschreiben. Dazu wählt man zweckmäßigerweise den Verlauf der zugehörigen Übergangsfunktion $h(t)$. Tabelle 4.3.2 zeigt in Abhängigkeit von D die Lage der Pole der Übertragungsfunktion und die dazugehörigen Übergangsfunktionen des Systems. Die dabei auftretenden Fälle werden nun nachfolgend näher diskutiert.

a) **Fall I:** $0 < D < 1$ *(schwingendes Verhalten: PT_2S-Glied)*

Gl. (4.3.56) liefert für diesen Fall ein konjugiert komplexes Polpaar

$$s_{1,2} = -\omega_0 D \pm j\omega_0 \sqrt{1 - D^2}. \qquad (4.3.57)$$

Die zugehörige Übergangsfunktion erhält man aus

$$H(s) = \frac{K}{1 + 2\frac{D}{\omega_0}s + \frac{1}{\omega_0^2}s^2} \frac{1}{s} \qquad (4.3.58)$$

bzw.

$$H(s) = \frac{K\omega_0^2}{(s - s_1)(s - s_2)s} \qquad (4.3.59)$$

durch Partialbruchzerlegung und anschließende Laplace-Rücktransformation für $t \geq 0$ zu

Tabelle 4.3.2 Lage der Pole in der s-Ebene und Übergangsfunktion für Übertragungsglieder mit der Übertragungsfunktion $G(s) = 1/\left[1 + s2D/\omega_0 + (s/\omega_0)^2\right]$

Dämpfung	Lage der Pole	Übergangsfunktion $h(t)$
$0 < D < 1$	s_1, φ_d, $j\omega$, $\omega_0\sqrt{1-D^2}$, σ, s_2, $\omega_0 D = \dfrac{1}{T_\mathrm{A}}$	$h(t)$, $D = 0{,}1$, h_n, $D = 0{,}5$, $h_{\mathrm{n}+\frac{1}{2}}$, $T_\mathrm{A} = \dfrac{1}{\omega_0 D}$, $\dfrac{5}{\omega_0}$, $\dfrac{10}{\omega_0}$, t
$D = 1$	$j\omega$, $s_1 = s_2$, σ, $\omega_0 = \dfrac{1}{T_2}$	$h(t)$, $\dfrac{5}{\omega_0}$, $\dfrac{10}{\omega_0}$, t
$D > 1$	$j\omega$, s_1, s_2, σ	$h(t)$, $D = 2$, $D = 5$, $\dfrac{5}{\omega_0}$, $\dfrac{10}{\omega_0}$, t
$D = 0$	$j\omega$, $s_1 + j\omega_0$, σ, $s_2 - j\omega_0$	$h(t)$, $\dfrac{5}{\omega_0}$, $\dfrac{10}{\omega_0}$, t
$-1 < D < 0$	$j\omega$, s_1, $\omega_0\sqrt{1-D^2}$, σ, s_2, $\omega_0 D$	$h(t)$, $\dfrac{5}{\omega_0}$, $\dfrac{10}{\omega_0}$, t

$$h(t) = K\left\{1 - e^{-t\omega_0 D}\left[\cos\left(\omega_0\sqrt{1-D^2}t\right) + \frac{D}{\sqrt{1-D^2}}\sin\left(\omega_0\sqrt{1-D^2}t\right)\right]\right\}\sigma(t).$$
$$(4.3.60)$$

Das Abklingen des Schwingungsverlaufes wird durch die Größe $T_A = 1/(\omega_0 D)$ beschrieben, daher wird T_A auch als *Abklingzeitkonstante* bezeichnet. Aus der Lage der Polstellen s_1 und s_2 von $G(s)$ lässt sich diese Größe direkt ablesen. Als *relative Dämpfung* der Schwingung bezeichnet man das Verhältnis

$$\rho = \left|\frac{\mathrm{Re}(s_i)}{\mathrm{Im}(s_i)}\right| \qquad \text{für } i = 1 \text{ oder } 2,$$

oder

$$\rho = \frac{D}{\sqrt{1-D^2}} = \tan\varphi_d. \qquad (4.3.61)$$

Wird also ein bestimmter D-Wert vorgeschrieben, dann werden durch die Größe ρ zwei unter dem Winkel φ_d gegen die imaginäre Achse geneigte Geraden in der s-Ebene festgelegt. Umgekehrt kann aus dem Verlauf der gedämpften Schwingung von $h(t)$, die die gedämpfte natürliche Kreisfrequenz

$$\omega_d = \omega_0\sqrt{1-D^2} < \omega_0 \qquad (4.3.62)$$

besitzt, mit Gl. (4.3.60) das Amplitudenverhältnis zweier aufeinanderfolgender Halbwellen

$$\frac{h_{n+\frac{1}{2}}}{h_n} = e^{-\pi\frac{D}{\sqrt{1-D^2}}}$$

gebildet und daraus die Dämpfung

$$D = \frac{\ln\frac{h_n}{h_{n+\frac{1}{2}}}}{\sqrt{\pi^2 + \left[\ln\frac{h_n}{h_{n+\frac{1}{2}}}\right]^2}} \qquad (4.3.63)$$

ermittelt werden.

b) **Fall 2:** $D = 1$ *(aperiodisches Grenzverhalten: PT_2-Glied)*

Aus Gl. (4.3.56) ergibt sich im vorliegenden Fall für die beiden Pole von $G(s)$

$$s_{1,2} = -\omega_0.$$

Es liegt also eine doppelte Polstelle auf der negativen reellen Achse vor. Definiert man als Zeitkonstante

$$T = \frac{1}{\omega_0} \geq 0,$$

so erhält man als Übertragungsfunktion

$$G(s) = \frac{K}{(1+Ts)(1+Ts)}, \qquad (4.3.64)$$

die eine Hintereinanderschaltung zweier Verzögerungsglieder 1. Ordnung mit derselben Zeitkonstanten beschreibt. Als Übergangsfunktion folgt aus Gl. (4.3.60) mit $D = 1$ nach kurzer Zwischenrechnung

$$h(t) = K\left[1 - e^{-t\omega_0}(1 + \omega_0 t)\right]\sigma(t), \quad t \geq 0. \qquad (4.3.65)$$

c) **Fall 3:** $D > 1$ *aperiodisches Verhalten: (PT$_2$-Glied)*

In diesem Fall ergeben sich aus Gl. (4.3.56) zwei negative reelle Pole von $G(s)$

$$s_{1,2} = -\omega_0 D \pm \omega_0 \sqrt{D^2 - 1}.$$

Definiert man als Zeitkonstanten

$$T_1 = -\frac{1}{s_1} \quad \text{und} \quad T_2 = -\frac{1}{s_2},$$

so erhält man für die zugehörige Übertragungsfunktion:

$$G(s) = \frac{K}{(1 + T_1 s)(1 + T_2 s)}. \tag{4.3.66}$$

Hierbei handelt es sich ebenfalls um eine Hintereinanderschaltung zweier PT$_1$-Glieder, allerdings mit unterschiedlichen Zeitkonstanten. Auch dieses Übertragungsglied zeigt PT$_2$-Verhalten. Bei der Berechnung der Übergangsfunktion $h(t)$ nach Gl. (4.3.60) werden im vorliegenden Fall die Argumente der beiden Kreisfunktionen komplex. Über den Zusammenhang dieser Kreisfunktionen mit den Hyperbelfunktionen

$$\cos jx = \cosh x \quad \text{und} \quad \sin jx = j \sinh x$$

erhält man dann im vorliegenden Fall direkt anhand von Gl. (4.3.60) für $t \geq 0$ als Übergangsfunktion

$$h(t) = K \left\{ 1 - e^{-t\omega_0 D} \left[\cosh\left(\omega_0 \sqrt{D^2 - 1}\, t\right) + \frac{D}{\sqrt{D^2 - 1}} \sinh\left(\omega_0 \sqrt{D^2 - 1}\, t\right) \right] \right\} \sigma(t). \tag{4.3.67}$$

d) **Fall 4:** $D = 0$ *(ungedämpftes Verhalten: schwingendes Glied)*

Aus Gl. (4.3.56) folgt für diesen Fall ein rein imaginäres Polpaar von $G(s)$ bei

$$s_{1,2} = \pm j\omega_0.$$

Mit Gl. (4.3.48) und $D = 0$ erhält man die Übertragungsfunktion

$$G(s) = \frac{K}{1 + \frac{1}{\omega_0^2} s^2} = K \frac{\omega_0^2}{\omega_0^2 + s^2}. \tag{4.3.68}$$

Als Übergangsfunktion $h(t)$ ergibt sich aus Gl. (4.3.60) eine ungedämpfte Dauerschwingung

$$h(t) = K(1 - \cos \omega_0 t)\, \sigma(t) \tag{4.3.69}$$

mit der Frequenz ω_0.

Der Parameter ω_0 wird daher gewöhnlich als Frequenz der ungedämpften Eigenschwingung oder kurz als *Eigenfrequenz* bezeichnet.

e) **Fall 5:** $D < 0$ *(instabiles Glied)* Im vorliegenden Fall liegen die beiden Pole von $G(s)$ in der rechten s-Halbebene. Sie können rein reell oder konjugiert komplex sein:

$$s_{1,2} = \omega_0 \left| D \right| \pm \omega_0 \sqrt{D^2 - 1} \qquad (4.3.70)$$

Gl. (4.3.60) gilt auch für diesen Fall, allerdings enthält nun der Exponentialterm das positive Vorzeichen, so dass der Schwingungsvorgang nicht mehr abklingt, sondern sich vielmehr aufschaukelt, d.h. die Amplitudenwerte der Halbschwingungen von $h(t)$ werden betragsmäßig exponentiell mit zunehmender Zeit anwachsen. Ein derartiger Vorgang, bei dem $h(t)$ für $t \to \infty$ über alle Grenzen anwächst, wird als *instabil* definiert.

4.3.4.8 Weitere Übertragungsglieder

Obwohl in den vorhergehenden Abschnitten die wichtigsten Standardübertragungsglieder bereits besprochen wurden, die zur Konstruktion auch komplizierterer Bode-Diagramme völlig ausreichen, sei nachfolgend noch auf weitere Standardübertragungsglieder der Regelungstechnik hingewiesen, die in Tabelle 4.3.3 zusammengestellt sind. Diese Aufstellung enthält auch Beispiele für die praktische Realisierung dieser Glieder.

4.3.4.9 Bandbreite eines Übertragungsgliedes

Einen wichtigen Begriff, der bisher noch nicht definiert wurde, stellt die *Bandbreite* eines Übertragungsgliedes dar. Verzögerungsglieder mit Proportionalverhalten, wie z.B. PT$_1$-, PT$_2$- und PT$_2$S-Glieder sowie PT$_n$-Glieder (Hintereinanderschaltung von n PT$_1$-Gliedern) besitzen eine sogenannte Tiefpasseigenschaft, d.h. sie übertragen vorzugsweise tiefe Frequenzen, während hohe Frequenzen von Signalen entsprechend dem stark abfallenden Amplitudengang abgeschwächt übertragen werden. Zur Beschreibung dieses Übertragungsverhaltens führt man den Begriff der Bandbreite ein. Als Bandbreite bezeichnet man die Frequenz ω_b bei der der logarithmische Amplitudengang gegenüber der horizontalen Anfangsasymptote um 3 dB abgefallen ist, siehe Bild 4.3.18.

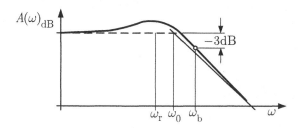

Bild 4.3.18. Zur Definition der Bandbreite ω_b bei Übertragungssystemen mit Tiefpassverhalten (ω_r Resonanzfrequenz, ω_0 Eigenfrequenz der ungedämpften Schwingung; ω in logarithmischem Maßstab)

Tabelle 4.3.3 Standardübertragungsglieder der Regelungstechnik

lfd. Nr.	Glied	Übergangsfkt. $h(t)$	Gl. der Übergangsfkt.	Übertragungsfkt.	Ortskurve	Bodediagramm $A(\omega)_{dB}$ u. $\varphi(\omega)$	Pole $\times$ u. Nullstellen $\circ$ in s-Ebene	Beispiel (elektrisch)	Beispiel (mechanisch)
1	P		$h(t)=K_R\,\sigma(t)$	$G(s)=K_R$			keine Pol- und Nullstellen		
2	I		$h(t)=\dfrac{t}{T_I}\sigma(t)$	$G(s)=\dfrac{1}{sT_I}$					
3	PT$_1$		$h(t)=K_R\left(1-e^{-\frac{t}{T}}\right)\sigma(t)$ $t\geq 0$	$G(s)=\dfrac{K_R}{1+sT}$					
4	PT$_2$		$h(t)=K_R\left(1-\dfrac{T_1}{T_1-T_2}e^{-\frac{t}{T_1}}+\dfrac{T_2}{T_1-T_2}e^{-\frac{t}{T_2}}\right)\sigma(t)$	$G(s)=\dfrac{K_R}{(1+sT_1)(1+sT_2)}$					
5	PT$_2$S		$h(t)=K_R\left\{1-e^{-D\omega_0 t}\left[\cos\left(\sqrt{1-D^2}\,\omega_0 t\right)+\dfrac{D}{\sqrt{1-D^2}}\sin\left(\sqrt{1-D^2}\,\omega_0 t\right)\right]\right\}\sigma(t)$	$G(s)=\dfrac{K_R}{1+2\dfrac{D}{\omega_0}s+\dfrac{1}{\omega_0^2}s^2}$ $D<1$					
6	IT$_1$		$h(t)=\left[\dfrac{t}{T_I}+\dfrac{T}{T_I}\left(e^{-\frac{t}{T}}-1\right)\right]\sigma(t)$	$G(s)=\dfrac{1}{T_I s(1+sT)}$					
7	PI		$h(t)=K_R\left[1+\dfrac{t}{T_I}\right]\sigma(t)$	$G(s)=K_R\,\dfrac{1+sT_I}{sT_I}$					

Fortsetzung von **Tabelle 4.3.3**

lfd. Nr.	Glied	Übergangsfkt. h(t)	Gl. der Übergangsfkt.	Übertragungsfkt.	Ortskurve	Bodediagramm $A(\omega)_{dB}$ u. $\varphi(\omega)$	Pole x u. Nullstellen o in s-Ebene	Beispiel (elektrisch)	Beispiel (mechanisch)
8	D		$h(t)=T_D\delta(t)$	$G(s)=sT_D$				$T_D=RC$	Wirbelstrom-Tachometer? $\varphi\triangleq x_e$, $\alpha\triangleq x_a$, $x_a=K_T\dot{x}_e$
9	DT_1		$h(t)=e^{-\frac{t}{T}}\sigma(t)$ $t\geq 0$	$G(s)=\frac{sT}{1+sT}$				$T=RC$	$T=\frac{d_1}{c_1}$
10	PD		$h(t)=K_R[\sigma(t)+T_D\delta(t)]$	$G(s)=K_R(1+sT_D)$				$T_D=CR_1$; $K_R=R_2/R_1$	
11	PID		$h(t)=K_R\left[\left(1+\frac{t}{T_I}\right)\sigma(t)\right]$ $+T_D\delta(t)$	$G(s)=$ $K_R\dfrac{1+sT_I+s^2T_IT_D}{sT_I}$			$4T_D<T_I$ für ω_1 u. ω_2 siehe lfd. Nr. 12	$K_R=\dfrac{C_2R_2+R_4C_1}{C_2R_1}$; $T_D=\dfrac{C_1R_4C_2R_2}{C_1R_1+C_2R_2}$, $T_I=C_1R_4+C_2R_2$	
12	$PIDT_1$ *		$h(t)=K_R\left[\dfrac{T}{T_I}\right.$ $+\left(\dfrac{T_D}{T}+\dfrac{T}{T_I}-1\right)e^{-\frac{t}{T}}$ $\left.+\dfrac{t}{T_I}\right]\sigma(t)$	$G(s)=$ $K_R\dfrac{1+sT_I+s^2T_IT_D}{sT_I(1+sT)}$	$K_R\left(1-\dfrac{T}{T_I}\right)$		$4T_D<T_I$ $\omega_1=-A+\sqrt{A^2-\dfrac{1}{T_IT_D}}$ $\omega_2=-A-\sqrt{A^2-\dfrac{1}{T_IT_D}}$ $A=\dfrac{1}{2T_D}$	$K_R=\dfrac{C_3R_2+C_1R_4+R_2C_2}{C_2R_1}$, $T=C_3R_2$ $T_I=C_3R_2+C_1R_4+R_2C_2$ $T_D=\dfrac{C_1R_4R_2(C_3+C_2)}{C_3R_2+C_1R_4+R_2C_2}$	$p=$ const

*PID-Glied mit in Reihe geschaltetem PT_1-Glied

Fortsetzung von **Tabelle 4.3.3**

lfd. Nr.	Glied	Übergangsfkt. $h(t)$	Gl. der Übergangsfkt.	Übertragungsfkt.	Ortskurve	Bodediagramm $A(\omega)_{dB}$ u. $\varphi(\omega)$	Pole x u. Nullstellen o in s-Ebene	Beispiel (elektrisch)	Beispiel (mechanisch)
13	PT$_t$		$h(t) = K_R \sigma(t - T_t)$ $h(t) = 0 \quad t < T_t$	$G(s) = K_R e^{-s T_t}$			—	Eimer-Ketten-Schaltung $T_t = nT$	$q = -x_a$
14	Allpass 1.Ordn.		$h(t) = \left[1 - 2e^{-\frac{t}{T}}\right]\sigma(t)$	$G(s) = \dfrac{1 - sT}{1 + sT}$				$T = RC$	$T = \dfrac{d}{c_1}$
15	Phasen-anheben-des G. (Lead)		$h(t) = \left[1 + \left(\dfrac{\omega_N}{\omega_Z} - 1\right)e^{-\omega_N t}\right]\sigma(t)$ $\omega_N > \omega_Z$	$G(s) = \dfrac{1 + \frac{s}{\omega_Z}}{1 + \frac{s}{\omega_N}}$				$\omega_Z = \dfrac{1}{C_1 R}$ $\omega_N = \dfrac{1}{C_2 R}$	$\omega_Z = c_1/a$ $\omega_N = a c_1/[(a+q)d]$
16	Phasen-absenken-des G. (Lag)		$h(t) = \left[1 + \left(\dfrac{\omega_N}{\omega_Z} - 1\right)e^{-\omega_N t}\right]\sigma(t)$ $\omega_N < \omega_Z$	$G(s) = \dfrac{1 + \frac{s}{\omega_Z}}{1 + \frac{s}{\omega_N}}$					$\omega_Z = c_1/d_2$ $\omega_N = c_1/(d_1 + d_2)$

4.3.4.10 Beispiel für die Konstruktion des Bode-Diagramms eines Übertragungsgliedes mit gebrochen rationaler Übertragungsfunktion

Im Abschnitt 4.3.3 wurde gezeigt, wie man das Bode-Diagramm eines Systems mit einer gebrochen rationalen Übertragungsfunktion durch Zerlegung in elementare Übertragungsglieder ermitteln kann. Nachdem die wichtigsten Standard-Übertragungsglieder besprochen wurden, soll nun dafür ein Beispiel folgen.

Es soll das Bode-Diagramm für ein Übertragungssystem, das nur reelle Pol- und Nullstellen besitzt, gezeichnet werden. Die vorgegebene Übertragungsfunktion

$$G(s) = K_1 \frac{(s+0{,}1)\,(s+2)}{s(s+5)\,(s+20)}, \qquad \text{mit} \quad K_1 = 890$$

wird dazu zweckmäßigerweise in die Form

$$G(s) = K_2 \frac{\left(\dfrac{s}{0{,}1}+1\right)\left(\dfrac{s}{2}+1\right)}{s\left(\dfrac{s}{5}+1\right)\left(\dfrac{s}{20}+1\right)}; \qquad K_2 = K_1/500 = 1{,}78$$

gebracht. Dieses System lässt sich nun in ein I-, zwei PD- und zwei PT$_1$-Glieder zerlegen:

$$G(s) = \underbrace{\frac{K_2}{s}}_{=\,G_1(s)} \underbrace{\left(\frac{s}{0{,}1}+1\right)}_{G_2(s)} \underbrace{\left(\frac{s}{2}+1\right)}_{G_3(s)} \underbrace{\frac{1}{\dfrac{s}{5}+1}}_{G_4(s)} \underbrace{\frac{1}{\dfrac{s}{20}+1}}_{G_5(s)}.$$

Das Bode-Diagramm kann jetzt durch Addition der Bode-Diagramme der Teilsysteme G_1 bis G_5 entsprechend Bild 4.3.19a gewonnen werden. In diesem Bild stellen die Größen ω_{e_i} in den Termen $(s/\omega_{e_i}+1)^{\pm1}$ für i = 1,2,3 und 4 die Eckfrequenzen im Bode-Diagramm dar.

Bild 4.3.19 enthält zusätzlich zum Bode-Diagramm auch noch die Ortskurve des Frequenzganges sowie das *Amplituden-Phasendiagramm* des betrachteten Übertragungssystems. In dieser letzteren Darstellung ist der logarithmische Amplitudengang $A(\omega)_{\mathrm{dB}}$ für die einzelnen Frequenzen ω über dem Phasengang $\varphi(\omega)$ aufgetragen. Auch in dieser Darstellung lässt sich eine Veränderung des Verstärkungsfaktors K_2 leicht durch eine Verschiebung des Kurvenverlaufs parallel zur $A(\omega)_{\mathrm{dB}}$-Achse realisieren. Dieses Diagramm ist besonders in Verbindung mit dem später noch zu behandelnden Nichols-Diagramm wichtig. Sämtliche drei Frequenzbereichsdarstellungen des Bildes 4.3.19 enthalten – ebenfalls wie die Darstellung der Pol- und Nullstellenverteilung einschließlich des Verstärkungsfaktors – die gesamte Information über das hier betrachtete Übertragungssystem.

Anhand des vorhergehenden Beispiels lässt sich das Vorgehen bei der Konstruktion eines Bode-Diagramms für eine gegebene Übertragungsfunktion nochmals kurz zusammenfassen:

a) Zunächst wird eine gegebene Übertragungsfunktion in die Form

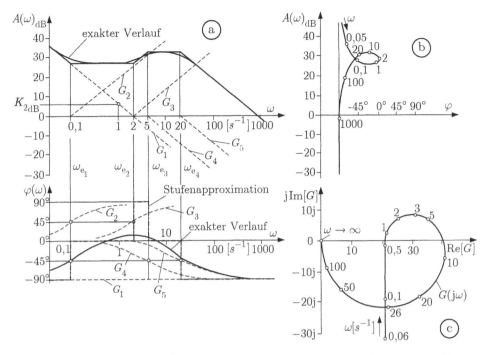

Bild 4.3.19. Darstellung eines Übertragungssystems auf drei verschiedene Arten im Frequenzbereich: (a) Bode-Diagramm, (b) Amplituden-Phasendiagramm, (c) Ortskurve

$$G(s) = K\frac{(s - s_{N_1}) \ldots (s - s_{N_m})}{(s - s_{P_1}) \ldots (s - s_{P_n})} = K\frac{\prod\limits_{\mu=1}^{m}(-s_{N_\mu})}{\prod\limits_{\substack{\nu=1 \\ s_{P_\nu} \neq 0}}^{n-k}(-s_{P_\nu})}\frac{1}{s^k}\frac{\prod\limits_{\mu=1}^{m}\left(1 + \frac{s}{-s_{N_\mu}}\right)}{\prod\limits_{\substack{\nu=1 \\ s_{P_\nu} \neq 0}}^{n-k}\left(1 + \frac{s}{-s_{P_\mu}}\right)}$$

$$\text{mit } k = 0,1,2,\ldots$$

gebracht, wobei eventuelle Pole von $G(s)$ bei $s_{P_\nu} = 0$ ihrer Vielfachheit k entsprechend speziell berücksichtigt werden.

b) Anschließend werden für $s = j\omega$ die Asymptoten der Teilsysteme zur Approximation von $A(\omega)_{\mathrm{dB}}$ und $\varphi(\omega)$ verwendet.

c) Falls erforderlich können dann noch die Korrekturen zur Frequenzkennlinien-Approximation eingetragen werden.

4.3.5 Systeme mit minimalem und nichtminimalem Phasenverhalten

Stabile Systeme ohne Totzeit, die durch die Übertragungsfunktion

$$G(s) = \frac{Z(s)}{N(s)}$$

beschrieben werden und keine Nullstellen in der rechten s-Halbebene besitzen, werden *minimalphasig* genannt. Sie sind dadurch charakterisiert, dass bei bekanntem Amplitudengang $A(\omega) = |G(j\omega)|$ im Bereich $0 \leq \omega < \infty$ der entsprechende Phasengang $\varphi(\omega)$ aus $A(\omega)$ (aufgrund des später dargestellten Bodeschen Gesetzes) berechnet werden kann und das dabei ermittelte $\varphi(\omega)$ betragsmäßig den kleinstmöglichen Phasenverlauf zu dem vorgegebenen $A(\omega)$ besitzt.

Weist eine Übertragungsfunktion in der rechten s-Halbebene Pole und/oder Nullstellen auf, dann hat das entsprechende System *nichtminimales Phasenverhalten*. Der zugehörige Phasenverlauf ist betragsmäßig stets größer als bei dem entsprechenden System mit Minimalphasenverhalten, das denselben Amplitudengang besitzt.

Um das Nichtminimalphasenverhalten näher zu beschreiben, seien zwei Übertragungsglieder betrachtet, die zwar denselben Amplitudengang $A(\omega)$ besitzen, sich jedoch im Phasengang ganz erheblich unterscheiden. Die Übertragungsfunktionen beider Systeme lauten

$$G_\mathrm{a}(s) = \frac{1 + sT}{1 + sT_1} \quad \text{und} \quad G_\mathrm{b}(s) = \frac{1 - sT}{1 + sT_1},$$

wobei $0 < T < T_1$ gilt.

Die Pol- und Nullstellenverteilung von $G_\mathrm{a}(s)$ und $G_\mathrm{b}(s)$ in der s-Ebene ist im Bild 4.3.20 dargestellt. Der Amplitudengang der zugehörigen Frequenzgänge $G_\mathrm{a}(j\omega)$ (Minimalphasensystem) und $G_\mathrm{b}(j\omega)$ (Nichtminimalphasensystem) ist in beiden Fällen gleich, da

$$A_\mathrm{a}(\omega) = A_\mathrm{b}(\omega) = \sqrt{\frac{1 + (\omega T)^2}{1 + (\omega T_1)^2}}$$

gilt. Für die Phasengänge erhält man mit

$$\varphi_\mathrm{a}(\omega) = -\arctan\frac{\omega(T_1 - T)}{1 + \omega^2 T_1 T}$$

und

$$\varphi_\mathrm{b}(\omega) = -\arctan\frac{\omega(T_1 + T)}{1 - \omega^2 T_1 T}$$

jedoch einen unterschiedlichen Verlauf, der im Bild 4.3.21 dargestellt ist. Dabei ist für $\varphi_\mathrm{b}(\omega)$ die Mehrdeutigkeit der arctan-Funktion zu beachten. Hieraus ist deutlich der minimale Phasenverlauf von $\varphi_\mathrm{a}(\omega)$ zu ersehen.

Die Übertragungsfunktion eines nichtminimalphasigen Übertragungsgliedes $G_\mathrm{b}(s)$ lässt sich immer aus der Hintereinanderschaltung des zugehörigen Minimalphasengliedes und eines reinen phasendrehenden Gliedes, die durch die Übertragungsfunktionen $G_\mathrm{a}(s)$ und $G_\mathrm{A}(s)$ beschrieben werden, darstellen:

$$G_\mathrm{b}(s) = G_\mathrm{A}(s)\,G_\mathrm{a}(s). \tag{4.3.71}$$

Ein solches phasendrehendes Glied, auch *Allpassglied* genannt, ist dadurch charakterisiert, dass der Betrag seines Frequenzganges $G_\mathrm{A}(j\omega)$ für alle Frequenzen gleich eins wird. Für das gewählte Beispiel erhält man

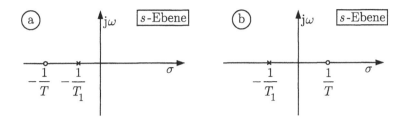

Bild 4.3.20. Pol- und Nullstellenverteilung von (a) $G_a(s)$ und (b) $G_b(s)$ in der s-Ebene

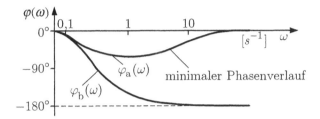

Bild 4.3.21. Phasengang zweier Übertragungsglieder gleichen Amplitudengangs, jedoch mit minimalem und nichtminimalem Phasenverhalten: $|\varphi_a| < |\varphi_b|$

$$G_b(s) = G_A(s)\,G_a(s)$$

$$\frac{1-sT}{1+sT_1} = \frac{1-sT}{1+sT}\,\frac{1+sT}{1+sT_1}.$$

Die Übertragungsfunktion des Allpassgliedes (1. Ordnung) lautet somit

$$G_A(s) = \frac{1-sT}{1+sT},$$

woraus als Amplitudengang

$$A_A(\omega) = 1$$

und als Phasengang

$$\varphi_A(\omega) = -\arctan\frac{2\omega T}{1-(\omega T)^2} = -2\arctan\omega T$$

folgen.

Dieses Allpassglied überstreicht einen Winkel $\varphi_A(\omega)$ von $0°$ bis $-180°$. Allpassglieder zeichnen sich – wie oben bereits erwähnt – durch die Eigenschaft

$$|G_A(j\omega)| = 1 \tag{4.3.72}$$

aus. Diese Bedingung wird nur von Übertragungsgliedern erfüllt, bei denen die Nullstellenverteilung der Übertragungsfunktion $G_A(s)$ in der s-Ebene *spiegelbildlich* der Polverteilung bezüglich der $j\omega$-Achse ist. Dies ist im Bild 4.3.22 für einen stabilen Allpass 4. Ordnung dargestellt.

Die Übertragungsfunktion eines Allpasses n-ter Ordnung lautet somit

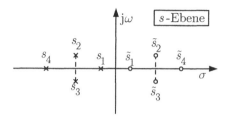

Bild 4.3.22. Pole (x) und Nullstellen (0) eines Allpass-Systems 4. Ordnung

$$G_{\mathrm{A}}(s) = \pm \frac{(s - \tilde{s}_1)\,(s - \tilde{s}_2)\,\dots\,(s - \tilde{s}_n)}{(s - s_1)\,(s - s_2)\,\dots\,(s - s_n)}, \qquad (4.3.73)$$

wobei sich die korrespondierenden Pole und Nullstellen s_i und $\tilde{s}_\mathrm{i}$ für i $= 1,2,\dots,n$ nur im Vorzeichen ihrer Realteile unterscheiden (Re $s_\mathrm{i} = -$ Re $\tilde{s}_\mathrm{i}$).

Wie bereits erwähnt, kann man bei Systemen mit minimalem Phasenverhalten eindeutig aus dem Amplitudengang $A(\omega)$ den Phasengang $\varphi(\omega)$ bestimmen. Dies gilt jedoch für Systeme mit nichtminimalem Phasenverhalten nicht. Die Überprüfung, ob ein System Minimalphasenverhalten besitzt oder nicht, lässt sich nun aus dem Verlauf von $\varphi(\omega)$ und $A(\omega)_{\mathrm{dB}}$ für hohe Frequenzen leicht abschätzen. Bei einem Minimalphasensystem, das durch die gebrochen rationale Übertragungsfunktion

$$G(s) = \frac{Z(s)}{N(s)}$$

dargestellt wird, wobei der Zähler $Z(s)$ vom Grade m und der Nenner $N(s)$ vom Grade n ist, erhält man nämlich für $\omega \to \infty$ den Phasengang

$$\varphi(\infty) = -90°(n - m). \qquad (4.3.74)$$

Bei einem Tiefpass-System mit nichtminimalem Phasenverhalten wird dieser Wert betragsmäßig stets größer. In beiden Fällen wird der logarithmische Amplitudengang für $\omega \to \infty$ die Steigung

$$-20(n - m)\,\mathrm{dB}\,/\mathrm{Dekade}$$

besitzen.

Ein typisches System mit nichtminimalem Phasenverhalten ist das *Totzeitglied* ($\mathrm{PT_t}$-Glied), das durch die Übertragungsfunktion

$$G(s) = e^{-sT_\mathrm{t}} \qquad (4.3.75)$$

und den Frequenzgang

$$G(\mathrm{j}\omega) = e^{-\mathrm{j}\omega T_\mathrm{t}}$$

mit dem Amplitudengang

$$A(\omega) = |G(\mathrm{j}\omega)| = 1$$

sowie dem Phasengang (im Bogenmaß)

$$\varphi(\omega) = -\omega T_\mathrm{t}$$

beschrieben wird. Die Ortskurve von $G(\mathrm{j}\omega)$ stellt somit einen Kreis um den Koordinatenursprung dar, der mit $\omega = 0$ auf der reellen Achse bei $R(\omega) = 1$ beginnend mit wachsenden ω-Werten fortwährend durchlaufen wird, da der Phasenwinkel ständig zunimmt, wie leicht aus Bild 4.3.23 zu ersehen ist.

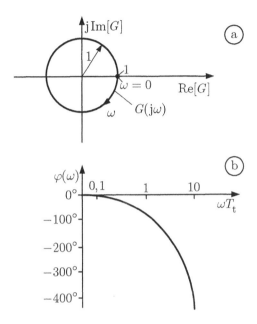

Bild 4.3.23. Ortskurve (a) und Phasengang (b) des Totzeitgliedes

Wie bereits erwähnt, gibt es zu einem gegebenen Amplitudengang $A(\omega)$ genau ein diesen Amplitudengang realisierendes Minimalphasenglied, dessen Phase $\varphi(\omega)$ für einzelne Frequenzen ω_ν nach der Beziehung (Gesetz von Bode)

$$\varphi(\omega_\nu) = \frac{2\omega_\nu}{\pi} \int\limits_0^\infty \frac{\ln A(\omega) - \ln A(\omega_\nu)}{\omega^2 - \omega_\nu^2} \mathrm{d}\omega \tag{4.3.76}$$

zu berechnen ist. Die praktische Bedeutung dieser Beziehung ist allerdings in der Regelungstechnik gering.

Ein Zusammenhang zwischen $R(\omega) = \mathrm{Re}\{G(\mathrm{j}\omega)\}$ und $I(\omega) = \mathrm{Im}\{G(\mathrm{j}\omega)\}$, der sowohl für stabile[1] Minimalphasen- als auch Nichtminimalphasensysteme gilt, wird durch die *Hilbert-Transformation* [Unb98]

$$R(\omega_\nu) = R(\infty) - \frac{2}{\pi} \int\limits_0^\infty \frac{\omega I(\omega)}{\omega^2 - \omega_\nu^2} \mathrm{d}\omega \tag{4.3.77a}$$

und

---

[1] Die Stabilität von Minimalphasensystemen kann entsprechend obiger Definition nur durch Pole der Übertragungsfunktion auf der $\mathrm{j}\omega$-Achse beeinträchtigt werden.

$$I(\omega_\nu) = \frac{2\omega_\nu}{\pi} \int\limits_0^\infty \frac{R\omega(\omega)}{\omega^2 - \omega_\nu^2} \mathrm{d}\omega \qquad (4.3.77\mathrm{b})$$

gegeben. Daraus ist ersichtlich, dass bei Kenntnis nur des Real- oder Imaginärteils stets der entsprechend zugehörige Imaginär- oder Realteil und damit auch der Frequenzgang $G(\mathrm{j}\omega)$ vollständig berechnet werden kann.

5 Das Verhalten linearer kontinuierlicher Regelsysteme

5.1 Dynamisches Verhalten des Regelkreises

Bild 5.1.1 zeigt das früher schon benutzte Blockschema des geschlossenen Regelkreises mit den 4 klassischen Bestandteilen: Regler, Stellglied, Regelstrecke und Messglied. Wie bereits erwähnt, ist es meist zweckmäßig, Regler und Stellglied zur Regeleinrichtung zusammenzufassen, während das Messglied oft der Regelstrecke zugerechnet wird. Gewöhnlich können mehrere Störgrößen $z_i'(i = 1,2,\ldots)$ auftreten, die jeweils an verschiedenen Stellen in der Regelstrecke angreifen. Das Übertragungsverhalten der Regelstrecke bzw. derjenigen Teile der Regelstrecke, die zwischen Angriffspunkt der Störgröße und Regelstreckenausgang liegen, sei mit $G_{S_{Z_i}}(s)$ bezeichnet. Damit erhält man ein Blockschaltbild des Regelkreises gemäß Bild 5.1.2.

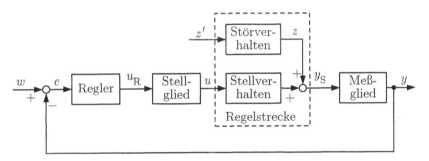

Bild 5.1.1. Die Grundbestandteile eines Regelkreises

Für lineare Regelstrecken lassen sich nach Bild 5.1.2 alle Störgrößen Z_i' zu einer einzigen Gesamtgröße

$$Z(s) = \sum_{i=1}^{n} Z_i'(s) G_{S_{Z_i}}(s)$$

zusammenfassen, die am Ausgang der Regelstrecke eingreift (siehe Bild 5.1.3). Weiterhin lässt sich durch geeignete Wahl von $G_{S_{Z_i}}(s)$ zeigen, dass diese im Bild 5.1.2 dargestellte Struktur auch dann gilt, wenn eine Störung $z_i'(t)$ an einer anderen Stelle im Regelkreis einwirkt.

Das Übertragungsverhalten dieses Regelkreises wird entsprechend der Art der beiden Eingangsgrößen (Führungs- und Störgröße) entweder durch das Führungsverhalten oder durch das Störverhalten beschrieben. Die Übertragungsfunktion der Regeleinrichtung – der Kürze wegen im folgenden wieder nur Regler genannt – werde mit $G_R(s)$ und die

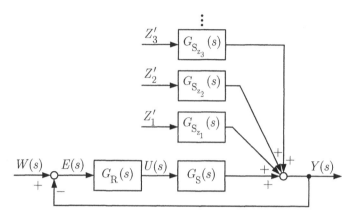

Bild 5.1.2. Blockschaltbild des Regelkreises

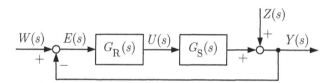

Bild 5.1.3. Blockschaltbild des Regelkreises mit Gesamtstörgröße $Z(s)$

der Regelstrecke mir $G_S(s)$ bezeichnet. Wie aus Bild 5.1.3 ersichtlich ist, gilt für die Regelgröße des geschlossenen Regelkreises

$$Y(s) = Z(s) + [W(s) - Y(s)]\, G_R(s)\, G_S(s).$$

Durch Umstellen folgt daraus

$$Y(s) = \frac{1}{1 + G_R(s)\, G_S(s)} Z(s) + \frac{G_R(s)\, G_S(s)}{1 + G_R(s)\, G_S(s)} W(s). \tag{5.1.1}$$

Anhand dieser Beziehung lassen sich nun die beiden im Abschnitt 1.4 erwähnten Aufgabenstellungen für eine Regelung unterscheiden:

a) Für $W(s) = 0$ erhält man als Übertragungsfunktion des geschlossenen Regelkreises für *Störverhalten* (Festwertregelung oder Storgrosenregelung) die *Störungsübertragungsfunktion*

$$G_Z(s) = \frac{Y(s)}{Z(s)} = \frac{1}{1 + G_R(s)\, G_S(s)}. \tag{5.1.2}$$

b) Für $Z(s) = 0$ folgt entsprechend als Übertragungsfunktion des geschlossenen Regelkreises für *Führungsverhalten* (Nachlauf- oder Folgeregelung) die *Führungsübertragungsfunktion*

$$G_W(s) = \frac{Y(s)}{W(s)} = \frac{G_R(s)\, G_S(s)}{1 + G_R(s)\, G_S(s)}. \tag{5.1.3}$$

Beide Übertragungsfunktionen $G_\mathrm{Z}(s)$ und $G_\mathrm{W}(s)$ enthalten gemeinsam den *dynamischen Regelfaktor*

$$R(s) = \frac{1}{1 + G_0(s)} \tag{5.1.4}$$

mit

$$G_0(s) = G_\mathrm{R}(s)\, G_\mathrm{S}(s). \tag{5.1.5}$$

Schneidet man für $W(s) = 0$ und $Z(s) = 0$ den Regelkreis gemäß Bild 5.1.4 an einer beliebigen Stelle auf, und definiert man unter Berücksichtigung der Wirkungsrichtung der Übertragungsglieder die Eingangsgröße $x_\mathrm{e}(t)$ sowie die Ausgangsgröße $x_\mathrm{a}(t)$, so erhält man als Übertragungsfunktion des *offenen Regelkreises*

$$G_\mathrm{offen}(s) = \frac{X_\mathrm{a}(s)}{X_\mathrm{e}(s)} = -G_\mathrm{R}(s)\, G_\mathrm{S}(s) = -G_0(s). \tag{5.1.6}$$

Allerdings hat sich (inkorrekterweise) in der Regelungstechnik durchgesetzt, dass meist $G_0(s)$ als Übertragungsfunktion des offenen Regelkreises definiert wird.

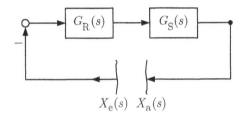

Bild 5.1.4. Offener Regelkreis

Lässt sich $G_0(s)$ durch eine gebrochen rationale Übertragungsfunktion beschreiben, so erhält man für den geschlossenen Regelkreis durch Nullsetzen des Nennerausdrucks in Gl. (5.1.2) oder Gl. (5.1.3) aus der Bedingung

$$1 + G_0(s) = 0 \tag{5.1.7}$$

analog zu Gl. (4.2.11) die *charakteristische Gleichung* in der Form

$$P(s) = a_0 + a_1 s + a_2 s^2 + \ldots + a_n s^n = 0. \tag{5.1.8}$$

5.2 Stationäres Verhalten des Regelkreises

Sehr häufig lässt sich das Übertragungsverhalten des offenen Regelkreises (gemäß Bild 5.1.4 und Gl. (5.1.5)) durch eine allgemeine Standardübertragungsfunktion der Form

$$G_0(s) = \frac{K_0}{s^k}\, \frac{1 + \beta_1 s + \ldots + \beta_m s^m}{1 + \alpha_1 s + \ldots + \alpha_{n-k} s^{n-k}}\, e^{-T_\mathrm{t} s} \qquad m \le n \tag{5.2.1}$$

beschreiben, wobei durch die Konstante $k = 0,1,2,\ldots$ (ganzzahlig) im wesentlichen der Typ der Übertragungsfunktion $G_0(s)$ charakterisiert wird. K_0 stellt die Verstärkung des offenen Regelkreises dar. $G_0(s)$ weist somit z.B. für

$k = 0$;   *Verzögertes proportionales* Verhalten   (verzög. P-Verhalten)

$k = 1$;   *Verzögertes integrales* Verhalten   (verzög. I-Verhalten)

$k = 2$;   *Verzögertes doppelintegrales* Verhalten   (verzög. I_2-Verhalten)

auf. Es sei nun angenommen, dass der in Gl. (5.2.1) auftretende Term der gebrochen rationalen Funktion nur Pole in der linken s-Halbebene besitzt. Damit kann im weiteren für die einzelnen Typen der Übertragungsfunktion $G_0(s)$ bei verschiedenen Signalformen der Führungsgröße $w(t)$ oder der Störgröße $z(t)$ das stationäre Verhalten des geschlossenen Regelkreises für $t \to \infty$ untersucht werden.

Mit

$$E(s) = W(s) - Y(s) \tag{5.2.2}$$

folgt aus den Gln. (5.1.1) und (5.1.6) für die Regelabweichung

$$E(s) = \frac{1}{1 + G_0(s)}[W(s) - Z(s)]. \tag{5.2.3}$$

Unter der Voraussetzung, dass der Grenzwert der Regelabweichung $e(t)$ für $t \to \infty$ existiert, gilt mit Hilfe des Grenzwertsatzes der Laplace-Transformation für den stationären Endwert der Regelabweichung

$$\lim_{t \to \infty} e(t) = \lim_{s \to 0} s\, E(s). \tag{5.2.4}$$

Für den Fall, dass alle Störgrößen auf den Ausgang der Regelstrecke bezogen werden, folgt aus Gl. (5.2.3), dass – abgesehen vom Vorzeichen – beide Arten von Eingangsgrößen, also Führungs- oder Störgröße, gleich behandelt werden können. Im folgenden wird daher stellvertretend für beide Signalarten die Bezeichnung $X_e(s)$ als Eingangsgröße gewählt. Mit Hilfe der beiden Gln. (5.2.3) und (5.2.4) lassen sich nun die stationären Endwerte der Regelabweichung für die unterschiedlichen Signalformen von $x_e(t)$ bei verschiedenen Typen der Übertragungsfunktion $G_0(s)$ des offenen Regelkreises berechnen. Diese Werte charakterisieren das statische Verhalten des geschlossenen Regelkreises. Sie sollen nachfolgend für die wichtigsten Fälle bestimmt werden.

Bei den weiteren Betrachtungen werden gemäß Bild 5.2.1 folgende Testsignale zugrunde gelegt:

a) *Sprungförmige Erregung*:

$$X_e(s) = \frac{x_{e_0}}{s}, \tag{5.2.5}$$

wobei x_{e_0} die Sprunghöhe darstellt.

b) *Rampenförmige Erregung*:

$$X_e(s) = \frac{x_{e_1}}{s^2}, \tag{5.2.6}$$

wobei x_{e_1} die Geschwindigkeit des rampenförmigen Anstiegs des Signals $x_e(t)$ beschreibt.

c) *Parabelförmige Erregung*:

$$X_e(s) = \frac{x_{e_2}}{s^3}, \tag{5.2.7}$$

wobei x_{e_2} ein Maß für die Beschleunigung des parabolischen Signalanstiegs $x_e(t)$ ist.

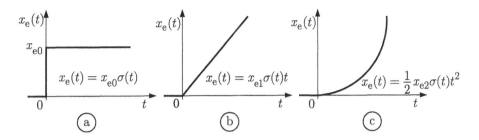

Bild 5.2.1. Verschiedene Eingangssignale $x_e(t)$, die häufig für die Störgröße $z(t)$ und Führungsgröße $w(t)$ zugrunde gelegt werden: (a) sprungförmiger, (b) rampenförmiger und (c) parabolischer Signalverlauf

Für die Regelabweichung gilt nach Gl. (5.2.3)

$$E(s) = \frac{1}{1 + G_0(s)} X_e(s), \qquad (5.2.8)$$

wobei sich der Unterschied zwischen Führungs- und Störverhalten nur im Vorzeichen von $X_e(s)$ bemerkbar macht (Störverhalten: $X_e(s) = -Z(s)$; Führungsverhalten: $X_e(s) = W(s)$). Setzt man in diese Beziehung nacheinander die Gln. (5.2.5) bis (5.2.7) ein, dann lässt sich damit die entsprechende Regelabweichung für verschiedene Typen der Übertragungsfunktion $G_0(s)$ berechnen, was im folgenden gezeigt werden soll.

5.2.1 Übertragungsfunktion $G_0(s)$ mit verzögertem P-Verhalten

Für diesen Fall folgt aus Gl. (5.2.1) die Übertragungsfunktion

$$G_0(s) = K_0 \frac{1 + \beta_1 s + \ldots + \beta_m s^m}{1 + \alpha_1 s + \ldots + a_n s^n} e^{-T_t s}. \qquad (5.2.9)$$

Diese Übertragungsfunktion beschreibt einen offenen Regelkreis mit verzögertem *P-Verhalten*. Die Größe K_0 stellt die Verstärkung dieses offenen Regelkreises dar. Sie setzt sich im vorliegenden Fall aus dem Verstärkungsfaktor des Reglers K_R und dem der Regelstrecke K_S in der multiplikativen Form

$$K_0 = K_R K_S \qquad (5.2.10)$$

zusammen.

Mit Gl. (5.2.4) erhält man nun für die bleibende Regelabweichung des geschlossenen Regelkreises

$$\lim_{t \to \infty} e(t) = \lim_{s \to 0} s \frac{1}{1 + G_0(s)} X_e(s) \qquad (5.2.11)$$

und bei *sprungförmiger Erregung* mit Gl. (5.2.5)

$$e_\infty = \lim_{t \to \infty} e(t) = \frac{1}{1 + K_0} x_{e_0}. \qquad (5.2.12)$$

Außerdem lässt sich bei *rampenförmiger Erregung* gemäß Gl. (5.2.6) zeigen, dass die in diesem Fall in Gl. (5.2.8) auftretende doppelte Polstelle beim Übergang in den Zeitbereich einen Verlauf $e(t) = \text{const} \cdot t \cdot \sigma(t)$ entspricht, so dass

$$e_\infty = \lim_{t \to \infty} e(t) \to \infty \tag{5.2.13}$$

gilt. Entsprechende Überlegungen liefern bei *parabelförmiger Erregung* mit Gl. (5.2.7)

$$e_\infty = \lim_{t \to \infty} e(t) \to \infty. \tag{5.2.14}$$

5.2.2   Übertragungsfunktion $G_0(s)$ mit verzögertem I-Verhalten

Aus Gl. (5.2.1) folgt für diesen Fall

$$G_0(s) = \frac{K_0}{s} \frac{1 + \beta_1 s + \ldots \beta_m s^m}{1 + \alpha_1 s + \ldots + \alpha_{n-1} s^{n-1}} e^{-T_t s}. \tag{5.2.15}$$

Der hierzu gehörende offene Regelkreis besitzt also verzögertes *I-Verhalten*. Mit Gl. (5.2.11) erhält man für die bleibende Regelabweichung des geschlossenen Regelkreises bei *sprungförmiger Erregung*

$$e_\infty = \lim_{t \to \infty} e(t) = 0, \tag{5.2.16}$$

und bei *rampenförmiger Erregung*

$$e_\infty = \lim_{t \to \infty} e(t) = \frac{1}{K_0} x_{e_1}. \tag{5.2.17}$$

Weiterhin ergibt sich bei *parabelförmiger Erregung*

$$e_\infty = \lim_{t \to \infty} e(t) \to \infty. \tag{5.2.18}$$

5.2.3   Übertragungsfunktion $G_0(s)$ mit verzögertem I$_2$-Verhalten

Die zu diesem Fall gehörende Übertragungsfunktion

$$G_0(s) = \frac{K_0}{s^2} \frac{1 + \beta_1 s + \ldots + \beta_m s^m}{1 + \alpha_1 s + \ldots + \alpha_{n-2} s^{n-2}} e^{-T_t s} \tag{5.2.19}$$

beschreibt ein System mit verzögertem *I$_2$-Verhalten*. Als bleibende Regelabweichung des geschlossenen Regelkreises folgt, sofern der Regelkreis stabil ist, für *sprungförmige Erregung*

$$e_\infty = \lim_{t \to \infty} e(t) = 0, \tag{5.2.20}$$

für *rampenförmige Erregung*

$$e_\infty = \lim_{t \to \infty} e(t) = 0 \tag{5.2.21}$$

und für *parabelförmige Erregung*

$$e_\infty = \lim_{t \to \infty} e(t) = \frac{1}{K_0} x_{e_2}. \tag{5.2.22}$$

Aus den Ergebnissen, insbesondere aus den Gln. (5.2.12), (5.2.17) und (5.2.22) sowie aus Tabelle 5.2.1 folgt, dass die bleibende Regelabweichung e_∞, die das statische Verhalten des Regelkreises charakterisiert, in all den Fällen, wo sie einen endlichen Wert annimmt,

Tabelle 5.2.1 Bleibende Regelabweichung für verschiedene Systemtypen von $G_0(s)$ und unterschiedliche Eingangsgrößen $x_e(t)$ (Führungs- und Störgrößen, falls alle Störgrößen auf den Ausgang der Regelstrecke bezogen sind)

Systemtyp von $G_0(s)$ gemäß Gl. (5.2.1)	Eingangsgröße $X_e(s)$	Bleibende Regelabweichung e_∞
$k = 0$ (verzögertes P-Verhalten)	$\dfrac{x_{e_0}}{s}$	$\dfrac{1}{1 + K_0} x_{e_0}$
	$\dfrac{x_{e_1}}{s^2}$	∞
	$\dfrac{x_{e_2}}{s^3}$	∞
$k = 1$ (verzögertes I-Verhalten)	$\dfrac{x_{e_0}}{s}$	0
	$\dfrac{x_{e_1}}{s^2}$	$\dfrac{1}{K_0} x_{e_1}$
	$\dfrac{x_{e_2}}{s^3}$	∞
$k = 2$ (verzögertes I_2-Verhalten)	$\dfrac{x_{e_0}}{s}$	0
	$\dfrac{x_{e_1}}{s^2}$	0
	$\dfrac{x_{e_2}}{s^3}$	$\dfrac{1}{K_0} x_{e_2}$

um so kleiner gehalten werden kann, je größer die *Kreisverstärkung* K_0 gemäß Gl. (5.2.10) gewählt wird. Bei verzögertem P-Verhalten des offenen Regelkreises bedeutet dies auch, dass die bleibende Regelabweichung e_∞ um so kleiner wird, je kleiner der *statische Regelfaktor*

$$R = \frac{1}{1 + K_0} \tag{5.2.23}$$

ist.

Häufig führt jedoch eine zu große Kreisverstärkung K_0 schnell zur Instabilität des geschlossenen Regelkreises, wie später im Kapitel 6 ausführlich besprochen wird. Daher ist bei der Festlegung von K_0 gewöhnlich ein entsprechender Kompromiss zu treffen, vorausgesetzt, dass nicht schon durch Wahl eines geeigneten Reglertyps die bleibende Regelabweichung verschwindet. Da von der Wahl eines geeigneten Reglers nicht nur das dynamische, sondern vor allem auch das statische Verhalten des geschlossenen Regelkreises stark abhängt, sollen nachfolgend zunächst die wichtigsten Typen von Standardreglern eingeführt werden.

5.3 Der PID-Regler und die aus ihm ableitbaren Reglertypen

5.3.1 Das Übertragungsverhalten

Die gerätetechnische Ausführung eines Reglers umfasst die Bildung der Regelabweichung $e(t) = w(t) - y(t)$ sowie deren weitere Verarbeitung zur Reglerausgangsgröße $u_R(t)$ gemäß Bild 5.1.1 oder direkt zur Stellgröße $u(t)$, falls das Stellglied mit dem Regler zur Regeleinrichtung entsprechend Bild 5.1.2 zusammengefasst wird. Die meisten heute in der Industrie eingesetzten linearen Reglertypen sind Standardregler, deren Übertragungsverhalten sich auf die drei linearen idealisierten Grundformen des P-, I- und D-Gliedes zurückführen lässt. Als der wichtigste Standardregler wird heute im industriellen Bereich der PID-Regler verwendet. Die prinzipielle Wirkungsweise des PID-Reglers lässt sich anschaulich durch die im Bild 5.3.1 dargestellte Parallelschaltung je eines P-, I- und D-Gliedes erklären. Aus dieser Darstellung folgt als *Übertragungsfunktion* des PID-Reglers

$$G_R(s) = \frac{U_R(s)}{E(s)} = K_P + \frac{K_I}{s} + K_D s. \tag{5.3.1}$$

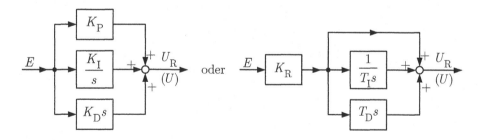

Bild 5.3.1. Blockschaltbild des PID-Reglers

Durch Einführung der Größen

$$K_R = K_P \qquad \text{Verstärkungsfaktor}$$

$$T_I = \frac{K_P}{K_I} \qquad \text{Integralzeit oder Nachstellzeit}$$

$$T_D = \frac{K_D}{K_P} \qquad \text{Differentialzeit oder Vorhaltezeit}$$

lässt sich Gl. (5.3.1) so umformen, dass neben dem oftmals dimensionsbehafteten Verstärkungsfaktor K_R nur die beiden Zeitkonstanten T_I und T_D in der Übertragungsfunktion

$$G_R(s) = K_R \left(1 + \frac{1}{T_I s} + T_D s \right) \tag{5.3.2}$$

auftreten. Diese drei Größen K_R,T_I und T_D sind gewöhnlich in bestimmten Wertebereichen einstellbar; sie werden daher auch als *Einstellwerte* des Reglers bezeichnet. Durch geeignete Wahl dieser Einstellwerte lässt sich ein Regler dem Verhalten der Regelstrecke so anpassen, dass ein möglichst günstiges Regelverhalten entsteht.

Aus Gl. (5.3.2) folgt für den zeitlichen Verlauf der Reglerausgangsgröße

$$u_R(t) = K_R e(t) + \frac{K_R}{T_I} \int_0^t e(\tau)\,d\tau + K_R T_D \frac{de(t)}{dt}. \tag{5.3.3}$$

Damit lässt sich nun leicht für eine sprungförmige Änderung von $e(t)$, also $e(t) = \sigma(t)$, die *Übergangsfunktion* $h(t)$ des PID-Reglers bilden. Sie ist im Bild 5.3.2a dargestellt. Dabei ist zu beachten, dass die Pfeilhöhe $K_R T_D$ des D-Anteils nur als Maß für die Gewichtung des δ-Impulses anzusehen ist.

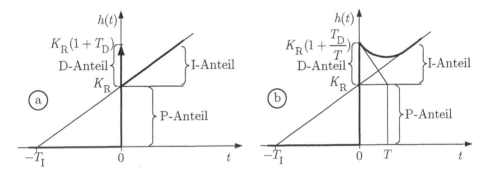

Bild 5.3.2. Übergangsfunktion (a) des idealen und (b) des realen PID-Reglers

Bei den bisherigen Überlegungen wurde davon ausgegangen, dass sich das D-Verhalten im PID-Regler realisieren lässt. Gerätetechnisch kann jedoch das ideale D-Verhalten nicht verwirklicht werden. Bei tatsächlich ausgeführten Reglern ist das D-Verhalten stets mit einer gewissen Verzögerung behaftet, da anstelle des D-Gliedes in der Schaltung von Bild 5.3.1 ein DT_1-Glied mit der Übertragungsfunktion

$$G_D(s) = K_D \frac{T s}{1 + T s} \tag{5.3.4}$$

mit $T \ll 1$ zu berücksichtigen ist. Damit erhält man als Übertragungsfunktion des *realen* PID-Reglers oder genauer des $PIDT_1$-Reglers die Beziehung

$$G_R(s) = K_P + \frac{K_I}{s} + K_D \frac{T s}{1 + T s}, \tag{5.3.5}$$

und durch Einführung der Reglereinstellwerte

$$K_R = K_P, \; T_I = \frac{K_R}{K_I} \quad \text{und} \quad T_D = \frac{K_D T}{K_R}$$

folgt daraus

$$G_R(s) = K_R \left(1 + \frac{1}{T_I s} + T_D \frac{s}{1 + Ts} \right). \tag{5.3.6}$$

Die Übergangsfunktion $h(t)$ des PIDT$_1$-Reglers ist im Bild 5.3.2b dargestellt. Diese Übergangsfunktion weist für $t = 0$, bedingt durch den P- und D-Anteil, einen starken Anstieg auf, der anschließend schnell wieder bis fast auf den durch den P-Anteil gegebenen Wert zurückgenommen wird, um dann anschließend in den langsameren I-Anteil überzugehen. Das P-, I- und D-Verhalten kann jeweils unabhängig voneinander eingestellt werden. Bei handelsüblichen Reglern lässt sich der „D-Sprung" bei $t = 0$ gewöhnlich 5- bis 25-mal größer als der „P-Sprung" einstellen. Bei einer starken Bewertung des D-Anteils, also einem hohen D-Sprung (man bezeichnet dies oft auch als Vorhaltüberhöhung) wird jedoch meist das Stellglied seinen maximalen Wert erreichen, d.h. es kommt an seinen „Anschlag".

Als *Sonderfälle des PID-Reglers* erhält man für:

a) $T_D = 0$ den *PI-Regler* mit der Übertragungsfunktion

$$G_R(s) = K_R \left(1 + \frac{1}{T_I s} \right); \tag{5.3.7}$$

b) $T_I \to \infty$ den idealen *PD-Regler* mit der Übertragungsfunktion

$$G_R(s) = K_R \left(1 + T_D s \right) \tag{5.3.8}$$

bzw. den PDT$_1$-Regler mit der Übertragungsfunktion

$$G_R(s) = K_R \left(1 + T_D \frac{s}{1 + Ts} \right); \tag{5.3.9}$$

c) $T_D = 0$ und $T_I \to \infty$ den *P-Regler* mit der Übertragungsfunktion

$$G_R(s) = K_R. \tag{5.3.10}$$

Die Übergangsfunktionen dieser Reglertypen sind im Bild 5.3.3 zusammengestellt.

Neben den hier behandelten Reglertypen, die durch entsprechende Wahl der Einstellwerte sich direkt aus einem PID-Regler (Universalregler) herleiten lassen, kommt manchmal auch ein reiner *I-Regler* zum Einsatz. Die Übertragungsfunktion des I-Reglers lautet

$$G_R(s) = K_I \frac{1}{s} = \frac{K_R}{T_I s}. \tag{5.3.11}$$

Seine Übergangsfunktion lässt sich aus Tabelle 4.3.3 entnehmen. Erwähnt sei noch, dass D-Glieder nicht direkt als Regler eingesetzt werden, sondern nur in Verbindung mit P-Gliedern beim PD- und PID-Regler auftreten.

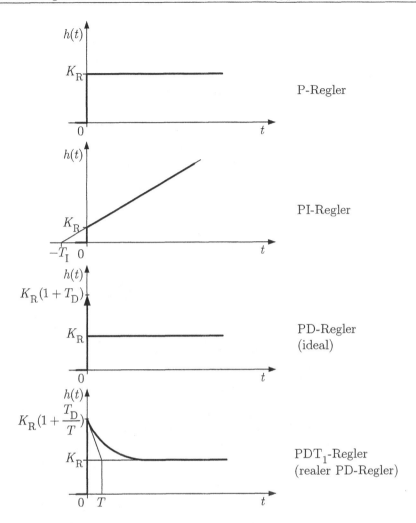

Bild 5.3.3. Übergangsfunktionen der aus dem PID-Regler ableitbaren Reglertypen

5.3.2   Vor- und Nachteile der verschiedenen Reglertypen

Nachfolgend wird anhand eines Beispiels das Störverhalten eines simulierten Regelkreises untersucht, wobei als Regler die im Abschnitt 5.3.1 eingeführten Reglertypen verwendet werden. Das Verhalten der Regelstrecke wird durch die Übertragungsfunktion

$$G_S(s) = \frac{K_S}{(1 + Ts)^4}$$

beschrieben. Zur Untersuchung auf Störverhalten wird die Führungsgröße $w(t) \equiv 0$ gesetzt und am *Eingang* der Regelstrecke eine sprungförmige Störung

$$z'(t) = z_0 \sigma(t)$$

aufgeschaltet. (Dem entspricht der Fall, dass $Z(s) = Z'(s)\,G_S(s)$ am Ausgang der Regelstrecke angreift.) Die Reglerparameter werden nach einem später noch zu behandelnden

Gütemaß optimal eingestellt. Bild 5.3.4 zeigt für die verschiedenen Reglertypen die Reaktion der auf $K_S z_0$ normierten Regelgröße y nach einer sprungförmigen Störung $z_0 \sigma(t)$. Diese Kurven geben auch, abgesehen vom Vorzeichen, unmittelbar die Regelabweichung $e(t)$ wieder, da für $w(t) \equiv 0$ die Beziehung $e(t) = -y(t)$ gilt. Zur Diskussion dieser Kurven benötigt man noch den Begriff der Ausregelzeit $t_{3\%}$. Diese ist definiert als der Zeitpunkt, von dem an die Differenz $|y(t) - y_\infty|$ weniger als 3% des stationären Endwertes im ungeregelten Fall

$$y_{\infty,\text{ohne}} = K_S z_0 \qquad (5.3.12)$$

beträgt. Außerdem sollen die verschiedenen Fälle bezüglich der normierten maximalen Überschwingung $y_{\max}/(K_S z_0)$ (Überschwingweite) verglichen werden.

Im folgenden werden die einzelnen Fälle kurz diskutiert:

a) Der *P-Regler* weist ein relativ großes maximales Überschwingen $y_{\max}/(K_S z_0)$, eine große Ausregelzeit $t_{3\%}$ sowie eine bleibende Regelabweichung e_∞ auf.

b) Der *I-Regler* besitzt aufgrund des langsam einsetzenden I-Verhaltens ein noch größeres maximales Überschwingen als der P-Regler, dafür aber keine bleibende Regelabweichung.

c) Der *PI-Regler* vereinigt die Eigenschaften von P- und I-Regler. Er besitzt ungefähr ein maximales Überschwingen und eine Ausregelzeit wie der P-Regler und weist keine bleibenden Regelabweichungen auf.

d) Der *PD-Regler* besitzt aufgrund des „schnellen" D-Anteils eine geringere maximale Überschwingweite als die oben unter a) bis c) aufgeführten Reglertypen. Aus demselben Grund zeichnet er sich auch durch die geringste Ausregelzeit aus. Aber auch hier stellt sich eine bleibende Regelabweichung ein, die allerdings geringer ist als beim P-Regler, da der PD-Regler im allgemeinen aufgrund der phasenanhebenden Wirkung des D-Anteils mit einer höheren Verstärkung K_R betrieben wird. Bei den im Bild 5.3.4 dargestellten Ergebnissen betrug der Verstärkungsfaktor beim P-Regler $K_R = 2{,}68$ und beim PD-Regler $K_R = 6{,}6$, während die Regelstrecke den Verstärkungsfaktor $K_S = 1$ aufweist.

e) Der PID-Regler vereinigt die Eigenschaften des PI- und PD-Reglers. Er besitzt ein noch geringeres maximales Überschwingen als der PD-Regler und behält aufgrund des I-Anteils keine bleibende Regelabweichung. Durch den hinzugekommenen I-Anteil wird die Ausregelzeit jedoch größer als beim PD-Regler.

Die an diesem Beispiel durchgeführten qualitativen Betrachtungen lassen sich auch auf andere Typen von Regelstrecken mit verzögertem P-Verhalten übertragen. Diese Diskussion soll zunächst nur einen ersten Einblick in das statische (stationäre) und dynamische Verhalten von Regelkreisen geben. Im Rahmen des Entwurfs von Regelkreisen wird darauf im Kapitel 8 noch näher eingegangen.

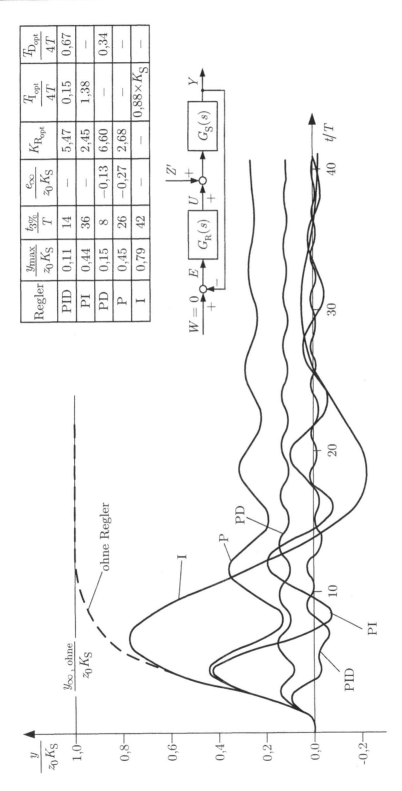

Regler	$\dfrac{y_{max}}{z_0 K_S}$	$\dfrac{t_{3\%}}{T}$	$\dfrac{e_\infty}{z_0 K_S}$	$K_{R_{opt}}$	$\dfrac{T_{I_{opt}}}{4T}$	$\dfrac{T_{D_{opt}}}{4T}$
PID	0,11	14	–	5,47	0,15	0,67
PI	0,44	36	–	2,45	1,38	–
PD	0,15	8	−0,13	6,60	–	0,34
P	0,45	26	−0,27	2,68	–	–
I	0,79	42	–	–	$0,88 \times K_S$	–

Bild 5.3.4. Verhalten der normierten Regelgröße $y/(z_0 K_S)$ bei sprungförmiger Störung $z' = z_0 \sigma(t)$ am Eingang der Regelstrecke $[G_S(s) = K_S/(1 + Ts)^4; \; K_S = 1]$, die mit den verschiedenen Reglertypen zusammengeschaltet wurde.

5.3.3 Technische Realisierung von linearen kontinuierlichen Reglern

5.3.3.1 Das Prinzip der Rückkopplung

Die meisten technischen, analogen Regler werden unter Anwendung des Prinzips der Rückkopplung realisiert. Ein solcher Regler besteht nach Bild 5.3.5 aus einem Verstärker mit einer sehr hohen Verstärkung K und einem geeigneten Rückkopplungsglied mit der Übertragungsfunktion $G_r(s)$.

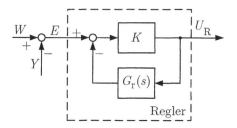

Bild 5.3.5. Realisierung eines Reglers mit Hilfe des Prinzips der Rückkopplung

Ähnlich wie im Abschnitt 5.3.1 wird im weiteren davon ausgegangen, dass die Bildung der Regelabweichung $e(t)$ schon vor dem eigentlichen dynamischen Teil des Reglers erfolgt. Die resultierende Reglerübertragungsfunktion ergibt sich daher aus Bild 5.3.5 zu

$$G_R(s) = \frac{U_R(s)}{E(s)} = \frac{K}{1 + K\,G_r(s)} = \frac{1}{\dfrac{1}{K} + G_r(s)}. \tag{5.3.13}$$

Hieraus folgt mit $1/K << |G_r(s)|$

$$G_R(s) \approx \frac{1}{G_r(s)}. \tag{5.3.14}$$

Das Übertragungsverhalten des Reglers wird somit nur durch das Rückkopplungsglied bestimmt. Daher lassen sich durch Verwendung verschiedener, zweckmäßig gewählter Rückkopplungsglieder die wichtigsten linearen Reglertypen einfach realisieren, wie nachfolgend gezeigt werden soll.

a) Aus einer *verzögerten Rückführung* mit der Übertragungsfunktion

$$G_r(s) = \frac{K_r}{1 + T_r s} \tag{5.3.15}$$

erhält man unter Verwendung von Gl. (5.3.14) die Reglerübertragungsfunktion

$$G_R(s) = \frac{1}{K_r} + \frac{T_r}{K_r}s = K_R(1 + T_D s). \tag{5.3.16}$$

Diese Gleichung stellt einen *PD-Regler* mit der Verstärkung

$$K_{\mathrm{R}} = \frac{1}{K_{\mathrm{r}}} \qquad\qquad (5.3.17\mathrm{a})$$

und der Vorhaltezeit

$$T_{\mathrm{D}} = T_{\mathrm{r}} \qquad\qquad (5.3.17\mathrm{b})$$

dar.

b) Aus einer *nachgebenden Rückführung* mit der Übertragungsfunktion

$$G_{\mathrm{r}}(s) = K_{\mathrm{r}} \frac{T_{\mathrm{r}}s}{1 + T_{\mathrm{r}}s} \qquad\qquad (5.3.18)$$

erhält man die Reglerübertragungsfunktion

$$G_{\mathrm{R}}(s) = \frac{1}{K_{\mathrm{r}}} + \frac{1}{K_{\mathrm{r}}T_{\mathrm{r}}s} = K_{\mathrm{R}} \left(1 + \frac{1}{T_{\mathrm{I}}s} \right). \qquad\qquad (5.3.19)$$

Diese Beziehung beschreibt einen *PI-Regler* mit der Verstärkung

$$K_{\mathrm{R}} = \frac{1}{K_{\mathrm{r}}} \qquad\qquad (5.3.20\mathrm{a})$$

und der Nachstellzeit

$$T_{\mathrm{I}} = T_{\mathrm{r}}. \qquad\qquad (5.3.20\mathrm{b})$$

c) Aus einer *verzögert nachgebenden Rückführung* mit der Übertragungsfunktion

$$\begin{aligned} G_{\mathrm{r}}(s) &= \frac{K_{\mathrm{r}_1}}{1 - T_{\mathrm{r}_1}s} K_{\mathrm{r}_2} \frac{T_{\mathrm{r}_2}s}{1 + T_{\mathrm{r}_2}s} \\ &= \frac{K_{\mathrm{r}_1} K_{\mathrm{r}_2} T_{\mathrm{r}_2} s}{1 + (T_{\mathrm{r}_1} + T_{\mathrm{r}_2})\, s + T_{\mathrm{r}_1} T_{\mathrm{r}_2} s^2} \end{aligned} \qquad\qquad (5.3.21)$$

ergibt sich die Reglerübertragungsfunktion zu

$$\begin{aligned} G_{\mathrm{R}}(s) &= \frac{T_{\mathrm{r}_1} + T_{\mathrm{r}_2}}{K_{\mathrm{r}_1} K_{\mathrm{r}_2} T_{\mathrm{r}_2}} + \frac{1}{K_{\mathrm{r}_1} K_{\mathrm{r}_2} T_{\mathrm{r}_2}} \frac{1}{s} + \frac{T_{\mathrm{r}_1}}{K_{\mathrm{r}_1} K_{\mathrm{r}_2}} s \\ &= K_{\mathrm{R}} \left(1 + \frac{1}{T_{\mathrm{I}}s} + T_{\mathrm{D}}s \right). \end{aligned} \qquad\qquad (5.3.22)$$

Hier entsteht durch die Rückführung ein *PID-Regler* mit der Verstärkung

$$K_{\mathrm{R}} = \frac{T_{\mathrm{r}_1} + T_{\mathrm{r}_2}}{K_{\mathrm{r}_1} K_{\mathrm{r}_2} T_{\mathrm{r}_2}}, \qquad\qquad (5.3.23\mathrm{a})$$

der Nachstellzeit

$$T_{\mathrm{I}} = T_{\mathrm{r}_1} + T_{\mathrm{r}_2} \qquad\qquad (5.3.23\mathrm{b})$$

sowie der Vorhaltezeit

$$T_{\mathrm{D}} = \frac{T_{\mathrm{r}_1} T_{\mathrm{r}_2}}{T_{\mathrm{r}_1} + T_{\mathrm{r}_2}}. \qquad\qquad (5.3.23\mathrm{c})$$

5.3.3.2 Elektrische Regler

Moderne elektrische Regler [TS93] werden weitgehend durch Operationsverstärkerschaltungen realisiert. Bei den weiteren Betrachtungen soll von einem idealen Operationsverstärker ausgegangen werden. Dieser ideale Operationsverstärker mit den Bezeichnungen entsprechend Bild 5.3.6 besitze die folgenden Eigenschaften:

- Der Eingangswiderstand R_E sei unendlich groß.

- Es treten keine Eingangsruheströme, Eingangsoffsetströme und Offsetspannungen auf. Mit diesen ersten beiden Annahmen wird $i_p = i_n = 0$.

- Es gilt
$$u_a = V_0 u_d = V_0(u_p - u_n),$$
mit der Leerlaufverstärkung $K \equiv V_0 \to \infty$ (üblicher Wert $V_0 > 10^5$).

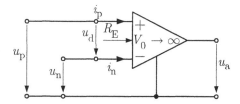

Bild 5.3.6. Unbeschalteter Operationsverstärker

Beschaltet man diesen Operationsverstärker mit einem Rückkopplungsnetzwerk, bestehend aus den beiden komplexen Widerständen $Z_1(s)$ und $Z_2(s)$ zu einem *nichtinvertierenden Verstärker*, so erhält man Bild 5.3.7. Die Struktur entspricht genau jener von Bild 5.3.5.

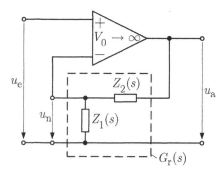

Bild 5.3.7. Beschaltung des Operationsverstärkers als nichtinvertierender Verstärker

Als Rückführungsübertragungsfunktion folgt unmittelbar

$$G_r(s) = \frac{U_n(s)}{U_a(s)} = \frac{Z_1(s)}{Z_1(s) + Z_2(s)}. \qquad (5.3.24)$$

In der Praxis wählt man jedoch meistens eine Beschaltung als *invertierender Verstärker* nach Bild 5.3.8. Betrachtet man die Strombilanz am Summenpunkt S, so gilt

$$\frac{U_e(s)}{Z_1(s)} + \frac{U_a(s)}{Z_2(s)} = 0, \tag{5.3.25}$$

da wegen der unendlich großen Leerlaufverstärkung V_0 die Differenzspannung $U_d = 0$ sein muss. Daraus ergibt sich für die Reglerübertragungsfunktion

$$G_R(s) = \frac{U_a(s)}{U_e(s)} = -\frac{Z_2(s)}{Z_1(s)}. \tag{5.3.26}$$

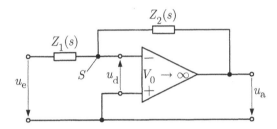

Bild 5.3.8. Beschaltung des Operationsverstärkers als invertierender Verstärker

Tabelle 5.3.1 zeigt mögliche Ausführungsformen der verschiedenen Reglertypen (ohne Sollwert-/Istwertvergleich) mit einem als Invertierer geschalteten Operationsverstärker. Man beachte dabei, dass gemäß Gl. (5.3.26) die hierbei entstehenden Regler eine zusätzliche Vorzeichenumkehr der Ausgangsspannung U_a bewirken. Tabelle 5.3.1 enthält bei den Schaltungen des PD und PID-Reglers die Realisierung eines idealen D-Gliedes. Da derartige D-Glieder aber kleine zufällige Schwankungen oder Störungen der Regelabweichung $e(t)$ um so mehr anheben, je rascher sie verlaufen, d.h. je höher deren Frequenz ist, ist man für praktische Anwendungen stets bestrebt, D-Glieder durch DT_1-Glieder zu realisieren, wobei die entsprechende Verzögerungszeitkonstante jedoch so klein sein muss, dass sie das eigentliche Regelsignal nicht nennenswert beeinflusst. Daher wird i.a. durch eine zusätzliche Schaltung dem D-Anteil eine entsprechende Verzögerung hinzugeführt. Dies kann beispielsweise beim PD- und PID-Regler durch einen zusätzlichen Widerstand geschehen, der in Reihe mit C_1 geschaltet wird.

Die zuvor beschriebenen analogen elektrischen Standardregler werden heute in der industriellen Ausführung leittechnischer Anlagen als *digitale Regler* realisiert. Dabei werden die Rechenfunktionen des P-, I- und D-Verhaltens direkt von einem Mikroprozessor übernommen. Da diese Regler nur die zu diskreten Zeitpunkten t_k abgetasteten Signalwerte der Regelabweichung $e(t_k) = w(t_k) - y(t_k)$ verarbeiten und auch die Stellgröße $u(t_k)$ nur zu diskreten Zeitpunkten in äquidistanten Zeitintervallen liefern, müssen zusätzliche Maßnahmen für die Analog/Digital- bzw. Digital/Analog-Umsetzung der Signale vorgesehen werden.

Auf die Arbeitsweise derartiger Abtastregelsysteme wird ausführlich im Band „Regelungstechnik II" eingegangen.

Tabelle 5.3.1 Realisierung der wichtigsten linearen Standardregler mittels Operationsverstärker (ohne Berücksichtigung des Sollwert-/Istwertvergleichs $e(t) = w(t) - y(t)$)

Reglertyp	Schaltung	Übertragungsfunktion	Einstellwerte
P	R_2, R_1, E, U_R	$G_R(s) = \dfrac{U_R(s)}{E(s)} = -\dfrac{R_2}{R_1}$	Verstärkung $K_R = -\dfrac{R_2}{R_1}$
I	C_2, R_1, E, U_R	$G_R(s) = \dfrac{U_R(s)}{E(s)} = -\dfrac{\dfrac{1}{sC_2}}{R_1}$ $= \dfrac{-1}{sR_1C_2}$	Nachstellzeit $T_I = R_1C_2$
PI	R_2, C_2, R_1, E, U_R	$G_R(s) = \dfrac{U_R(s)}{E(s)} = -\dfrac{\dfrac{1}{sC_2}+R_2}{R_1}$ $= -\dfrac{R_2}{R_1}\left(1+\dfrac{1}{sR_2C_2}\right)$	Verstärkung $K_R = -\dfrac{R_2}{R_1}$ Nachstellzeit $T_I = R_2C_2$
PD	C_1, R_2, R_1, E, U_R	$G_R(s) = \dfrac{U_R(s)}{E(s)} = -\dfrac{R_2}{\dfrac{R_1}{1+sR_1C_1}}$ $= -\dfrac{R_2}{R_1}\left(1+sR_1C_1\right)$	Verstärkung $K_R = -\dfrac{R_1}{R_2}$ Vorhaltezeit $T_D = R_1C_1$
PID	C_1, R_2, C_2, R_1, E, U_R	$G_R(s) = \dfrac{U_R(s)}{E(s)} = -\dfrac{R_2+\dfrac{1}{sC_2}}{\dfrac{R_1}{1+sR_1C_1}}$ $= -\dfrac{R_1C_1+R_2C_2}{R_1C_2}$ $\cdot\left[1+\dfrac{1}{R_1C_1+R_2C_2}\cdot\dfrac{1}{s}\right.$ $\left.+\dfrac{R_1R_2C_1C_2}{R_1C_1+R_2C_2}s\right]$	Verstärkung $K_R = -\dfrac{R_1C_1+R_2C_2}{R_1C_2}$ Nachstellzeit $T_I = R_1C_1+R_2C_2$ Vorhaltezeit $T_D = \dfrac{R_1R_2C_1C_2}{R_1C_1+R_2C_2}$

5.3.3.3 Pneumatische Regler

In vielen verfahrenstechnischen Anlagen, insbesondere in der chemischen Industrie, wird auch heute noch gelegentlich für Regelgeräte Druckluft als Hilfsenergie und Signalträger verwendet. Zur Übertragung pneumatischer Signale, z.B. vom Regler zum Stellglied, werden Leitungen aus Kupferrohr oder Kunststoff (Innendurchmesser 4mm) benutzt. Die maximale Länge derartiger Signalübertragungsleitungen liegt bei ca. 300 m. Als hauptsächliche Vorteile für die Einführung pneumatischer Regelgeräte ([Sch71]; [SB04]) sind zu erwähnen, dass sie

- leicht zu handhaben sind,

- prinzipiell keine Explosionsgefahr erzeugen, und dass

- pneumatisch betriebene Stellglieder besonders einfach und robust sind sowie große Stellkräfte erzeugen können.

Gewöhnlich liefern die mit pneumatischer Hilfsenergie arbeitenden Regelgeräte Signale im Einheitsbereich zwischen 0,2 und 1,0 bar Überdruck. Der Versorgungsdruck dieser Geräte beträgt $p_0 = 1,4$ bar.

Das Düse-Prallplatte-System. Bild 5.3.9 zeigt als Beispiel einen Druckregelkreis mit einem pneumatischen P-Regler. Die Regelaufgabe besteht darin, den Druck in einer fluiddurchströmten Rohrleitung unabhängig von auftretenden Störungen konstant zu halten. Dazu wird der Rohrdruck als Regelgröße $y_S(t)$ über ein Messglied erfasst und als pneumatisch umgeformtes Signal $y(t)$ einem pneumatischen P-Regler zugeführt. Dieser bildet die Regelabweichung $e(t)$ und verarbeitet $e(t)$ zur Reglerausgangsgröße $u_R(t)$, also zum Stelldruck p_R, der über ein Membranventil (Stellglied) in geeigneter Weise den Volumenstrom und damit den Druck in der Regelstrecke (Rohr) beeinflusst und Störungen ausregelt. Der P-Regler wird über eine Drossel mit einem Druck $p_0 \approx 1,4$ bar versorgt.

Den wichtigsten Teil des Reglers stellt das *Düse-Prallplatte-System* dar, wobei die Prallplatte vor dem Düsenaustritt als Waagebalken ausgeführt ist. Je nach Abstand zwischen Düse und Prallplatte kann als Reglerausgangsgröße $u_R(t)$ ein Stelldruck p_R im Bereich $0 \leq p_R \leq p_0$ eingestellt werden. Ist die Prallplatte weit von der Düse entfernt, so ergibt sich ein Stelldruck von $p_R \approx 0$, da die Druckluft ungehindert aus der Düse austritt und somit der gesamte Versorgungsdruck an der Drosselstelle (Dr) abfällt. Befindet sich die Prallplatte jedoch dicht vor der Düse, so kann dort keine Luft ausströmen, so dass der Druckabfall an der Drosselstelle nahezu Null ist, und daher der Stelldruck ungefähr $p_R \approx p_0$ wird, also den Wert des Versorgungsdruckes p_0 annimmt. Gewöhnlich wird dabei aber nur der Druckbereich $p_R = 0,2$ bis 1,0 bar ausgenutzt. Lässt man zunächst den Rückführbalg (RFB) außer Betracht, so wird der Abstand zwischen Düse und Prallplatte aus dem Gleichgewicht der Kräfte bestimmt, die durch die Feder (F) des Sollwertstellers und den Messbalg (MB) hervorgerufen werden. An dieser Stelle wird somit durch einen Kräftevergleich die Differenzbildung zwischen Sollwert- und Istwert der Regelgröße durchgeführt, d.h. also die Regelabweichung $e(t) = w(t) - y(t)$ gebildet, da man über die Federspannung den Sollwert w einstellen kann. Bereits kleine Druckänderungen im Messbalg (MB) bewirken durch die hohe Ansprechempfindlichkeit der Drosselstelle des Düse-Prallplatte-Systems starke Änderungen des Stelldruckes p_R. Somit kann das Düse-Prallplatte-System als Verstärker mit hoher Verstärkung betrachtet werden.

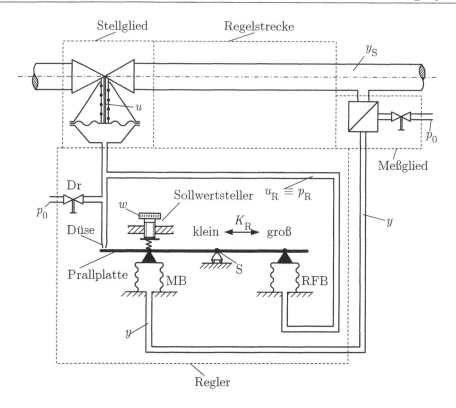

Bild 5.3.9. Druckregelung mit pneumatischem Druckregler

Der P-Regler. Der Rückführbalg (RFB) hat die Aufgabe, die hohe Verstärkung des Düse-Prallplatte-Systems zu reduzieren. Dabei kommt das im Abschnitt 5.3.3.1 vorgestellte Rückkopplungsprinzip zur Anwendung, demzufolge nach Bild 5.3.5 im vorliegenden Fall die Ausgangsgröße des Reglers $u_R(t)$ über ein P-Glied mit der Verstärkung K_r an den Eingang zurückgeführt wird. Dazu bringt man auf der dem Messbalg (MB) gegenüberliegenden Seite des Waagebalkens einen weiteren Balg an, der an die Reglerausgangsgröße $u_R(t)$ mit dem Stelldruck p_R angeschlossen wird und somit der Kraft des Messbalges (MB) entgegenwirkt (Rückkopplung). Dieser Rückführbalg (RFB) besitzt ein vernachlässigbar kleines Volumen. Der mit mehreren Balgen versehene Waagebalken wird gewöhnlich auch als Balgwaage bezeichnet. Je nach Lage des Drehpunktes S liefert der Rückführbalg (RFB) einen mehr oder weniger großen Beitrag zum Momentengleichgewicht der Balgwaage. Das bedeutet aber, dass durch Veränderung der Lage des Drehpunktes S die Rückführverstärkung K_r eingestellt werden kann. Verschiebt man den Drehpunkt nach links, so erhöht sich K_r, damit nimmt die Reglerverstärkung K_R ab. Verschiebt man den Drehpunkt nach rechts, so nimmt K_r ab, damit wird aber die Reglerverstärkung K_R größer.

Der PI-Regler. Bild 5.3.10 zeigt, wie man den P-Regler zu einem PI-Regler erweitern kann. Man schließt über ein Ventil (Dr2) an den Stelldruck p_R einen weiteren Rückführbalg (RFB$_2$) an, dem als Energiespeicher zusätzlich ein mehr oder weniger großes Volumen (Zusatzvolumen ZV) parallel geschaltet ist. Es soll – wie bei der Ableitung des P-Reglers – davon ausgegangen werden, dass auch das Volumen des Rückführbalges (RFB$_2$)

und des gesamten Rohrleitungssystems vernachlässigbar klein ist. Das Ventil (Dr2) stellt nun eine Drosselstelle dar, die eine Einstellung des Strömungswiderstandes ermöglicht. Erhöht man am Eingang dieser Drosselstelle sprungförmig den Druck, so fällt die Differenz zwischen altem und neuem Druck zunächst voll an dieser Drosselstelle ab, da das noch „leere" Volumen von ZV zunächst aufgefüllt werden muss. Nach und nach wird dieses Volumen jedoch durch einströmende Luft gefüllt, und der Druck im Balg RFB$_2$ steigt asymptotisch auf den neuen Wert an. Das Volumen ZV bildet zusammen mit der Drosselstelle ein PT$_1$-Glied. Mit Dr2 $\hat{=} R$ und ZV $\hat{=} C$ kann man eine Analogie zu dem in Bild 4.3.9 gezeigten PT$_1$-Glied herstellen. Ein nahezu geschlossenes Ventil entspricht einer großen Zeitkonstanten. Das gesamte Rückführglied besteht also aus der Parallelschaltung eines P- und eines PT$_1$-Gliedes. Beide Übertragungsglieder besitzen dieselbe Verstärkung, da im stationären Zustand in RFB$_1$ und RFB$_2$ der gleiche Druck herrscht. Damit lautet die Rückführungsübertragungsfunktion unter Berücksichtigung des negativen Vorzeichens des PT$_1$-Anteils

$$G_{\mathrm{r}}(s) = K_{\mathrm{r}} \left(1 - \frac{1}{1 + Ts} \right)$$

$$= K_{\mathrm{r}} \left(\frac{Ts}{1 + Ts} \right). \tag{5.3.27}$$

Es handelt sich also um eine nachgebende Rückführung, die nach den Überlegungen von Abschnitt 5.3.3.1b zu einem PI-Regler führt.

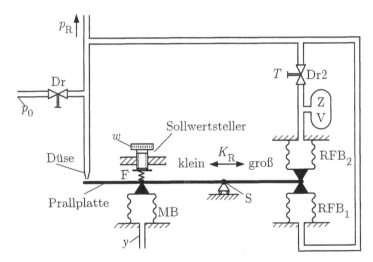

Bild 5.3.10. Pneumatischer PI-Regler

Der PID-Regler. Bild 5.3.11 zeigt die Erweiterung des PI-Reglers zu einem PID-Regler. Das Rückführglied, bestehend aus einer Parallelschaltung zweier PT$_1$-Glieder, besitzt die Übertragungsfunktion

$$G_{\mathrm{r}}(s) = K_{\mathrm{r}} \left(\frac{1}{1 + Ts} - \frac{1}{1 + Ts} \right)$$

$$= K_{\mathrm{r}} \left(\frac{(T_2 - T_1)\, s}{1 + (T_2 + T_1)\, s + T_1 T_2 s^2} \right). \tag{5.3.28}$$

Sorgt man dafür, dass T_2 stets größer als T_1 ist, so erhält man als

$$G_R(s) = \frac{1}{G_r(s)} = \frac{1}{K_r} \frac{T_2 + T_1}{T_2 - T_1} \left[1 + \frac{1}{(T_1 + T_2)\,s} + \frac{T_1 T_2}{T_1 + T_2}\,s \right] \qquad (5.3.29)$$

die Übertragungsfunktion eines PID-Reglers.

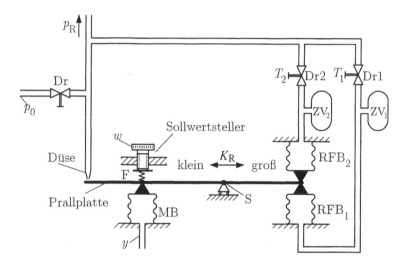

Bild 5.3.11. Pneumatischer PID-Regler

6 Stabilität linearer kontinuierlicher Regelsysteme

6.1 Definition der Stabilität und Stabilitätsbedingungen

Bei der Gegenüberstellung der Begriffe Steuerung und Regelung in Kapitel 1 wurde bereits gezeigt, dass ein Regelkreis aufgrund der Rückführungsstruktur instabil werden kann, d.h. daß Schwingungen auftreten können, deren Amplituden (theoretisch) über alle Grenzen anwachsen. Im Abschnitt 2.3.7 wurde ein System als stabil bezeichnet, das auf jedes beschränkte Eingangssignal mit einem beschränkten Ausgangssignal antwortet. Nachfolgend soll nun näher die Stabilität linearer Regelsysteme behandelt werden. Dazu wird zunächst folgende Definition eingeführt:

Ein lineares zeitinvariantes Übertragungssystem entsprechend Gl. (4.2.3) oder Gl. (4.2.16a) und (4.2.16b) heißt (*asymptotisch*) *stabil*, wenn seine Gewichtsfunktion asymptotisch auf Null abklingt, d.h. wenn gilt

$$\lim_{t \to \infty} g(t) = 0. \tag{6.1.1}$$

Geht dagegen die Gewichtsfunktion betragsmäßig mit wachsendem t gegen unendlich, so nennt man das System *instabil*. Als Sonderfall sollen noch solche Systeme betrachtet werden, bei denen der Betrag der Gewichtsfunktion mit wachsendem t einen endlichen Wert nicht überschreitet oder einem endlichen Grenzwert zustrebt. Diese Systeme werden *grenzstabil* genannt. (Beispiele: ungedämpftes PT_2S-Glied, I-Glied).

Diese Definition der Stabilität zeigt, dass bei linearen Systemen die Stabilität eine *Systemeigenschaft* ist, da ja die Gewichtsfunktion das Systemverhalten vollständig beschreibt. Ist Gl. (6.1.1) erfüllt, so gibt es keine Anfangsbedingung und keine beschränkte Eingangsgröße, die bewirken können, dass die Ausgangsgröße über alle Grenzen wächst. Außerdem kann diese Stabilitätsdefinition direkt zur Untersuchung der Stabilität eines linearen Systems dadurch benutzt werden, dass man den Grenzwert der Gewichtsfunktion für $t \to \infty$ bestimmt. Existiert der Grenzwert, und ist er Null, so ist das System stabil. Meist liegt jedoch die Gewichtsfunktion nicht als geschlossene Formel vor, so dass es recht aufwendig sein kann, den erforderlichen Grenzwert zu berechnen.

Dagegen kennt man sehr häufig die Übertragungsfunktion $G(s)$ des Systems. Da $G(s)$ die Laplace-Transformierte der Gewichtsfunktion $g(t)$ ist, muss die Stabilitätsbedingung gemäß Gl. (6.1.1) auch als Bedingung für $G(s)$ formuliert werden können.

Um dies zu zeigen, benutzt man die inverse Laplace-Transformierte, die im Abschnitt 4.1.4 besprochen wurde. Ist $G(s)$ als rationale Übertragungsfunktion

$$G(s) = \frac{Z(s)}{N(s)} = \frac{Z(s)}{a_0 + a_1 s + \ldots + a_n s^n} \tag{6.1.2}$$

gegeben, und sind $s_k = \sigma_k + \mathrm{j}\omega_k$ die Pole der Übertragungsfunktion $G(s)$, also die Wurzeln des Nennerpolynoms

$$N(s) = a_n(s - s_1)(s - s_2) \ldots (s - s_n) = \sum_{i=0}^{n} a_i s^i, \tag{6.1.3}$$

so setzt sich die zugehörige Gewichtsfunktion

$$g(t) = \sum_{j=1}^{n} g_j(t) \tag{6.1.4}$$

analog zu Gl. (4.1.28) bzw. Gl. (4.1.31) aus n Summanden der Form

$$g_j(t) = c_j t^\mu \mathrm{e}^{s_i t}, \quad \mu = 0,1,2,\ldots, \quad j = 1,2,\ldots,n, \quad i = 1,2,\ldots,n$$

zusammen. Dabei ist c_j im Allgemeinen eine komplexe Konstante, und für mehrfache Pole s_i der Vielfachheit r wird $\mu = r - 1 > 0$. Bildet man den Betrag dieser Funktion, so erhält man

$$|g_j(t)| = |c_j t^\mu \mathrm{e}^{s_i t}| = |c_j| \, t^\mu \mathrm{e}^{\sigma_i t}.$$

Ist nun $\sigma_i < 0$, so strebt für $t \to \infty$ die e-Funktion gegen Null, und damit auch $|g_j(t)|$, selbst wenn $\mu > 0$ ist, da bekanntlich die Exponentialfunktion schneller gegen Null geht als jede endliche Potenz von t anwächst.

Diese Überlegung macht deutlich, dass Gl. (6.1.1) genau dann erfüllt ist, wenn sämtliche Pole von $G(s)$ einen negativen Realteil haben. Ist der Realteil auch nur eines Poles positiv, oder ist der Realteil eines mehrfachen Poles gleich Null, so wächst die Gewichtsfunktion mit t über alle Grenzen.

Es genügt also zur Stabilitätsuntersuchung, die Pole der Übertragungsfunktion $G(s)$ des Systems, d.h. die Wurzeln s_i seiner charakteristischen Gleichung

$$P(s) \equiv N(s) = a_0 + a_1 s + s_2 s^2 + \ldots + a_n s^n = 0, \tag{6.1.5}$$

zu überprüfen. Nun lassen sich die folgenden notwendigen und hinreichenden *Stabilitätsbedingungen* formulieren:

a) *Asymptotische Stabilität*

Ein lineares Übertragungssystem ist genau dann asymptotisch stabil, wenn für die Wurzeln s_i seiner charakteristischen Gleichung

$$\mathrm{Re}\, s_i < 0 \quad \text{für alle} \quad s_i (i = 1,2,\ldots,n)$$

gilt, oder anders ausgedrückt, wenn *alle* Pole seiner Übertragungsfunktion in der linken s-Halbebene liegen.

b) *Instabilität*

Ein lineares System ist genau dann instabil, wenn mindestens ein Pol seiner Übertragungsfunktion in der rechten s-Halbebene liegt, oder wenn mindestens ein mehrfacher Pol (Vielfachheit $r \overset{\geq}{=} 2$ oder $\mu > 0$) auf der Imaginärachse der s-Ebene vorhanden ist.

c) *Grenzstabilität*

Ein lineares System ist genau dann grenzstabil, wenn kein Pol der Übertragungs-funktion in der rechten s-Halbebene liegt, keine mehrfachen Pole auf der Ima-ginärachse auftreten und auf dieser mindestens ein *einfacher* Pol vorhanden ist.

Anhand der Lage der Wurzeln der charakteristischen Gleichung in der s-Ebene (Bild 6.1.1) lässt sich also die Stabilität eines linearen Systems sofort beurteilen. Gewöhnlich ist die Berechnung der genauen Werte der Wurzeln der charakteristischen Gleichung nicht ein-fach. Auch ist es für regelungstechnische Problemstellungen oft nicht unbedingt notwen-dig, diese Wurzeln genau zu bestimmen. Für die Stabilitätsuntersuchung interessiert den Regelungstechniker nur, ob alle Wurzeln der charakteristischen Gleichung in der linken s-Halbebene liegen oder nicht. Hierfür gibt es einfache Kriterien, sog. *Stabilitätskriterien*, mit welchen dies leicht überprüft werden kann. Diese Kriterien sind teils in algebraischer (und damit numerischer) Form, teils als grafische Methoden anwendbar.

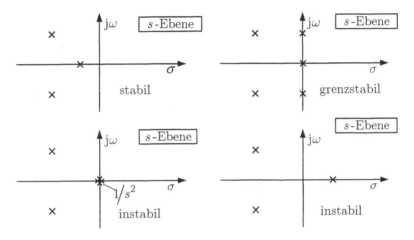

Bild 6.1.1. Beurteilung der Stabilität eines linearen Systems anhand der Wurzelverteilung der charakteristischen Gleichung in der s-Ebene

6.2 Algebraische Stabilitätskriterien

Die algebraischen Stabilitätskriterien gehen von der charakteristischen Gleichung des zu untersuchenden Systems, Gl. (6.1.5), aus. Sie geben algebraische Bedingungen in Form von Ungleichungen zwischen den Koeffizienten a_i an, die genau dann erfüllt sind, wenn alle Wurzeln des Polynoms in der linken s-Halbebene liegen.

6.2.1 Beiwertebedingungen

Als notwendige aber nicht hinreichende Bedingung für die asymptotische Stabilität ei-nes Systems gilt beim Beiwertekriterium, dass alle Koeffizienten $a_i (i = 0,1,\ldots,n)$ der zugehörigen charakteristischen Gleichung von Null verschieden sind und dasselbe Vorzeichen besitzen (*Vorzeichenbedingung*). Dies soll zunächst im folgenden bewiesen werden.

Zerlegt man die auf $a_n = 1$ normierte charakteristische Gleichung in Wurzelfaktoren, so gilt

$$P(s) = (s - s_1)(s - s_2)\ldots(s - s_n) = 0. \tag{6.2.1}$$

Unter der Annahme, dass die ersten $2q$ dieser n Wurzeln q konjugiert komplexe Wurzelpaare

$$s_{2i-1,2i} = \sigma_{2i} \pm j\omega_{2i} \quad \text{für} \quad i = 1,2,\ldots,q$$

bilden, liefert Gl. (6.2.1)

$$\prod_{i=1}^{q}(s - \sigma_{2i} - j\omega_{2i})(s - \sigma_{2i} + j\omega_{2i}) \prod_{i=2q+1}^{n}(s - \sigma_i) = 0. \tag{6.2.2}$$

Bei asymptotischer Stabilität gilt bekanntlich

$$\sigma_i < 0 \quad \text{bzw.} \quad \sigma_i = -|\sigma_i| \quad \text{für alle Realteile } \sigma_i.$$

Damit ergibt sich aus Gl. (6.2.2)

$$\prod_{i=1}^{q}\left[(s + |\sigma_{2i}|)^2 + \omega_{2i}^2\right] \prod_{i=2q+1}^{n}(s + |\sigma_i|) = 0. \tag{6.2.3}$$

Durch Ausmultiplizieren dieser Produktdarstellung erhält man für die Koeffizienten a_i vor den Gliedern $s^i (i = 0,1,\ldots,n)$ nur positive und von Null verschiedene Werte.

Wenn ein System stabil ist, dann treten also in dem charakteristischen Polynom alle Koeffizienten a_i auf, die zudem auch gleiches Vorzeichen besitzen. Dass die Umkehrung dieser Aussage nicht gilt, zeigt z.B. das System mit dem charakteristischen Polynom

$$P(s) = s^3 + 2s^2 + 2s + 40,$$

bei dem die Vorzeichenbedingung erfüllt ist. Die Nullstellen dieses Polynomes liegen jedoch bei $s_{1,2} = 1 \pm 3j$ und $s_3 = -4$. Das System ist somit instabil. Die Vorzeichenbedingung ist also notwendig, aber nicht hinreichend.

Zur Bestimmung weiterer Stabilitätsbedingungen soll nachfolgend ein grenzstabiles System betrachtet werden mit einem Wurzelpaar auf der Imaginärachse

$$s_{i,i+1} = \pm j\omega_i \quad \text{mit} \quad \omega_i \neq 0. \tag{6.2.4}$$

Zu diesem Wurzelpaar gehört entsprechend Gl. (6.1.4) ein Summand der Gewichtsfunktion, der als Schwingung mit konstanter Amplitude darstellbar ist:

$$g_i(t) = c_i \cos(\omega_i t + \varphi_i).$$

Nun sollen die Koeffizienten der charakteristischen Gleichung eines solchen Systems näher untersucht werden. Ist $s_i = j\omega_i$ eine Wurzel der charakteristischen Gleichung, Gl. (6.1.5), so muss gelten

$$P(j\omega_i) = a_0 + a_1(j\omega_i) + a_2(j\omega_i)^2 + \ldots + a_n(j\omega_i)^n = 0$$

oder

$$(a_0 - a_2\omega_i^2 + a_4\omega_i^4 - \ldots + \ldots) + \mathrm{j}(a_1\omega_i - a_3\omega_i^3 + a_5\omega_i^5 - \ldots + \ldots) = 0. \qquad (6.2.5)$$

Diese Beziehung ist gerade dann erfüllt, wenn Real- und Imaginärteil für sich jeweils Null werden:

$$a_0 - a_2\omega_i^2 + a_4\omega_i^4 - \ldots + \ldots = 0 \qquad (6.2.6)$$

und wegen $\omega_i \neq 0$

$$a_1 - a_3\omega_i^2 + a_5\omega_i^4 - \ldots + \ldots = 0. \qquad (6.2.7)$$

Durch Eliminierung von ω_i ergeben sich aus diesen Gleichungen die gesuchten hinreichenden Bedingungen für grenzstabiles Verhalten. Sind diese erfüllt, so kann man mit Gl. (6.2.6) oder Gl.(6.2.7) auch die Frequenz $\omega_i = \omega_{\mathrm{kr}}$ der Schwingung berechnen.

Für die Anwendung der Gln. (6.2.6) und (6.2.7) als Stabilitätskriterium sei nun ein *System 3. Ordnung* betrachtet. Hierfür lauten die Gln. (6.2.6) und (6.2.7)

$$a_0 - a_2\omega_i^2 = 0 \quad \text{und} \quad a_1 - a_3\omega_i^2 = 0.$$

Löst man diese beiden Gleichungen nach ω_i auf und setzt die erhaltenen Ausdrücke gleich, so ergibt sich

$$\omega_i^2 = \omega_{\mathrm{kr}}^2 = \frac{a_0}{a_2} = \frac{a_1}{a_3}.$$

Dabei ist ω_{kr} die Frequenz der auftretenden Dauerschwingung. Diese Gleichung ist allerdings nur erfüllt, wenn

$$a_0 a_3 - a_1 a_2 = 0$$

wird. Nur wenn die Koeffizienten a_i diese Bedingung erfüllen, ist somit ein System 3. Ordnung grenzstabil. Nun soll diese Beziehung für ein instabiles System geprüft werden. Dazu wird das zuvor behandelte *Beispiel* mit

$$a_0 = 40, \, a_1 = 2, \, a_2 = 2, \, a_3 = 1$$

gewählt. Es ergibt sich hierbei für obige Gleichung

$$a_0 a_3 - a_1 a_2 = 40 - 4 = 36 > 0,$$

also ein positiver Wert. (Anmerkung: Über den Zusammenhang der Koeffizienten a_i und der Wurzeln s_k der charakteristischen Gleichung lässt sich mit Hilfe des Vietaschen Wurzelsatzes zeigen, dass der Ausdruck $a_0 a_3 - a_1 a_2$ dann und nur dann negativ wird, wenn ein System 3. Ordnung stabil ist.)

Daher kann allgemein festgestellt werden:

Ein *System 3. Ordnung* ist asymptotisch stabil, wenn

a) die Vorzeichenbedingung und

b) die Ungleichung

$$a_0 a_3 - a_1 a_2 < 0 \qquad (6.2.8)$$

erfüllt sind. Diese beiden Bedingungen sind zusammen notwendig und hinreichend. Hieraus ist ersichtlich, dass für ein *System 2. Ordnung* ($a_3 = 0$) die Vorzeichenbedingung sowohl notwendig als auch hinreichend für asymptotische Stabilität ist.

Entsprechend erhält man anstelle der Ungleichung (6.2.8) für ein *System 4. Ordnung*

$$\left.\begin{array}{ll} a_4 a_1^2 + a_0 a_3^2 - a_1 a_2 a_3 < 0 & (\text{ falls alle } a_i > 0) \\ a_4 a_1^2 + a_0 a_3^2 - a_1 a_2 a_3 > 0 & (\text{ falls alle } a_i < 0) \end{array}\right\}, \tag{6.2.9}$$

wobei

$$\omega_{\mathrm{kr}}^2 = \frac{a_1}{a_3}$$

gilt.

Die entsprechenden Beziehungen für ein *System 5. Ordnung* mit $a_i > 0$ lauten:

$$\text{und} \quad \left.\begin{array}{ll} a_2 a_5 - a_3 a_4 & < 0 \\ (a_1 a_4 - a_0 a_5)^2 - (a_3 a_4 - a_2 a_5)(a_1 a_2 - a_0 a_3) & < 0 \end{array}\right\} \tag{6.2.10}$$

mit

$$\omega_{\mathrm{kr}}^2 = \frac{a_3}{2 a_5} \pm \sqrt{\frac{a_3^2}{4 a_5^2} - \frac{a_1}{a_5}} \quad \text{für } a_3^2 - 4 a_5 a_1 > 0.$$

Für Systeme noch höherer Ordnung ist die Herleitung der Beiwertebedingungen sehr aufwendig.

6.2.2   Das Hurwitz-Kriterium

Ein Polynom (mit $a_n > 0$)

$$P(s) = a_0 + a_1 s + \ldots + a_n s^n = a_n (s - s_1)(s - s_2) \ldots (s - s_n) \tag{6.2.11}$$

heißt Hurwitz-Polynom, wenn alle Wurzeln $s_i (i = 1, 2, \ldots, n)$ negativen Realteil haben. Ein lineares System ist also gemäß den zuvor eingeführten Stabilitätsbedingungen genau dann asymptotisch stabil, wenn sein charakteristisches Polynom ein Hurwitz-Polynom ist. Das von Hurwitz (1895) [Hur95] aufgestellte Stabilitätskriterium besteht nun in einem notwendigen und hinreichenden Satz von Bedingungen für die Koeffizienten eines Hurwitz-Polynoms:

Ein Polynom $P(s)$ ist dann und nur dann ein Hurwitz-Polynom, wenn folgende n Determinanten positiv sind:

$$D_1 = a_{n-1} > 0,$$

$$D_2 = \begin{vmatrix} a_{n-1} & a_n \\ a_{n-3} & a_{n-2} \end{vmatrix} > 0$$

$$D_3 = \begin{vmatrix} a_{n-1} & a_n & 0 \\ a_{n-3} & a_{n-2} & a_{n-1} \\ a_{n-5} & a_{n-4} & a_{n-3} \end{vmatrix} > 0$$

usw. bis

$$D_{n-1} = \begin{vmatrix} a_{n-1} & a_n & \dots & 0 \\ a_{n-3} & a_{n-2} & \dots & . \\ . & . & \dots & . \\ . & . & \dots & . \\ 0 & 0 & \dots & a_1 \end{vmatrix} > 0 \qquad (6.2.12)$$

$$D_n = a_0 D_{n-1} > 0.$$

Diese Bedingung hat zur Folge, dass alle Koeffizienten a_i von $P(s)$

a) verschieden von Null sind und

b) positive Vorzeichen haben.

Folgende Anordnung der Koeffizienten kann als Hilfe zur Aufstellung der Hurwitz-Determinanten dienen:

$$\begin{array}{c|cc|cc|c|c|c} D_1 & a_{n-1} & a_n & 0 & 0 & 0 \\ D_2 & a_{n-3} & a_{n-2} & a_{n-1} & a_n & 0 \\ D_3 & a_{n-5} & a_{n-4} & a_{n-3} & a_{n-2} & a_{n-1} & \dots \\ D_4 & a_{n-7} & a_{n-6} & a_{n-5} & a_{n-4} & a_{n-3} & \dots \end{array}$$

Die Determinanten D_ν sind dadurch gekennzeichnet, dass in der Hauptdiagonale die Koeffizienten $a_{n-1}, a_{n-2}, \dots, a_{n-\nu}$ stehen ($\nu = 1, 2, \dots, n$), und dass in den Zeilen die Koeffizientenindizes von links nach rechts aufsteigende Zahlen durchlaufen. Koeffizienten mit Indizes größer n werden durch Nullen ersetzt. Man muss bei Anwendung dieses Kriteriums sämtliche Determinanten bis D_{n-1} auswerten. Die Bedingung für die letzte Determinante D_n ist schon in der Vorzeichenbedingung enthalten.

Während für ein System 2. Ordnung die Determinantenbedingungen von selbst erfüllt sind, sobald nur die Koeffizienten a_0, a_1, a_2 positiv sind, erhält man für den Fall eines Systems 3. Ordnung als Hurwitzbedingungen

$$D_1 = a_2 > 0$$

$$D_2 = \begin{vmatrix} a_2 & a_3 \\ a_0 & a_1 \end{vmatrix} = a_1 a_2 - a_0 a_3 > 0$$

$$D_3 = \begin{vmatrix} a_2 & a_3 & 0 \\ a_0 & a_1 & a_2 \\ 0 & 0 & a_0 \end{vmatrix} = a_0 D_2 > 0,$$

d.h. zur Forderung positiver Koeffizienten tritt noch die Bedingung (6.2.8) hinzu, die schon beim Beiwertekriterium hergeleitet wurde.

Das Hurwitz-Kriterium eignet sich nicht nur zur Stabilitätsuntersuchung eines gegebenen Systems, bei dem alle a_i numerisch vorliegen. Man kann es insbesondere auch bei Systemen mit noch frei wählbaren Parametern dazu benutzen, den Bereich der Parameterwerte anzugeben, bei denen das System asymptotisch stabil ist. Dazu sei folgendes Beispiel betrachtet.

Beispiel 6.2.1

Bild 6.2.1 zeigt einen Regelkreis, bei dem der Bereich für K_0 so zu bestimmen ist, dass der geschlossene Regelkreis asymptotisch stabil ist.

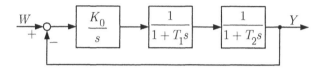

Bild 6.2.1. Untersuchung eines einfachen Regelkreises auf Stabilität

Die Zeitkonstanten T_1 und T_2 der beiden Verzögerungsglieder seien bekannt und größer als Null. Mit der Übertragungsfunktion des offenen Regelkreises

$$G_0(s) = \frac{K_0}{s(1 + T_1 s)(1 + T_2 s)}$$

$$= \frac{K_0}{s + (T_1 + T_2) s^2 + T_1 T_2 s^3}$$

erhält man für die Übertragungsfunktion des geschlossenen Regelkreises

$$G_W(s) = \frac{Y(s)}{W(s)} = \frac{G_0(s)}{1 + G_0(s)}$$

durch Einsetzen von $G_0(s)$

$$G_W(s) = \frac{K_0}{K_0 + s + (T_1 + T_2) s^2 + T_1 T_2 s^3}.$$

Die charakteristische Gleichung des geschlossenen Regelkreises lautet also

$$P(s) = K_0 + s + (T_1 + T_2) s^2 + T_1 T_2 s^3 = 0.$$

Nach dem Hurwitz-Kriterium sind für asymptotische Stabilität nun folgende Bedingungen zu erfüllen:

a) Alle Koeffizienten $a_0 = K_0$, $a_1 = 1$, $a_2 = (T_1 + T_2)$ und $a_3 = T_1 T_2$ müssen positiv sein. Es muss also $K_0 > 0$ sein.

b) Außerdem muss

$$(a_1 a_2 - a_3 a_0) > 0$$

gelten. Mit obigen Koeffizienten folgt daraus

$$T_1 + T_2 - T_1 T_2 K_0 > 0$$

und durch Auflösen nach K_0

$$K_0 < \frac{T_1 + T_2}{T_1 T_2}.$$

Der geschlossene Regelkreis ist somit asymptotisch stabil für

$$0 < K_0 < \frac{T_1 + T_2}{T_1 T_2}.$$

6.2.3 Das Routh-Kriterium

Sind die Koeffizienten a_i der *charakteristischen Gleichung* zahlenmäßig vorgegeben, so empfiehlt sich zur Überprüfung der Stabilität eines Systems das Verfahren von Routh (1877) [Rou77]. Dabei werden die Koeffizienten $a_i(i = 0,1,\ldots,n)$ in folgender Form in den ersten beiden Zeilen des Routh-Schemas angeordnet, das insgesamt $(n + 1)$ Zeilen enthält:

$$
\begin{array}{c|cccccc}
n & a_n & a_{n-2} & a_{n-4} & a_{n-6} & \cdots & 0 \\
n-1 & a_{n-1} & a_{n-3} & a_{n-5} & a_{n-7} & \cdots & 0 \\
\hline
n-2 & b_{n-1} & b_{n-2} & b_{n-3} & b_{n-4} & \cdots & 0 \\
n-3 & c_{n-1} & c_{n-2} & c_{n-3} & c_{n-4} & \cdots & 0 \\
\vdots & \vdots & & & & & \\
3 & d_{n-1} & d_{n-2} & 0 & & & \\
2 & e_{n-1} & e_{n-2} & 0 & & & \\
1 & f_{n-1} & & & & & \\
0 & g_{n-1} & & & & &
\end{array}
$$

Die Koeffizienten $b_{n-1}, b_{n-2}, b_{n-3}, \ldots$ in der dritten Zeile ergeben sich durch die Kreuzproduktbildung aus den beiden ersten Zeilen:

$$b_{n-1} = \frac{a_{n-1}a_{n-2} - a_n a_{n-3}}{a_{n-1}}$$

$$b_{n-2} = \frac{a_{n-1}a_{n-4} - a_n a_{n-5}}{a_{n-1}}$$

$$b_{n-3} = \frac{a_{n-1}a_{n-6} - a_n a_{n-7}}{a_{n-1}}$$

$$\vdots$$

Bei den Kreuzprodukten wird immer von den Elementen der ersten Spalte ausgegangen. Die Berechnung dieser b-Werte erfolgt so lange, bis alle restlichen Werte Null werden. Ganz entsprechend wird die Berechnung der c-Werte aus den beiden darüberliegenden Zeilen durchgeführt:

$$c_{n-1} = \frac{b_{n-1}a_{n-3} - a_{n-1}b_{n-2}}{b_{n-1}}$$

$$c_{n-2} = \frac{b_{n-1}a_{n-5} - a_{n-1}b_{n-3}}{b_{n-1}}$$

$$c_{n-3} = \frac{b_{n-1}a_{n-7} - a_{n-1}b_{n-4}}{b_{n-1}}$$

$$\vdots$$

Aus diesen beiden neugewonnenen Zeilen werden in gleicher Weise weitere Zeilen gebildet, wobei sich schließlich für die letzten beiden Zeilen die Koeffizienten

$$f_{n-1} = \frac{e_{n-1}d_{n-2} - d_{n-1}e_{n-2}}{e_{n-1}}$$

und

$$g_{n-1} = e_{n-2}$$

ergeben. Nun lautet das *Routh-Kriterium*:

> Ein Polynom $P(s)$ ist dann und nur dann ein Hurwitz-Polynom, wenn folgende 3 Bedingungen erfüllt sind:
>
> a) alle Koeffizienten $a_i (i = 0,1,\ldots,n)$ sind von Null verschieden,
>
> b) alle Koeffizienten a_i haben positive Vorzeichen,
>
> c) sämtliche Koeffizienten b_{n-1}, c_{n-1} usw. in der ersten Spalte des Routh-Schemas sind positiv.

Beispiel 6.2.2

$$P(s) = 240 + 110s + 50s^2 + 30s^3 + 2s^4 + s^5.$$

Das Routh-Schema lautet hierfür:

5	1	30	110	0
4	2	50	240	0
3	5	−10	0	
2	54	240		
1	−32,22	0		
0	240			

Da in der 1. Spalte des Routh-Schemas ein Koeffizient negativ wird, ist das zugehörige System instabil.   ■

Für den Nachweis der Instabilität genügt es deshalb, das Routh-Schema nur so weit aufzubauen, bis in der ersten Spalte ein negativer oder verschwindender Wert auftritt. Ohne weiteren Beweis soll noch angegeben werden, dass der Nachweis der Instabilität bereits dann erbracht ist, wenn überhaupt ein negativer Wert an einer Stelle erscheint. So hätte das zuvor behandelte Beispiel bereits mit der 3. Zeile beendet werden können. Mit dem Routh-Schema lassen sich auch Systeme höherer Ordnung einfach auf Stabilität überprüfen.

Die Gültigkeit des Routh-Kriteriums lässt sich leicht anhand der Äquivalenz mit dem Hurwitz-Kriterium nachweisen. Aus den Koeffizienten der ersten Spalte des Routh-Schemas ist direkt der Zusammenhang mit den Hurwitz-Determinanten in folgender Form zu ersehen:

$$D_1 = a_{n-1}$$
$$D_2 = a_{n-1}b_{n-1} = D_1 b_{n-1}$$
$$D_3 = a_{n-1}b_{n-1}c_{n-1} = D_2 c_{n-1}$$
$$\vdots$$
$$D_n = a_{n-1}b_{n-1}c_{n-1}\ldots d_{n-1}e_{n-1}f_{n-1}g_{n-1} = D_{n-1}g_{n-1}$$

Die Koeffizienten $b_{n-1}, c_{n-1} \ldots$ in der ersten Spalte des Routh-Schemas ergeben sich also gerade als Quotienten aufeinanderfolgender Hurwitz-Determinanten. Sind alle Hurwitz-Determinanten positiv, dann sind auch ihre Quotienten und damit auch die Koeffizienten der ersten Spalte im Routh-Schema positiv. Sind die Koeffizienten des Routh-Schemas positiv, dann sind auch, da $a_{n-1} = D_1$, alle Hurwitz-Determinanten positiv. Das Routh-Kriterium ist somit dem Hurwitz-Kriteriums äquivalent.

6.3 Das Kriterium von Cremer-Leonhard-Michailow

Während bei Systemen mit gebrochen rationalen Übertragungsfunktionen die zuvor behandelten Stabilitätskriterien über die Koeffizienten der charakteristischen Gleichung algebraische Bedingungen für die asymptotische Stabilität liefern, erfordert das Cremer-Leonhard-Michailow-Kriterium – zumindest bei der Herleitung – grafische Überlegungen. Bei diesem Kriterium, das in leicht modifizierter Form unabhängig voneinander von Cremer (1947), Leonhard(1944) und Michailow (1938) formuliert wurde ([Cre53], [Leo44], [Mic38]), betrachtet man das charakteristische Polynom $P(s)$ für $s = j\omega$ im Bereich $0 \leq \omega \leq \infty$. Dabei lässt sich

$$P(j\omega) = a_0 + a_1(j\omega) + a_2(j\omega)^2 + \ldots + a_n(j\omega)^n = U(\omega) + jV(\omega) \qquad (6.3.1)$$

in der komplexen P-Ebene als Ortskurve darstellen. Diese Ortskurve wird auch als Cremer-Leonhard-Michailow-Ortskurve (CLM-Ortskurve) bezeichnet. Mit Hilfe dieser CLM-Ortskurve kann nun das Stabilitätskriterium wie folgt formuliert werden:

Ein System mit der charakteristischen Gleichung

$$P(s) = a_0 + a_1 s + a_2 s^2 + \ldots + a_n s^n = 0$$

ist dann und nur dann asymptotisch stabil, wenn die Ortskurve $P(j\omega)$ für $0 \leq \omega \leq \infty$ einen Zuwachs des Phasenwinkels von $n\pi/2$ besitzt, d.h. sich in positiver Richtung durch n aufeinanderfolgende Quadranten um den Nullpunkt dreht. (Der Phasenwinkel wird dabei im Gegenuhrzeigersinn (also mathematisch) positiv gezählt.)

Entsprechende Beispiele für derartige Ortskurven sind im Bild 6.3.1 dargestellt. Zum *Beweis* dieses Kriteriums wird die Ortskurve in Wurzelfaktoren zerlegt:

$$P(j\omega) = a_n(j\omega - s_1)(j\omega - s_2) \ldots (j\omega - s_n), \qquad (6.3.2)$$

wobei nur der Phasenwinkel der Ortskurve

$$P(j\omega) = a_n |j\omega - s_1| \, |j\omega - s_2| \, \ldots \, |j\omega - s_n| \, e^{j(\varphi_1 + \varphi_2 + \ldots + \varphi_n)},$$

also

$$\varphi = \arg[P(j\omega)] = \sum_{i=1}^{n} \arg(j\omega - s_i) \qquad (6.3.3)$$

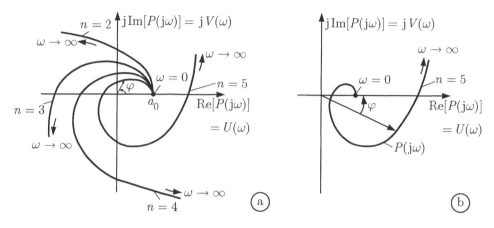

Bild 6.3.1. Ortskurven $P(\mathrm{j}\omega)$ für (a) asymptotisch stabile Systeme und (b) ein instabiles System

interessiert. Zunächst gilt für den Phasenwinkel eines *reellen Wurzelfaktors* $(\mathrm{j}\omega - s_i)$

$$\varphi_i = \arg(\mathrm{j}\omega - s_i) = \arctan \frac{\omega}{-s_i}. \tag{6.3.4}$$

Durchläuft ω nun den Bereich $0 \le \omega \le \infty$, so erhält man für die zwei interessierenden Fälle von s_i folgende Phasenwinkel:

$$s_i > 0: \qquad \pi \ge \varphi_i \ge \pi/2 \qquad (\varphi_i \text{ nimmt um } \pi/2 \text{ ab})$$
$$s_i < 0: \qquad 0 \le \varphi_i \le \pi/2 \qquad (\varphi_i \text{ nimmt um } \pi/2 \text{ zu})$$

Entsprechend erhält man ein *konjugiertes komplexes Wurzelpaar* $s_{i,i+1} = a \pm \mathrm{j}b$ als Phasenwinkel des Produkts der zugehörigen Wurzelfaktoren

$$\begin{aligned}
\varphi_i &= \arg\left[(\mathrm{j}\omega - a - \mathrm{j}b)(\mathrm{j}\omega - a + \mathrm{j}b)\right] \\
&= \arg(-\omega^2 + a^2 + b^2 - 2\mathrm{j}\omega a) \\
&= \arctan \frac{-2a\omega}{a^2 + b^2 - \omega^2}.
\end{aligned} \tag{6.3.5}$$

Durchläuft ω wieder den Bereich $0 \le \omega \le \infty$, so kann man bezüglich des Gesamtwinkels φ_i des Wurzelpaares zwei Fälle unterscheiden:

$$\mathrm{Re}\, s_i = a > 0: \qquad 2\pi \ge \varphi_i \ge \pi \qquad (\varphi_i \text{ nimmt um } 2\pi/2 \text{ ab})$$
$$\mathrm{Re}\, s_i = a < 0: \qquad 0 \le \varphi_i \le \pi \qquad (\varphi_i \text{ nimmt um } 2\pi/2 \text{ zu})$$

Aus diesen Überlegungen, die anschaulich auch direkt aus Bild 6.3.2 hervorgehen, folgt, dass beim Durchlaufen der Frequenzen von $\omega = 0$ bis $\omega = \infty$ der Phasenwinkel der Ortskurve für jede Wurzel mit negativem Realteil um $\pi/2$ wächst. Liegen sämtliche n Wurzeln der charakteristischen Gleichung in der linken s-Halbebene (ist also das System asymptotisch stabil), dann wächst $\varphi = \arg[P(\mathrm{j}\omega)]$ um $n\pi/2$. Für instabile Systeme, bei denen mindestens für eine Wurzel $\mathrm{Re}\, s_i > 0$ gilt, ist das Anwachsen von φ geringer.

Bei Vorhandensein von Wurzeln mit $\mathrm{Re}\, s_i = 0$ läuft die Ortskurve $P(\mathrm{j}\omega)$ durch den Nullpunkt und die Entscheidung darüber, ob Grenzstabilität oder Instabilität vorliegt, kann mit diesem Verfahren nicht getroffen werden.

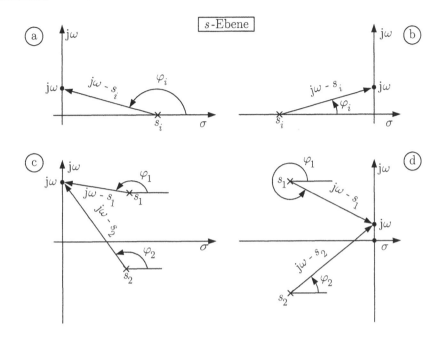

Bild 6.3.2. Zum Beweis des Cremer-Leonhard-Michailow-Kriteriums bei verschiedenen Lagen der Wurzeln s_i der charakteristischen Gleichung:
(a) Reelle Wurzel $s_i > 0$ (*instabil*): φ_i nimmt um $\pi/2$ ab.
(b) Reelle Wurzel $s_i < 0$ (*asymptotisch stabil*): φ_i nimmt um $\pi/2$ zu.
(c) Konjugiert komplexes Wurzelpaar $\mathrm{Re}\, s_i > 0$ (*instabil*): $\varphi_i = \varphi_1 + \varphi_2$ nimmt um $2\pi/2$ ab.
(d) Konjugiert komplexes Wurzelpaar $\mathrm{Re}\, s_i < 0$ (*asymptotisch stabil*); $\varphi_i = \varphi_1 + \varphi_2$ nimmt um $2\pi/2$ zu.

Das hier beschriebene Kriterium lässt sich auch in der Form des *Lückenkriteriums* angeben:

> Ein System mit der charakteristischen Gleichung gemäß Gl. (5.1.8) ist dann und nur dann asymptotisch stabil, wenn in der entsprechenden Ortskurve
>
> $$P(\mathrm{j}\omega) = U(\omega) + \mathrm{j}V(\omega)$$
>
> Realteil $U(\omega)$ und Imaginärteil $V(\omega)$ zusammen n reelle Nullstellen im Bereich $0 \le \omega \le \infty$ besitzen und bei wachsenden ω-Werten die Nullstellen von $U(\omega)$ und $V(\omega)$ einander abwechseln.

Der Beweis dieses Satzes ist direkt aus dem Verlauf der CLM-Ortskurve ersichtlich, wenn $U(\omega)$ und $V(\omega)$ über ω dargestellt werden (Bild 6.3.3).

Abschließend soll anhand eines Beispiels die Anwendung des Cremer-Leonhard-Michailow-Kriteriums bzw. des Lückenkriteriums demonstriert werden.

Beispiel 6.3.1
Gegeben sei das charakteristische Polynom

$$P(s) = 2 + 5s + 7s^2 + 8s^3 + 4s^4 + s^5,$$

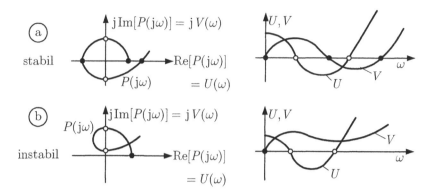

Bild 6.3.3. Verlauf der CLM-Ortskurve $P(j\omega)$ bzw. $U(\omega)$ und $V(\omega)$ für (a) ein stabiles und (b) ein instabiles System

aus dem man mit $s = j\omega$ die Gleichung der CLM-Ortskurve

$$P(j\omega) = 2 + 5j\omega + 7(j\omega)^2 + 8(j\omega)^3 + 4(j\omega)^4 + (j\omega)^5$$
$$= 2 - 7\omega^2 + 4\omega^4 + j(5\omega - 8\omega^3 + \omega^5)$$
$$= U(\omega) + jV(\omega)$$

erhält. Der Realteil

$$U(\omega) = 2 - 7\omega^2 + 4\omega^4 = 0$$

besitzt die Nullstellen

$$\omega_1^2 = 0{,}36 \quad \text{und} \quad \omega_2^2 = 1{,}39.$$

Der Imaginärteil

$$V(\omega) = 5\omega - 8\omega^3 + \omega^5 = 0$$

besitzt die Nullstellen

$$\omega_3 = 0, \quad \omega_4^2 = 0{,}68 \quad \text{und} \quad \omega_5^2 = 7{,}32.$$

Insgesamt sind $n = 5$ reelle Nullstellen $\omega_i \geq 0$ des Real- und Imaginärteils vorhanden. Diese wechseln sich jeweils ab, da

$$\omega_3 < \omega_1 < \omega_4 < \omega_2 < \omega_5$$

gilt. Somit ist das System asymptotisch stabil. ∎

6.4 Das Nyquist-Kriterium

Dieses Verfahren [Nyq32], das 1932 ursprünglich für Stabilitätsprobleme rückgekoppelter Verstärker entwickelt wurde, ist speziell für regelungstechnische Problemstellungen geeignet. Es ermöglicht, ausgehend vom Verlauf der Frequenzgangortskurve $G_0(j\omega)$ des offenen Regelkreises, eine Aussage über die Stabilität des geschlossenen Regelkreises. Für die praktische Anwendung genügt es, dass der Frequenzgang $G_0(j\omega)$ grafisch vorliegt. Folgende Gründe sprechen für dieses Kriterium:

- $G_0(j\omega)$ lässt sich in den meisten Fällen aus einer Hintereinanderschaltung der einzelnen Regelkreisglieder ermitteln, deren Kennwerte bekannt sind.

- Experimentell ermittelte Frequenzgänge der Regelkreisglieder oder auch $G_0(j\omega)$ insgesamt können direkt berücksichtigt werden.

- Das Kriterium ermöglicht die Untersuchung nicht nur von Systemen mit konzentrierten Parametern, sondern auch von solchen mit verteilten Parametern (z.B. Tot-Zeitsysteme).

- Über die Frequenzkennlinien-Darstellung von $G_0(j\omega)$ lässt sich nicht nur die Stabilitätsanalyse, sondern auch der Entwurf (Synthese) stabiler Regelsysteme einfach durchführen.

Das Kriterium kann sowohl in der Ortskurven-Darstellung als auch in der Frequenzkennlinien-Darstellung angewandt werden. Beide Darstellungsformen sollen nachfolgend besprochen werden.

6.4.1   Das Nyquist-Kriterium in der Ortskurven-Darstellung

Zur Herleitung des Kriteriums geht man von der gebrochen rationalen Übertragungsfunktion des *offenen Regelkreises* (ohne Vorzeichenumkehr)

$$G_0(s) = \frac{Z_0(s)}{N_0(s)} \tag{6.4.1}$$

aus. Dann werden folgende Annahmen getroffen:

1. Die Polynome $Z_0(s)$ und $N_0(s)$ seien teilerfremd.

2. Es sei

$$\text{Grad}\,Z_0(s) = m \leq n = \text{Grad}\,N_0(s). \tag{6.4.2}$$

   Dies ist für physikalisch realisierbare Systeme stets erfüllt.

Die Pole β_i des offenen Regelkreises ergeben sich als Wurzeln seiner charakteristischen Gleichung

$$N_0(s) = 0. \tag{6.4.3}$$

Nun interessieren für die Stabilitätsuntersuchung gerade die Pole α_i des *geschlossenen Regelkreises*, also die Wurzeln der charakteristischen Gleichung, die man durch Nullsetzen des Nennerausdrucks der Gln. (5.1.2) oder (5.1.3) aus der Bedingung

$$1 + G_0(s) = \frac{N_0(s) + Z_0(s)}{N_0(s)} = \frac{N_g(s)}{N_0(s)} = 0 \tag{6.4.4a}$$

in der Form

$$P(s) \equiv N_g(s) = N_0(s) + Z_0(s) = 0 \tag{6.4.4b}$$

erhält. Wegen Gl. (6.4.2) gilt $\mathrm{Grad}\{N_\mathrm{g}(s)\} = n$. Es muss also die Funktion $G'(s) = 1 + G_0(s)$ näher untersucht werden. Die Nullstellen dieser Funktion stimmen mit den Polstellen des geschlossenen Regelkreises, ihre Polstellen mit den Polstellen des offenen Regelkreises überein. Damit ist folgende Darstellung möglich:

$$G'(s) = 1 + G_0(s) = k_0' \frac{\displaystyle\prod_{i=1}^{n}(s - \alpha_i)}{\displaystyle\prod_{i=1}^{n}(s - \beta_i)}, \qquad (6.4.5)$$

wobei α_i die Pole des geschlossenen Regelkreises und β_i die Pole des offenen Regelkreises beschreiben. Bezüglich der Lage der Pole sei gemäß Bild 6.4.1 angenommen, dass

a) von den n Polen α_i des geschlossenen Regelkreises

   N in der rechten s-Halbebene,

   ν auf der Imaginärachse und

   $(n - N - \nu)$ in der linken s-Halbebene liegen.

Entsprechend sollen

b) von den n Polen β_i des offenen Regelkreises

   P in der rechten s-Halbebene,

   μ auf der Imaginärachse und

   $(n - P - \mu)$ in der linken s-Halbebene liegen.

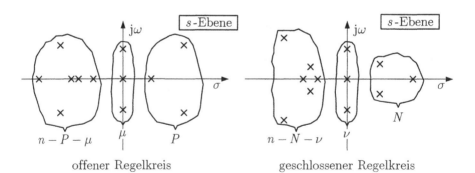

offener Regelkreis   geschlossener Regelkreis

Bild 6.4.1. Zur Lage der Pole des offenen und geschlossenen Regelkreises in der s-Ebene (mehrfache Pole werden entsprechend ihrer Vielfachheit mehrfach gezählt)

P und μ werden als bekannt vorausgesetzt. Dann wird versucht, N und ν aus der Kenntnis der Frequenzgang-Ortskurve von $G_0(\mathrm{j}\omega)$ zu bestimmen. Dazu bildet man mit $s = \mathrm{j}\omega$ den Frequenzgang

$$G'(\mathrm{j}\omega) = 1 + G_0(\mathrm{j}\omega) = \frac{N_\mathrm{g}(\mathrm{j}\omega)}{N_0(\mathrm{j}\omega)}, \qquad (6.4.6)$$

für dessen Phasengang die Beziehung

$$\varphi(\omega) = \arg[G'(\mathrm{j}\omega)] = \arg[N_\mathrm{g}(\mathrm{j}\omega)] - \arg[N_0(\mathrm{j}\omega)]$$

gilt. Durchläuft ω den Bereich $0 \leq \omega \leq \infty$, so setzt sich die Änderung der Phase $\Delta\varphi = \varphi(\infty) - \varphi(0)$ aus den Anteilen der Polynome $N_\mathrm{g}(\mathrm{j}\omega)$ und $N_0(\mathrm{j}\omega)$ zusammen:

$$\Delta\varphi = \Delta\varphi_\mathrm{g} - \Delta\varphi_0.$$

Für diese Anteile können direkt die Überlegungen aus Abschnitt 6.3 angewandt werden: Jede Wurzel des Polynoms $N_\mathrm{g}(s)$ bzw. $N_0(s)$ liefert zu $\Delta\varphi_\mathrm{g}$ bzw. $\Delta\varphi_0$ einen Betrag von $+\pi/2$, wenn sie in der linken s-Halbebene liegt, und jede Wurzel rechts der Imaginärachse liefert einen Betrag von $-\pi/2$. Diese Phasenänderungen erfolgen stetig mit ω.

Jede Wurzel $\mathrm{j}\delta$ auf der Imaginärachse ($\delta > 0$) bewirkt dagegen eine sprungförmige Phasenänderung von π beim Durchlauf von $\mathrm{j}\omega$ durch $\mathrm{j}\delta$. Dieser unstetige Phasenanteil soll aus Gründen, die weiter unten leicht einzusehen sind, unberücksichtigt bleiben.

Man erhält also für den stetigen Anteil $\Delta\varphi_\mathrm{S}$ der Phasenänderung $\Delta\varphi$ mit den oben definierten Größen

$$\begin{aligned}\Delta\varphi_\mathrm{S} &= [(n-N-\nu)-N]\,\pi/2 - [(n-P-\mu)-P]\,\pi/2 \\ &= (n-2N-\nu)\,\pi/2 - (n-2P-\mu)\,\pi/2,\end{aligned}$$

oder

$$\Delta\varphi_\mathrm{S} = [2(P-N) + \mu - \nu]\,\pi/2. \tag{6.4.7}$$

Ist nun außer P und μ auch $\Delta\varphi_s$ bekannt, so kann aus Gl. (6.4.7) ermittelt werden, ob $N > 0$ oder/und $\nu > 0$ ist, d.h. ob und wie viele Pole des geschlossenen Regelkreises in der rechten s-Halbebene und auf der Imaginärachse liegen.

Zur Ermittlung von $\Delta\varphi_\mathrm{S}$ wird die Ortskurve von $G'(\mathrm{j}\omega) = 1 + G_0(\mathrm{j}\omega)$ gezeichnet und der Phasenwinkel überprüft. Zweckmäßigerweise verschiebt man jedoch diese Kurve um den Wert 1 nach links und verlegt den Drehpunkt des Zeigers vom Koordinatenursprung nach dem Punkt $(-1, \mathrm{j}0)$ der $G_0(\mathrm{j}\omega)$-Ebene, der auch als „kritischer Punkt" bezeichnet wird. Somit braucht man gemäß Bild 6.4.2 nur die Ortskurve $G_0(\mathrm{j}\omega)$ des offenen Regelkreises zu zeichnen, um die Stabilität des geschlossenen Regelkreises zu überprüfen. Dabei gibt nun $\Delta\varphi_\mathrm{S}$ die stetige Winkeländerung des Fahrstrahls vom kritischen Punkt $(-1, \mathrm{j}0)$ zum laufenden Punkt der Ortskurve $G_0(\mathrm{j}\omega)$ für $0 \leq \omega \leq \infty$ an. Geht die Ortskurve durch den Punkt $(-1, \mathrm{j}0)$, oder besitzt sie Unendlichkeitsstellen, so entsprechen diese Punkte den Nullstellen bzw. Polstellen von $G'(s)$ auf der Imaginärachse, deren Größe aus der Ortskurve $G_0(\mathrm{j}\omega)$ nicht eindeutig ablesbar ist. Aus diesem Grund wurden sie zur Herleitung von Gl. (6.4.7) nicht berücksichtigt. Bild 6.4.3 zeigt z.B. eine solche Ortskurve $G_0(\mathrm{j}\omega)$, bei der zwei unstetige Winkeländerungen auftreten. Die stetige Winkeländerung ergibt sich dabei aus drei Anteilen

$$\begin{aligned}\Delta\varphi_\mathrm{S} &= \Delta\varphi_\mathrm{AB} + \Delta\varphi_\mathrm{CD} + \Delta\varphi_\mathrm{DO} \\ &= -\varphi_1 - (2\pi - \varphi_1 - \varphi_2) - \varphi_2 = -2\pi.\end{aligned}$$

(Man beachte, dass die Drehung in Gegenuhrzeigerrichtung im mathematischen Sinn positiv zählt.)

Die bis hierher erarbeiteten Ergebnisse sollen wie folgt nochmals zusammengefasst werden:

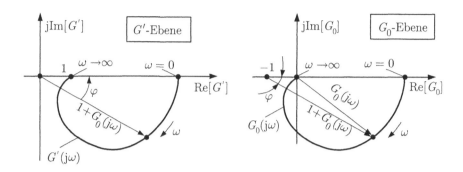

Bild 6.4.2. Ortskurven von $G'(j\omega)$ und $G_0(j\omega)$

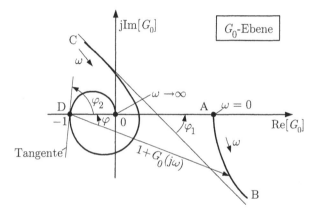

Bild 6.4.3. Zur Bestimmung der stetigen Winkeländerung $\Delta\varphi_S$

Durchläuft ω den Bereich von 0 bis $+\infty$, dann beträgt die stetige Winkeländerung $\Delta\varphi_S$ des Fahrstrahls vom kritischen Punkt $(-1, j0)$ zum laufenden Punkt der Ortskurve von $G_0(j\omega)$ des offenen Regelkreises gemäß Gl. (6.4.7)

$$\Delta\varphi_S = [2(P - N) + \mu - \nu]\,\pi/2,$$

wobei die ganzzahligen Größen P, N, μ und ν bereits anschaulich im Bild 6.4.1 dargestellt wurden.

Da der geschlossene Regelkreis genau dann asymptotisch stabil ist, wenn $N = \nu = 0$ ist, folgt aus Gl. (6.4.7) die

allgemeine Fassung des Nyquist-Kriteriums:

Der geschlossene Regelkreis ist dann und nur dann asymptotisch stabil, wenn die stetige Winkeländerung des Fahrstrahls vom kritischen Punkt $(-1, j0)$ zum laufenden Punkt der Ortskurve von $G_0(j\omega)$ des offenen Regelkreises

$$\Delta\varphi_S = P\pi + \mu\pi/2 \tag{6.4.8}$$

beträgt.

Für den Fall, dass die Verstärkung des offenen Regelkreises K_0 *negativ* ist, erscheint die zugehörige Ortskurve um 180° gedreht gegenüber derjenigen Ortskurve, die man mit dem positiven K_0 erhält.

Das Nyquist-Kriterium gilt unverändert auch dann, wenn der offene Regelkreis eine *Totzeit* enthält. Da der Beweis hierfür sehr aufwendig ist, sei aus Platzgründen darauf verzichtet.

6.4.1.1 *Anwendungsbeispiele zum Nyquist-Kriterium*

Um die Anwendung des Nyquist-Kriteriums zu veranschaulichen, werden nachfolgend einige Beispiele betrachtet. Im Bild 6.4.4 sind Ortskurven solcher Systeme dargestellt, deren Übertragungsfunktion $G_0(s)$ keine Pole auf der Imaginärachse besitzt ($\mu = 0$). Diese Ortskurven beginnen für $\omega = 0$ auf der reellen Achse und enden für $\omega \to \infty$ im Ursprung der komplexen G_0-Ebene. Daher ist die Winkeländerung immer ein ganzzahliges Vielfaches von π.

Geht die Ortskurve bei $\omega = \omega_a$ durch den Punkt $(-1, j0)$, so hat der geschlossene Regelkreis einen Pol $s = j\omega_a$ (und damit auch $s = -j\omega_a$) auf der Imaginärachse, da für $\omega = \omega_a$ offensichtlich gilt:

$$1 + G_0(j\omega_a) = 0.$$

In den Beispielen tritt dieser Fall nicht auf; es gilt also immer $\nu = 0$. Die Zahl der Pole des geschlossenen Regelkreises in der rechten s-Halbebene lässt sich nun anhand von Gl. (6.4.7) bestimmen zu:

$$N = P + \mu/2 - \Delta\varphi_S/\pi. \tag{6.4.9}$$

Wird in Beispiel (a), das – wie man leicht sieht – ein stabiles System repräsentiert, die Verstärkung K_0 des offenen Regelkreises vergrößert, so bläht sich die Ortskurve auf, erreicht und überschreitet den Punkt $(-1, j0)$. Damit erhält man den als Beispiel (b) dargestellten Fall. Dabei ändert sich $\Delta\varphi_S$ von 0 nach -2π und da $N > 0$ wird, ist der geschlossene Regelkreis instabil. Im Beispiel (c) ist ein stabiles System dargestellt, das jedoch sowohl bei Vergrößerung als auch bei Verkleinerung von K_0 instabil wird. Man bezeichnet ein solches System auch als bedingt stabil. Beispiel (d) stellt ebenfalls ein bedingt stabiles System dar.

Als Beispiele für den Fall, dass Pole des offenen Regelkreises auf der Imaginärachse auftreten, sei der wichtige Spezialfall von Polen im Ursprung betrachtet, da häufig der offene Regelkreis I-Verhalten besitzt. Bild 6.4.5 zeigt einige Ortskurven solcher Systeme und veranschaulicht die Anwendung des Nyquist-Kriteriums. Die Ortskurven beginnen für $\omega = 0$ im Unendlichen und enden im Ursprung. Demzufolge ist $\Delta\varphi_S$ immer ein ganzes Vielfaches von $\pi/2$. Nach Gl. (6.4.9) ergibt sich auch in diesem Fall für N stets ein ganzzahliger Wert.

6.4.1.2 *Anwendung auf Systeme mit Totzeit*

Wie schon oben erwähnt, ist das Nyquist-Kriterium unverändert auch dann gültig, wenn der offene Regelkreis eine Totzeit enthält. Es ist das einzige der hier behandelten Stabi-

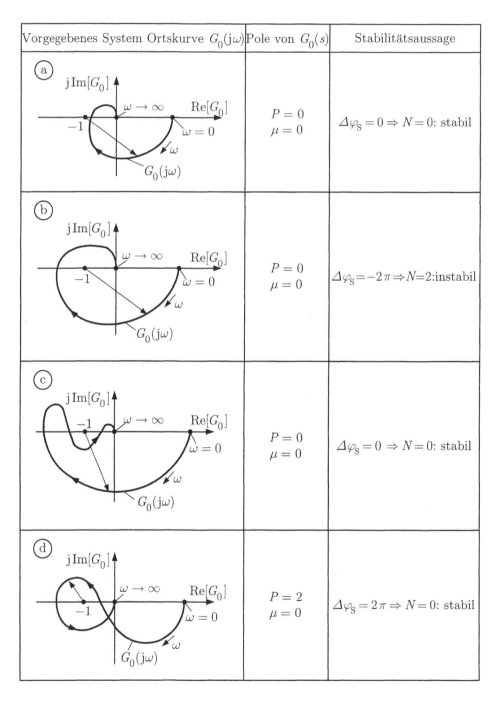

Vorgegebenes System Ortskurve $G_0(\mathrm{j}\omega)$	Pole von $G_0(s)$	Stabilitätsaussage
(a)	$P = 0$ $\mu = 0$	$\Delta\varphi_{\mathrm{S}} = 0 \Rightarrow N = 0$: stabil
(b)	$P = 0$ $\mu = 0$	$\Delta\varphi_{\mathrm{S}} = -2\pi \Rightarrow N = 2$:instabil
(c)	$P = 0$ $\mu = 0$	$\Delta\varphi_{\mathrm{S}} = 0 \Rightarrow N = 0$: stabil
(d)	$P = 2$ $\mu = 0$	$\Delta\varphi_{\mathrm{S}} = 2\pi \Rightarrow N = 0$: stabil

Bild 6.4.4. Beispiele zur Anwendung des Nyquist-Kriteriums bei Systemen, deren Übertragungsfunktion $G_0(s)$ keine Pole auf der Imaginärachse besitzt

Vorgegebenes System: Ortskurve $G_0(\mathrm{j}\omega)$	Pole von $G_0(s)$	Stabilitätsaussage
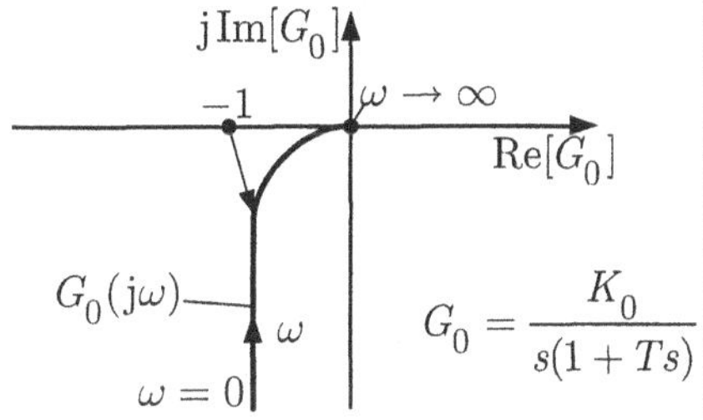 $G_0 = \dfrac{K_0}{s(1+Ts)}$	$P = 0$ $\mu = 1$	$\Delta\varphi_\mathrm{S} = \pi/2 \Rightarrow N=0\text{:stabil}$
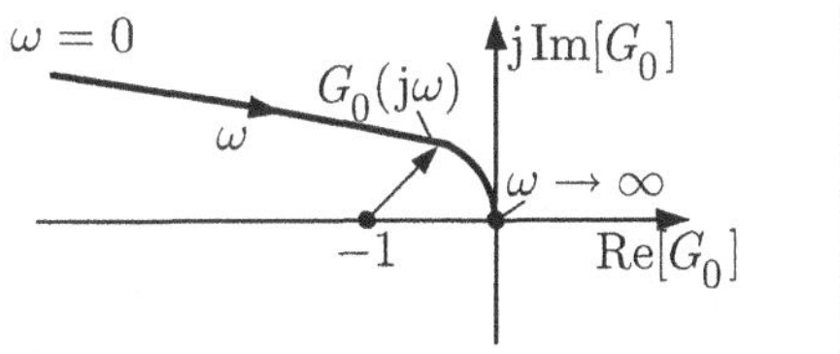 $G_0 = \dfrac{K_0}{s^2(1+Ts)}$	$P = 0$ $\mu = 2$	$\Delta\varphi_\mathrm{S} = -\pi \Rightarrow N=2\text{:instabil}$
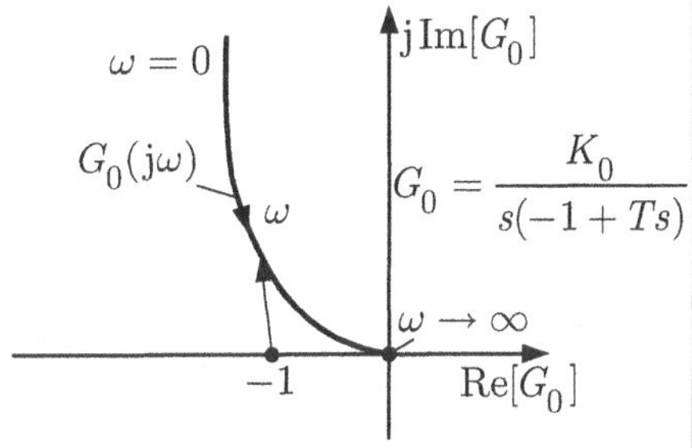 $G_0 = \dfrac{K_0}{s(-1+Ts)}$	$P = 1$ $\mu = 1$	$\Delta\varphi_\mathrm{S} = -\pi/2 \Rightarrow N=2\text{:instabil}$
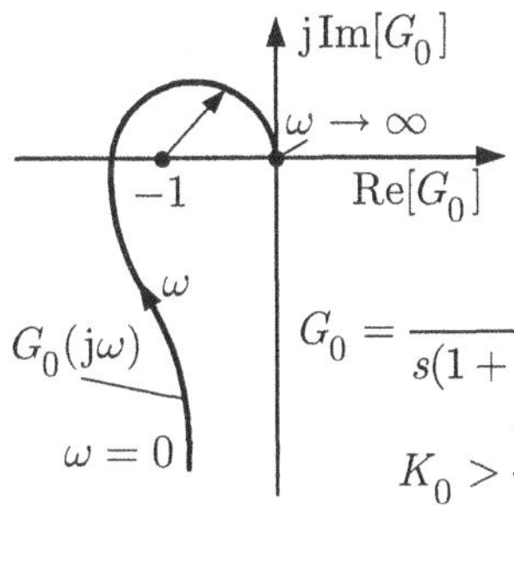 $G_0 = \dfrac{K_0}{s(1+T_1 s)(1+T_2 s)}$ $K_0 > \dfrac{T_1 + T_2}{T_1 T_2}$	$P = 0$ $\mu = 1$	$\Delta\varphi_\mathrm{S} = -3\pi/2 \Rightarrow N=2\text{:instabil}$

Bild 6.4.5. Beispiele zur Anwendung des Nyquist-Kriteriums bei I-Verhalten des offenen Regelkreises

litätskriterien, das für diesen Fall anwendbar ist. Dazu werden zwei Beispiele betrachtet:

Beispiel 6.4.1
Bei einem Regelkreis, der aus einem P-Regler und einer reinen Totzeitregelstrecke besteht, lautet die charakteristischeGleichung

$$1 + G_0(s) = 1 + K_R K_S e^{-sT_t} = 0.$$

Die Ortskurve von $G_0(j\omega) = K_0 e^{-j\omega T_t}$ (mit $K_0 = K_R K_S$) beschreibt einen Kreis mit dem Radius $|K_0|$, der für $0 \leq \omega \leq \infty$ unendlich oft im Uhrzeigersinn durchlaufen wird. Da der offene Regelkreis stabil ist, ist $P = 0$ und $\mu = 0$. Gemäß Bild 6.4.6 können zwei Fälle unterschieden werden:

a) $K_0 < 1 : \Delta\varphi_S = 0.$ Der geschlossene Regelkreis ist somit stabil.

b) $K_0 > 1 : \Delta\varphi_S = -\infty.$ Der geschlossene Regelkreis weist instabiles Verhalten auf.

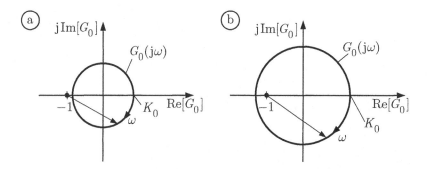

Bild 6.4.6. Ortskurve des Frequenzganges eines reinen Totzeitgliedes mit der Verstärkung K_0 für (a) stabiles und (b) instabiles Verhalten des geschlossenen Regelkreises

Beispiel 6.4.2
Gegeben sei der im Bild 6.4.7 dargestellte Regelkreis. Gesucht ist der Bereich von K_R, für den der geschlossene Regelkreis stabil ist. Die Regelstrecke habe die Daten $T_t = 1s$; $T = 0,1s$ und $K_S = 1$. Da der offene Regelkreis mit $G_0(s) = G_R(s)\,G_S(s)$ stabil ist ($P = 0, \mu = 0$), muss für einen stabilen geschlossenen Regelkreis die Winkeländerung des Fahrstrahls vom kritischen Punkt zur Ortskurve von $G_0(j\omega)$ gerade $\Delta\varphi_S = 0$ werden. Bild 6.4.8 zeigt die Situation für ein solches K_R, bei dem der geschlossene Regelkreis stabil ist. Man erkennt hieraus unmittelbar folgenden Sachverhalt:

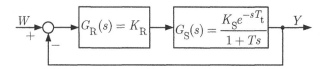

Bild 6.4.7. Einfacher Regelkreis mit Totzeit

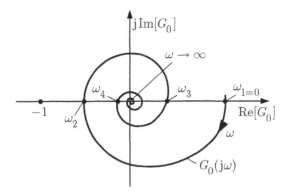

Bild 6.4.8. Ortskurve des Frequenzganges des offenen Regelkreises nach Bild 6.4.7 für einen stabilen Fall

- Die Ortskurve des offenen Regelkreises hat unendlich viele Schnittpunkte mit der reellen Achse.

- Die Lage des Schnittpunktes mit der niedrigsten Frequenz $\omega_2 > 0$ entscheidet über die Stabilität des geschlossenen Regelkreises. Liegt er rechts vom kritischen Punkt $(-1, \mathrm{j}0)$, so ist die Winkeländerung $\Delta\varphi_S = 0$ und damit der geschlossene Regelkreis stabil. Liegt er jedoch links vom kritischen Punkt, so ist die Winkeländerung $\Delta\varphi_S \leq -2\pi$ und der geschlossene Regelkreis wird instabil. Vergrößert man K_R so lange, bis die Ortskurve von $G_0(\mathrm{j}\omega)$ bei einem Wert $K_{R\mathrm{krit}}$ mit der Frequenz ω_2 gerade den kritischen Punkt $(-1, \mathrm{j}0)$ schneidet, so entspricht dieser Fall einer Übertragungsfunktion des geschlossenen Regelkreises mit einem Polpaar $\pm\mathrm{j}\omega_2$ auf der Imaginärachse. Damit liegt grenzstabiles Verhalten vor, d.h. der Regelkreis arbeitet an der Stabilitätsgrenze.

Zunächst bestimmt man die kritische Frequenz ω_2 und betrachtet dazu die charakteristische Gleichung für $s = \mathrm{j}\omega$:

$$1 + K_R \frac{K_S \mathrm{e}^{-\mathrm{j}\omega T_t}}{1 + T\mathrm{j}\omega} = 0.$$

Mit den obigen Zahlenwerten gilt

$$1 + K_R \frac{\mathrm{e}^{-\mathrm{j}\omega}}{1 + 0{,}1\mathrm{j}\omega} = 0$$

oder

$$K_R(\cos\omega - \mathrm{j}\sin\omega) = -1 - \mathrm{j}0{,}1\omega.$$

Die Aufspaltung in Real- und Imaginärteil liefert

$$K_R \cos\omega = -1 \qquad \text{und} \qquad K_R \sin\omega = 0{,}1\omega. \tag{6.4.10}$$

Durch Division beider Gleichungen kann K_R eliminiert werden:

$$\frac{\sin\omega}{\cos\omega} = \tan\omega = -0{,}1\omega. \tag{6.4.11}$$

Die Lösungen dieser Gleichung sind nun diejenigen ω-Werte, bei denen (für entsprechendes K_R) die Ortskurve durch den kritischen Punkt gehen kann, also genau die Werte $\omega_1, \omega_2, \ldots$ im Bild 6.4.8. Man erhält sie beispielsweise grafisch aus Bild 6.4.9 oder mit Hilfe des Newtonschen Verfahrens zu

$$\omega_1 = 0 \, s^{-1}, \qquad \omega_2 = 2{,}86 \, s^{-1}, \qquad \omega_3 = 5{,}76 \, s^{-1}, \ldots$$

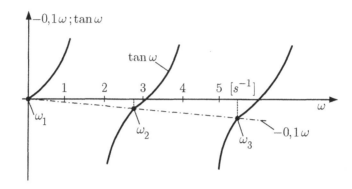

Bild 6.4.9. Grafische Lösung der Gl. (6.4.11)

Wie schon erwähnt, bestimmt ω_2 den maximalen Wert von K_R. Man erhält ihn durch Einsetzen von ω_2 in die charakteristische Gleichung, z.B. in der Form von Gl. (6.4.10). Es ergibt sich

$$K_{\text{Rkrit}} = -\frac{1}{\cos \omega_2} = \frac{0{,}1\omega_2}{\sin \omega_2} = 1{,}04.$$

Der gesuchte Bereich für K_R ist somit

$$0 \leq K_R < 1{,}04.$$

6.4.1.3   Vereinfachte Formen des Nyquist-Kriteriums

In vielen Fällen ist der offene Regelkreis stabil, also $P = 0$ und $\mu = 0$. In diesem Fall folgt aus Gl. (6.4.8) für die Winkeländerung $\Delta\varphi_S = 0$. Dann kann das Nyquist-Kriterium wie folgt formuliert werden:

> Ist der offene Regelkreis asymptotisch stabil, so ist der geschlossene Regelkreis genau dann asymptotisch stabil, wenn die Ortskurve des offenen Regelkreises den kritischen Punkt (- 1, j0) weder umkreist noch durchdringt.

Eine andere Fassung des vereinfachten Nyquist-Kriteriums, die auch angewandt werden kann, wenn $G_0(s)$ Pole bei $s = 0$ besitzt, ist die sogenannte „Linke-Hand-Regel":

> Der offene Regelkreis habe nur Pole in der linken s-Halbebene, außer einem
> 1- oder 2-fachen Pol bei $s = 0$ (P-, I- oder I_2-Verhalten). In diesem Fall ist der
> geschlossene Regelkreis genau dann asymptotisch stabil, wenn der kritische
> Punkt (- 1, j0) in Richtung wachsender ω-Werte gesehen *links* der Ortskurve
> von $G_0(j\omega)$ liegt.

Diese Fassung des Nyquist-Kriteriums reicht in den meisten Fällen aus. Dabei ist der Teil
der Ortskurve maßgebend, der dem kritischen Punkt am nächsten liegt. Bei sehr kompli-
zierten Ortskurvenverläufen sollte man jedoch auf die allgemeine Fassung des Kriteriums
zurückgreifen.

Man kann die Linke-Hand-Regel anschaulich aus der verallgemeinerten Ortskurve (Abschnitt 4.2.7) herleiten, wenn man das die Ortskurve $G_0(j\omega)$ begleitende σ,ω-Netz betrachtet. Danach ist asymptotische Stabilität des Regelkreises dann gewährleistet, wenn
eine Kurve mit $\sigma < 0$ durch den kritischen Punkt (- 1, j0) läuft. Diese Netzkurve liegt
aber bekanntlich links der Ortskurve von $G_0(j\omega)$.

6.4.2 Das Nyquist-Kriterium in der Frequenzkennlinien-Darstell-
ung

Wegen der einfachen grafischen Konstruktion der Frequenzkennlinien einer vorgegebenen
Übertragungsfunktion ist die Anwendung des Nyquist-Kriteriums in dieser Form oftmals
bequemer. Dabei muss die stetige Winkeländerung $\Delta\varphi_S$ des Fahrstrahls vom kritischen
Punkt (- 1, j0) zur Ortskurve von $G_0(j\omega)$ durch den Amplituden- und Phasengang von
$G_0(j\omega)$ ausgedrückt werden können. Aus Bild 6.4.10 geht anschaulich hervor, dass diese
Winkeländerung direkt durch die Anzahl der Schnittpunkte der Ortskurve mit der reellen
Achse links vom kritischen Punkt, also im Bereich $(-\infty, -1)$ bestimmt ist. Das Nyquist-
Kriterium lässt sich also auch mittels der Anzahl dieser Schnittpunkte darstellen. Damit
kann es auch leicht in die Frequenzkennlinien-Darstellung übertragen werden. Es muss
jedoch im folgenden vorausgesetzt werden, dass die Verstärkung des offenen Regelkreises
positiv ist.

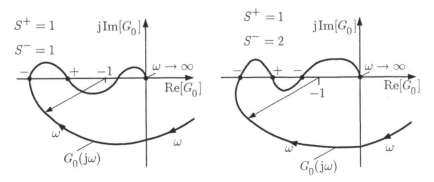

Bild 6.4.10. Zur Definition positiver (+) und negativer (−) Schnittpunkte der Ortskurve
$G_0(j\omega)$ mit der reellen Achse links vom kritischen Punkt

Zunächst werden die Schnittpunkte der Ortskurve von $G_0(j\omega)$ mit der reellen Achse im

Bereich $(-\infty, -1)$ betrachtet. Man definiert einen Übergang von der oberen in die untere Halbebene in Richtung wachsender ω-Werte gesehen als *positiven Schnittpunkt*, während der umgekehrte Übergang einen *negativen Schnittpunkt* darstellt (Bild 6.4.10). Wie man aus dem Verlauf der Ortskurve leicht erkennt, ist die Winkeländerung $\Delta\varphi_S = 0$, wenn die Anzahl der positiven Schnittpunkte S^+ und die Anzahl der negativen Schnittpunkte S^- links vom kritischen Punkt gleich ist. $\Delta\varphi_S$ hängt also direkt mit der Differenz der Anzahl der positiven und negativen Schnittpunkte zusammen, und es gilt für den Fall, dass der offene Regelkreis keine Pole auf der Imaginärachse besitzt:

$$\Delta\varphi_S = 2\pi(S^+ - S^-).$$

Bei einem offenen Regelkreis mit einem I-Anteil, also einem einfachen Pol im Ursprung der komplexen Ebene ($\mu = 1$), beginnt die Ortskurve für $\omega = 0$ bei $\delta - j\infty$, wodurch ein zusätzlicher Anteil von $+\pi/2$ zu der Winkeländerung hinzukommt. Es gilt also bei P- und I-Verhalten des offenen Regelkreises

$$\Delta\varphi_S = 2\pi(S^+ - S^-) + \mu\pi/2 \qquad \mu = 0,1. \tag{6.4.12}$$

Grundsätzlich ist diese Formel auch für $\mu = 2$ anwendbar. Hier beginnt jedoch die Ortskurve für $\omega = 0$ bei $-\infty + j\delta$ (Bild 6.4.11), und man müsste diesen Punkt als negativen Schnittpunkt zählen, falls $\delta > 0$ ist, d.h. falls die Ortskurve für kleine ω-Werte oberhalb der reellen Achse verläuft. Tatsächlich ergibt sich aber für $\delta > 0$ (und entsprechend $\delta < 0$) in diesem Fall kein Schnittpunkt. Dies folgt aus einer genaueren Untersuchung der unstetigen Winkeländerung, die hier bei $\omega = 0$ auftritt. Da jedoch nur die stetige Winkeländerung betrachtet werden soll, und um der Symmetrie der beiden Fälle gerecht zu werden, wird der Beginn der Ortskurve bei $\omega = 0$ als halber Schnittpunkt definiert, positiv für $\delta < 0$ und negativ für $\delta > 0$, in Analogie zu der obigen Definition (Bild 6.4.11).

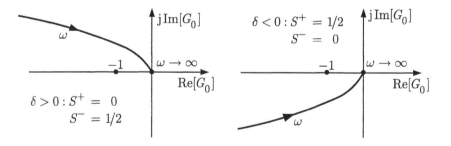

Bild 6.4.11. Zur Zählung der Schnittpunkte links des kritischen Punktes bei I_2-Verhalten des offenen Regelkreises

Damit gilt wiederum für die stetige Winkeländerung

$$\Delta\varphi_S = 2\pi(S^+ - S^-) \qquad (\mu = 2). \tag{6.4.13}$$

Durch Gleichsetzen der Gln. (6.4.12) bzw. (6.4.13) mit Gl. (6.4.8) erhält man die Stabilitätsbedingung für das Nyquist-Kriterium in der Form von Gl. (6.4.14) (s.u.), und damit kann man das Nyquist-Kriterium auch wie folgt formulieren:

Der offene Regelkreis mit der Übertragungsfunktion $G_0(s)$ besitze P Pole in der rechten s-Halbebene und möglicherweise einen einfachen ($\mu = 1$) oder doppelten Pol ($\mu = 2$) bei $s = 0$. Hat die Ortskurve von $G_0(j\omega)$ S^+ positive und S^- negative Schnittpunkte mit der reellen Achse links des kritischen Punktes, so ist der geschlossene Regelkreis genau dann asymptotisch stabil, wenn die Beziehung

$$D^* = S^+ - S^- = \begin{cases} \dfrac{P}{2} & \text{für } \mu = 0,1 \\ \dfrac{P+1}{2} & \text{für } \mu = 2 \end{cases} \qquad (6.4.14)$$

gilt.

Für den speziellen Fall, dass der offene Regelkreis stabil ist ($P = 0$, $\mu = 0$), muss also die Anzahl der positiven und negativen Schnittpunkte gleich groß sein.

Aus dieser Formulierung des Nyquist-Kriteriums ergibt sich nebenbei, dass die Differenz der Anzahl der positiven und negativen Schnittpunkte im Fall $\mu = 0,1$ eine ganze Zahl, für $\mu = 2$ keine ganze Zahl wird. Hieraus folgt jedoch unmittelbar, dass für $\mu = 0,1$ die Größe P eine gerade, für $\mu = 2$ die Größe $P + 1$ eine ungerade und damit *in jedem Fall P eine gerade Zahl* sein muss, damit der geschlossene Regelkreis asymptotisch stabil ist. Dies gilt allerdings nur, wenn $D^* \geq 1$ erfüllt ist.

Nach diesen Vorbetrachtungen lässt sich das Nyquist-Kriterium direkt in die Frequenz-kennlinien-Darstellung übertragen. Der zur Ortskurve von $G_0(j\omega)$ gehörende logarithmi-sche Amplitudengang $A_0(\omega)_{\mathrm{dB}}$ ist in den zuvor definierten Schnittpunkten der Ortskurve mit der reellen Achse im Intervall $(-\infty, -1)$ stets positiv. Andererseits entspricht diesen Schnittpunkten der Ortskurve jeweils der Schnittpunkt des Phasenganges $\varphi_0(\omega)$ mit den Geraden $\pm 180°$, $\pm 540°$ usw., also einem ungeraden Vielfachen von $180°$. Im Falle eines positiven Schnittpunktes der Ortskurve erfolgt der Übergang des Phasenganges über die entsprechenden $\pm(2k+1)\,180°$-Linien von unten nach oben und umgekehrt von oben nach unten bei einem negativen Schnittpunkt gemäß Bild 6.4.12. Diese Schnittpunkte sollen im weiteren als positive (+) und negative (-) Übergänge des Phasenganges $\varphi_0(\omega)$ über die jeweilige $\pm(2k+1)\,180°$-Linie definiert werden, wobei $k = 0,1,2,\ldots$ werden kann. Beginnt die Phasenkennlinie bei $-180°$, so zählt dieser Punkt als halber Übergang mit dem entsprechenden Vorzeichen. Damit kann man das Nyquist-Kriterium in der für die Frequenzkennlinien-Darstellung passenden Form aufstellen:

Der offene Regelkreis mit der Übertragungsfunktion $G_0(s)$ besitze P Pole in der rechten s-Halbebene und möglicherweise einen einfachen oder doppelten Pol bei $s = 0$. S^+ sei die Anzahl der positiven und S^- die Anzahl der ne-gativen Übergänge des Phasengangs $\varphi_0(\omega)$ über die $\pm(2k+1)\,180°$-Linien in dem Frequenzbereich, in dem $A_0(\omega)_{\mathrm{dB}} > 0$ ist. Der geschlossene Regelkreis ist genau dann asymptotisch stabil, wenn für die Differenz D^* die Beziehung

$$D^* = S^+ - S^- = \begin{cases} \dfrac{P}{2} & \text{für } \mu = 0,1 \\ \dfrac{P+1}{2} & \text{für } \mu = 2 \end{cases}$$

gilt.

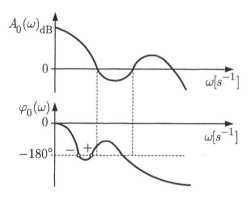

Bild 6.4.12. Frequenzkennlinien-Darstellung von $G_0(j\omega) = A_0(\omega)\,e^{j\varphi_0(\omega)}$ und Definition der positiven (+) und negativen (-) Übergänge des Phasengangs $\varphi_0(\omega)$ über die - 180°-Linie

Für den speziellen Fall, dass der offene Regelkreis stabil ist ($P = 0$, $\mu = 0$), muss also gelten:

$$D^* = S^+ - S^- = 0.$$

Bild 6.4.13 zeigt einige Anwendungsbeispiele des Nyquist-Kriteriums in der Frequenzkennlinien-Darstellung.

Abschließend soll die „Linke-Hand-Regel" auch für das Bode-Diagramm dargestellt werden, da sie in der Mehrzahl der Fälle ausreicht und auch hier sehr einfach ist.

Der offene Regelkreis habe nur Pole in der linken s-Halbebene außer möglicherweise einem 1- oder 2-fachen Pol bei $s = 0$ (P-, I- oder I_2-Verhalten).

In diesem Fall ist der geschlossene Regelkreis genau dann asymptotisch stabil, wenn $G_0(j\omega)$ für die *Durchtrittsfrequenz* ω_D bei $A_0(\omega_D)_{dB} = 0$ den Phasenwinkel $\varphi_0(\omega_D) = \arg G_0(j\omega_D) > -180°$ hat.

Dieses Stabilitätskriterium, das man sich anhand der Beispiele b, c und d im Bild 6.4.13 leicht veranschaulichen kann, bietet auch die Möglichkeit einer praktischen Abschätzung der „Stabilitätsgüte" eines Regelkreises. Je größer der Abstand der Ortskurve vom kritischen Punkt ist, desto weiter ist der geschlossene Regelkreis vom Stabilitätsrand entfernt. Als Maß hierfür benutzt man die Begriffe Phasenrand und Amplitudenrand, die im Bild 6.4.14 erklärt sind.

Der *Phasenrand*

$$\varphi_R = 180° + \varphi_0(\omega_D) \qquad (6.4.15)$$

ist der Abstand der Phasenkennlinie von der - 180°-Geraden bei der Durchtrittsfrequenz ω_D, d.h. beim Durchgang der Amplitudenkennlinie durch die 0-dB-Kennlinie ($|G_0| = 1$). Als *Amplitudenrand*

$$A_{R_{dB}} = A_0(\omega_S)_{dB} \qquad (6.4.16)$$

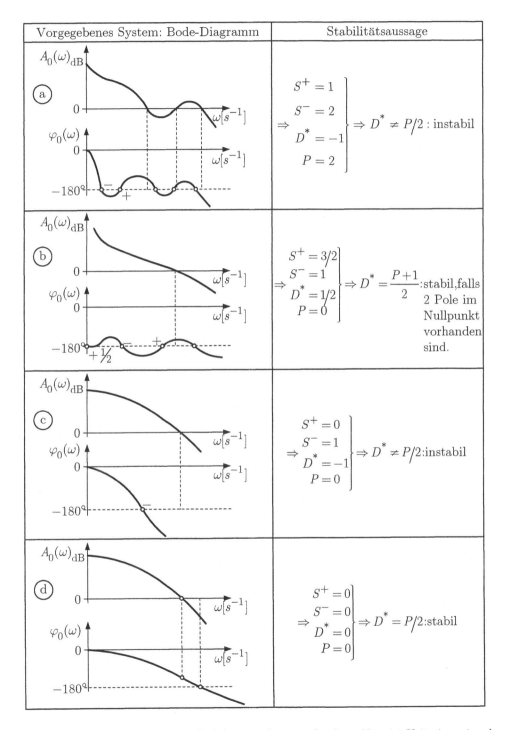

Bild 6.4.13. Beispiele für die Stabilitätsanalyse nach dem Nyquist-Kriterium in der Frequenzkennlinien-Darstellung

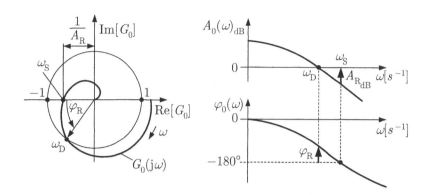

Bild 6.4.14. Phasen- und Amplitudenrand φ_R und A_R bzw. $A_{R_{dB}}$ in der Ortskurvendarstellung (a) und im Bode-Diagramm (b)

wird der Abstand der Amplitudenkennlinie von der 0-dB-Linie beim Phasenwinkel $\varphi_0 = -180°$ bezeichnet.

Für eine gut gedämpfte Regelung, z.B. im Sinne der später noch behandelten betragsoptimalen Einstellung, sollten etwa folgende Werte eingehalten werden:

$$A_{R_{dB}} = \begin{cases} -12\,\text{dB} & \text{bis} & -20\,\text{dB} & \text{bei Führungsverhalten} \\ -3{,}5\,\text{dB} & \text{bis} & -9{,}5\,\text{dB} & \text{bei Störverhalten} \end{cases}$$

$$\varphi_R = \begin{cases} 40° & \text{bis} & 60° & \text{bei Führungsverhalten} \\ 20° & \text{bis} & 50° & \text{bei Störverhalten} \end{cases}$$

Die Durchtrittsfrequenz ω_D stellt ein Maß für die dynamische Güte des Regelkreises dar. Je größer ω_D, desto größer ist die Grenzfrequenz des geschlossenen Regelkreises, und desto schneller die Reaktion auf Sollwertänderungen oder Störungen. Als Grenzfrequenz ist dabei jene Frequenz ω_g zu betrachten, bei der der Betrag $A_0(\omega)$ des Frequenzganges des geschlossenen Regelkreises näherungsweise auf den Wert Null abgefallen ist.

7 Das Wurzelortskurven-Verfahren

7.1 Der Grundgedanke des Verfahrens

Bei der Untersuchung von Regelkreisen interessiert oftmals die Frage, in welcher Weise die bekannten Eigenschaften (Parameter und Struktur) des offenen Regelkreises das noch unbekannte Verhalten des geschlossenen Regelkreises beeinflussen. Diese Frage lässt sich mit Hilfe des Wurzelortskurven-Verfahrens ([Eva50], [Eva54], [Sch68b]) beantworten. Dieses Verfahren erlaubt anhand der bekannten Pol- und Nullstellenverteilung der Übertragungsfunktion $G_0(s)$ des offenen Regelkreises in der s-Ebene in anschaulicher Weise einen Schluss auf die Wurzeln der charakteristischen Gleichung des geschlossenen Regelkreises. Variiert man beispielsweise einen Parameter des offenen Regelkreises, so verändert sich die Lage der Wurzeln der charakteristischen Gleichung des geschlossenen Regelkreises in der s-Ebene. Die Wurzeln beschreiben somit in der s-Ebene Bahnen, die man als *Wurzelortskurve* (WOK) des geschlossenen Regelkreises definiert. Die Kenntnis der Wurzelortskurve, die meist in Abhängigkeit von einem Parameter dargestellt wird, ermöglicht neben der Aussage über die Stabilität des geschlossenen Regelkreises auch eine Beurteilung der Stabilitätsgüte, z.B. durch den Abstand der Pole von der Imaginärachse. Die WOK eignet sich daher nicht nur zur Analyse, sondern vorzüglich auch zur Synthese von Regelkreisen.

Zur Bestimmung der WOK geht man von der Übertragungsfunktion des offenen Regelkreises

$$G_0(s) = k_0 \frac{\prod\limits_{\mu=1}^{m}(s - s_{\mathrm{N}_\mu})}{\prod\limits_{\nu=1}^{n}(s - s_{\mathrm{P}_\nu})} = k_0 G(s) \tag{7.1.1a}$$

aus, wobei $k_0 > 0$, $m \le n$ und $s_{\mathrm{N}_\mu} \ne s_{\mathrm{P}_\nu}$ gelte. Die Übereinstimmung mit Gl. (5.2.1) für $T_{\mathrm{t}} = 0$, also mit der Beziehung

$$G_0(s) = \frac{K_0}{s^k} \frac{1 + \beta_1 s + \ldots + \beta_m s^m}{1 + \alpha_1 s + \ldots + \alpha_{n-k} s^{n-k}}, \tag{7.1.1b}$$

lässt sich auf einfache Weise gewinnen, indem Gl. (7.1.1a) wie folgt umgeformt wird:

$$G_0(s) = k_0 \frac{\prod\limits_{\mu=1}^{m}(-s_{\mathrm{N}_\mu})}{\prod\limits_{\substack{\nu=1 \\ s_{\mathrm{P}_\nu} \ne 0}}^{n-k}(-s_{\mathrm{P}_\nu})} \frac{1}{s^k} \frac{\prod\limits_{\mu=1}^{m}\left(1 + \dfrac{s}{-s_{\mathrm{N}_\mu}}\right)}{\prod\limits_{\substack{\nu=1 \\ s_{\mathrm{P}_\nu} \ne 0}}^{n-k}\left(1 + \dfrac{s}{-s_{\mathrm{P}_\nu}}\right)}. \tag{7.1.1c}$$

Damit ist der Zusammenhang zwischen dem *Vorfaktor* k_0 und der *Verstärkung* K_0 des offenen Regelkreises durch

$$K_0 = k_0 \frac{\prod\limits_{\mu=1}^{m} (-s_{N_\mu})}{\prod\limits_{\nu=1}^{n-k} (-s_{P_\nu})} \qquad (7.1.2)$$
$$s_{P_\nu} \neq 0$$

hergestellt. Man beachte, dass für $m = 0$ im Zähler von Gl. (7.1.2) eine Eins steht.

Die charakteristische Gleichung des geschlossenen Regelkreises ergibt sich mit Gl. (7.1.1a) aus

$$1 + k_0 G(s) = 0 \qquad (7.1.3a)$$

oder

$$G(s) = -\frac{1}{k_0}. \qquad (7.1.3b)$$

Die Gesamtheit aller komplexen Zahlen $s_i = s_i(k_0)$, die diese Beziehung für $0 \leq k_0 \leq \infty$ erfüllen, stellen die gesuchte WOK dar.

Durch Aufspaltung von Gl. (7.1.3b) in Betrag und Phase erhält man die *Amplitudenbedingung*

$$|G(s)| = \frac{1}{k_0} \qquad (7.1.4)$$

und die *Phasenbedingung*

$$\varphi(s) = \arg[G(s)] = \pm 180°(2k + 1) \quad \text{für} \quad k = 0,1,2,\dots . \qquad (7.1.5)$$

Offensichtlich ist die Phasenbedingung von k_0 unabhängig. Alle Punkte der komplexen s-Ebene, die die Phasenbedingung erfüllen, stellen also den geometrischen Ort aller möglichen Pole des geschlossenen Regelkreises dar, die durch die Variation des Vorfaktors k_0 entstehen können. Die Kodierung dieser WOK, d.h. die Zuordnung zwischen den Kurvenpunkten und den Werten von k_0 erhält man durch Auswertung der Amplitudenbedingung entsprechend Gl. (7.1.4). Der hier beschriebene Zusammenhang ermöglicht eine einfache grafisch-numerische Konstruktion der WOK.

Zunächst soll hierzu ein einfaches *Beispiel* 2. Ordnung betrachtet werden, bei dem die WOK aus der charakteristischen Gleichung direkt analytisch berechnet werden kann.

Beispiel 7.1.1
Gegeben sei als Übertragungsfunktion des offenen Regelkreises

$$G_0(s) = \frac{K_0}{s(s+1)} = \frac{k_0}{(s - s_{P_1})(s - s_{P_2})},$$

wobei $s_{P_1} = 0$, $s_{P_2} = -1$ und $k_0 = K_0$ wird. Gesucht sind die Pole der Führungsübertragungsfunktion des geschlossenen Regelkreises

$$G_W(s) = \frac{K_0}{s^2 + s + K_0}$$

bzw. die Wurzeln s_1 und s_2 der charakteristischen Gleichung

$$P(s) = s^2 + s + K_0 = 0,$$

wobei der Parameter $k_0 = K_0$ von 0 bis $+\infty$ variiert werden soll. Man erhält

$$s_{1,2} = -\frac{1}{2} \pm \frac{1}{2}\sqrt{1 - 4K_0}.$$

Hieraus ist direkt ersichtlich, dass für $K_0 = 0$ die Pole des geschlossenen Regelkreises identisch mit denen von $G_0(s)$ sind, da gerade $s_1 = s_{P_1} = 0$ und $s_2 = s_{P_2} = -1$ wird. Für die übrigen K_0-Werte werden nun die folgenden beiden Fälle unterschieden:

a) $K_0 \leq 1/4$: Beide Wurzeln s_1 und s_2 sind reell und liegen auf der σ-Achse im Bereich $-1 \leq \sigma \leq 0$;

b) $K_0 \geq 1/4$: Die Wurzeln s_1 und s_2 bilden ein konjugiert komplexes Paar mit dem Realteil $\mathrm{Re}\, s_{1,2} = -(1/2)$, der von K_0 unabhängig ist, und dem Imaginärteil $\mathrm{Im}\, s_{1,2} = \pm(1/2)\sqrt{4K_0 - 1}$, der mit $K_0 \to \infty$ unbeschränkt anwächst.

Damit ergibt sich der im Bild 7.1.1 dargestellte Verlauf der WOK, die offensichtlich bei $(s_{P_1} + s_{P_2})/2$ einen *Verzweigungspunkt* aufweist. Es soll nun der Verlauf der WOK mit Hilfe der Phasenbedingung überprüft werden. Hierfür muss gelten

$$\varphi(s) = \arg\{G(s)\} = \arg\left\{\frac{1}{s(s+1)}\right\} = -\arg s - \arg(s+1) \overset{!}{=} \pm 180°(2k+1).$$

Die komplexen Größen s und $(s+1)$ haben die Winkel φ_1 und φ_2 sowie die Amplitude $|s|$ und $|s+1|$. Wie leicht aus Bild 7.1.1 zu ersehen ist, ist die Phasenbedingung auf der WOK erfüllt.

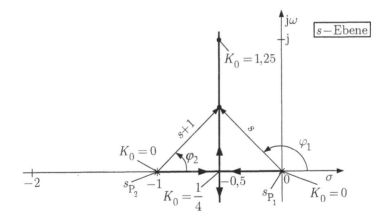

Bild 7.1.1. Wurzelortskurve eines einfachen Systems 2. Ordnung

Durch Auswertung der Amplitudenbedingung entsprechend Gl. (7.1.4)

$$|G(s)| = \left|\frac{1}{s(s+1)}\right| = \frac{1}{K_0}$$

lässt sich für bestimmte s-Werte der zugehörige Wert von K_0 auf der WOK ermitteln. So ergibt sich z.B. für $s = -1/2 + j$ die Verstärkung des offenen Regelkreises zu

$$K_0 = |s(s+1)| \Big|_{s = -\frac{1}{2}+\mathrm{j}} = \frac{5}{4}.$$

Der Wert für K_0 am Verzweigungspunkt $s_\mathrm{v} = -0{,}5$ beträgt

$$K_0 = |-0{,}5(-0{,}5+1)| = 0{,}25.$$

Dieser Wert wurde bereits zuvor ermittelt.   ∎

Tabelle 7.1.1 zeigt weitere Beispiele von Wurzelortskurven für einige Systeme 1. und 2. Ordnung bei Variation des k_0-Wertes.

Tabelle 7.1.1 Wurzelortskurven von Systemen 1. und 2. Ordnung

$G_0(s)$	WOK	$G_0(s)$	WOK
$\dfrac{k_0}{s}$		$\dfrac{k_0}{\left(s+\sigma_1\right)^2+\omega_1^2}$	
$\dfrac{k_0}{s^2}$		$\dfrac{k_0}{(s-s_{\mathrm{P}_1})(s-s_{\mathrm{P}_2})}$	
$\dfrac{k_0}{s-s_{\mathrm{P}_1}}$		$\dfrac{k_0(s-s_{\mathrm{N}_1})}{(s-s_{\mathrm{P}_1})}$ $\quad \left|s_{\mathrm{N}_1}\right| > \left|s_{\mathrm{P}_1}\right|$	
$\dfrac{k_0}{s^2+\omega_1^2}$		$\dfrac{k_0(s-s_{\mathrm{N}_1})}{(s-s_{\mathrm{P}_1})}$ $\quad \left|s_{\mathrm{N}_1}\right| < \left|s_{\mathrm{P}_1}\right|$	

7.2 Allgemeine Regeln zur Konstruktion von Wurzelortskurven

Die Bedeutung des WOK-Verfahrens liegt darin, dass aufgrund der Phasenbedingung einige Regeln aufgestellt werden können, mit denen man auch bei Systemen höherer Ordnung ohne längere Rechnung den qualitativen Verlauf der WOK angeben kann. Diese Regeln wurden 1950 von W. Evans [[Eva50]; [Eva54]] angegeben.

Obwohl das Verfahren prinzipiell auch bei Systemen mit Totzeitverhalten anwendbar ist, sollen die nachfolgenden Betrachtungen auf Regelkreise mit rationalen Übertragungsfunktionen beschränkt bleiben. Dies erscheint zweckmäßig wegen der umständlicheren Anwendbarkeit des Verfahrens bei Totzeitsystemen. Unter der Annahme, dass die Übertragungsfunktion des offenen Regelkreises $G_0(s)$ als gebrochen rationale Funktion gemäß Gl. (7.1.1a)

$$G_0(s) = k_0 \frac{(s - s_{N_1})(s - s_{N_2})\ldots(s - s_{N_m})}{(s - s_{P_1})(s - s_{P_2})\ldots(s - s_{P_n})}, \quad k_0 \geq 0 \tag{7.2.1a}$$

oder

$$G_0(s) = k_0 \frac{b_0 + b_1 a + \ldots + b_{m-1}s^{m-1} + s^m}{a_0 + a_1 s + \ldots + a_{n-1}s^{n-1} + s^n} = k_0 \frac{Z_0(s)}{N_0(s)} \tag{7.2.1b}$$

mit den Pol- und Nullstellen s_{P_ν} und s_{N_μ} ($\nu = 1,2,\ldots n$; $\mu = 1,2,\ldots,m$) geschrieben werden kann, lässt sich $G_0(s)$ durch Betrag und Phase

$$G_0(s) = k_0 \frac{|s - s_{N_1}|\,\mathrm{e}^{\mathrm{j}\varphi_{N_1}}|s - s_{N_2}|\,\mathrm{e}^{\mathrm{j}\varphi_{N_2}}\ldots|s - s_{N_m}|\,\mathrm{e}^{\mathrm{j}\varphi_{N_m}}}{|s - s_{P_1}|\,\mathrm{e}^{\mathrm{j}\varphi_{P_1}}|s - s_{P_2}|\,\mathrm{e}^{\mathrm{j}\varphi_{P_2}}\ldots|s - s_{P_n}|\,\mathrm{e}^{\mathrm{j}\varphi_{P_n}}}$$

oder in der Form

$$G_0(s) = k_0 \frac{\prod_{\mu=1}^{m}|s - s_{N_\mu}|}{\prod_{\nu=1}^{n}|s - s_{P_\nu}|}\, \mathrm{e}^{\mathrm{j}\left(\sum_{\mu=1}^{m}\varphi_{N_\mu} - \sum_{\nu=1}^{n}\varphi_{P_\nu}\right)} \tag{7.2.2}$$

darstellen. Mit Gl. (7.1.4) folgt hieraus als *Amplitudenbedingung*

$$\frac{\prod_{\mu=1}^{m}|s - s_{N_\mu}|}{\prod_{\nu=1}^{n}|s - s_{P_\nu}|} = \frac{1}{k_0} \tag{7.2.3}$$

und mit Gl. (7.1.5) als *Phasenbedingung*

$$\varphi(s) = \sum_{\mu=1}^{m}\varphi_{N_\mu} - \sum_{\nu=1}^{n}\varphi_{P_\nu} = \pm 180°(2k+1) \tag{7.2.4}$$

mit $k = 0,1,2,\ldots$. Hierbei kennzeichnen φ_{N_μ} und φ_{P_ν} die zu komplexen Zahlen $(s - s_{N_\mu})$ bzw. $(s - s_{P_\nu})$ gehörenden Winkel. Stellt man zu jedem Punkt der s-Ebene die Winkelsumme φ auf, dann bestimmen gerade die Punkte, die die Bedingung von Gl. (7.2.4) erfüllen, die Wurzelortskurve. Diese Konstruktion könnte im Prinzip – wie Bild 7.2.1 zeigt – grafisch durchgeführt werden. Dieses Vorgehen ist jedoch nur zur Überprüfung der Phasenbedingung einzelner Punkte der s-Ebene zweckmäßig.

Für die Konstruktion einer WOK werden daher folgende Regeln (für $k_0 > 0$) angewandt:

1. Da alle Wurzeln reell oder konjugiert komplex sind, verläuft die WOK symmetrisch zur reellen Achse.

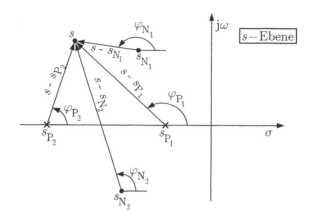

Bild 7.2.1. Überprüfung der Phasenbedingung

2. Aus $1 + G_0(s) = 0$ erhält man die charakteristische Gleichung des geschlossenen Regelkreises

$$k_0 \prod_{\mu=1}^{m} (s - s_{N_\mu}) + \prod_{\nu=1}^{n} (s - s_{P_\nu}) = 0. \qquad (7.2.5)$$

Daraus ist ersichtlich, dass sich für $k_0 = 0$ als Wurzelorte gerade die Pole s_{P_ν} und für $k_0 \to \infty$ die Nullstellen s_{N_μ} des offenen Regelkreises ergeben. Die Wurzelortskurve besteht demnach aus n Ästen, die in den Polen des offenen Regelkreises beginnen. Für $k_0 \to \infty$ enden m dieser n Äste in den Nullstellen des offenen Regelkreises, während $(n - m)$ Äste gegen Unendlich laufen (man kann $s \to \infty$ auch als $(n - m)$-fache Nullstelle von $G_0(s)$ auffassen). Bei mehrfachen Polen oder Nullstellen beginnen bzw. enden dort eine Anzahl Äste der Wurzelortskurve, entsprechend der Vielfachheit der Pole bzw. Nullstellen.

3. Die *Asymptoten* der $(n-m)$ nach unendlich strebenden Äste der WOK sind $(n-m)$ Geraden, die sich alle im *Wurzelschwerpunkt* auf der reellen Achse schneiden. Dieser Punkt hat die Koordinaten $(\sigma_a, j0)$ mit

$$\sigma_a = \frac{1}{n - m} \left\{ \sum_{\nu=1}^{n} \mathrm{Re}\, s_{P_\nu} - \sum_{\mu=1}^{m} \mathrm{Re}\, s_{N_\mu} \right\}. \qquad (7.2.6)$$

Zum Nachweis der Gl. (7.2.6) wird Gl. (7.2.1b) durch Ausführung der Division von Zähler und Nenner von $G_0(s)$ umgeschrieben in die Form

$$G_0(s) = k_0 \frac{1}{s^{n-m} + (a_{n-1} - b_{m-1})\, s^{n-m-1} + \ldots}. \qquad (7.2.7)$$

Setzt man diese Beziehung ein in

$$1 + G_0(s) = 0,$$

dann erhält man als charakteristische Gleichung

$$s^{n-m} + (a_{n-1} - b_{m-1})\, s^{n-m-1} + \ldots + k_0 = 0.$$

Bei einem derartigen Polynom gilt bekanntlich für große Werte von s, also für $s \to \infty$ und damit für die Asymptoten der WOK, die Beziehung

$$\left(s + \frac{a_{n-1} - b_{m-1}}{n - m} \right)^{n-m} = 0, \tag{7.2.8}$$

und mit dem Vietaschen Wurzelsatz folgt außerdem für obige Polynomkoeffizienten

$$a_{n-1} = -\sum_{\nu=1}^{n} s_{P_\nu} = -\sum_{\nu=1}^{n} \mathrm{Re}\, s_{P_\nu} \quad \text{und} \quad b_{m-1} = -\sum_{\mu=1}^{m} s_{N_\mu} = -\sum_{\mu=1}^{m} \mathrm{Re}\, s_{N_\mu}.$$

Setzt man diese Koeffizienten in die Gl. (7.2.8) ein, dann erhält man durch Auflösen nach $s = \sigma_a$ gerade die Gl. (7.2.6).

Bei der Berechnung des Neigungswinkels der Asymptoten der WOK wird man für $s \to \infty$ zweckmäßigerweise von dem Grenzwert der Übertragungsfunktion $G_0(s)$ des offenen Regelkreises gemäß Gl. (7.2.7), also von

$$\lim_{s \to \infty} G_0(s) = \lim_{s \to \infty} k_0 \frac{1}{s^{n-m}} \tag{7.2.9}$$

ausgehen, woraus sich als zugehörige Phasenbedingung

$$\varphi(s) = -(n - m)\, \arg s = \pm 180°(2k + 1)$$

für $k = 0,1,2,\ldots$ ergibt. Der Neigungswinkel der Asymptoten wird damit

$$\alpha_k = \arg s = \frac{\pm 180°(2k + 1)}{n - m}. \tag{7.2.10}$$

Für $(n - m) = 1,2,3$ und 4 erhält man daraus die im Bild 7.2.2 dargestellte Anordnung der Asymptoten.

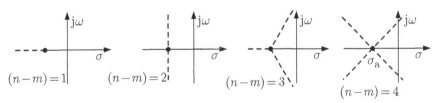

Bild 7.2.2. Anordnung der Asymptoten der WOK in der s-Ebene

4. Ein Punkt auf der reellen Achse ist ein Punkt der Wurzelortskurve, wenn die Gesamtzahl der *rechts* von diesem Punkt liegenden Pole und Nullstellen s_{P_ν} und s_{N_μ} des offenen Regelkreises *ungerade* ist.[1] Dies folgt unmittelbar aus der Phasenbedingung nach Gl. (7.2.4). Pole und Nullstellen, die *links* von dem betrachteten Punkt auf der reellen Achse liegen, liefern keinen Beitrag zur Phasenbedingung, da der Phasenwinkel des Strahls von einem solchen Pol bzw. einer Nullstelle zu dem

---

[1] Diese Aussage gilt für $k_0 > 0$. Im Falle $k_0 < 0$ muss die entsprechende Gesamtzahl eine gerade Zahl oder gleich Null sein; außerdem muss dann in den Gln. (7.2.10), (7.2.15) und (7.2.16) der Term $(2k+1)$ durch $2k$ ersetzt werden.

betrachteten Punkt gerade Null ist. Ein konjugiert komplexes Pol- und Nullstellenpaar liefert für einen Punkt auf der reellen Achse zwei entgegengesetzt gleiche Winkelwerte, so dass auch hier kein Beitrag zur Phasenbedingung erfolgt. Nur Pole und Nullstellen, die auf der reellen Achse rechts von dem betrachteten Punkt liegen, liefern jeweils einen Phasenwinkel von $\pm 180°$. Damit sich als resultierender Phasenwinkel ein ungeradzahliges Vielfaches von $\pm 180°$ ergibt, muss die Anzahl der Pole plus Nullstellen rechts von dem betrachteten Punkt ungerade sein.

5. Liegt ein Ast der Wurzelortskurve gerade zwischen zwei Polen des offenen Regelkreises auf der reellen Achse, dann existiert mindestens ein *Verzweigungspunkt* der Wurzelortskurve zwischen beiden Polen. Liegt umgekehrt ein Wurzelortskurvenast zwischen zwei Nullstellen des offenen Regelkreises auf der reellen Achse, dann existiert mindestens ein *Vereinigungspunkt* der Wurzelortskurve zwischen beiden Nullstellen. Liegt ein Ast der Wurzelortskurve zwischen einem Pol und einer Nullstelle des offenen Regelkreises auf der reellen Achse, dann sind entweder keine Verzweigungs- oder Vereinigungspunkte vorhanden, oder dieselben treten paarweise auf.

Die Lage der Verzweigungspunkte σ_v der WOK auf der reellen Achse erhält man als Lösung $s = \sigma_v$ der Gleichung

$$\sum_{\nu=1}^{n} \frac{1}{s - s_{P_\nu}} = \sum_{\mu=1}^{m} \frac{1}{s - s_{N_\mu}}. \tag{7.2.11}$$

Sind keine Pol- oder Nullstellen vorhanden, so ist der entsprechende Summenterm gleich Null zu setzen. Die Gültigkeit dieser Beziehung folgt aus der Tatsache, dass ein Verzweigungspunkt eine mehrfache Wurzel der charakteristischen Gleichung des geschlossenen Regelkreises ist. Für eine solche mehrfache Wurzel muss also gleichzeitig gelten

$$1 + G_0(s) = 0 \tag{7.2.12a}$$

und

$$\frac{\mathrm{d}}{\mathrm{d}s}[1 + G_0(s)] = \frac{\mathrm{d}}{\mathrm{d}s}G_0(s) = G'(s) = 0. \tag{7.2.12b}$$

Schreibt man für $G_0(s)$ gemäß Gl. (7.1.1a)

$$G_0(s) = k_0 \frac{\prod_{\mu=1}^{m}(s - s_{N_\mu})}{\prod_{\nu=1}^{n}(s - s_{P_\nu})},$$

so folgt durch Logarithmieren

$$\ln G_0(s) = \ln k_0 + \sum_{\mu=1}^{m} \ln(s - s_{N_\mu}) - \sum_{\nu=1}^{n} \ln(s - s_{P_\nu}). \tag{7.2.13}$$

Nun gilt bekanntlich für den Logarithmus einer Funktion $f(s)$

$$\frac{\mathrm{d}}{\mathrm{d}s} \ln f(s) = \frac{1}{f(s)} \frac{\mathrm{d}f(s)}{\mathrm{d}s} = \frac{f'(s)}{f(s)},$$

so dass man aus Gl. (7.2.13) durch Differentiation beider Seiten direkt die Beziehung

$$\frac{G_0'(s)}{G_0(s)} = \sum_{\mu=1}^{m} \frac{1}{s - s_{N_\mu}} - \sum_{\nu=1}^{n} \frac{1}{s - s_{P_\nu}} \qquad (7.2.14)$$

erhält. Wegen Gl. (7.2.12a) ist $G_0(s) = -1$, und mit Gl. (7.2.12b) folgt daher aus Gl. (7.2.14) unmittelbar die Bestimmungsgleichung für Verzweigungspunkte entsprechend Gl. (7.2.11).

6. Sowohl der Austrittswinkel der WOK aus einem Pol s_{P_ϱ} des offenen Regelkreises, als auch der Eintrittswinkel der WOK in eine Nullstelle s_{N_ϱ} des offenen Regelkreises lassen sich in gleicher Weise direkt aus der Phasenbedingung gemäß Gl. (7.2.4) bestimmen. Man erhält für den *Austrittswinkel* aus dem Pol s_{P_ϱ}

$$\varphi_{P_\varrho,A} = \frac{1}{r_{P_\varrho}} \left\{ -\sum_{\substack{\nu=1 \\ \nu \neq \varrho}}^{n} \varphi_{P_\nu} + \sum_{\mu=1}^{m} \varphi_{N_\mu} \pm 180°(2k+1) \right\} \qquad (7.2.15)$$

und für den *Eintrittswinkel* in die Nullstelle s_{N_ϱ}

$$\varphi_{N_\varrho,E} = \frac{1}{r_{N_\varrho}} \left\{ -\sum_{\substack{\mu=1 \\ \mu \neq \varrho}}^{m} \varphi_{N_\mu} + \sum_{\nu=1}^{n} \varphi_{P_\nu} \pm 180°(2k+1) \right\} \qquad (7.2.16)$$

mit $k = 0,1,2,\dots$ (r_{P_ϱ} bzw. r_{N_ϱ} Vielfachheit der Pol- bzw. Nullstelle). Bild 7.2.3 zeigt anhand eines einfachen Beispiels anschaulich die Bestimmung des Austrittswinkels im Pol s_{P_2}. Mit den Werten $\varphi_{P_1} = 144°$, $\varphi_{P_3} = 90°$ und $\varphi_{N_1} = 112°$ folgt nach Gl. (7.2.15) für den Austrittswinkel

$$\varphi_{P_2,A} = -(144° + 90°) + 112° + 180° = 58°.$$

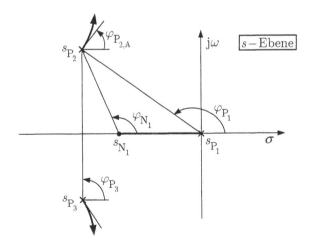

Bild 7.2.3. Zur Bestimmung des Austrittswinkels $\varphi_{P_2,A}$

7. Die Kodierung der WOK durch den jeweiligen Wert des Vorfaktors k_0 ergibt sich direkt aus der Amplitudenbedingung gemäß Gl. (7.2.3) zu

$$k_0 = \frac{\prod\limits_{\nu=1}^{n} |s - s_{\mathrm{P}_\nu}|}{\prod\limits_{\mu=1}^{m} |s - s_{\mathrm{N}_\mu}|} \tag{7.2.17}$$

für jeden beliebigen s-Wert. Im Falle $m = 0$ (keine Nullstelle vorhanden) wird durch 1 dividiert. Die Beträge $|s - s_{P_\nu}|$ und $|s - s_{N_\mu}|$ können, wenn der grafische Verlauf der WOK bereits vorliegt, durch eine einfache Messung des Abstandes des interessierenden Punktes s der WOK von dem entsprechenden Pol s_{P_ν} bzw. von der Nullstelle s_{N_μ} bestimmt werden.

8. Für einen bestimmten vorgegebenen Wert des Vorfaktors k_0 ist der geschlossene Regelkreis nur dann asymptotisch stabil, wenn alle zu k_0 gehörenden Punkte der Wurzelortskurve (also die Pole der Übertragungsfunktion des geschlossenen Regelkreises) in der linken s-Halbebene liegen. Die Stabilitätsgrenze, also der kritische Wert von k_0 ergibt sich somit an den Stellen, an denen die Äste der Wurzelortskurve die Imaginärachse der s-Ebene schneiden. Verlaufen alle Äste der Wurzelortskurve in der linken s-Halbebene, so ist der zugehörige Regelkreis für alle Werte $0 \leq k_0 \leq \infty$ asymptotisch stabil.

Es sei noch bemerkt, dass das Wurzelortskurvenverfahren auch zur Ermittlung des Einflusses anderer Parameter als k_0 benutzt werden kann, sofern man $G_0(s)$ so umformen kann, dass dieser Parameter als Vorfaktor erscheint. Immer dann ist nämlich, wie oben schon gezeigt wurde, die Phasenbedingung gemäß Gl. (7.2.4) von dem betreffenden Parameter unabhängig und bestimmt alleine den Verlauf der Wurzelortskurve, so dass obige Regeln unverändert gelten. Dies sei an zwei Beispielen nachfolgend kurz erläutert.

Beispiel 7.2.1
Gegeben sei als charakteristische Gleichung des geschlossenen Regelkreises

$$a_0 + a_1 s + \ldots + a_{n-1} s^{n-1} + s^n = 0.$$

Gesucht ist die WOK, die durch die Variation des Parameters a_1 entsteht. Dazu lässt sich die charakteristische Gleichung umformen in

$$1 + a_1 \frac{s}{a_0 + a_2 s^2 + \ldots + s^n} = 0.$$

Diese Form entspricht unmittelbar der Standarddarstellung

$$1 + G_0(s) = 1 + a_1 \frac{Z(s)}{N_0(s)} = 0,$$

auf die das WOK-Verfahren in der oben beschriebenen Weise angewandt werden kann. ∎

Beispiel 7.2.2
Gegeben sei als charakteristische Gleichung des geschlossenen Regelkreises

$$s^3 + (3 + \alpha)\, s^2 + 2s + 4 = 0,$$

bei der die Auswirkung des Parameters α auf die Lage der Wurzeln untersucht werden soll. Diese Gleichung lässt sich direkt in die gewünschte Form

$$1 + \alpha \frac{s^2}{s^3 + 3s^2 + 2s + 4} = 0$$

bringen.　　　　　　　　　　　　　　　　　　　　　　　　　　　　　　　　　■

Anhand der Regeln 1 bis 8 ist es nun leicht möglich, aus der Pol- und Nullstellenverteilung des offenen Regelkreises Aussagen über die geometrische Form der WOK zu treffen. Tabelle 7.2.1 zeigt einige typische Pol- und Nullstellenverteilungen mit dem Verlauf der zugehörigen WOK.

Als ein weiteres wichtiges Hilfsmittel zur qualitativen Abschätzung des prinzipiellen Verlaufs einer WOK kann die nachfolgende physikalische Analogie benutzt werden: Ersetzt man beim offenen Regelkreis alle Pole durch negative, alle Nullstellen durch gleichgroße positive Ladungen, und bringt man dann auf einen bereits bekannten Punkt der WOK ein masseloses negativ geladenes Teilchen, so lässt sich nun die Bewegung dieses Teilchens anschaulich verfolgen. Die Bahnkurve, die das Teilchen aufgrund der Wechselwirkung zwischen Abstoßung von den Polen und Anziehung durch die Nullstellen beschreibt, liegt gerade auf der WOK. So zeigt ein Vergleich zwischen den Beispielen 3 und 9 von Tabelle 7.2.1 sehr deutlich die „abstoßende" Wirkung des zusätzlich hinzugekommenen Pols.

Die bisherigen Betrachtungen des WOK-Verfahrens zeigen, wie man eine WOK mit einer Anzahl von Konstruktionsregeln näherungsweise ermitteln kann. Der genaue Verlauf der WOK sollte jedoch bei komplizierteren Regelkreisen stets mit Hilfe eines Digitalrechners ermittelt werden. Besonders wirkungsvoll ist das WOK-Verfahren dann, wenn ein interaktives Arbeiten am Digitalrechner mit einer grafischen Bildschirmanzeige der WOK möglich ist. Dabei gewinnt man nicht nur sofortige Aussagen über die Stabilität des untersuchten Regelkreises, vielmehr lässt sich die WOK durch Hinzufügen zusätzlicher Pole und Nullstellen (Kompensationsglieder) in gewünschter Weise beeinflussen und somit die Stabilitätsgüte verbessern.

Der Übersicht halber seien nachfolgend die wichtigsten *Regeln zur Konstruktion* von WOK nochmals kurz zusammengefasst:

1. Die WOK ist symmetrisch zur reellen Achse.

2. Die WOK besteht aus n Ästen. $(n - m)$ Äste enden im Unendlichen. Alle Äste beginnen mit $k_0 = 0$ in den Polen der charakteristischen Gleichung des offenen Regelkreises, m Äste enden mit $k_0 \to \infty$ in den Nullstellen des offenen Regelkreises. Die Anzahl der in einem Pol beginnenden bzw. in einer Nullstelle endenden Äste der WOK ist gleich der Vielfachheit der Pol- bzw. Nullstelle.

3. Es gibt $n - m$ Asymptoten mit Schnitt im Wurzelschwerpunkt auf der reellen Achse $(\sigma_a, \text{j}0)$ mit

$$\sigma_\mathrm{a} = \frac{1}{n - m} \left\{ \sum_{\nu=1}^{n} \operatorname{Re} s_{\mathrm{P}_\nu} - \sum_{\mu=1}^{m} \operatorname{Re} s_{\mathrm{N}_\mu} \right\}. \tag{7.2.6}$$

4. Ein Punkt auf der reellen Achse gehört dann zur WOK, wenn die Gesamtzahl der rechts von ihm liegenden Pole und Nullstellen ungerade ist.

Tabelle 7.2.1 Typische Beispiele für Pol- und Nullstellenverteilungen von $G_0(s)$ und zugehörige Wurzelortskurve des geschlossenen Regelkreises

Nr.	WOK	Nr.	WOK
1		9	
2		10	
3		11	
4		12	
5		13	
6		14	
7		15	
8		16	

5. Mindestens ein Verzweigungs- bzw. Vereinigungspunkt existiert dann, wenn ein Ast der WOK auf der reellen Achse zwischen zwei Pol- bzw. Nullstellen verläuft; dieser reelle Punkt genügt der Beziehung

$$\sum_{\nu=1}^{n} \frac{1}{s - s_{P_\nu}} = \sum_{\mu=1}^{m} \frac{1}{s - s_{N_\mu}} \qquad (7.2.11)$$

für $s = \sigma_v$ als Verzweigungs- bzw. Vereinigungspunkt. Sind keine Pol- oder Nullstellen vorhanden, so ist der entsprechende Summenterm gleich Null zu setzen.

6. Austritts- bzw. Eintrittswinkel aus Polpaaren bzw. in Nullstellenpaare der Vielfachheit r_{P_ϱ} bzw. r_{N_ϱ}:

$$\varphi_{P_\varrho, A} = \frac{1}{r_{P_\varrho}} \left\{ - \sum_{\substack{\nu=1 \\ \nu \neq \varrho}}^{n} \varphi_{P_\nu} + \sum_{\mu=1}^{m} \varphi_{N_\mu} \pm 180°(2k+1) \right\} \qquad (7.2.15)$$

$$\varphi_{N_\varrho, E} = \frac{1}{r_{N_\varrho}} \left\{ - \sum_{\substack{\mu=1 \\ \mu \neq \varrho}}^{m} \varphi_{N_\mu} + \sum_{\nu=1}^{n} \varphi_{P_\nu} \pm 180°(2k+1) \right\} \qquad (7.2.16)$$

7. Belegung der WOK mit k_0-Werten: Zum Wert s gehört der Wert

$$k_0 = \frac{\displaystyle\prod_{\nu=1}^{n} |s - s_{P_\nu}|}{\displaystyle\prod_{\mu=1}^{m} |s - s_{N_\mu}|} \qquad (7.2.17)$$

(für $m = 0$ ist der Nenner gleich Eins zu setzen).

8. Asymptotische Stabilität des geschlossenen Regelkreises liegt für alle k_0-Werte vor, die auf der WOK links von der imaginären Achse liegen. Die Schnittpunkte der WOK mit der imaginären Achse liefern die kritischen Werte $k_{0_{krit}}$.

7.3 Anwendung der Regeln zur Konstruktion der Wurzelortskurven an einem Beispiel

Die systematische Anwendung der im letzten Abschnitt behandelten Regeln zur Konstruktion der Wurzelortskurven soll nachfolgend an einem nichttrivialen Beispiel gezeigt werden. Betrachtet wird der Regelkreis mit der Übertragungsfunktion des offenen Systems

$$G_0(s) = \frac{k_0(s+1)}{s(s+2)(s^2+12s+40)}. \qquad (7.3.1)$$

Der Zählergrad dieser Übertragungsfunktion ist $m = 1$, d.h. sie besitzt eine Nullstelle ($s_{N_1} = -1$), der Nennergrad ist $n = 4$, d.h. sie besitzt vier Polstellen ($s_{P_1} = 0, s_{P_2} = -2$, $s_{P_3} = -6 + 2j$, $s_{P_4} = -6 - 2j$). Zunächst werden in der komplexen s-Ebene gemäß Bild 7.3.1 die Pole (x) und die Nullstellen (o) des offenen Regelkreises eingetragen. Nach Regel 2 sind diese Polstellen gerade die Punkte der WOK für $k_0 = 0$, und die Nullstelle stellt den Punkt der WOK für $k_0 \to \infty$ dar. Es gibt somit $(n - m) = 3$ Äste der WOK, die gegen Unendlich laufen. Die Asymptoten der 3 nach Unendlich strebenden Äste der WOK sind Geraden, die sich nach Regel 3 auf der reellen Achse schneiden. Nach Gl. (7.2.6) hat dieser Schnittpunkt die Koordinaten (σ_a; j0) mit

$$\sigma_a = \frac{(0 - 2 - 6 - 6) - (-1)}{3} = -\frac{13}{3} = -4{,}33. \tag{7.3.2}$$

Der Neigungswinkel der drei Asymptoten beträgt nach Gl. (7.2.10)

$$\alpha_k = \frac{\pm 180°(2k + 1)}{3} = \pm 60°(2k + 1) \quad k = 0,1,2,\ldots \tag{7.3.3}$$

$$\text{d.h.} \quad \alpha_0 = 60°, \quad \alpha_1 = +180°, \quad \alpha_2 = -60°.$$

Die Asymptoten sind im Bild 7.3.1 eingetragen.

Nach Regel 4 wird danach geprüft, welche Punkte der reellen Achse zur WOK gehören. Die Punkte σ mit $-1 < \sigma < 0$ und $\sigma < -2$ gehören offensichtlich dazu, denn rechts davon gibt es jeweils eine ungerade Anzahl von Polen und Nullstellen. Nach Regel 5 können auf der reellen Achse zwischen 0 und - 1 und links von -2 Verzweigungs- oder Vereinigungspunkte nur paarweise auftreten. Diese Punkte müssen reelle Lösungen der Gl. (7.2.11) sein. Im vorliegenden Beispiel erhält man für Gl. (7.2.11) die Beziehung

$$\frac{1}{s} + \frac{1}{s + 2} + \frac{1}{s + 6 - 2j} + \frac{1}{s + 6 + 2j} = \frac{1}{s + 1} \tag{7.3.4}$$

bzw.

$$3s^4 + 32s^3 + 106s^2 + 128s + 80 = 0.$$

Diese Gleichung besitzt die Lösung $s_{v_1} = -3{,}68$, $s_{v_2} = -5{,}47$, $s_{v_3} = -0{,}76 + 0{,}866j$ und $s_{v_4} = -0{,}76 - 0{,}866j$.

Die reellen Wurzeln $s_{V_1} = -3{,}68$ und $s_{V_2} = -5{,}47$ entsprechen einem Verzweigungspunkt und einem Vereinigungspunkt.

Der Austrittswinkel $\varphi_{P_3,A}$ der WOK aus dem komplexen Pol bei $s_{P_3} = -6 + 2j$ lässt sich grafisch aus Bild 7.3.2 nach Gl. (7.2.15) bestimmen:

$$\varphi_{P_3,A} = -90° - 153{,}4° - 161{,}6° + 158{,}2° \pm 180°(2k + 1) \tag{7.3.5}$$

$$\varphi_{P_3,A} = -246{,}8° + 180° = -66{,}8°.$$

Mit diesen Angaben kann die WOK mit hinreichender Genauigkeit gezeichnet werden. Für einige Punkte der WOK kann nach Regel 7 der zugehörige Wert von k_0 berechnet werden. Der nach dieser Regel zum Schnittpunkt der WOK mit der imaginären Achse gehörende Wert $k_{0,\text{krit}}$ beträgt mit den grafisch abgelesenen Werten

$$k_{0,\text{krit}} = \frac{7{,}2 \cdot 7{,}4 \cdot 7{,}9 \cdot 11{,}1}{7{,}25} = 644{,}4.$$

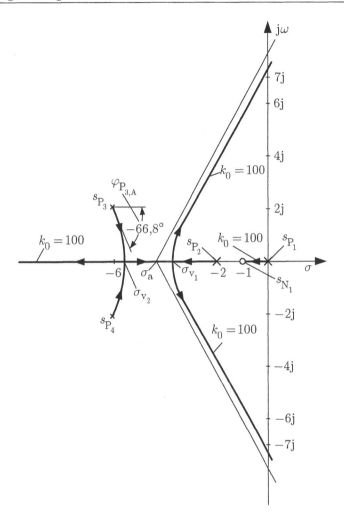

Bild 7.3.1. Die WOK des Regelkreises mit der Übertragungsfunktion des offenen Systems

$$G_0(s) = \frac{k_0(s+1)}{s(s+2)(s+6+2j)(s+6-2j)}$$

Häufig ist es erforderlich, diesen Wert $k_{0,\mathrm{krit}}$ und den Schnittpunkt der WOK mit der imaginären Achse genau zu berechnen. Dazu wird die charakteristische Gleichung

$$s^4 + 14s^3 + 64s^2 + (80 + k_0)\,s + k_0 = 0 \tag{7.3.6}$$

des geschlossenen Regelkreises betrachtet. Das Routh-Kriterium liefert folgende Bedingungen für die Stabilität des geschlossenen Regelkreises:

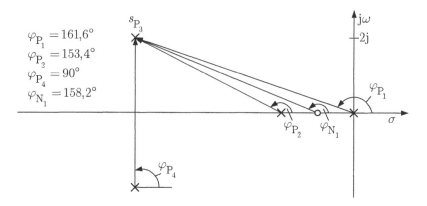

$$\varphi_{P_1} = 161{,}6°$$
$$\varphi_{P_2} = 153{,}4°$$
$$\varphi_{P_4} = 90°$$
$$\varphi_{N_1} = 158{,}2°$$

Bild 7.3.2. Zur Berechnung des Austrittswinkels $\varphi_{P_3,A}$ der WOK aus dem komplexen Pol $s_{P_3} = -6 + 2j$

4	1	64	k_0
3	14	$80 + k_0$	0
2	$\dfrac{816 - k_0}{14}$	k_0	0
1	$\dfrac{65280 + 540k_0 - k_0^2}{816 - k_0}$	0	0
0	k_0		

Für positive k_0 sind bis auf den dritten und vierten Koeffizienten in der ersten Spalte des Routh-Schemas alle Bedingungen sofort erfüllt. Die Auswertung dieser beiden Koeffizienten liefert $k_0 < 816$ bzw. $k_0 < 641{,}7$, wobei die letzte Forderung die strengere ist.

Der geschlossene Regelkreis ist stabil für $0 < k_0 < 641{,}7$. Für $k_0 = 641{,}7$ besitzt der geschlossene Regelkreis ein rein imaginäres Polpaar bei

$$\omega = \pm\sqrt{\frac{80 + k_0}{14}} = \pm 7{,}2. \tag{7.3.7}$$

8 Klassische Verfahren zum Entwurf linearer kontinuierlicher Regelsysteme

8.1 Problemstellung

Eine der wichtigsten Aufgaben stellt für den Regelungstechniker der Entwurf oder die Synthese eines Regelkreises dar. Diese Aufgabe, zu der streng genommen auch die komplette gerätetechnische Auslegung gehört, sei nachfolgend auf das Problem beschränkt, für eine vorgegebene Regelstrecke einen geeigneten Regler zu entwerfen, der die an den Regelkreis gestellten Anforderungen möglichst gut oder bei geringstem technischen Aufwand erfüllt. An den im Bild 8.1.1 dargestellten Regelkreis werden gewöhnlich folgende Anforderungen gestellt:

1. Als Mindestforderung muss der Regelkreis selbstverständlich stabil sein.

2. Störgrößen $z(t)$ sollen einen möglichst geringen Einfluss auf die Regelgröße $y(t)$ haben.

3. Die Regelgröße $y(t)$ soll einer zeitlich sich ändernden Führungsgröße $w(t)$ möglichst genau und schnell folgen.

4. Der Regelkreis soll möglichst unempfindlich (robust) gegenüber nicht zu großen Parameteränderungen sein.

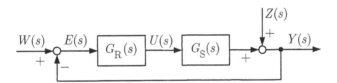

Bild 8.1.1. Standardstruktur des Regelkreises

Um die unter 2) und 3) gestellten Anforderungen zu erfüllen, müsste im *Idealfall* für die Führungsübertragungsfunktion (gemäß Forderung 3)

$$G_{\mathrm{W}}(s) = \frac{Y(s)}{W(s)} = \frac{G_0(s)}{1 + G_0(s)} = 1 \tag{8.1.1}$$

und für die Störungsübertragungsfunktion (gemäß Forderung 2)

$$G_{\mathrm{Z}}(s) = \frac{Y(s)}{Z(s)} = \frac{1}{1 + G_0(s)} = 0 \tag{8.1.2}$$

gelten. Eine strenge Verwirklichung dieser Beziehungen ist aus physikalischen und technischen Gründen nicht möglich. Diese Problematik sei anhand eines einfachen Beispiels nachfolgend erläutert.

Beispiel 8.1.1

Gegeben sei als Regelstrecke ein Gleichstrommotor, der näherungsweise als Verzögerungsglied 1. Ordnung mit der Übertragungsfunktion

$$G_{\mathrm{S}}(s) = \frac{Y(s)}{U(s)} = \frac{K_s}{1 + Ts} \tag{8.1.3}$$

beschrieben werden kann. Die Stellgröße $u(t)$ sei dabei die Ankerspannung, die Ausgangsgröße $y(t)$ sei die Drehzahl des Motors bzw. die der Drehzahl proportionale Spannung am Ausgang des Messgliedes (Tachogenerator). Um die in der Regelstrecke enthaltene Eigendynamik zu kompensieren, liegt es nahe, als Reglerübertragungsfunktion

$$G_{\mathrm{R}}(s) = K_{\mathrm{R}}(1 + Ts), \tag{8.1.4}$$

also einen PD-Regler zu wählen. Der offene Regelkreis mit der Übertragungsfunktion

$$\begin{aligned} G_0(s) &= G_{\mathrm{R}}(s)\, G_{\mathrm{S}}(s) \\ &= K_{\mathrm{R}}(1 + Ts)\frac{K_{\mathrm{S}}}{1 + Ts} = K_{\mathrm{R}}\, K_{\mathrm{S}} \end{aligned} \tag{8.1.5}$$

besitzt damit reines P-Verhalten. Erregt man nun die Eingangsgröße des Reglers sprungförmig, so nimmt die Drehzahl des Motors ebenfalls sprungförmig ihren stationären Endwert an. Um dieses Verhalten physikalisch interpretieren zu können, ermittelt man aus Gl. (8.1.4) die Übergangsfunktion des Reglers

$$h_{\mathrm{R}}(t) = K_{\mathrm{R}}\sigma(t) + K_{\mathrm{R}}T\delta(t). \tag{8.1.6}$$

Man erkennt unmittelbar, dass die Trägheit des Motors, die sein Hochlaufen normalerweise verzögert hätte, offensichtlich durch eine zu Beginn erforderliche unendlich hohe Stellgröße (δ-Impuls) kompensiert werden könnte. Um außerdem im geschlossenen Regelkreis die bleibende Regelabweichung gering zu halten und um den Einfluss von Störungen weitgehend zu unterdrücken, müsste in Anlehnung an die Überlegungen aus Kapitel 5 die Reglerverstärkung K_{R} sehr groß gewählt werden.

Gegen die Einführung eines solchen Reglers sprechen i.a. mehrere Gründe:

- Der Regler nach Gl. (8.1.4) ist bekanntlich nicht realisierbar. Allerdings lässt er sich durch Hinzufügen eines reellen Pols in der Übertragungsfunktion $G_{\mathrm{R}}(s)$ hinreichend gut approximieren, wenn dieser Pol nur weit genug in der linken s-Halbebene liegt. Dieses Vorgehen entspricht der Verwendung eines PDT$_1$-Reglers gemäß Gl. (5.3.9).

- Die Stellgrößenamplituden können nicht beliebig große Werte annehmen. Der im Beispiel verwendete Motor hat eine maximal zulässige Ankerspannung, die nicht überschritten werden darf. Befindet sich der Motor in Ruhe, so darf sogar die im stationären Betrieb zulässige Betriebsspannung nur über Vorwiderstände dem Motor zugeführt werden, um den zu Beginn auftretenden hohen Ankerstrom zu begrenzen. Grenzwerte für Ankerspannung und Ankerstrom müssen also bei der Auslegung des Reglers mit berücksichtigt werden.

- In anderen Fällen wird die maximale Stellamplitude nicht wie hier durch Grenzwerte der Regelstrecke, sondern durch die Ausführung des Stellgliedes bestimmt. So kann beispielsweise ein Stellventil nur innerhalb des Bereichs zwischen den Zuständen „zu" und „auf" arbeiten. Würde man wie im vorliegenden Beispiel ein Stellventil mit einem impulsförmigen Signal ansteuern, so würde es an den oberen Anschlag laufen und so den Impuls begrenzen. Der Stellimpuls wird somit nur begrenzt weitergegeben und wirkt daher auch nicht voll auf die Regelstrecke ein. Es ist also unbedingt erforderlich, beim Entwurf eines Reglers auch die maximal möglichen Stellamplituden zu berücksichtigen. Oft wird auch aus technischen Gründen ein möglichst ruhiges Stellverhalten eines Regelkreises gefordert, d.h. die Stellgröße sollte keine allzu großen und schnellen Änderungen aufweisen.

- Durch Auftreten eines D-Gliedes bzw. eines angenäherten D-Gliedes in einem Regelkreis werden die höherfrequenten Signalanteile stets stark verstärkt. Derartige Signale treten gewöhnlich in jedem realen Regelkreis zusätzlich als statistische Störungen (Rauschsignale) auf, die den eigentlichen deterministischen Regelsignalen (Nutzsignalen) überlagert sind.

- Durch eine zu große Reglerverstärkung K_R kann in vielen Fällen der geschlossene Regelkreis instabil werden. Dieser Fall tritt in dem hier gewählten Beispiel theoretisch zwar nicht auf, jedoch sollte man bedenken, dass Gl. (8.1.3) ein mit Näherungen erstelltes mathematisches Modell darstellt. Außerdem tritt bei großen Reglerverstärkungen ebenfalls das Problem der Stellgrößenbeschränkung auf.

■

Anhand des hier diskutierten Beispiels ist ersichtlich, dass die an einen Regelkreis beim Entwurf gestellten Anforderungen hinsichtlich des stationären Verhaltens (bleibende Regelabweichung) und der Dynamik (Schnelligkeit) teilweise gegenseitig im Widerspruch stehen, und zwar umso stärker, je mehr man den in den Gln. (8.1.1) und (8.1.2) definierten idealen Regelkreis anstrebt. In der Praxis muss man sich daher beim Regelkreisentwurf überlegen, welche Abweichungen vom idealen Fall jeweils in Kauf genommen werden können. Somit stellt der Regelkreisentwurf stets einen Kompromiss zwischen den gestellten Anforderungen und den technischen Grenzen wie beispielsweise Stellbereichsbeschränkungen dar. Bei diesem Vorgehen sind viel Erfahrung, ingenieurmäßiges Verständnis und Phantasie erforderlich. Insofern erscheint es verständlich, dass für den Entwurf (Synthese) von Regelkreisen zahlreiche Verfahren sowohl im Zeitbereich als auch im Frequenzbereich entwickelt wurden, von denen die wichtigsten nachfolgend behandelt werden sollen. Die Vielfalt der Entwurfsverfahren zeigt, dass die Synthese von Regelkreisen somit auch viele Lösungen aufweisen kann. Jede Lösung ist dann optimal im Sinne des jeweils gewählten Gütemaßes. Die nachfolgende Darstellung beschränkt sich auf die klassischen Verfahren zum Entwurf linearer Regelkreise. Die Entwurfsverfahren im Zustandsraum werden daher nicht in diesem Kapitel, sondern erst in den Bänden Regelungstechnik II und III behandelt.

8.2   Entwurf im Zeitbereich

8.2.1   Gütemaße im Zeitbereich

8.2.1.1   Der dynamische Übergangsfehler

Bei der Beurteilung der Güte einer Regelung erweist es sich als zweckmäßig, den zeitlichen Verlauf der Regelgröße $y(t)$ bzw. der Regelabweichung $e(t)$ unter Einwirkung wohldefinierter Testsignale zu betrachten. Als das wohl wichtigste Testsignal wird dazu gewöhnlich eine sprungförmige Erregung der Eingangsgröße des untersuchten Regelkreises verwendet. So kann man beispielsweise für eine sprungförmige Erregung der Führungsgröße den im Bild 8.2.1 dargestellten Verlauf der Regelgröße $y(t) = h_W(t)$ beobachten. Zur näheren Beschreibung dieser Führungsübergangsfunktion werden die folgenden Begriffe eingeführt:

- Die maximale *Überschwingweite* e_{max} gibt den Betrag der maximalen Regelabweichung an, die nach erstmaligem Erreichen des Sollwertes (100%) auftritt.

- Die t_{max}-*Zeit* beschreibt den Zeitpunkt des Auftretens der maximalen Überschwingweite.

- Die *Anstiegszeit* T_a ergibt sich aus dem Schnittpunkt der Tangente im Wendepunkt W von $h_W(t)$ mit der 0% - und 100% -Linie. Häufig wird allerdings die Tangente auch im Zeitpunkt t_{50} verwendet, bei dem $h_W(t)$ gerade 50% des Sollwertes erreicht hat. Zur besseren Unterscheidung soll dann für diesen zweiten Fall die Anstiegszeit mit $T_{a,50}$ bezeichnet werden.

- Die *Verzugszeit* T_u ergibt sich aus dem Schnittpunkt der oben definierten Wendetangente mit der t-Achse.

- Die *Ausregelzeit* t_ε ist der Zeitpunkt, ab dem der Betrag der Regelabweichung kleiner als eine vorgegebene Schranke ε ist (z.B. $\varepsilon = 3\% : t_{3\%}$, also $\pm\,3\%$ Abweichung vom Sollwert).

- Als *Anregelzeit* t_{an} bezeichnet man den Zeitpunkt, bei dem erstmalig der Sollwert (100%) erreicht wird. Es gilt näherungsweise $t_{an} \approx T_u + T_a$.

In ähnlicher Weise lässt sich gemäß Bild 8.2.2 auch das Störverhalten charakterisieren. Hierbei werden ebenfalls die Begriffe „maximale Überschwingweite" und „Ausregelzeit" definiert.

Von den hier eingeführten Größen kennzeichnen i.w. e_{max} und t_ε die Dämpfung und t_{an}, T_a und t_{max} die Schnelligkeit, also die Dynamik des Regelverhaltens, während die bleibende Regelabweichung e_∞ das statische Verhalten charakterisiert. Da alle diese Größen die Abweichung der Übergangsfunktion vom eingangs definierten Idealfall angeben und somit den dynamischen Übergangsfehler des Regelvorgangs beschreiben, ist man bei der Auslegung des Regelkreises bestrebt, dieselben möglichst klein zu halten. Dabei kann man sich oft bereits auf drei Größen, z.B. t_{an}, t_ε und e_{max} beschränken. Bei der Minimierung dieser Größen ist dann allerdings ein Kompromiss mit der maximal zulässigen Stellgröße zu schließen.

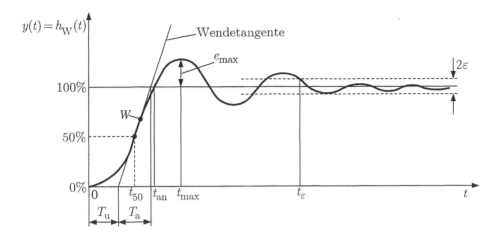

Bild 8.2.1. Typische Antwort eines Regelkreises auf sprunghafte Änderung der Führungsgröße

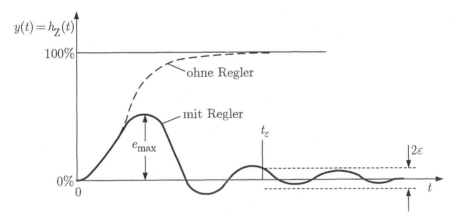

Bild 8.2.2. Typische Antwort eines Regelkreises bei einer sprungförmigen Störung

8.2.1.2 Integralkriterien

Die Vielzahl der im vorherigen Abschnitt eingeführten Gütespezifikationen sind zwar für die Beurteilung des Ergebnisses eines Regelkreisentwurfs geeignet, als Ausgangspunkt für eine Synthese im Zeitbereich sind sie jedoch kaum brauchbar. Hier wäre es vielmehr wünschenswert, nur eine Gütemaßzahl zu verwenden, um die Wirkung von Änderungen gewisser Entwurfsparameter direkt beurteilen zu können. Es liegt deshalb nahe, z.B. aus den zuvor genannten drei Größen t_{an}, t_ε und e_{max} ein Gütemaß der Form

$$I_a = k_1 t_{an} + k_2 t_\varepsilon + k_3 e_{max} \qquad (8.2.1)$$

einzuführen, und dieses dann zu minimieren. Hierbei würde allerdings die subjektive Wahl der Bewertungsfaktoren k_1, k_2 und k_3 sowie die Auswertung des Gütemaßes Schwierigkeiten bereiten.

Eine andere Möglichkeit, den dynamischen Übergangsfehler nur durch ein einziges Gütemaß zu charakterisieren, besteht nun in der Einführung sogenannter Integralkriterien. Aus Bild 8.2.1 ist ersichtlich, dass die Fläche zwischen der 100%-Geraden und der Führungsübergangsfunktion $h_W(t)$ sicherlich ein Maß für die Abweichung des Regelkreises vom idealen Führungsverhalten darstellt. Ebenso ist in Bild 8.2.2 die Fläche zwischen der Störübergangsfunktion $h_Z(t)$ und der t-Achse ein Maß für die Abweichung des Regelkreises vom Fall der idealen Störungsunterdrückung. In beiden Fällen handelt es sich um die Gesamtfläche unterhalb der Regelabweichung $e(t) = w(t) - y(t)$, mit der man die Abweichung vom idealen Regelkreis beschreiben kann. Es liegt nahe, als Maß für die Regelgüte ein Integral der Form

$$I_k = \int\limits_0^\infty f_k[e(t)]\,\mathrm{d}t \tag{8.2.2}$$

einzuführen, wobei für $f_k[e(t)]$ gewöhnlich die in Tabelle 8.2.1 angegebenen Funktionen wie z.B. $e(t)$, $|e(t)|\,t$, $e^2(t)$ usw. verwendet werden. In einem derartigen integralen Gütemaß lassen sich auch zeitliche Ableitungen der Regelabweichung sowie zusätzlich auch die Stellgröße $u(t)$ berücksichtigen. Die wichtigsten dieser Gütemaße I_k sind in Tabelle 8.2.1 zusammengestellt.

Mit Hilfe solcher Gütemaße lassen sich nun die Integralkriterien folgendermaßen formulieren:

Eine Regelung ist im Sinne des jeweils gewählten Integralkriteriums umso besser, je kleiner I_k ist. Somit erfordert ein Integralkriterium stets die Minimierung von I_k, wobei dies durch geeignete Wahl der noch freien Entwurfsparameter oder Reglereinstellwerte $r_1, r_2, \ldots$ geschehen kann. Damit lautet das Integralkriterium schließlich

$$I_k = \int\limits_0^\infty f_k[e(t)]\,\mathrm{d}t = I_k(r_1, r_2, \ldots) \overset{!}{=} \text{Min.} \tag{8.2.3}$$

Dabei kann das gesuchte Minimum sowohl im Inneren als auch auf dem Rand des durch die möglichen Einstellwerte begrenzten Definitionsbereiches liegen. Dies ist zu beachten, da beide Fälle eine unterschiedliche mathematische Behandlung erfordern. Im ersten Fall handelt es sich gewöhnlich um ein *absolutes Optimum*, im zweiten um ein *Randoptimum*.

8.2.1.3 *Berechnung der quadratischen Regelfläche*

Aufgrund der verschiedenartigen Anforderungen, die beim Entwurf von Regelkreisen gestellt werden, ist es nicht möglich, für alle Anwendungsfälle ein einziges, gleichermaßen gut geeignetes Gütemaß festzulegen. In sehr vielen Fällen hat sich jedoch das Minimum der quadratischen Regelfläche als Gütekriterium sehr gut bewährt. Es besitzt außerdem den Vorteil, dass es für die wichtigsten Fälle auch leicht analytisch berechnet werden kann.

Zur Berechnung der quadratischen Regelfläche $\int\limits_0^\infty e^2(t)\,\mathrm{d}t$ geht man von der allgemeinen Darstellung des Faltungssatzes im Frequenzbereich gemäß Gl. (4.1.13) bzw. Gl. (4.1.15)

Tabelle 8.2.1 Die wichtigsten Gütemaße für Integralkriterien

Gütemaß	Eigenschaft
$I_1 = \int\limits_0^\infty e(t)\,\mathrm{d}t$	*Lineare Regelfläche:* Eignet sich zur Beurteilung stark gedämpfter oder monotoner Regelverläufe; einfache mathematische Behandlung.
$I_2 = \int\limits_0^\infty |e(t)|\,\mathrm{d}t$	*Betragslineare Regelfläche:* Geeignet für nichtmonotonen Schwingungsverlauf. Umständliche Auswertung.
$I_3 = \int\limits_0^\infty e^2(t)\,\mathrm{d}t$	*Quadratische Regelfläche:* Starke Berücksichtigung großer Regelabweichungen; liefert größere Ausregelzeiten als I_2. In vielen Fällen analytische Berechnung möglich.
$I_4 = \int\limits_0^\infty |e(t)|\,t\,\mathrm{d}t$	*Zeitbeschwerte betragslineare Regelfläche:* Wirkung wie I_2; berücksichtigt zusätzlich die Dauer der Regelabweichung.
$I_5 = \int\limits_0^\infty e^2(t)\,t\,\mathrm{d}t$	*Zeitbeschwerte quadratische Regelfläche:* Wirkung wie I_3; berücksichtigt zusätzlich die Dauer der Regelabwe ichung.
$I_6 = \int\limits_0^\infty [e^2(t) + \alpha \dot{e}^2(t)]\,\mathrm{d}t$	*Verallgemeinerte quadratische Regelfläche:* Wirkung günstiger als bei I_3, allerdings Wahl des Bewertungsfaktors α subjektiv.
$I_7 = \int\limits_0^\infty [e^2(t) + \beta u^2(t)]\,\mathrm{d}t$	*Quadratische Regelfläche und Stellaufwand:* Etwas größerer Wert von $e_{\max}$, jedoch t_ε wesentlich kürzer; Wahl des Bewertungsfaktors β subjektiv.

Anmerkung: Besitzt der betrachtete Regelkreis eine bleibende Regelabweichung e_∞, dann ist $e(t)$ durch $e(t) - e_\infty$ zu ersetzen, da sonst die Integrale in der obigen Form nicht konvergieren. Entsprechendes gilt auch für die Stellgröße $u(t)$.

$$\mathscr{L}\{f_1(t)\,f_2(t)\} = \int\limits_0^\infty f_1(t)\,f_2(t)\,e^{-st}\mathrm{d}t = \frac{1}{2\pi\mathrm{j}} \int\limits_{c-\mathrm{j}\infty}^{c+\mathrm{j}\infty} F_1(p)\,F_2(s-p)\,\mathrm{d}p \qquad (8.2.4)$$

aus, bei der bekanntlich p die komplexe Integrationsvariable darstellt. Wählt man nun speziell $s = c = 0$ und $f_1(t) = f_2(t) = f(t)$, so erhält man direkt die als *Parsevalsche Gleichung* bekannte Beziehung

$$\int\limits_0^\infty f^2(t)\,\mathrm{d}t = \frac{1}{2\pi\mathrm{j}} \int\limits_{-\mathrm{j}\infty}^{+\mathrm{j}\infty} F(p)\,F(-p)\,\mathrm{d}p, \qquad (8.2.5)$$

wobei als Voraussetzung die Integrale $\int\limits_0^\infty |f(t)|\,\mathrm{d}t$ und $\int\limits_0^\infty |f(t)|^2\mathrm{d}t$ konvergieren müssen. Gl. (8.2.5) lässt sich nun unmittelbar auf die Regelabweichung $e(t)$ anwenden, und man erhält nach Ersetzen der nur für die Herleitung benötigten Variablen p durch s für die *quadratische Regelfläche* schließlich

$$I_3 = \int_0^\infty e^2(t)\,\mathrm{d}t = \frac{1}{2\pi\mathrm{j}} \int_{-\mathrm{j}\infty}^{+\mathrm{j}\infty} E(s)\,E(-s)\,\mathrm{d}s. \tag{8.2.6}$$

Ist $E(s)$ eine gebrochen rationale Funktion

$$E(s) = \frac{c_0 + c_1 s + \ldots + c_{n-1}s^{n-1}}{d_0 + d_1 s + \ldots + d_n s^n}, \tag{8.2.7}$$

deren sämtliche Pole in der linken s-Halbebene liegen, dann lässt sich das Integral in Gl. (8.2.6) durch Residuenrechnung bestimmen. Bis $n = 10$ liegt die Auswertung dieses Integrals in tabellarischer Form vor [NGK57]. Tabelle 8.2.2 enthält die Integrale bis $n = 4$.

Tabelle 8.2.2 Quadratische Regelfläche $I_{3,n}$ für $n = 1$ bis $n = 4$

$I_{3,1} = \dfrac{c_0^2}{2d_0 d_1}$
$I_{3,2} = \dfrac{c_1^2 d_0 + c_0^2 d_2}{2d_0 d_1 d_2}$
$I_{3,3} = \dfrac{c_2^2 d_0 d_1 + \left(c_1^2 - 2c_0 c_2\right) d_0 d_3 + c_0^2 d_2 d_3}{2d_0 d_3 \left(-d_0 d_3 + d_1 d_2\right)}$
$I_{3,4} = \dfrac{c_3^2\left(-d_0^2 d_3 + d_0 d_1 d_2\right) + \left(c_2^2 - 2c_1 c_3\right) d_0 d_1 d_4 + \left(c_1^2 - 2c_0 c_2\right) d_0 d_3 d_4 + c_0^2\left(-d_1 d_4^2 + d_2 d_3 d_4\right)}{2d_0 d_4 \left(-d_0 d_3^2 - d_1^2 d_4 + d_1 d_2 d_3\right)}$

Etwas allgemeiner ist die von Solodownikow [Sol71] angegebene Berechnung von I_3, bei der auch eine eventuell vorhandene bleibende Regelabweichung e_∞ direkt mitberücksichtigt werden kann; dabei wird bei sprungförmiger Erregung des Regelkreises für $E(s)$ in Anlehnung an die Originalarbeit die spezielle Form

$$E(s) = \frac{b_0 + b_1 s + \ldots + b_m s^m}{a_0 + a_1 s + \ldots + a_n s^n}\,\frac{1}{s} \tag{8.2.8}$$

$$\text{mit}\quad \begin{array}{ll} b_0 = 0 & \text{für}\quad e_\infty = 0 \\ b_0 \neq 0 & \text{für}\quad e_\infty \neq 0 \end{array} \quad \text{und } m \leq n - 1$$

zugrunde gelegt. Dann gilt für die quadratische Regelfläche

$$\int_0^\infty [e(t) - e_\infty]^2\,\mathrm{d}t = \frac{1}{2a_0\Delta}[B_0\Delta_0 + B_1\Delta_1 + \ldots + B_m\Delta_m - 2b_0 b_1\Delta] \tag{8.2.9}$$

mit der Determinante

$$\Delta = \begin{vmatrix} a_0 & -a_2 & a_4 & -a_6 & \ldots & 0 \\ 0 & a_1 & -a_3 & a_5 & \ldots & 0 \\ 0 & -a_0 & a_2 & -a_4 & \ldots & 0 \\ & & & \ddots & & \\ 0 & 0 & 0 & 0 & \ldots & a_{n-1} \end{vmatrix} \tag{8.2.10}$$

Die Determinanten Δ_ν erhält man für $\nu = 0,1,2,\ldots,m$ aus der Determinante Δ dadurch, dass man die $(\nu + 1)$-te Spalte durch $(a_1; a_0; 0; 0, \ldots; 0)$ ersetzt. Ferner gilt:

$$B_0 = b_0^2$$

$$B_1 = b_1^2 - 2b_0 b_2$$

$$\vdots$$

$$B_k = b_k^2 - 2b_{k-1}b_{k+1} + \ldots + 2(-1)^k b_0 b_{2k}$$

$$\vdots$$

$$B_m = b_m^2.$$

8.2.2 Ermittlung optimaler Einstellwerte eines Reglers nach dem Kriterium der minimalen quadratischen Regelfläche

Nachfolgend soll gezeigt werden, wie bei einem im Regelkreis vorgegebenen Regler die frei wählbaren Einstellparameter optimal im Sinne des Gütekriteriums der minimalen quadratischen Regelfläche (kurz: Quadratisches Gütekriterium) bestimmt werden können [Unb70]. Dabei wird von einer Regelkreisstruktur nach Bild 8.1.1 ausgegangen. Bei vorgegebenem Führungs- bzw. Störsignal ist die quadratische Regelfläche

$$I_3 = \int_0^\infty [e(t) - e_\infty]^2 \mathrm{d}t = I_3(r_1, r_2, \ldots) \tag{8.2.11}$$

nur noch eine Funktion der zu optimierenden Reglerparameter $r_1, r_2, \ldots$. Die optimalen Reglerparameter sind nun diejenigen, durch die I_3 minimal wird. Zur Lösung dieser einfachen mathematischen Extremwertaufgabe

$$I_3(r_1, r_2, \ldots) \overset{!}{=} \mathrm{Min} \tag{8.2.12}$$

gilt unter der Voraussetzung, dass der gesuchte Optimalpunkt $(r_{1\,\mathrm{opt}}, r_{2\,\mathrm{opt}}, \ldots)$ nicht auf dem Rand des möglichen Einstellbereichs liegt, somit für alle partiellen Ableitungen von I_3

$$\left. \frac{\partial I_3}{\partial r_1} \right|_{r_{2\,\mathrm{opt}}, r_{3\,\mathrm{opt}}, \ldots} = 0, \qquad \left. \frac{\partial I_3}{\partial r_2} \right|_{r_{1\,\mathrm{opt}}, r_{3\,\mathrm{opt}}, \ldots} = 0, \ldots \tag{8.2.13}$$

Diese Beziehung stellt einen Satz von Bestimmungsgleichungen für die Extrema der Gl. (8.2.11) dar. Im Optimalpunkt muss I_3 ein Minimum werden. Ein derartiger Punkt kann nur im Bereich stabiler Reglereinstellwerte liegen. Beim Auftreten mehrerer Punkte, die Gl. (8.2.13) erfüllen, muss u.U. durch Bildung der zweiten partiellen Ableitungen von I_3 geprüft werden, ob der betreffende Extremwert ein Minimum ist. Treten mehrere Minima auf, dann beschreibt das absolute Minimum den Optimalpunkt der gesuchten Reglereinstellwerte $r_i = r_{i\,\mathrm{opt}}(i = 1, 2, \ldots)$.

8.2.2.1 *Beispiel einer Optimierungsaufgabe nach dem quadratischen Gütekriterium*

Gegeben ist die Übertragungsfunktion einer Regelstrecke

$$G_S(s) = \frac{1}{(1+s)^3}. \tag{8.2.14}$$

Diese Regelstrecke soll mit einem PI-Regler, dessen Übertragungsfunktion

$$G_R(s) = K_R \left(1 + \frac{1}{T_I s} \right) \tag{8.2.15}$$

lautet, zu einem Regelkreis zusammengeschaltet werden. Dabei sind $K_{R\,opt}$ und $T_{I\,opt}$ so zu bestimmen, dass die quadratische Regelfläche I_3 für eine sprungförmige Störung am Eingang der Regelstrecke ein Minimum annimmt.

1. Schritt: *Bestimmung des Stabilitätsrandes.* Man bestimmt zuerst den Bereich der Einstellwerte. Dies sind, soweit durch die technischen Ausführungen der Regeleinrichtung keine weiteren Einschränkungen bedingt sind, alle $(K_R; T_I)$-Wertepaare, für die der geschlossene Regelkreis stabil ist.

Aus

$$1 + G_0(s) = 1 + G_R(s)\, G_S(s) = 0$$

erhält man für dieses System 4. Ordnung als charakteristische Gleichung

$$P(s) = T_I s^4 + 3 T_I s^3 + 3 T_I s^2 + T_I (1 + K_R)\, s + K_R = 0. \tag{8.2.16}$$

Wendet man darauf die Beiwertebedingung nach Gl. (6.2.9) an, so liefert dies als Grenzkurven des Stabilitätsbereichs

$$K_R = 0 \tag{8.2.17a}$$

und

$$T_{I\text{stab}} = \frac{9 K_R}{(1 + K_R)\,(8 - K_R)}. \tag{8.2.17b}$$

Der Bereich stabiler Reglereinstellwerte, das *Stabilitätsdiagramm*, ist im Bild 8.2.3 dargestellt.

2. Schritt: *Bestimmung der quadratischen Regelfläche.* Die Laplace-Transformierte der Regelabweichung $E(s)$ bestimmt man aus Gl. (5.2.3) mit $W(s) \equiv 0$ zu

$$E(s) = -Y(s) = \frac{-1}{1 + G_0(s)}\, Z(s).$$

Setzt man hierin $G_S(s)$ und $G_R(s)$ sowie $Z(s) = G_S(s)/s$ (sprungförmige Störung am Eingang der Regelstrecke) ein, so erhält man

$$E(s) = \frac{-T_I s}{K_R + (1 + K_R)\, T_I s + 3 T_I s^2 + 3 T_I s^3 + T_I s^4}\, \frac{1}{s}. \tag{8.2.18}$$

Wendet man darauf entweder Gl. (8.2.9) oder den entsprechenden Ausdruck aus Tabelle 8.2.2 an, so erhält man nach einigen elementaren Zwischenrechnungen für die quadratische Regelfläche

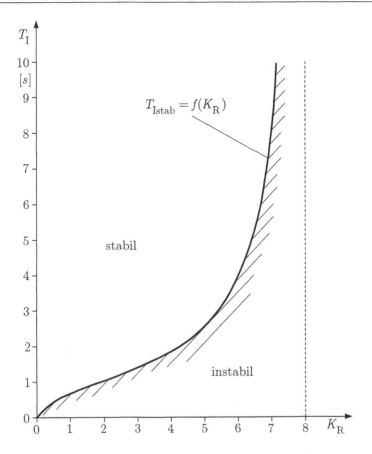

Bild 8.2.3. Bereich stabiler Reglereinstellwerte (Stabilitätsdiagramm)

$$I_3 = \frac{T_I(8 - K_R)}{2K_R\left\{(1 + K_R)(8 - K_R) - \dfrac{9K_R}{T_I}\right\}}. \tag{8.2.19}$$

Zur Kontrolle dieser Beziehung kann man die quadratische Regelfläche am Stabilitätsrand nach den Gln. (8.2.17a) und (8.2.17b) bestimmen. Dort wächst die quadratische Regelfläche offensichtlich über alle Grenzen.

3. Schritt: *Bestimmen des Optimalpunktes ($K_{R\,opt}$; $T_{I\,opt}$).* Da der gesuchte Optimalpunkt im Inneren des Stabilitätsbereiches liegt, muss dort notwendigerweise

$$\frac{\partial I_3}{\partial K_R} = 0 \tag{8.2.20}$$

und

$$\frac{\partial I_3}{\partial T_I} = 0 \tag{8.2.21}$$

gelten. Jede dieser beiden Bedingungen liefert eine *Optimalkurve* $T_I(K_R)$ in der (K_R; T_I)-Ebene, deren Schnittpunkt, falls er existiert und im Inneren des Stabilitätsbereiches liegt, der gesuchte Optimalpunkt ist. Aus Gl. (8.2.20) erhält man die Optimalkurve

$$T_{I\,opt_1} = \frac{9K_R(16 - K_R)}{(8 - K_R)^2\,(1 + 2K_R)} \tag{8.2.22}$$

und aus Gl. (8.2.21) folgt als Optimalkurve

$$T_{I\,opt_2} = \frac{18K_R}{(1 + K_R)\,(8 - K_R)}. \tag{8.2.23}$$

Beide Optimalkurven gehen durch den Ursprung (Maximum von I_3 auf dem Stabilitäts-rand) und haben, wie die Kurve für den Stabilitätsrand nach Gl. (8.2.17b), bei $K_R = 8$ einen Pol. Durch Gleichsetzen der beiden rechten Seiten der Gln. (8.2.22) und (8.2.23) erhält man den gesuchten Optimalpunkt mit den Koordinaten

$$K_{R\,opt} = 5 \quad \text{und} \quad T_{I\,opt} = 5\text{s}.$$

Man erkennt sofort, dass dieser Optimalpunkt im Bereich stabiler Reglereinstellwerte liegt. Bild 8.2.4 zeigt das Stabilitätsdiagramm mit den beiden Optimalkurven und dem Optimalpunkt.

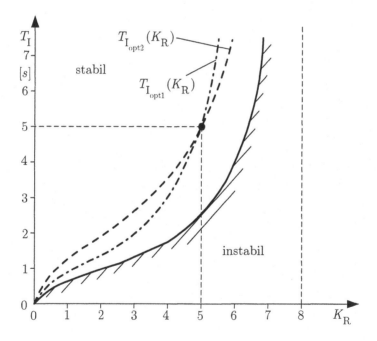

Bild 8.2.4. Das Stabilitätsdiagramm mit den beiden Optimalkurven und dem Optimalpunkt

4. Schritt: *Zeichnen des Regelgütediagramms.* Vielfach will man den Verlauf von I_3 (K_R,T_I) in der Nähe des gewählten Optimalpunktes kennen, um das Verhalten des Regel-kreises bei Veränderung der Reglerparameter abschätzen zu können. Ein Optimalpunkt, in dessen Umgebung $I_3(K_R; T_I)$ stark ansteigt, kann nur dann gewählt werden, wenn die einmal eingestellten Werte genau eingehalten werden bzw. wenn sich das dynamische Verhalten der Reglerstrecke während des Betriebs nicht ändert.

Nun ermittelt man Kurven $T_{\mathrm{Ih}}(K_{\mathrm{R}})$, auf denen die quadratische Regelfläche konstante Werte annimmt (Höhenlinien), und zeichnet einige in das Stabilitätdiagramm ein. Gl. (8.2.19) nach T_{I} aufgelöst, liefert als Bestimmungsgleichung für die gesuchten Höhenlinien

$$T_{\mathrm{Ih}_{1,2}} = K_{\mathrm{R}}\left[I_3(K_{\mathrm{R}}+1) \pm \sqrt{I_3^2(K_{\mathrm{R}}+1)^2 - \frac{18I_3}{8-K_{\mathrm{R}}}}\right]. \qquad (8.2.24)$$

Wegen der Doppeldeutigkeit der Wurzel erhält man für verschiedene K_{R}-Werte entweder zwei, einen oder keinen (Radikand negativ) T_{I}-Wert. Die Höhenlinien gemäß Gl. (8.2.24) stellen also geschlossene Kurven in der Stabilitätsebene dar. Diese Höhenlinien besitzen im Schnittpunkt mit der Optimalkurve $T_{\mathrm{I\,opt_1}}(K_{\mathrm{R}})$ wegen Gl. (8.2.20) eine horizontale, im Schnittpunkt mit der Optimalkurve $T_{\mathrm{I\,opt_2}}(K_{\mathrm{R}})$ wegen Gl. (8.2.21) eine vertikale Tangente. Trägt man einige Höhenlinien im Bild 8.2.4 ein, so entsteht ein *Regelgütediagramm* nach Bild 8.2.5.

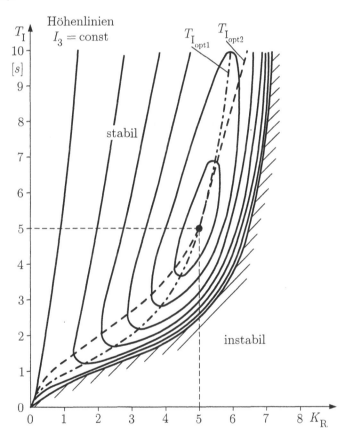

Bild 8.2.5. Das Regelgütediagramm für das untersuchte Beispiel

Es sei noch darauf hingewiesen, dass die optimalen Reglereinstellwerte von der Art und dem Eingriffsort der Störgröße abhängen. So werden beispielsweise die im vorliegenden Fall ermittelten Einstellwerte für Führungsverhalten oder Störungen am Ausgang der Regelstrecke nicht mehr optimal sein.

8.2.2.2 *Parameteroptimierung von Standardreglertypen für PT_n-Regelstrecken*

Die Berechnung optimaler Reglereinstellwerte nach dem quadratischen Gütekriterium ist im Einzelfall recht aufwendig. Daher wurden für die Kombination der wichtigsten Regelstrecken mit Standardreglertypen (PID-, PI-, PD- und P-Regler) die optimalen Einstellwerte in allgemein anwendbarer, normierter Form berechnet und tabellarisch dargestellt. Hierauf soll für den Fall der Festwertregelung mit Störsprung am Eingang der Regelstrecke bei PT_n-Regelstrecken bis 4. Ordnung nachfolgend kurz eingegangen werden.

Bei der Parameteroptimierung ist neben der Regelstrecke auch die Struktur des Reglers vorgegeben. Es sei nun angenommen, dass sich die Regelstrecke durch die Übertragungsfunktion

$$G_S(s) = \frac{K_S}{\prod\limits_{i=1}^{n}(1 + T_i s)} \tag{8.2.25}$$

mit

$$T_1 = T_2 = \ldots = T_{n-1}, \quad T_n = \mu T_1 \quad \text{und} \quad n \leq 4$$

beschreiben lässt. Von den n Zeitkonstanten sind also jeweils $(n-1)$ gleich. Sowohl für die Stabilitätsuntersuchung als auch die Ermittlung optimaler Reglereinstellwerte erweist sich die Einführung der in Tabelle 8.2.3 zusammengestellten Abkürzungen a, b, c und d für verschiedene Kombinationen der n Zeitkonstanten der Regelstrecke als sehr vorteilhaft. Dabei werden die Fälle mit $n = 1,2,3$ und 4 unterschieden. Als weitere allgemeine Abkürzungen, die für sämtliche zugelassenen Regelstrecken Gültigkeit besitzen, führt man die Größen

$$A(\mu) = \frac{a^2}{b}, \quad B(\mu) = \frac{c}{ab} \quad \text{und} \quad C(\mu) = \frac{d}{b^2} \tag{8.2.26}$$

ein, die wegen der Beziehung $T_n = \mu T_1$ nur noch Funktionen von μ sind und somit als dimensionslose *verallgemeinerte Zeitkonstanten der Regelstrecke* gedeutet werden können. Sie weisen folgende Symmetrieeigenschaften auf:

$$A(\mu) = A\left(\frac{1}{\mu}\right) \quad \text{für} \quad n = 2, \tag{8.2.27a}$$

$$B(\mu) = B\left(\frac{1}{\mu}\right) \quad \text{für} \quad n = 3 \tag{8.2.27b}$$

und

$$C(\mu) = C\left(\frac{1}{\mu}\right) \quad \text{für} \quad n = 4. \tag{8.2.27c}$$

Für die Untersuchung des Stabilitäts- und Regelgüteverhaltens zeigt sich, dass hinsichtlich der Reglereinstellwerte ebenfalls eine dimensionslose Darstellung zweckmäßig ist. Als *verallgemeinerte Reglereinstellwerte* werden daher die normierten Größen

$$K = K_R K_S, \quad T_{IN} = \frac{T_I}{a} \quad \text{und} \quad T_{DN} = \frac{T_D}{a} \tag{8.2.28}$$

eingeführt.

Tabelle 8.2.3 Abkürzungen für die Kombinationen der Zeitkonstanten bei PT_n-Regelstrecken ($n = 1,2,3,4$)

	$n = 4$	$n = 3$	$n = 2$	$n = 1$
a	$= T_1 + T_2 + T_3 + T_4$ $= T_1(3 + \mu)$	$= T_1 + T_2 + T_3$ $= T_1(2 + \mu)$	$= T_1 + T_2$ $= T_1(1 + \mu)$	T_1
b	$= T_1 T_2 + T_1 T_3 + T_1 T_4$ $+ T_2 T_3 + T_2 T_4 + T_3 T_4$ $= T_1^2(1 + \mu)\,3$	$= T_1 T_2 + T_1 T_3 + T_2 T_3$ $= T_1^2(1 + 2\mu)$	$= T_1 T_2$ $= T_1^2 \mu$	0
c	$= T_1 T_2 T_3 + T_1 T_2 T_4$ $+ T_1 T_3 T_4 + T_2 T_3 T_4$ $= T_1^3(1 + 3\mu)$	$= T_1 T_2 T_3$ $= T_1^3 \mu$	0	0
d	$= T_1 T_2 T_3 T_4$ $= T_1^4 \mu$	0	0	0
	$C(\mu) = C\left(\frac{1}{\mu}\right)$	$B(\mu) = B\left(\frac{1}{\mu}\right)$	$A(\mu) = A\left(\frac{1}{\mu}\right)$	-

Mit den hier definierten verallgemeinerten Zeitkonstanten der Regelstrecke und den Reglereinstellwerten lassen sich nun sowohl der Stabilitätsrand als auch das komplette Regelgütediagramm eines Regelkreises der hier betrachteten Struktur in allgemeiner Form berechnen und darstellen. Die Ergebnisse dazu sind in den Tabellen 8.2.4 bis 8.2.7 enthalten. Man beachte bei der Darstellung, dass wegen der besseren Übersicht bei der Indizierung für die quadratische Regelfläche die Schreibweise $I_3 = I_q$ eingeführt wurde. Auch die quadratische Regelfläche I_q wird dabei in der dimensionslosen Form

$$I_{qN} = \frac{I_q}{(z_0 K_S)^2 a} \tag{8.2.29}$$

mit der Sprunghöhe z_0 verwendet.

Tabelle 8.2.4 enthält die Stabilitätsränder der wichtigsten Standardreglertypen für PT_n-Regelstrecken. Selbstverständlich ist diese Darstellung unabhängig von der Eingangsgröße des Regelkreises. Sie gilt also sowohl für Störverhalten (Festwertregelung) als auch für Führungsverhalten (Folgeregelung). In Tabelle 8.2.5 sind für den Fall der Festwertregelung mit Störung am Eingang der Regelstrecke die Gleichung des normierten Integralwertes I_{qN} und, soweit ableitbar, die Gleichungen für die beiden Optimalkurven $T_{IN\,opt_1}$ und $T_{IN\,opt_2}$, sowie die Gleichung der zugehörigen Höhenlinien $T_{INh_{1,2}}$ bzw. T_{INh} oder $T_{DNh_{1,2}}$ bzw. T_{DNh} dargestellt. Diese Beziehungen sind notwendig zur Bestimmung der optimalen Reglereinstellwerte, die in Tabelle 8.2.7 enthalten sind. Interessant ist die Darstellung in Tabelle 8.2.6, die das prinzipielle Aussehen der Regelgütediagramme für die betrachteten Regler- und Regelstreckenkombinationen beschreibt.

Absolute Optima treten z.B. für eine PT_3-Regelstrecke nur bei Einsatz eines PI- und P-Reglers auf. Bei Verwendung eines PD-Reglers stellt sich auf der Optimalkurve von $\partial I_{qN}/\partial T_{DN} = 0$ dagegen ein *Randoptimum* ein. Das Regelgütediagramm für den PI-Regler ist in diesem Fall ähnlich dem der PT_4-Regelstrecke, nur dass beispielsweise für gleiche μ-Werte offensichtlich der Stabilitätsbereich bei einer PT_3-Regelstrecke breiter

Tabelle 8.2.4 Stabilitätsränder verschiedener Reglertypen bei PT$_n$-Regelstrecken

Tabelle 8.2.5 Normierte Darstellung der quadratischen Regelfläche I_{qN}, Optimalkurven $T_{IN\,opt_i}$ oder $T_{DN\,opt_i}$ ($i = 1,2$) oder K_{opt} und Linien gleicher Regelgüte $T_{INh_{1,2}}$ bzw. $T_{DNh_{1,2}}$ für verschiedene Reglertypen bei PT_n-Regelstrecken für den Fall der Festwertregelung mit Störung am Eingang der Regelstrecke

Regelstrecke:	PT_4	PT_3	PT_2	PT_1	P
PID-Regler	$I_{qN} = \dfrac{T_{IN}^2}{2K\left\{(K+1)T_{IN} - \dfrac{KT_{IN}\left[1-C(K+1)-\frac{C}{B}(1+KT_{DN})\right]+K^2\frac{C^2}{AB}}{AT_{IN}\left[(1+KT_{DN})-B(K+1)-(1+KT_{DN})^2\frac{C}{B}\right]+CK}\right\}}$ $T_{IN_{opt1}}=T_{IN_{opt1}}(\mu,K,T_{DN})$ $T_{IN_{opt2}}=T_{IN_{opt2}}(\mu,K,T_{DN})$ $T_{IN_{h12}}=T_{IN_{h12}}(\mu,K,T_{DN})$ Nicht explizit darstellbar; numerische Ergebnisse in Tabelle 8.2.7	$I_{qN}=\dfrac{T_{IN}^2}{2K\left\{(K+1)T_{IN}-\dfrac{K\left\{2\left[1+KT_{DN}-B(K+1)\right]-K(T_{DN}-B)\right\}}{A(2K+1)\left[1+KT_{DN}-B(K+1)\right]}\right\}}$ ... $=2T_{IN_{stab}}$ $T_{IN_{h12}}=I_{qN}K(K+1)\pm\sqrt{(K+1)^2-\dfrac{2}{I_{qN}A[1-B(K+1)]}}$	$I_{qN}=\dfrac{T_{IN}^2}{2K\left\{(K+1)T_{IN}-\dfrac{K}{A(1+KT_{DN})}\right\}}$ $T_{IN_{opt1}}=\dfrac{2K}{A(K+1)(1+KT_{DN})}=2T_{IN_{stab}}$ $T_{IN_{opt2}}=\dfrac{K(2+KT_{DN})}{A(2K+1)(1+KT_{DN})}$ $T_{IN_{h12}}=I_{qN}K(K+1)\pm\sqrt{(K+1)^2-\dfrac{2}{I_{qN}A(1+KT_{DN})}}$	$I_{qN}=\dfrac{T_{IN}}{2K(K+1)}$ $T_{IN_{opt1}}\Big|$ existieren $T_{IN_{opt2}}\Big|$ nicht $T_{IN_h}=I_{qN}2K(K+1)$	$I_{qN}=\dfrac{T_{IN}}{2K(K+1)}$ $T_{IN_{opt1}}\Big|$ existieren $T_{IN_{opt2}}\Big|$ nicht $T_{IN_h}=I_{qN}2K(K+1)$
PI-	$I_{qN}=\dfrac{T_{IN}^2}{2K\left\{(K+1)T_{IN}-\dfrac{KT_{IN}\left[1-C(K+1)-\frac{C}{B}\right]+K^2\frac{C^2}{AB}}{AT_{IN}\left[1-B(K+1)-\frac{C}{B}\right]+KC}\right\}}$ $T_{IN_{opt1}}=T_{IN_{opt1}}(\mu,K)$ $T_{IN_{opt2}}=T_{IN_{opt2}}(\mu,K)$ $T_{IN_{h12}}=T_{IN_{h12}}(\mu,K)$ Nicht explizit darstellbar; numerisch berechenbar	$I_{qN}=\dfrac{T_{IN}^2}{2K\left\{(K+1)T_{IN}-\dfrac{K[2(1-B(K+1))+KB]}{A(2K+1)[1-B(K+1)]}\right\}}$ ... $=2T_{IN_{stab}}$ $T_{IN_{h12}}=I_{qN}K(K+1)\pm\sqrt{(K+1)^2-\dfrac{2}{I_{qN}A[1-B(K+1)]}}$	$I_{qN}=\dfrac{T_{IN}^2}{2K\left\{(K+1)T_{IN}-\dfrac{K}{A}\right\}}$ $T_{IN_{opt1}}=\dfrac{2K}{A(K+1)}=2T_{IN_{stab}}$ $T_{IN_{opt2}}=\dfrac{2K}{A(2K+1)}$ $T_{IN_{h12}}=I_{qN}K(K+1)\pm\sqrt{(K+1)^2-\dfrac{2}{I_{qN}A}}$	$I_{qN}=\dfrac{T_{IN}}{2K(K+1)}$ $T_{IN_{opt1}}\Big|$ existieren $T_{IN_{opt2}}\Big|$ nicht $T_{IN_h}=I_{qN}2K(K+1)$	$I_{qN}=\dfrac{T_{IN}}{2K(K+1)}$ $T_{IN_{opt1}}\Big|$ existieren $T_{IN_{opt2}}\Big|$ nicht $T_{IN_h}=I_{qN}2K(K+1)$
PD-	$I_{qN}=\dfrac{1}{2(K+1)^2}\left[\dfrac{1+KT_{DN}}{K+1}+\dfrac{1-(1+KT_{DN})\frac{C}{B}-(K+1)C}{A(1+KT_{DN})[1-(1+KT_{DN})\frac{C}{B}]-(K+1)AB}\right]$ $T_{DN_{opt1}}=T_{DN_{opt1}}(\mu,K)$ $T_{DN_{opt2}}=T_{DN_{opt2}}(\mu,K)$ $T_{DN_{h12}}=T_{DN_{h12}}(\mu,K)$ Nicht explizit darstellbar; numerisch berechenbar	$I_{qN}=\dfrac{1}{2(K+1)^2}\left[\dfrac{1+KT_{DN}}{K+1}+\dfrac{1}{A(1+KT_{DN})}\pm\sqrt{\dfrac{K+1}{A}}\right]$ Nicht explizit darstellbar $T_{DN_{opt2}}=T_{DN_{opt2}}(\mu,K)$ $T_{DN_{h12}}=\dfrac{1}{K}\left\{\sqrt{I_{qN}(K+1)^3}\cdot\frac{B}{2}(K+1)^3-\frac{B}{2}(K+1)\pm\sqrt{I_{qN}(K+1)^3}^2\frac{K+1}{A}\right\}$	$I_{qN}=\dfrac{1}{2(K+1)^2}\left[\dfrac{1+KT_{DN}}{K+1}+\dfrac{1}{A(1+KT_{DN})}\pm\sqrt{\dfrac{K+1}{A}}\right]$ Nicht explizit darstellbar $T_{DN_{opt2}}=T_{DN_{opt2}}(\mu,K)$ $T_{DN_{h12}}=\dfrac{1}{K}\left\{\sqrt{I_{qN}(K+1)^3}-1\pm\sqrt{I_{qN}(K+1)^3}^2\frac{K+1}{A}\right\}$	$I_{qN}=\dfrac{1+KT_{DN}}{2(K+1)^3}$ $T_{DN_{opt1}}=\dfrac{3}{1-2K}$ für $K\leq0,5$ $T_{DN_h}=\dfrac{K}{K}-\left[2I_{qN}(K+1)^3-1\right]$	$I_{qN}=\dfrac{KT_{DN}}{2(K+1)^3}$ $T_{DN_{opt1}}$ existiert nicht Aus $I_{qN}/K=0$ $K=0,5$ $T_{DN_h}=\dfrac{1}{K}$ $-2I_{qN}2K(K+1)^3$
P-	$I_{qN}=\dfrac{1}{2(K+1)^2}\left[\dfrac{1}{K+1}+\dfrac{1}{A[1-\frac{C}{B}]-(K+1)AB}+\dfrac{1-\frac{C}{B}-(K+1)C}{A[1-\frac{C}{B}]-(K+1)AB}\right]$ $K_{opt}=K_{opt}(\mu)$ Nicht explizit, nur numerisch berechenbar	$I_{qN}=\dfrac{1}{2(K+1)^3}\left[\dfrac{1}{K+1}+\dfrac{1}{A-(K+1)AB}\right]$ $K_{opt}=\dfrac{-2/3AB-1+2\sqrt{3AB+1}-1}{6B(1-AB)}$	$I_{qN}=\dfrac{1}{2(K+1)^3}\left[\dfrac{1}{K+1}+\dfrac{1}{A}\right]$ K_{opt} existiert nicht	$I_{qN}=\dfrac{1}{2(K+1)^3}$	$I_{qN}=0$

Tabelle 8.2.6 Prinzipielles Aussehen der Regelgütediagramme für verschiedene Reglertypen bei PT_n-Regelstrecken nach dem quadratischen Gütekriterium für den Fall der Festwertregelung mit Störung am Eingang der Regelstrecke

Tabelle 8.2.7 Optimale Reglereinstellwerte für verschiedene Reglertypen bei PT_n-Regelstrecken nach dem quadratischen Gütekriterium für den Fall der Festwertregelung mit Störung am Eingang der Regelstrecke

Regler	Regelstrecke: PT_4	PT_3	PT_2	PT_1 und P
PID-Regler	Optimum Explizite Darstellung nicht möglich; numerische Ermittlung nach Suchschrittverfahren. Ergebnisse für μ-Werte μ: 0,02 / 0,05 / 0,1 / 0,2 / 0,5 / 1,0 / 2,0 / 5 / 10 K_{opt}: 89,43 / 35,77 / 19,57 / 11,33 / 6,47 / 5,47 / 6,68 / 11,07 / 19,52 T_{INopt}: 0,0200 / 0,041 / 0,0722 / 0,1111 / 0,1440 / 0,1470 / 0,1530 / 0,1060 / 0,071 T_{DNopt}: 0,4250 / 0,475 / 0,475 / 0,5000 / 0,6000 / 0,666 / 0,55 / 0,4 / 0,25	Randoptimum Unterscheidung von 2 Fällen a) $T_{DNmax} < B(\mu)$ $K_{opt} = \dfrac{2-(3B-T_{DNmax})}{3(B-T_{DNmax})}$ $T_{INopt} = \dfrac{3(2-3B+T_{DNmax})}{A(1-T_{DNmax})^2}$ $T_{DNopt} = T_{DNmax}$ b) $T_{DNmax} \geq B(\mu)$ $K_{opt} = K_{max}$ $T_{INopt} = T_{INopt1}$ $T_{DNopt} = T_{DNmax}$	Randoptimum $K_{opt} = K_{max}$ $T_{INopt} = \dfrac{2K_{max}}{A(1+K_{max}T_{DNmax})(K_{max}+1)}$ $T_{DNopt} = T_{DNmax}$	Randoptimum $K_{opt} = K_{max}$ $T_{INopt} = T_{INmin}$ unabhängig vom D-Anteil
PI-Regler	Optimum Explizite Darstellung nicht möglich; numerische Ermittlung nach Suchschrittverfahren. Ergebnisse für μ-Werte μ: 0,02 / 0,05 / 0,1 / 0,2 / 0,5 / 1,0 / 2,0 / 5 / 10 K_{opt}: 4,716 / 4,373 / 3,928 / 3,359 / 2,658 / 2,448 / 2,714 / 4,314 / 7,260 T_{INopt}: 1,629 / 1,594 / 1,541 / 1,478 / 1,396 / 1,382 / 1,364 / 1,217 / 0,925	Optimum $K_{opt} = \dfrac{2-3B}{3B}$ $T_{INopt} = \dfrac{3(2-3B)}{A}$ μ: 0,01 / 0,02 / 0,05 / 0,1 / 0,2 / 0,5 / 1,0 / 2,0 / 5 / 10 / 20 / 100 K_{opt}: 135 / 69,1 / 29,1 / 15,89 / 8,275 / 5,67 / 5,0 / 5,679 / 6,271 / 5,829 / 1,135 T_{INopt}: 1,491 / 1,51 / 1,521 / 1,541 / 1,571 / 1,631 / 1,671 / 1,601 / 1,229 / 0,820 / 0,490 / 0,12	Randoptimum $K_{opt} = K_{max}$ $T_{INopt} = \dfrac{2K_{max}}{A(K_{max}+1)}$	Randoptimum $K_{opt} = K_{max}$ $T_{INopt} = T_{INmin}$
PD-Regler	Optimum Explizite Darstellung nicht möglich; numerische Ermittlung nach Suchschrittverfahren. Ergebnisse für μ-Werte μ: 0,05 / 0,1 / 0,2 / 0,5 / 1,0 / 2,0 / 5 / 10 / 20 K_{opt}: 40,0 / 22,4 / 12,9 / 7,6 / 6,6 / 7,6 / 12,9 / 22,4 / 40,0 T_{DNopt}: 0,255 / 0,269 / 0,287 / 0,325 / 0,338 / 0,312 / 0,225 / 0,144 / 0,097	Randoptimum $K_{opt} = K_{max}$ $T_{DNopt} = \dfrac{1}{K_{max}}\left\{ B(K_{max}+1)-1+\sqrt{\dfrac{K_{max}+1}{A}} \right\}$	Randoptimum $K_{opt} = K_{max}$ $T_{DNopt} = \dfrac{1}{K_{max}}\left\{ -1+\sqrt{\dfrac{K_{max}+1}{A}} \right\}$	Randoptimum $K_{opt} = K_{max}$ $(T_{DNopt} = 0)$ also reiner P-Regler
P-Regler	Optimum (Gute Näherung: $K_{opt} \approx 2/3K_{stab}$) Nicht explizit, aber numerisch darstellbar μ: 0 / 0,02 / 0,1 / 0,2 / 0,5 / 1,0 / 2,0 / 5 / 10 / 20 / 50 / 100 K_{opt}: 5,36 / 5,07 / 4,24 / 3,64 / 2,90 / 2,68 / 2,97 / 4,65 / 7,76 / 14,1 / 33,3 / 65,2	Optimum (Gute Näherung: $K_{opt} \approx 2/3K_{stab}$) $K_{opt} = \dfrac{-2(3AB-1)+2\sqrt{3AB+1}-1}{6B(1-AB)}$ μ: 0 / 0,02 / 0,1 / 0,2 / 0,5 / 1,0 / 2,0 / 5 / 10 / 20 / 100 K_{opt}: ∞ / 69,7 / 16,3 / 9,7 / 6,06 / 5,36 / 6,06 / 9,8 / 16,7 / 30,6 / 142,4	Randoptimum $K_{opt} = K_{max}$	Randoptimum $K_{opt} = K_{max}$

wird. Beim PD-Regler hingegen ändert sich das Regelgütediagramm erheblich. Bei Regelkreisen mit PT_2-, PT_1- und P-Regelstrecken ergeben sich für die optimalen Einstellwerte der vorliegenden Reglertypen nur Randoptima. Bei PT_1- bzw. P-Regelstrecken ist die Verwendung des PID- bzw. PD-Reglers nicht vorteilhaft, da der D-Anteil nicht mehr wirksam ist. Hier liefert der PI- bzw. P-Regler dieselben Resultate.

Da nur im Falle der PT_4-Regelstrecke sämtliche hier verwendeten Reglertypen absolut optimale Einstellwerte aufweisen, lässt sich ein Vergleich des jeweiligen Regelverhaltens auch nur für diesen Regelstreckentyp durchführen. Für diesen Fall enthält Bild 8.2.6 die den dynamischen Übergangsfehler kennzeichnenden Größen, also die normierte maximale Überschwingweite

$$e_{N\,max} = \frac{e_{max}}{z_0 K_S} \tag{8.2.30}$$

und die normierte Ausregelzeit auf $\varepsilon = 3\%$

$$t_{N3\%} = \left(\frac{t}{T_1}\right)_{3\%}, \tag{8.2.31}$$

in Abhängigkeit vom interessierenden μ-Wert bei entsprechend optimalen Reglereinstellwerten. Die kleinste Überschwingweite stellt sich beim PID-Regler ein. Der PI-Regler liefert nahezu dieselbe Überschwingweite wie der einfache P-Regler, jedoch hat der letztere bekanntlich den Nachteil, dass nach Ausregeln einer sprungförmigen Störung bei den hier betrachteten PT_n-Regelstrecken stets noch eine normierte bleibende Regelabweichung $e_{N\infty}$ zurückbleibt. Diese Feststellung gilt auch für den PD-Regler. Für diese beiden Reglertypen ist der Verlauf von $e_{N\infty}$ ebenfalls im Bild 8.2.6 enthalten. Die schraffierte Fläche stellt daher den Bereich dar, in dem diese beiden Regler überhaupt arbeiten können. Gegenüber dem PI-Regler weist der PD-Regler allerdings eine wesentlich geringere Überschwingweite auf.

Die Ausregelzeit auf den stationären Zustand nach einer sprungförmigen Störung am Eingang der Regelstrecke ist beim PD-Regler am kleinsten. Beim PI-Regler sind die Ausregelzeiten noch größer als beim P-Regler. Dies ist auf den Einfluss des I-Verhaltens zurückzuführen. Dieselbe Erscheinung kann beim Vergleich des PID- und des PD-Reglers festgestellt werden.

Bild 8.2.6 eignet sich zur groben Auswahl eines günstigen Reglertyps bei der Durchführung einer Entwurfsaufgabe. Wird beispielsweise bei einer Regelkreissynthese verlangt, dass für eine PT_4-Regelstrecke mit $\mu = 2$ die maximale Überschwingweite $e_{N\,max} = 0{,}14$ sein soll und eine bleibende Regelabweichung von $e_{N\infty} = 0{,}11$ in Kauf genommen werden kann, dann eignet sich zur Lösung dieser Aufgabe durchaus ein PD-Regler. Würde aber die Aufgabe gestellt werden, unabhängig von $e_{N\,max}$ die Regelung ohne bleibende Regelabweichung zu betreiben, so kann dafür ein billiger I-Regler vorgesehen werden. Dieser Sachverhalt wurde bereits im Abschnitt 5.3.2 bei der Behandlung der Vor- und Nachteile verschiedener Reglertypen angesprochen.

Aus Bild 8.2.6 ist weiterhin ersichtlich, dass in sämtlichen hier untersuchten Fällen die größte Überschwingweite bei $\mu = 1$ auftritt. Außerdem kann aus Tabelle 8.2.4 entnommen werden, dass der schmalste Stabilitätsbereich ebenfalls bei $\mu = 1$ auftritt. Dies bedeutet, dass Regelstrecken, deren dynamisches Verhalten durch n gleiche Zeitkonstanten beschrieben werden kann, schwieriger zu regeln sind als solche, bei denen diese n Zeitkonstanten unterschiedliche Werte annehmen.

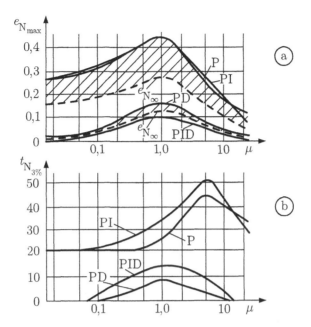

Bild 8.2.6. (a) Maximale Überschwingweite und (b) Ausregelzeit an PT_4-Regelstrecken bei optimaler Einstellung verschiedener Reglertypen nach dem quadratischen Gütekriterium (für den P- und PD-Regler ist jeweils auch die normierte bleibende Regelabweichung $e_{N\infty} = \dfrac{e_\infty}{z_0 K_S}$ dargestellt)

Beispiel 8.2.1
Um die leichte Anwendbarkeit der hier eingeführten verallgemeinerten Darstellungsform zu zeigen, soll nochmals kurz auf das im Abschnitt 8.2.2.1 behandelte Beispiel eingegangen werden. Mit $K_S = 1$ und $T_1 = T_2 = T_3 = T = 1\,\mathrm{s}$, also $\mu = 1$, erhält man für $n = 3$:

- die in Tabelle 8.2.3 eingeführten Größen

$$a = T(2 + \mu) = 3\,\mathrm{s}, \qquad b = T_1^2(1 + 2\mu) = 3\,\mathrm{s}^2$$
$$c = T_1^3 \mu = 1\,\mathrm{s}^3 \qquad \text{und} \quad d = 0;$$

- die verallgemeinerten Zeitkonstanten der Regelstrecke

$$A = \frac{a^2}{b} = 3, \quad B = \frac{c}{ab} = \frac{1}{9} \quad \text{und} \quad C = \frac{d}{b^2} = 0;$$

- die verallgemeinerten Reglereinstellwerte

$$K = K_R K_S = K_R \quad \text{und} \quad T_{IN} = \frac{T_I}{a} = \frac{T_I}{3};$$

- die normierte quadratische Regelfläche

$$I_{qN} = \frac{I_q}{(z_0 K_S)^2 a} = \frac{I_q}{3}.$$

Für den speziellen Fall des hier gewählten Beispiels lassen sich nun anhand der allgemeinen Formeln aus den Tabellen 8.2.4, 8.2.5 und 8.2.7 der Stabilitätsrand $T_{I\,stab}$, die quadratische Regelfläche $I_q (= I_3)$, die beiden Optimalkurven $T_{I\,opt_i}$ (für $i = 1, 2$), die Höhenlinien $T_{Ih_{1,2}}$ sowie die optimalen Reglereinstellwerte $K_{R\,opt}$ und $T_{I\,opt}$ unmittelbar bestimmen. So folgt z.B. aus Tabelle 8.2.7 für die optimalen Reglereinstellwerte des PI-Reglers:

$$K_{R\,opt}K_S = \frac{2 - 3B}{3B} \Rightarrow K_{R\,opt} = \frac{2 - 3(1/9)}{3(1/9)} = 5$$

$$\frac{T_{I\,opt}}{a} = T_{IN\,opt} = \frac{3(2 - 3B)}{A} \Rightarrow T_{I\,opt} = 3\,s\,\frac{3[2 - 3(1/9)]}{3} = 5\,s.$$

Die Nachprüfung der im Abschnitt 8.2.2.1 verwendeten Gleichungen für $T_{I\,stab}$, I_q, $T_{I\,opt_i}$ ($i = 1, 2$) sowie $T_{Ih_{1,2}}$ kann ebenfalls schnell mit Hilfe der zuvor erwähnten Tabellen nachvollzogen werden. ■

Abschließend sei noch darauf hingewiesen, dass sich die hier dargestellte Parameteroptimierung von Standardreglertypen unter Verwendung des quadratischen Gütekriteriums auch auf andere Regelstecken übertragen lässt [Unb70], z.B. auf solche mit IT_n-Verhalten; außerdem lässt sie sich auch auf Regelstrecken mit Totzeitverhalten anwenden. Damit steht für die Synthese von Regelkreisen im Zeitbereich ein leistungsfähiges Verfahren zur Verfügung.

8.2.3　Empirisches Vorgehen

8.2.3.1　Empirische Einstellregeln nach Ziegler und Nichols

Viele industrielle Prozesse weisen Übergangsfunktionen mit rein aperiodischem Verhalten gemäß Bild 8.2.7 auf, d.h. ihr Verhalten kann durch PT_n-Glieder sehr gut beschrieben werden. Häufig können diese Prozesse durch das vereinfachte mathematische Modell

$$G_S(s) = \frac{K_S}{1 + Ts}e^{-T_t s}, \qquad (8.2.32)$$

das ein Verzögerungsglied 1. Ordnung und ein Totzeitglied enthält, hinreichend gut approximiert werden. Bild 8.2.7 zeigt die Approximation eines PT_n-Gliedes durch ein derartiges PT_1T_t-Glied.

Dabei wird durch die Konstruktion der Wendetangente die Übergangsfunktion $h_S(t)$ mit folgenden drei Größen charakterisiert: K_S (Übertragungsbeiwert oder Verstärkungsfaktor der Regelstrecke), T_a (Anstiegszeit) und T_u (Verzugszeit). Für eine grobe Approximation nach Gl. (8.2.32) wird dann meist $T_t = T_u$ und $T = T_a$ gesetzt.

Für Regelstrecken der hier beschriebenen Art wurden zahlreiche Einstellregeln für Standardregler in der Literatur [Opp72] angegeben, die teils empirisch, teils durch Simulation an entsprechenden Modellen gefunden wurden. Die wohl am weitesten verbreiteten empirischen Einstellregeln sind die von *Ziegler* und *Nichols* [ZN42]. Diese Einstellregeln wurden anhand ausgedehnter Untersuchungen von Reglereinstellungen empirisch abgeleitet, wobei die Übergangsfunktion des geschlossenen Regelkreises je Schwingungsperiode eine

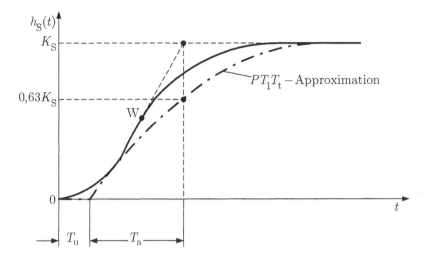

Bild 8.2.7. Beschreibung der Übergangsfunktion $h_S(t)$ eines Prozesses durch die drei Größen K_S (Übertragungsbeiwert oder Verstärkungsfaktor der Regelstrecke), T_a (Anstiegszeit) und T_u (Verzugszeit)

Amplitudenabnahme von ca. 25 % aufwies. Bei der Anwendung der Einstellregeln nach Ziegler und Nichols kann zwischen folgenden zwei Fassungen gewählt werden:

a) *Methode des Stabilitätsrandes (I):* Hierbei geht man in folgenden Schritten vor:

1. Der jeweils im Regelkreis vorhandene Standardregler wird zunächst als reiner P-Regler geschaltet.

2. Die Verstärkung K_R dieses P-Reglers wird solange vergrößert, bis der geschlossene Regelkreis Dauerschwingungen ausführt. Der dabei eingestellte K_R-Wert wird als kritische Reglerverstärkung $K_{R\,krit}$ bezeichnet.

3. Die Periodendauer T_{krit} (kritische Periodendauer) der Dauerschwingung wird gemessen.

4. Man bestimmt nun anhand von $K_{R\,krit}$ und T_{krit} mit Hilfe der in Tabelle 8.2.8 angegebenen Formeln die Reglereinstellwerte K_R, T_I und T_D.

b) *Methode der Übergangsfunktion (II):* Häufig wird es allerdings bei einer industriellen Anlage nicht möglich sein, den Regelkreis zur Ermittlung von $K_{R\,krit}$ und T_{krit} im grenzstabilen Fall zu betreiben. Im allgemeinen bereitet jedoch die Messung der Übergangsfunktion $h_S(t)$ der Regelstrecke keine großen Schwierigkeiten. Daher scheint in vielen Fällen die zweite Form der Ziegler-Nichols Einstellregeln, die direkt von der Steigung der Wendetangente K_S/T_a und der Verzugszeit T_u der Übergangsfunktion ausgeht, als zweckmäßiger. Dabei ist zu beachten, dass die Messung der Übergangsfunktion $h_S(t)$ nur bis zum Wendepunkt W erforderlich ist, da die Steigung der Wendetangente bereits das Verhältnis K_S/T_a beschreibt. Anhand der Messwerte T_u und K_S/T_a sowie mit Hilfe der in Tabelle 8.2.8 angegebenen Formeln lassen sich dann die Reglereinstellwerte einfach berechnen.

Tabelle 8.2.8 Reglereinstellwerte nach Ziegler und Nichols

	Reglertypen	Reglereinstellwerte		
		K_R	T_I	T_D
	P	$0{,}5\ K_{R\,\mathrm{krit}}$	-	-
Methode I	PI	$0{,}45 K_{R\,\mathrm{krit}}$	$0{,}85 T_{\mathrm{krit}}$	-
	PID	$0{,}6\ K_{R\,\mathrm{krit}}$	$0{,}5\ T_{\mathrm{krit}}$	$0{,}12 T_{\mathrm{krit}}$
	P	$\dfrac{1}{K_S}\dfrac{T_a}{T_u}$	-	-
Methode II	PI	$\dfrac{0{,}9}{K_S}\dfrac{T_a}{T_u}$	$3{,}33\ T_u$	-
	PID	$\dfrac{1{,}2}{K_S}\dfrac{T_a}{T_u}$	$2 T_u$	$0{,}5\ T_u$

8.2.3.2 Empirischer Entwurf durch Simulation

Die zuvor behandelten Einstellregeln nach Ziegler und Nichols sind reine Faustformeln, die man immer dann anwenden wird, wenn man auf größeren mathematischen Aufwand verzichten will. Man sollte daher das erhaltene Ergebnis auch daraufhin überprüfen, ob die zu Beginn der Optimierung festgelegten Gütemaße, also die Spezifikationen für die Anstiegszeit, Überschwingweite, Ausregelzeit usw. ungefähr eingehalten werden. Obwohl die Anwendung dieser Faustformeln meist nur bedingt das gewünschte Regelverhalten liefert, insbesondere auch schon deswegen, weil sie weder zwischen Festwert- und Führungsregeln unterscheiden noch den Eingriffsort der Störungen berücksichtigen, können sie dennoch in vielen Fällen als gute Startwerte für einen Regelkreisentwurf mittels Rechnersimulation dienen. Dieses Vorgehen ist weit verbreitet. Das Schwingungsverhalten wird dabei über Bildschirm in jeder Entwurfsphase angezeigt. So kann dann jederzeit anhand des Einschwingvorganges entschieden werden, ob das Ergebnis akzeptabel ist oder nicht.

Generell wird man bei einem Regelkreisentwurf mittels Rechnersimulation von bestimmten anfangs festgelegten Gütemaßen ausgehen und dann für die vorgegebene Regelstrecke eine Reglerstruktur auswählen. Nun versucht man, für diese Konfiguration des Regelkreises die Reglerparameter so einzustellen, dass die vorgegebenen Gütemaße erfüllt werden. Ist dies erreicht, so liegt bereits ein akzeptabler Entwurf vor. Können jedoch die gewünschten Güteanforderungen allein durch Variation der Reglerparameter nicht erzielt werden, dann muss durch Wahl einer anderen Reglerstruktur dieselbe Prozedur wiederholt werden. Liefert auch dieser Weg – eventuell trotz mehrmaliger Änderung der Reglerstruktur – nicht das gewünschte Ergebnis, dann sind die Güteanforderungen – meist weil sie zuvor zu streng waren – neu festzulegen. Dieses Vorgehen, das viel ingenieurmäßige Erfahrung erfordert, ist im Bild 8.2.8 anschaulich dargestellt.

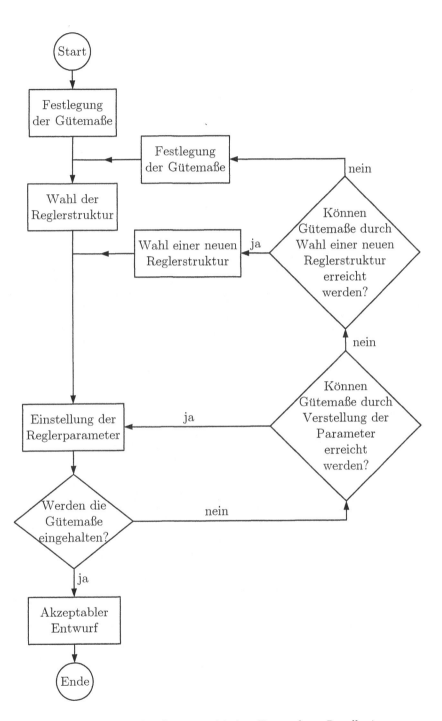

Bild 8.2.8. Prinzipielles Vorgehen beim empirischen Entwurf von Regelkreisen

8.3   Entwurf im Frequenzbereich

8.3.1   Kenndaten im Frequenzbereich

Nachfolgend werden für Führungsverhalten die wichtigsten Kenndaten sowohl des offenen als auch des geschlossenen Regelkreises im Frequenzbereich angegeben und ihre Abhängigkeit von den im Abschnitt 8.2.1.1 eingeführten Gütemaßen des geschlossenen Regelkreises im Zeitbereich untersucht.

8.3.1.1   Kenndaten des geschlossenen Regelkreises im Frequenzbereich und deren Zusammenhang mit den Gütemaßen im Zeitbereich

Ein Regelkreis, dessen Übergangsfunktion $h_{\mathrm{W}}(t)$ einen Verlauf entsprechend Bild 8.2.1 aufweist, besitzt gewöhnlich einen Frequenzgang $G_{\mathrm{W}}(\mathrm{j}\omega)$ mit einer Amplitudenüberhöhung, der sich qualitativ im Bode-Diagramm nach Bild 8.3.1 darstellen lässt. Zur Beschreibung dieses Verhaltens eignen sich die folgenden teilweise früher bereits eingeführten Kenndaten:

- *Resonanzfrequenz ω_{r},*

- *Amplitudenüberhöhung $A_{\mathrm{W\,max\,dB}}$,*

- *Bandbreite ω_{b},*

- *Phasenwinkel $\varphi_{\mathrm{b}} = \varphi(\omega_{\mathrm{b}})$.*

Diese Kenndaten gehen anschaulich aus Bild 8.3.1 hervor.

Für die weiteren Überlegungen wird die Annahme gemacht, dass der geschlossene Regelkreis näherungsweise durch ein $\mathrm{PT_2S}$-Glied mit der Übertragungsfunktion

$$G_{\mathrm{W}}(s) = \frac{G_0(s)}{1 + G_0(s)} = \frac{\omega_0^2}{s^2 + 2D\omega_0 s + \omega_0^2} \tag{8.3.1}$$

nach Gl. (4.3.48) mit $K = 1$ beschrieben werden kann, wobei die *Eigenfrequenz ω_0* und der *Dämpfungsgrad D* das Regelverhalten vollständig charakterisieren. Dies ist sicherlich dann mit guter Näherung möglich, wenn die reale Führungsübertragungsfunktion ein *dominierendes Polpaar* gemäß Bild 8.3.2 besitzt.

Dieses Polpaar liegt in der s-Ebene der $\mathrm{j}\omega$-Achse am nächsten, beschreibt somit die langsamste Eigenbewegung und beeinflusst damit das dynamische Eigenverhalten des Systems am stärksten, sofern die übrigen Pole hinreichend weit links davon liegen.

Die zur Gl. (8.3.1) gehörende Übergangsfunktion

$$h_{\mathrm{W}}(t) = \left\{ 1 - e^{-D\omega_0 t} \left[\cos\left(\sqrt{1 - D^2}\,\omega_0 t\right) + \frac{D}{\sqrt{1 - D^2}} \sin\left(\sqrt{1 - D^2}\,\omega_0 t\right) \right] \right\} \sigma(t)$$

$$\tag{8.3.2a}$$

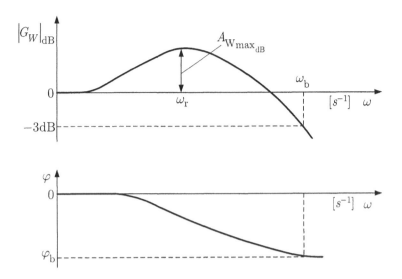

Bild 8.3.1. Bode-Diagramm des geschlossenen Regelkreises bei Führungsverhalten

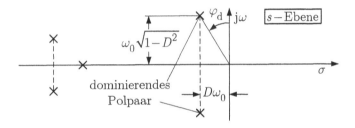

Bild 8.3.2. Polstellenverteilung eines Übertragungsgliedes mit dominierendem Polpaar

nach Gl. (4.3.60) wird zweckmäßigerweise in die Form

$$h_{\mathrm{W}}(t) = \left\{ 1 - \frac{e^{-D\omega_0 t}}{\sqrt{1-D^2}} \cos\left[\left(\sqrt{1-D^2}\,\omega_0 t\right) - \varphi_{\mathrm{d}}\right] \right\} \sigma(t) \tag{8.3.2b}$$

gebracht, wobei für

$$\varphi_{\mathrm{d}} = \arcsin D \quad \text{oder} \quad D = \sin\varphi_{\mathrm{d}}$$

gilt. Aus Gl. (8.3.2b) folgt durch Differentiation die Gewichtsfunktion

$$g_{\mathrm{W}}(t) = \dot{h}_{\mathrm{W}}(t) = \frac{\omega_0}{\sqrt{1-D^2}} e^{-D\omega_0 t} \sin\left(\sqrt{1-D^2}\,\omega_0 t\right) \sigma(t). \tag{8.3.3}$$

Damit sind nun die Voraussetzungen geschaffen, um die Überschwingweite, Anstiegszeit und Ausregelzeit in Abhängigkeit von den Kenndaten des Frequenzbereichs, z.B. der Eigenfrequenz ω_0 und dem Dämpfungsgrad D, zu bestimmen. Mit ω_0 und D können die interessierenden Größen $A_{\mathrm{W\,max\,dB}}$ und ω_{r} dann direkt über die Gln. (4.3.53) und (4.3.54) ermittelt werden.

a) *Berechnung der maximalen Überschwingweite* e_{max}:

Zur Berechnung von e_{max} wird zunächst der Zeitpunkt $t = t_{\mathrm{max}} > 0$ bestimmt, bei dem $\dot{h}_{\mathrm{W}}(t)$ gemäß Gl. (8.3.3) erstmalig Null wird. Dies ist offensichtlich dann der Fall, wenn für das Argument der sin-Funktion in Gl. (8.3.3)

$$\sqrt{1 - D^2}\,\omega_0 t = \pi$$

gilt. Für $t = t_{\mathrm{max}}$ erhält man daraus

$$t_{\mathrm{max}} = \frac{\pi}{\omega_0\sqrt{1 - D^2}}. \tag{8.3.4}$$

Damit folgt aus Gl. (8.3.2) als maximale Überschwingweite

$$e_{\mathrm{max}} = h_{\mathrm{W}}(t_{\mathrm{max}}) - 1 = e^{-\dfrac{D\pi}{\sqrt{1 - D^2}}} = f_1(D). \tag{8.3.5}$$

Die maximale Überschwingweite ist somit nur eine Funktion des Dämpfungsgrades D. Diese Abhängigkeit ist im Bild 8.3.3 dargestellt. Außerdem zeigt das Bild den Zusammenhang (gestrichelt) zwischen e_{max} und $A_{\mathrm{W_{max}}}$.

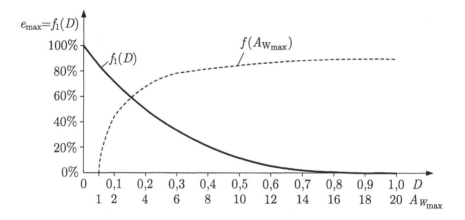

Bild 8.3.3. Maximale Überschwingweite $e_{\mathrm{max}} = f_1(D)$ (in %) bezogen auf $h_{\mathrm{W}\infty} = 100\%$ als Funktion des Dämpfungsgrades D sowie $e_{\mathrm{max}} = f(A_{\mathrm{W_{max}}})$

b) *Berechnung der Anstiegszeit* $T_{\mathrm{a},50}$:

Die Anstiegszeit wird nachfolgend nicht über die Wendetangente, sondern über die Tangente im Zeitpunkt $t = t_{50}$ (vgl. Bild 8.2.1) bestimmt, bei dem $h_{\mathrm{W}}(t)$ gerade 50 % des stationären Wertes $h_{\mathrm{W}\infty} = 1$ erreicht hat. Zu ermitteln ist also zunächst die Zeit t_{50}, für die mit Gl. (8.3.2) $h_{\mathrm{W}}(t_{50}) = 0{,}5$ gilt. Aus Gl. (8.3.2a) folgt somit

$$0{,}5 = 1 - e^{-D\omega_0 t_{50}}\left[\cos\left(\sqrt{1 - D^2}\,\omega_0 t_{50}\right) + \frac{D}{\sqrt{1 - D^2}}\sin\left(\sqrt{1 - D^2}\,\omega_0 t_{50}\right)\right].$$

Diese Bestimmungsgleichung für das Produkt $\omega_0 t_{50}$ muss numerisch ausgewertet werden. Man erhält eine Abhängigkeit der Form

$$\omega_0 t_{50} = f_2^*(D). \tag{8.3.6}$$

Aus Gl. (8.3.3) folgt als Anstiegszeit

$$T_{a,50} = \frac{1}{h_W(t_{50})} = \frac{\sqrt{1-D^2}}{\omega_0 e^{-D\omega_0 t_{50}} \sin\left(\sqrt{1-D^2}\omega_0 t_{50}\right)},$$

und daraus ergibt sich mit Gl. (8.3.6) schließlich die normierte Anstiegszeit

$$\omega_0 T_{a,50} = \frac{\sqrt{1-D^2}}{e^{-Df_2^*(D)} \sin\left(\sqrt{1-D^2}f_2^*(D)\right)} = f_2(D), \qquad (8.3.7)$$

also ebenfalls eine nur vom Dämpfungsgrad D abhängige Größe. Dieser Zusammenhang ist im Bild (8.3.4) grafisch dargestellt.

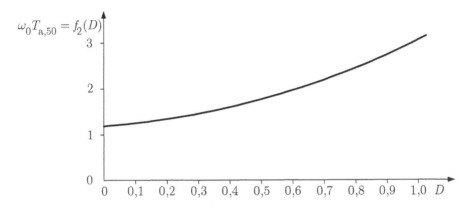

Bild 8.3.4. Das Produkt $\omega_0 T_{a,50} = f_2(D)$ (normierte Anstiegszeit) als Funktion des Dämpfungsgrades D

c) *Bestimmung der Ausregelzeit t_ε:*

Mit Gl. (8.3.2b) lässt sich die Amplitudenabnahme auf einen Wert kleiner als ε für $t \geq t_\varepsilon$ aus der Hüllkurve des Schwingungsverlaufs, also aus der Beziehung

$$\frac{e^{-D\omega_0 t_\varepsilon}}{\sqrt{1-D^2}} \approx \varepsilon$$

angenähert abschätzen. Daraus folgt die normierte Ausregelzeit

$$\omega_0 t_\varepsilon \approx \frac{1}{D} \ln\frac{1}{\varepsilon} \frac{1}{\sqrt{1-D^2}}. \qquad (8.3.8)$$

Wählt man $\varepsilon = 3\%(\hat{=}0{,}03)$, dann erhält man

$$\omega_0 t_{3\%} \approx \frac{1}{D}\left[3{,}5 - 0{,}5\ln(1-D^2)\right] = f_3(D). \qquad (8.3.9)$$

Dieser Zusammenhang ist im Bild 8.3.5 dargestellt, ebenfalls derjenige für die normierte Anregelzeit $\omega_0 t_{an}$, die sich unmittelbar aus dem später dargestellten Bild 8.3.9 ergibt.

Vergleicht man nun die in den Bildern 8.3.3 bis 8.3.5 dargestellten Ergebnisse miteinander, so lässt sich zusammenfassend folgendes feststellen:

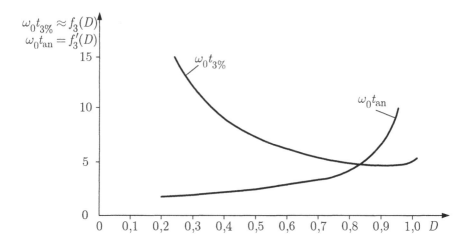

Bild 8.3.5. Normierte Ausregelzeit $\omega_0 t_{3\%} \approx f_3(D)$ und normierte Anregelzeit $\omega_0 t_{\mathrm{an}} = f_3'(D)$ als Funktionen des Dämpfungsgrades D

- Die Überschwingweite $e_{\max}$ hängt nur vom Dämpfungsgrad D ab.

- Eine Veränderung des Dämpfungsgrades D im Bereich von etwa $D < 0{,}9$ wirkt auf die Ausregelzeit t_ε gerade entgegengesetzt wie auf die Anstiegszeit $T_{\mathrm{a},50}$ und die Anregelzeit t_{an}, d.h. eine Vergrößerung des Dämpfungsgrades D zur Erreichung kleinerer Ausregelzeiten t_ε hat eine Vergrößerung der Anstiegszeit $T_{\mathrm{a},50}$ und der Anregelzeit t_{an} zur Folge.

- Ist der Dämpfungsgrad D fest vorgegeben, so bestimmt der Parameter ω_0 die Geschwindigkeit des Regelkreises. Ein großes ω_0 hat eine kleine Ausregelzeit und eine kleine Anstiegszeit zur Folge.

Für die praktische Anwendung der Diagramme gemäß den Bildern 8.3.3 bis 8.3.5 sei nachfolgend noch ein Beispiel angegeben.

Beispiel 8.3.1
Die Führungsübergangsfunktion $h_{\mathrm{W}}(t)$ eines geschlossenen Regelkreises mit dominierendem Polpaar soll eine maximale Überschwingweite $e_{\max} \leq 10\%$, eine Anstiegszeit $T_{\mathrm{a},50} \leq 1\,\mathrm{s}$ und eine Ausregelzeit $t_{3\%} \leq 4\,\mathrm{s}$ besitzen. Wie müssen der Dämpfungsgrad D und die Eigenfrequenz ω_0 gewählt werden?

Mit dem gegebenen Wert von $e_{\max}$ erhält man aus Bild 8.3.3 als Dämpfungsgrad

$$D = 0{,}58.$$

Für diesen D-Wert folgt aus Bild 8.3.4 mit $T_{\mathrm{a},50} = 1\,\mathrm{s}$ die Eigenfrequenz

$$\omega_0 = \frac{f_2(0{,}58)}{1\mathrm{s}} = 2{,}05\,\mathrm{s}^{-1}.$$

Entsprechend würde man aus Bild 8.3.5 mit $t_{3\%} = 4\,\mathrm{s}$ die Eigenfrequenz

$$\omega_0 = \frac{f_3(0{,}58)}{4\mathrm{s}} = 1{,}6\,\mathrm{s}^{-1}$$

erhalten. Die Forderung nach einer Anstiegszeit von $T_{a,50} = 1\,\text{s}$ stellt somit die schärfere Forderung dar, so dass $\omega_0 = 2{,}05\,\text{s}^{-1}$ zu wählen ist. Mit diesem Wertepaar (ω_0, D) können nun über Gl. (4.3.53) die Resonanzfrequenz zu

$$\omega_r = \omega_0\sqrt{1 - 2D^2} = 1{,}17\,\text{s}^{-1}$$

und über Gl. (4.3.54) die Amplitudenüberhöhung zu

$$A_{\text{W max}} = \frac{1}{2D\sqrt{1 - D^2}} = 1{,}06$$

bzw.

$$A_{\text{W max dB}} = 0{,}49\,\text{dB}$$

bestimmt werden.   ∎

Zur Abschätzung der *Bandbreite* ω_b bei vorgegebenem Dämpfungsgrad D wird häufig auch der Zusammenhang dieser beiden Größen benötigt. Aufgrund der im Bild 4.3.18 dargestellten Definition der Bandbreite ω_b folgt aus

$$|G_W(j\omega_b)| = \frac{1}{\sqrt{2}}\,|G_W(0)|$$

nach kurzer Zwischenrechnung mit Gl. (8.3.1) für $s = j\omega$ und $\omega = \omega_b$

$$\frac{\omega_b}{\omega_0} = \sqrt{(1 - 2D^2) + \sqrt{(1 - 2D^2)^2 + 1}} = f_4(D) \qquad (8.3.10)$$

und

$$\varphi_b = \arctan \frac{2D\sqrt{(1 - 2D^2) + \sqrt{(1 - 2D^2)^2 + 1}}}{2D^2 - \sqrt{(1 - 2D^2)^2 + 1}} = f_5(D). \qquad (8.3.11)$$

Weiterhin erhält man mit Gl. (8.3.7) aus Gl. (8.3.10)

$$\omega_b T_{a,50} = f_2(D)\,f_4(D) = f_6(D). \qquad (8.3.12)$$

Der grafische Verlauf der Funktionen $f_4(D)$, $f_5(D)$ und $f_6(D)$ ist im Bild 8.3.6 dargestellt.

Durch Approximation von $f_4(D)$, $f_5(D)$ und $f_6(D)$ lassen sich dann folgende Faustformeln ableiten:

1. $\quad \dfrac{\omega_b}{\omega_0} \approx 1{,}8 - 1{,}1D \qquad\qquad$ für $\quad 0{,}3 < D < 0{,}8\,,$ $\qquad (8.3.13)$

2. $\quad |\varphi_b| \approx \pi - 2{,}23D \qquad\qquad$ für $\quad 0 \leq D \leq 1{,}0\,,$ $\qquad (8.3.14)$
   $\quad (\varphi_b$ im Bogenmaß$)$

3. $\quad \omega_b T_{a,50} \approx 2{,}3 \qquad\qquad\qquad$ für $\quad 0{,}3 < D < 0{,}8\,.$ $\qquad (8.3.15)$

Mit diesen Bezeichnungen kann für das zuvor behandelte Beispiel 8.3.1 mit $\omega_0 = 2{,}05\,\text{s}^{-1}$ und $D = 0{,}58$ auch noch die Bandbreite ω_b entweder aus Gl. (8.3.13) zu

$$\omega_b \approx 2(1{,}8 - 1{,}1 \cdot 0{,}58) = 2{,}32\,\text{s}^{-1}$$

oder mit $T_{a,50} = 1\,\text{s}$ aus Gl. (8.3.15) zu

$$\omega_b \approx 2{,}3\,\text{s}^{-1}$$

ermittelt werden.

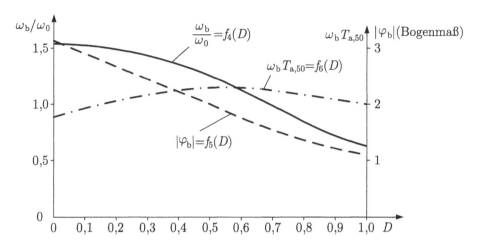

Bild 8.3.6. Abhängigkeit der Kenngrößen $\omega_b/\omega_0 = f_4(D)$, $\varphi_b = f_5(D)$ und $\omega_b T_{a,50} = f_6(D)$ vom Dämpfungsgrad D des geschlossenen Regelkreises mit PT_2-Verhalten

8.3.1.2 Kenndaten des offenen Regelkreises und ihr Zusammenhang mit den Gütemaßen des geschlossenen Regelkreises im Zeitbereich

Bei den nachfolgenden Betrachtungen wird davon ausgegangen, dass der offene Regelkreis Verzögerungsverhalten besitzt und somit qualitativ ein Bode-Diagramm gemäß Bild 8.3.7 aufweist. Zur Beschreibung dieses Frequenzganges $G_0(j\omega)$ werden folgende, bereits in den Gln. (6.4.15) und (6.4.16) eingeführte und im Bild 8.3.7 dargestellte Kenndaten verwendet:

- *Durchtrittsfrequenz* ω_D,

- *Phasenrand* (oder Phasenreserve) $\varphi_R = 180° + \varphi(\omega_D)$,

- *Amplitudenrand* (oder Amplitudenreserve) $A_{R\,dB} = |G_0(\omega_S)|_{dB}$.

Es sei wiederum angenommen, dass das dynamische Verhalten des geschlossenen Regelkreises angenähert durch ein dominierendes konjugiert komplexes Polpaar charakterisiert werden kann und somit durch Gl. (8.3.1) beschrieben wird. In diesem Fall folgt aus Gl. (8.3.1) als Übertragungsfunktion des offenen Regelkreises

$$G_0(s) = \frac{G_W(s)}{1 - G_W(s)} = \frac{\omega_0^2}{s(s + 2D\omega_0)} \tag{8.3.16a}$$

oder

$$G_0(s) = \frac{K_0}{s}\frac{1}{1 + Ts} \tag{8.3.16b}$$

mit $K_0 = \omega_0/(2D)$ und $T = 1/(2D\omega_0)$. Der zu Gl. (8.3.16) gehörende Frequenzgang ist als Bode-Diagramm im Bild 8.3.8 skizziert. Dieses Bode-Diagramm weicht wesentlich von dem im Bild 8.3.7 dargestellten ab. So besitzt das System nach Bild 8.3.7 keinen

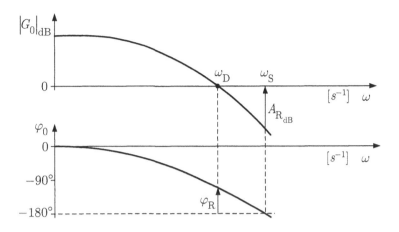

Bild 8.3.7. Bode-Diagramm des offenen Regelkreises

I-Anteil. Weiterhin ist es von höherer als zweiter Ordnung, da die Phasenkennlinie den Wert von - 180° überschreitet. In der Nähe der Durchtrittsfrequenz ω_D weisen allerdings beide Bode-Diagramme einen ähnlichen Verlauf auf. Ist bei einem vorgegebenen System $|G_0(j\omega)| >> 1$ für $\omega << \omega_D$ und gilt angenähert $|G_0(j\omega)| \approx 0$ für $\omega >> \omega_D$, dann lässt sich $G_0(s)$ in der Nähe der Durchtrittsfrequenz ω_D durch Gl. (8.3.16a) und (8.3.16b) approximieren. Damit erhält die zugehörige Führungsübertragungsfunktion $G_W(s)$ ein dominierendes, konjugiert komplexes Polpaar. Um die für ein System zweiter Ordnung hergeleiteten Gütespezifikationen auch auf Regelsysteme höherer Ordnung übertragen zu können, sollte man daher beim Entwurf anstreben, dass deren Betragskennlinien $|G_0(j\omega)|$ in der Nähe von ω_D mit etwa 20 dB/Dekade abfallen. Für Gl. (8.3.16b) ist dies nur erfüllt, wenn $\omega_D < 1/T$ gilt (vgl. Bild 8.3.8). Aus Gl. (8.3.16a) erhält man mit der Bedingung

$$|G_0(j\omega_D)| = 1$$

nach kurzer Zwischenrechnung

$$\frac{\omega_D}{\omega_0} = \sqrt{\sqrt{4D^4 + 1} - 2D^2} = f_7(D). \qquad (8.3.17)$$

Damit folgt nun mit $T = 1/(2D\omega_0)$ für $\omega_D < 1/T$ aus

$$\sqrt{\sqrt{4D^4 + 1} - 2D^2} < 2D$$

schließlich die Bedingung $D > 0{,}42$.

Wählt man also als Dämpfungsgrad einen Wert $D > 0{,}42$, dann ist gewährleistet, dass die Betragskennlinie $|G_0|_{dB}$ des offenen Regelkreises in der Umgebung der Durchtrittsfrequenz ω_D mit 20 dB/Dekade abfällt. Außerdem zeigt Bild 8.3.9, dass für den geschlossenen Regelkreis gerade das Intervall $0{,}5 < D < 0{,}7$ einen Bereich günstiger Dämpfungswerte darstellt, da hierbei sowohl die Anstiegszeit, als auch die maximale Überschwingweite vom Standpunkt der Regelgüte aus akzeptable Werte annehmen. Dies bedeutet aber andererseits, dass dann auch Phasen- und Amplitudenrand φ_R und $A_{R\,dB}$ günstige Werte besitzen.

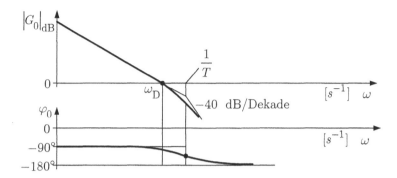

Bild 8.3.8. Bode-Diagramm des offenen Regelkreises mit $G_0(s)$ gemäß Gl. (8.3.16b)

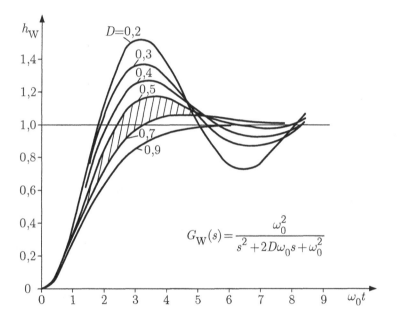

Bild 8.3.9. Übergangsfunktion $h_W(t)$ des geschlossenen Regelkreises mit PT_2-Verhalten gemäß der Übertragungsfunktion $G_W(s)$ nach Gl. (8.3.1)

Aus diesen Überlegungen kann daher geschlossen werden, dass bei Regelkreisen mit Minimalphasenverhalten, die angenähert durch ein PT_2S-System beschrieben werden können, der Amplitudengang $|G_0(j\omega)|_{dB}$ des offenen Systems in einer genügend großen Umgebung der Durchtrittsfrequenz ω_D mit 20 dB/Dekade abnehmen muss, um eine hohe Regelgüte, d.h. einen hinreichend großen Phasenrand φ_R zu gewährleisten.

Wie im Abschnitt 6.4.2 bereits erwähnt, stellt die Durchtrittsfrequenz ω_D ein wichtiges Gütemaß für das dynamische Verhalten des geschlossenen Regelkreises dar. Je größer ω_D, desto größer ist gewöhnlich die Bandbreite ω_b von $G_W(j\omega)$ und desto schneller ist auch die Reaktion auf Sollwertänderungen. Nun gilt näherungsweise für den Frequenzgang bei Führungsverhalten

$$G_{\mathrm{W}}(\mathrm{j}\omega) = \frac{G_0(\mathrm{j}\omega)}{1 + G_0(\mathrm{j}\omega)} \approx \begin{cases} 1 & \text{für } |G_0(\mathrm{j}\omega)| \gg 1 \\ G_0(\mathrm{j}\omega) & \text{für } |G_0(\mathrm{j}\omega)| \ll 1 . \end{cases} \tag{8.3.18}$$

Daraus lässt sich der Amplitudengang von $G_{\mathrm{W}}(\mathrm{j}\omega)$ asymptotisch bestimmen (Bild 8.3.10). Nimmt $|G_0(\mathrm{j}\omega)|_{\mathrm{dB}}$ in der Umgebung von ω_{D} mit dem oben geforderten Wert von 20 dB/Dekade ab, dann gilt in diesem Bereich

$$G_0(\mathrm{j}\omega) \approx \frac{\omega_{\mathrm{D}}}{\mathrm{j}\omega}$$

und somit wird

$$G_{\mathrm{W}}(\mathrm{j}\omega) \approx \frac{1}{1 + \mathrm{j}\dfrac{\omega}{\omega_{\mathrm{b}}}}.$$

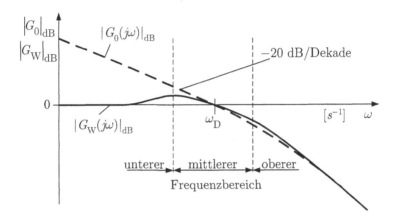

Bild 8.3.10. Stückweise Ermittlung von $|G_{\mathrm{W}}(\mathrm{j}\omega)|_{\mathrm{dB}}$ aus $|G_0(\mathrm{j}\omega)|_{\mathrm{dB}}$ im Bode-Diagramm

$G_{\mathrm{W}}(\mathrm{j}\omega)$ verhält sich also in diesem Bereich wie ein PT_1-Glied. Da bei einem PT_1-Glied der Amplitudengang bekanntlich bei der Eckfrequenz (hier $\omega_{\mathrm{e}} = \omega_{\mathrm{D}}$) um 3 dB abgefallen ist, stellt die Durchtrittsfrequenz ω_{D} des offenen Regelkreises gerade den Wert für die Bandbreite ω_{b} des geschlossenen Regelkreises dar, d.h. $\omega_{\mathrm{D}} = \omega_{\mathrm{b}}$. Damit lässt sich für Phasenminimumsysteme der Frequenzgang von $G_{\mathrm{W}}(\mathrm{j}\omega)$ stückweise aus $G_0(\mathrm{j}\omega)$ gemäß Bild 8.3.10 ermitteln. Dabei sollte zur Erfüllung der Gl. (8.3.18) im *unteren Frequenzbereich* der Wert $|G_0(\mathrm{j}\omega)|$ und damit auch die Kreisverstärkung K_0 groß sein, um die bleibende Regelabweichung möglichst klein zu halten. Dieser untere Frequenzbereich von $|G_0(\mathrm{j}\omega)|$ kennzeichnet gerade das stationäre Verhalten des geschlossenen Regelkreises, während der *mittlere Frequenzbereich* im wesentlichen den Einschwingvorgang und damit die Dämpfung charakterisiert. Um die Auswirkung eventuell nicht unterdrückbarer hochfrequenter Störungen bei der

$w(t)$ im Regelkreis zu vermeiden, muss $|G_0(\mathrm{j}\omega)|$ und damit auch $|G_{\mathrm{W}}(\mathrm{j}\omega)|$ im *oberen Frequenzbereich* rasch abfallen.

Mit diesen Betrachtungen ist man nun in der Lage, neben der Gl. (8.3.17) noch weitere wichtige Zusammenhänge zwischen den Kenndaten für das Zeitverhalten des geschlossenen Regelkreises und den Kenndaten für das Frequenzverhalten des offenen und damit teilweise auch des geschlossenen Regelkreises anzugeben. So folgt aus Gl. (8.3.17) unter Verwendung von Gl. (8.3.7) direkt

$$\omega_\mathrm{D} T_{\mathrm{a},50} = f_2(D)\, f_7(D) = f_8(D). \tag{8.3.19}$$

Der grafische Verlauf von $f_8(D)$ ist im Bild 8.3.11 dargestellt. Es lässt sich leicht nachprüfen, dass dieser Kurvenverlauf in guter Näherung im Bereich $0 < D < 1$ durch die Näherungsformel

$$\omega_\mathrm{D} T_{\mathrm{a},50} \approx 1{,}5 - \frac{e_{\max}[\%]}{250} \tag{8.3.20a}$$

oder

$$\omega_\mathrm{D} T_{\mathrm{a},50} \approx 1{,}5 \quad \text{für} \quad e_{\max} \leq 20\% \quad \text{oder} \quad D > 0{,}5 \tag{8.3.20b}$$

beschrieben werden kann. Ein weiterer Zusammenhang ergibt sich aus der Durchtrittsfrequenz ω_D für den Phasenrand

$$\varphi_\mathrm{R} = 180° + \arg G_0(\mathrm{j}\omega_\mathrm{D})$$

$$= 180° - 90° - \arctan\left(\frac{1}{2D}\frac{\omega_\mathrm{D}}{\omega_0}\right),$$

woraus nach kurzer Umformung schließlich

$$\varphi_\mathrm{R} = \arctan\left(2D\frac{\omega_0}{\omega_\mathrm{D}}\right) = \arctan\left[2D\frac{1}{f_7(D)}\right] = f_9(D) \tag{8.3.21}$$

folgt. Bild 8.3.11 enthält auch den grafischen Verlauf dieser Funktion. Man kann hier durch Überlagerung von $f_9(D)$ mit $f_1(D)$ zeigen, dass im Bereich $0{,}3 \leq D \leq 0{,}8$, also für die hauptsächlich interessierenden Werte des Dämpfungsgrades, die Näherungsformel

$$\varphi_\mathrm{R}[°] + e_{\max}[\%] \approx 70 \tag{8.3.22}$$

gilt.

8.3.2   Reglersynthese nach dem Frequenzkennlinien-Verfahren

8.3.2.1   Der Grundgedanke

Die im vorhergehenden Abschnitt hergeleiteten Beziehungen $f_i(D)$ $(i = 1,2,\ldots,9)$ für einen Regelkreis, dessen Führungsverhalten durch ein $\mathrm{PT}_2\mathrm{S}$-Glied beschrieben wird, lassen sich, wie gezeigt wurde, auch auf Systeme höherer Ordnung übertragen, sofern diese ein dominierendes Polpaar besitzen. Für diese Klasse von Systemen existiert ein leistungsfähiges Syntheseverfahren im Frequenzbereich, das *Frequenzkennlinien-Verfahren*, welches nachfolgend näher behandelt wird.

Ausgangspunkt dieses Verfahrens ist die Darstellung des Frequenzganges $G_0(\mathrm{j}\omega)$ des offenen Regelkreises im Bode-Diagramm. Die zu erfüllenden Spezifikationen des geschlossenen Regelkreises werden zunächst gemäß Abschnitt 8.3.1.2 als Kenndaten des offenen Regelkreises formuliert. Die eigentliche Syntheseaufgabe besteht dann darin, durch Wahl einer geeigneten Reglerübertragungsfunktion $G_\mathrm{R}(s)$ den Frequenzgang des offenen Regelkreises so zu verändern, dass er die geforderten Kenndaten erfüllt. Das Verfahren läuft im wesentlichen in folgenden Schritten ab:

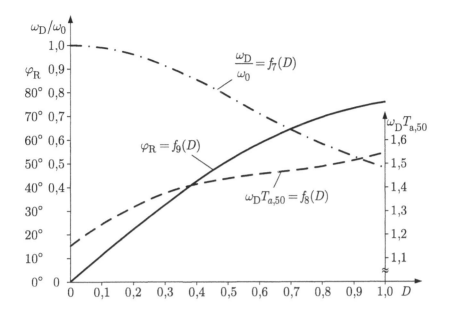

Bild 8.3.11. Abhängigkeit der Kenndaten für das Frequenzverhalten des offenen Regelkreises, ω_D und φ_R, vom Dämpfungsgrad D des geschlossenen Regelkreises mit PT_2S-Verhalten

1. Schritt: Im Allgemeinen sind bei einer Syntheseaufgabe die Kenndaten für das Zeitverhalten des geschlossenen Regelkreises, also e_{max}, $T_{a,50}$ und e_∞ vorgegeben. Aufgrund dieser Werte werden mit Hilfe von Tabelle 5.2.1 der Verstärkungsfaktor K_0, aus der Faustformel für $\omega_D\,T_{a,50} \approx 1{,}5$ gemäß Gl. (8.3.20b) die Durchtrittsfrequenz ω_D und über die Faustformel $\varphi_R[°] \approx 70 - e_{max}[\%]$ der Phasenrand φ_R berechnet, sowie zweckmäßigerweise aus $f_1(D)$ der Dämpfungsgrad D bestimmt.

2. Schritt: Zunächst wird als Regler ein reines P-Glied gewählt, so dass der im 1. Schritt ermittelte Wert von K_0 eingehalten wird. Durch Einfügen weiterer, geeigneter Reglerübertragungsglieder (oft auch als *Kompensations-* oder *Korrekturglieder* bezeichnet) verändert man G_0 so, dass man die übrigen im 1. Schritt ermittelten Werte ω_D und φ_R erhält, und dabei in der näheren Umgebung der Durchtrittsfrequenz ω_D der Amplitudenverlauf $|G_0(j\omega)|_{dB}$ mit etwa 20 dB/Dekade abfällt. Diese zusätzlichen Übertragungsglieder des Regelkreises werden meist in *Reihenschaltung* mit den übrigen Regelkreisgliedern angeordnet.

3. Schritt: Es muss nun geprüft werden, ob das ermittelte Ergebnis tatsächlich den geforderten Spezifikationen entspricht. Dies kann entweder durch Rechnersimulation direkt anhand der Ermittlung der Größen e_{max}, $T_{a,50}$ und e_∞ erfolgen oder indirekt unter Verwendung der im Abschnitt 8.3.1 angegebenen Formeln zur Berechnung der Amplitudenüberhöhung $A_{W\,max} = 1/(2D\sqrt{1-D^2})$, Gl. (4.3.54), und der Bandbreite $\omega_b \approx 2{,}3/T_{a,50}$, Gl. (8.3.15). Diese Werte werden eventuell noch überprüft, indem man anhand der Frequenzkennlinien des offenen Regelkreises über die Beziehung

$$G_W(j\omega) = \frac{G_0(j\omega)}{1 + G_0(j\omega)}$$

die Frequenzkennlinien des geschlossenen Regelkreises berechnet. Zweckmäßigerweise benutzt man – sofern kein Digitalrechner zur Verfügung steht – dafür das Nichols-Diagramm, auf das später noch eingegangen wird. Stellen sich dabei größere Abweichungen von den aufgrund der Näherungsbeziehungen ermittelten Werten von $A_{W\,max}$ und ω_b ein, dann muss Schritt 2 in modifizierter Form wiederholt werden.

Hieraus ist ersichtlich, dass dieses Verfahren nicht zwangsläufig im „ersten Durchgang" bereits den geeigneten Regler liefert. Es handelt sich hierbei vielmehr um ein systematisches Probierverfahren, das gewöhnlich erst bei mehrmaligem Wiederholen zu einem befriedigenden Ergebnis führt. Dieses Vorgehen wurde bereits im Bild 8.2.8 angedeutet.

Zum Entwurf des Reglers reichen bei diesem Verfahren die früher im Kapitel 5 vorgestellten Standardreglertypen gewöhnlich nicht mehr aus. Der Regler muss – wie oben bei Schritt 2 gezeigt wurde – aus meist verschiedenen Einzelübertragungsgliedern synthetisiert werden. Dabei sind zwei spezielle Übertragungsglieder, die eine Phasenanhebung bzw. eine Phasenabsenkung ermöglichen, von besonderem Interesse. Diese werden nachfolgend vorgestellt.

8.3.2.2 *Phasenkorrekturglieder*

a) Das phasenanhebende Übertragungsglied (Lead-Glied)

Das phasenanhebende Glied wird verwendet, um in einem gewissen Frequenzbereich die Phasenkennlinie anzuheben. Die Übertragungsfunktion dieses Gliedes lautet

$$G_R(s) = \frac{1+Ts}{1+\alpha Ts} = \frac{1+\dfrac{s}{1/T}}{1+\dfrac{s}{1/(\alpha T)}}, \quad 0 < \alpha < 1. \tag{8.3.23}$$

Daraus folgt für $s = j\omega$ der Frequenzgang

$$G_R(j\omega) = \frac{1+j\dfrac{\omega}{\omega_Z}}{1+j\dfrac{\omega}{\omega_N}} \tag{8.3.24}$$

mit den beiden Eckfrequenzen

$$\omega_Z = \frac{1}{T} \tag{8.3.25a}$$

und

$$\omega_N = \frac{1}{\alpha T}. \tag{8.3.25b}$$

Als weitere Kenngröße wird noch das Frequenzverhältnis

$$m_h = \frac{\omega_N}{\omega_Z} = \frac{1}{\alpha} > 1 \tag{8.3.26}$$

eingeführt. Aus Gl. (8.3.23) folgt für die Ortskurvendarstellung des Frequenzganges

$$G_R(j\omega) = A(\omega)\,e^{j\varphi(\omega)}$$

$$= \sqrt{\frac{1+T^2\omega^2}{1+\alpha^2T^2\omega^2}}\,e^{j(\arctan T\omega - \arctan\alpha T\omega)}. \qquad (8.3.27)$$

Der grafische Verlauf der Ortskurve ist im Bild 8.3.12 dargestellt. Wie sich leicht nachprüfen lässt, beschreibt die Ortskurve einen Halbkreis.

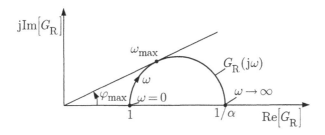

Bild 8.3.12. Ortskurve des phasenanhebenden Übertragungsgliedes

Die maximale Anhebung des Phasenwinkels

$$\varphi(\omega) = \arctan T\omega - \arctan\alpha T\omega$$

erhält man aus der Bedingung $d\varphi(\omega)/d\omega = 0$ für

$$\omega_{\max} = \sqrt{\omega_Z\omega_N} = \omega_N\frac{1}{\sqrt{m_h}} = \omega_Z\sqrt{m_h} = \frac{1}{T}\sqrt{m_h}. \qquad (8.3.28)$$

Wie das im Bild 8.3.13 dargestellte Bode-Diagramm zeigt, besitzt das phasenanhebende Glied für hohe Frequenzen eine an sich unerwünschte Erhöhung der Betragskennlinie (Amplitudenerhöhung) um den Wert

$$|\Delta G_R|_{dB} = 20\lg(1/\alpha) = 20\lg m_h.$$

Spaltet man Gl. (8.3.23) auf in die Form

$$G_R(s) = \frac{1+\alpha Ts}{1+\alpha Ts} + \frac{(1-\alpha)\,Ts}{1+\alpha Ts}$$

$$= 1 + \left(\frac{1}{\alpha}-1\right)\frac{\alpha Ts}{1+\alpha Ts}, \qquad (8.3.29)$$

so erkennt man, dass das phasenanhebende Glied aus der Parallelschaltung eines P-Gliedes mit dem Verstärkungsfaktor 1 und eines DT_1-Gliedes besteht und damit einen speziellen PDT_1-Regler (vgl. Gl. (5.3.9)) darstellt. Als Übergangsfunktion erhält man somit

$$h_R(t) = \sigma(t)\left[1+\left(\frac{1}{\alpha}-1\right)e^{-\frac{t}{\alpha T}}\right]. \qquad (8.3.30)$$

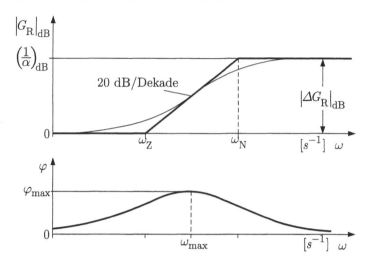

Bild 8.3.13. Bode-Diagramm des phasenanhebenden Übertragungsgliedes

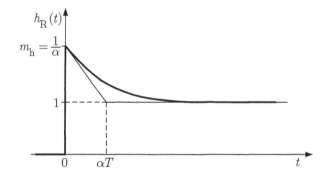

Bild 8.3.14. Übergangsfunktion des phasenanhebenden Übertragungsgliedes

Den grafischen Verlauf von $h_R(t)$ zeigt Bild 8.3.14.

Für die praktische Anwendung des phasenanhebenden Übertragungsgliedes verwendet man das im Bild 8.3.15 dargestellte Phasendiagramm für die auf ω_Z normierte Frequenz. Ist die Frequenz ω_{max} bekannt, so kann aus diesem Diagramm die Größe des Frequenzverhältnisses m_h bestimmt werden. Die untere Eckfrequenz ω_Z kann ebenfalls aus dem Diagramm abgelesen oder mit Gl. (8.3.28) bestimmt werden.

Beispiel 8.3.2
Die Phasenkennlinie des Übertragungsgliedes soll bei $\omega = \omega_{max} = 4\,\mathrm{s}^{-1}$ um $\Delta\varphi = 30°$ angehoben werden. Das Maximum der Phasenanhebung von $\Delta\varphi = 30°$ ergibt sich nach Bild 8.3.15 für $\omega/\omega_Z \approx 1{,}7$ und $m_h = 3$. Damit folgt mit $\omega = \omega_{max} = 4\,\mathrm{s}^{-1}$ für die untere Eckfrequenz $\omega_Z \approx \omega_{max}/1{,}7$ oder aus Gl. (8.3.28) $\omega_Z = \omega_{max}/\sqrt{m_h} = 4/\sqrt{3} = 2{,}31\,\mathrm{s}^{-1}$ und mit Gl. (8.3.26) für die obere Eckfrequenz $\omega_N = m_h\omega_Z = 6{,}93\,\mathrm{s}^{-1}$. ∎

b) Das phasenabsenkende Übertragungsglied (Lag-Glied)

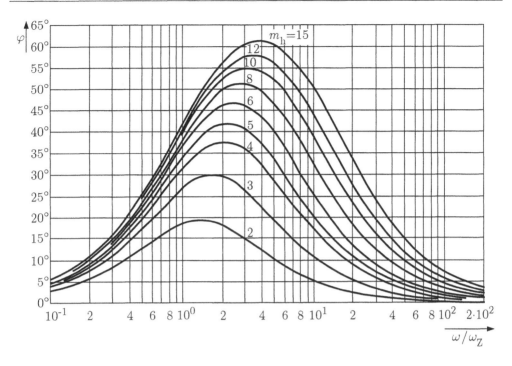

Bild 8.3.15. Phasendiagramm für das phasenanhebende Korrekturglied (ω_Z = untere Eckfrequenz; $m_h\omega_Z$ = obere Eckfrequenz)

Das phasenabsenkende Übertragungsglied wird benutzt, um von einer bestimmten Frequenz an die Betragskennlinie abzusenken. Dabei tritt in einem gewissen Frequenzbereich eine an sich meist unerwünschte Absenkung der Phasenkennlinie auf. Die Übertragungsfunktion dieses Übertragungsgliedes lautet

$$G_R(s) = \frac{1 + Ts}{1 + \alpha Ts} = \frac{1 + \dfrac{s}{(1/T)}}{1 + \dfrac{s}{(1/\alpha T)}} \quad \text{mit} \quad \alpha > 1. \tag{8.3.31}$$

Daraus folgt mit $s = j\omega$ und den Eckfrequenzen $\omega_Z = \dfrac{1}{T}$ und $\omega_N = \dfrac{1}{\alpha T}$ der Frequenzgang

$$G_R(j\omega) = \frac{1 + j\dfrac{\omega}{\omega_Z}}{1 + j\dfrac{\omega}{\omega_N}}. \tag{8.3.32}$$

Auch hier wird wieder ein Frequenzverhältnis

$$m_s = \frac{\omega_Z}{\omega_N} = \alpha > 1 \tag{8.3.33}$$

eingeführt. Die sich für hohe Frequenzen ergebende Absenkung des Amplitudengangs beträgt

$$|\Delta G_{\mathrm{R}}|_{\mathrm{dB}} = -20\lg\frac{1}{\alpha} = 20\lg m_{\mathrm{s}}. \tag{8.3.34}$$

Bild 8.3.16 zeigt die Ortskurve sowie das Bode-Diagramm des phasenabsenkenden Übertragungsgliedes. Die Umformung der Gl. (8.3.31) in die Darstellung

$$G_{\mathrm{R}}(s) = \frac{1}{\alpha} + \frac{1 - \dfrac{1}{\alpha}}{1 + \alpha T s} \tag{8.3.35}$$

zeigt, dass das phasenabsenkende Übertragungsglied die Parallelschaltung eines P-Gliedes

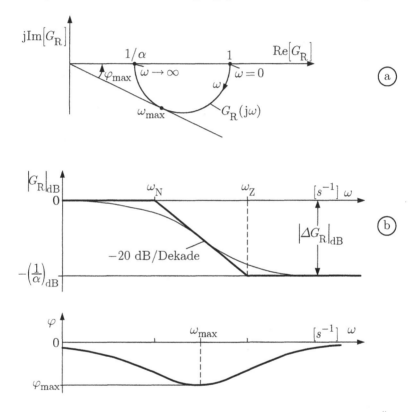

Bild 8.3.16. Ortskurve (a) und Bode-Diagramm (b) des phasenabsenkenden Übertragungsgliedes

mit dem Verstärkungsfaktor $1/\alpha$ und eines PT$_1$-Gliedes mit dem Verstärkungsfaktor $(1 - 1/\alpha)$ und der Zeitkonstanten αT darstellt. Die zu einem derartigen Glied gehörende Übergangsfunktion folgt aus Gl. (8.3.35) unmittelbar zu

$$h_{\mathrm{R}}(t) = \sigma(t)\left[\frac{1}{\alpha} + \left(1 - \frac{1}{\alpha}\right)\left(1 - e^{-\frac{t}{\alpha T}}\right)\right]. \tag{8.3.36}$$

Den grafischen Verlauf von $h_{\mathrm{R}}(t)$ zeigt Bild 8.3.17. Man erkennt leicht, dass diese Beziehung mit Gleichung (8.3.30) wieder identisch ist, nur dass im vorliegenden Fall $\alpha > 1$ gilt.

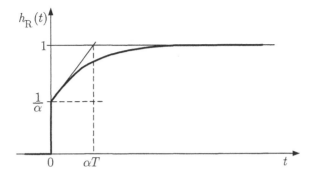

Bild 8.3.17. Übergangsfunktion des phasenabsenkenden Übertragungsgliedes

Für das praktische Arbeiten mit diesem Übertragungsglied verwendet man zweckmäßigerweise ebenfalls ein Phasendiagramm, das prinzipiell zwar mit jenem im Bild 8.3.15 übereinstimmt, jedoch andere Parameter enthält und daher im Bild 8.3.18 nochmals gesondert dargestellt ist.

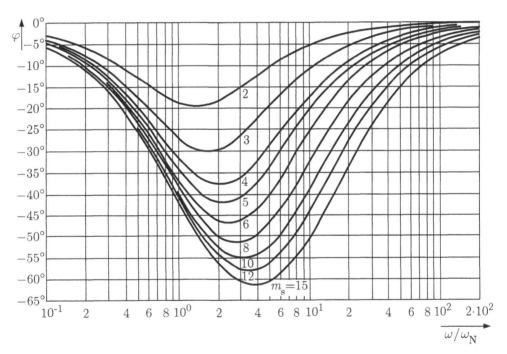

Bild 8.3.18. Phasendiagramm für das phasenabsenkende Korrekturglied (ω_N = untere Eckfrequenz; $m_s\omega_N$ = obere Eckfrequenz)

Beispiel 8.3.3

Die Betragskennlinie $|G_0|_{dB}$ eines offenen Regelkreises soll bei $\omega = 10\,s^{-1}$ um 20 dB abgesenkt werden, wobei die sich einstellende Phasensenkung maximal 10° betragen soll. Aus Gl. (8.3.34) folgt

$$|\Delta G_R|_{dB} = 20\,dB = 20 \lg m_s$$

und hieraus $m_s = 10$.

Mit $\varphi = -10°$ und $m_s = 10$ erhält man aus dem Phasendiagramm

$$\frac{\omega}{\omega_N} \approx 50,$$

und mit $\omega = 10\,s^{-1}$ ergibt sich für die Eckfrequenzen

$$\omega_N = \frac{10}{50}\,s^{-1} = 0{,}2\,s^{-1} \quad \text{und} \quad \omega_Z = m_s \omega_N = 2\,s^{-1}.$$

$\blacksquare$

8.3.2.3   Anwendung des Frequenzkennlinien-Verfahrens

Anhand eines Beispiels soll nachfolgend die Vorgehensweise bei der Reglersynthese mit Hilfe des Frequenzkennlinien-Verfahrens gezeigt werden.

Gegeben ist eine Regelstrecke (z.B. einschließlich Stellmotor mit I-Verhalten) mit der Übertragungsfunktion

$$G_S(s) = \frac{1}{s(1+s)\left(1+\dfrac{s}{3}\right)}. \tag{8.3.37}$$

Für die Führungsübergangsfunktion $h_W(t)$ des geschlossenen Regelkreises wird die Anstiegszeit

$$T_{a,50} = 0{,}7\,s, \tag{8.3.38a}$$

sowie die maximale Überschwingweite

$$e_{max} = 25\,\% \tag{8.3.38b}$$

gefordert. Außerdem soll für ein rampenförmiges Führungssignal

$$w(t) = w_1 \sigma(t)\,t$$

der geschlossene Regelkreis die bleibende Regelabweichung

$$e_\infty = \frac{1}{20} \tag{8.3.38c}$$

besitzen.

Das Entwurfsverfahren wird nun gemäß Abschnitt 8.3.2.1 in den folgenden Schritten vollzogen.

1. Schritt:

Man erhält aus der Bedingung nach Gl. (8.3.38a) mit Gl. (8.3.20) näherungsweise die Durchtrittsfrequenz

$$\omega_D \approx \frac{1}{T_{a,50}}\left(1,5 - \frac{e_{max}[\%]}{250}\right) = \frac{1}{0,7}(1,5 - 0,1) \approx 2\,s^{-1} \tag{8.3.39a}$$

sowie aus Gl. (8.3.38b) mit Gl. (8.3.22) die Phasenreserve zu

$$\varphi_R[°] \approx 70 - e_{max}[\%] = 45. \tag{8.3.39b}$$

Aus der Forderung gemäß Gl. (8.3.38c) erhält man bei einer rampenförmigen Führungsgröße mit Tabelle 5.2.1 (Fall $k = 1$) für $x_{e_1} \equiv w_1 = 1$ als Kreisverstärkung

$$K_0 = K_R K_S = 20. \tag{8.3.39c}$$

2. Schritt:

A) Man wähle als Regler zunächst ein reines P-Glied, $G_{R_1}(s) = K_R$, mit der Verstärkung K_R, so dass Gl. (8.3.39c) erfüllt ist. Im vorliegenden Beispiel ist damit $K_R = 20$. Dann zeichnet man entsprechend den Bildern 8.3.19 und 8.3.20 das Bode-Diagramm des offenen Regelkreises mit der Übertragungsfunktion

$$G_{0_1}(s) = G_{R_1}(s)\,G_S(s) = \frac{20}{s(1 + s)\left(1 + \dfrac{s}{3}\right)}. \tag{8.3.40}$$

Um die in den Gln. (8.3.39a) und (8.3.39b) geforderten Kenndaten zu erhalten, muss

1. die Phase von $G_{0_1}(j\omega)$ bei $\omega = \omega_D$ um 53° erhöht werden, und

2. der Betrag von $G_{0_1}(j\omega)$ bei $\omega = \omega_D$ um 11 dB gesenkt werden.

B) Um die erste Forderung zu erfüllen, erweitert man das P-Glied des Reglers um ein phasenanhebendes Übertragungsglied, dessen Phasenkennlinie bei $\omega = \omega_D = 2\,s^{-1}$ ein Maximum von $(53° + 6°)$ besitzt. Es wird hier ein um 6° höherer Wert angestrebt, da sich im dritten Schritt durch die Verwendung eines phasenabsenkenden Übertragungsgliedes eine geringe (unbeabsichtigte, aber nicht vermeidbare) Phasenabsenkung ergeben wird.

Aus dem Phasendiagramm (Bild 8.3.15) entnimmt man für $\varphi_{max} = 59°$ das erforderliche Frequenzverhältnis von

$$m_h \approx 12.$$

Damit erhält man für $\omega = \omega_{max} = \omega_D$ mit Gl. (8.3.28) oder ebenfalls aus Bild 8.3.15 als Eckfrequenzen

$$\omega_Z = \frac{\omega_D}{\sqrt{m_h}} \approx 0,6\,s^{-1}$$

und

$$\omega_N = \omega_Z m_h \approx 7,2\,s^{-1}.$$

Die Übertragungsfunktion des erweiterten Reglers lautet somit

$$G_{R_2}(s) = 20 \frac{1 + \dfrac{s}{0,6}}{1 + \dfrac{s}{7,2}}. \tag{8.3.41}$$

Damit besitzt der offene Regelkreis die Übertragungsfunktion

$$G_{0_2}(s) = G_{R_2}(s)\, G_S(s) = 20 \frac{1 + \dfrac{s}{0,6}}{s(1+s)\left(1 + \dfrac{s}{3}\right)\left(1 + \dfrac{s}{7,2}\right)}. \tag{8.3.42}$$

Die zugehörigen Frequenzkennlinien sind in den Bildern 8.3.19 und 8.3.20 eingetragen. Durch das hinzugekommene phasenanhebende Übertragungsglied hat sich (unbeabsichtigt) auch die Betragskennlinie von $G_{0_2}(s)$ geändert. Daher muss im folgenden Schritt für $\omega = \omega_D$ die Betragskennlinie statt um 11 dB nun um 22 dB gesenkt werden.

C) Um diese Betragssenkung zu erhalten, erweitert man den offenen Regelkreis nach Gl. (8.3.42) um ein phasenabsenkendes Übertragungsglied, so dass die gewünschte Betragssenkung bei $\omega = \omega_D = 2\,\mathrm{s}^{-1}$ erreicht wird. Aus Gl. (8.3.34) folgt

$$20 \lg m_s = 22\,\mathrm{dB}$$

und daraus

$$m_s = 12,6.$$

Damit aber durch die Betragssenkung die Phase bei $\omega_D = 2\,\mathrm{s}^{-1}$ nicht zu sehr beeinflusst wird, muss die obere Eckfrequenz ω_Z und damit auch die untere Eckfrequenz ω_N hinreichend weit links von ω_D liegen. Durch die spezielle Wahl des phasenanhebenden Gliedes im 1. Schritt darf das in diesem Schritt zu entwerfende phasenabsenkende Glied eine maximale Phasensenkung von 6° bewirken. Aus dieser Bedingung erhält man mit $m_s = 12,6$ aus Bild 8.3.18

$$\frac{\omega}{\omega_N} = 125$$

und speziell für $\omega = \omega_D = 2\,\mathrm{s}^{-1}$ den Wert

$$\omega_N = \frac{\omega_D}{125} = 0,016\,\mathrm{s}^{-1}.$$

Als obere Eckfrequenz folgt dann

$$\omega_Z = \omega_N m_s = 0,2\,\mathrm{s}^{-1}.$$

Die Übertragungsfunktion des endgültigen Reglers ist damit gegeben durch

$$G_R(s) = 20 \frac{1 + \dfrac{s}{0,6}}{1 + \dfrac{s}{7,2}} \frac{1 + \dfrac{s}{0,2}}{1 + \dfrac{s}{0,016}}.$$

Die Übertragungsfunktion des offenen Regelkreises lautet somit

$$G_0(s) = 20 \frac{\left(1 + \dfrac{s}{0,2}\right)\left(1 + \dfrac{s}{0,6}\right)}{s\left(1 + \dfrac{s}{0,016}\right)(1 + s)\left(1 + \dfrac{s}{3}\right)\left(1 + \dfrac{s}{7,2}\right)}.$$

Die zugehörigen Frequenzkennlinien sind ebenfalls in den Bildern 8.3.19 und 8.3.20 dargestellt.

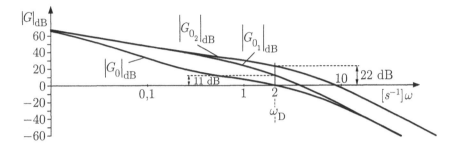

Bild 8.3.19. Die Betragskennlinien von $G_{0_1}(j\omega)$, $G_{0_2}(j\omega)$ und $G_0(j\omega)$

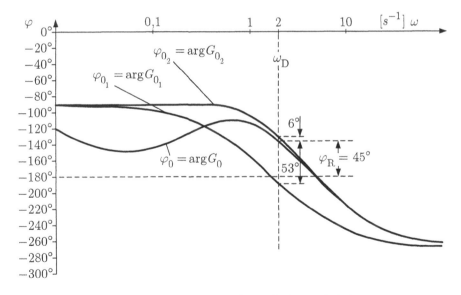

Bild 8.3.20. Die Phasenkennlinien von $G_{0_1}(j\omega)$, $G_{0_2}(j\omega)$ und $G_0(j\omega)$

3. Schritt:

Da die Synthese nach dem Frequenzkennlinien-Verfahren mit Hilfe von Näherungs-formeln durchgeführt wird, sollte man sich stets durch Simulation davon überzeu-gen, ob die eingangs geforderten Spezifikationen tatsächlich erfüllt werden. Das Er-gebnis der Simulation zeigt Bild 8.3.21. Die geforderten Spezifikationen für $T_{a,50}$, e_{max} und e_∞ werden voll erreicht.

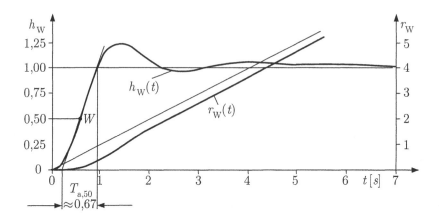

Bild 8.3.21. Übergangsfunktion $h_\mathrm{W}(t)$ und Rampenantwort $r_\mathrm{W}(t)$ des entworfenen Regelkreises

Weiterhin muss noch geprüft werden, ob das aufgrund des Reglerentwurfes sich ergebende Stellsignal $u(t)$ auch realisiert werden kann. Ist dies nicht der Fall, dann müssen die ursprünglich an die Regelung gestellten Spezifikationen geändert werden.

8.3.3   Das Nichols-Diagramm

Der Frequenzgang

$$G_\mathrm{W}(\mathrm{j}\omega) = \frac{G_0(\mathrm{j}\omega)}{1 + G_0(\mathrm{j}\omega)} = A_\mathrm{W}(\omega)\,\mathrm{e}^{\mathrm{j}\varphi_\mathrm{W}(\omega)} \qquad (8.3.43)$$

des *geschlossenen* Regelkreises bei Führungsverhalten kann anhand des bekannten Verhaltens des Frequenzganges des *offenen* Systems

$$G_0(\mathrm{j}\omega) = R_0(\omega) + \mathrm{j}I_0(\omega) = |G_0(\omega)|\,\mathrm{e}^{\mathrm{j}\varphi_0(\omega)} \qquad (8.3.44)$$

auf einfache, grafische Weise direkt über das Nichols-Diagramm erfolgen. Als Ausgangspunkt zur Konstruktion des Nichols-Diagramms wird zweckmäßigerweise das Hall-Diagramm [Hal43] benutzt, auf das zunächst kurz eingegangen wird.

8.3.3.1   Das Hall-Diagramm

Aus Gl. (8.3.43) erhält man für den Amplitudengang

$$A_\mathrm{W} = A_\mathrm{W}(\omega) = |G_\mathrm{W}(\mathrm{j}\omega)| = \frac{|G_0(\omega)|}{|1 + G_0(\mathrm{j}\omega)|}.$$

Setzt man in diese Beziehung Gl. (8.3.44) ein, so folgt

$$A_\mathrm{W} = \frac{|R_0 + \mathrm{j}I_0|}{|1 + R_0 + \mathrm{j}I_0|} = \frac{\sqrt{R_0^2 + I_0^2}}{\sqrt{(1 + R_0)^2 + I_0^2}}, \qquad (8.3.45)$$

und daraus ergibt sich durch Umformung

$$\left[R_0 + \frac{A_W^2}{A_W^2 - 1}\right]^2 + I_0^2 = \left[\frac{A_W}{A_W^2 - 1}\right]^2. \tag{8.3.46}$$

Diese Gleichung beschreibt Kreise in der G_0-Ebene mit dem Radius $r = A_W/(A_W^2 - 1)$. Der Mittelpunkt derselben liegt jeweils auf der reellen Achse. Er besitzt die Koordinaten $[-A_W^2/(A_W^2 - 1); 0]$. Für jeden dieser Kreise nimmt also $A_W = |G_W(j\omega)|$ einen konstanten Wert an. Die Schnittpunkte von $G_0(j\omega)$ mit diesen „A_W-Kreisen" geben somit an, welchen Betrag $G_W(j\omega)$ bei der betreffenden Schnittfrequenz ω besitzt.

Ganz entsprechend den A_W-Kreisen können sogenannte φ_W-Kreise als die geometrischen Orte gleichen Phasenwinkels φ_W von $G_W(j\omega)$ hergeleitet werden. Dazu bildet man zunächst aus den Gln. (8.3.43) und (8.3.44)

$$G_W(j\omega) = \frac{R_0 + jI_0}{(1 + R_0) + jI_0} = A_W(\omega)\,e^{j\varphi_W(\omega)}.$$

Für den zugehörigen Phasenwinkel

$$\varphi_W(\omega) = \arctan\frac{I_0}{R_0} - \arctan\frac{I_0}{1 + R_0}$$

folgt nach kurzer Umformung

$$\varphi_W(\omega) = \arctan\frac{I_0}{R_0^2 + R_0 + I_0^2} \tag{8.3.47}$$

bzw.

$$\tan\varphi_W(\omega) = \frac{I_0}{R_0^2 + R_0 + I_0^2} = \phi_W = \phi_W(\omega). \tag{8.3.48}$$

Eine weitere Umformung liefert

$$\left[R_0 + \frac{1}{2}\right]^2 + \left[I_0 - \frac{1}{2\phi_W}\right]^2 = \frac{1}{4}\frac{\phi_W^2 + 1}{\phi_W^2}. \tag{8.3.49}$$

Diese Beziehung stellt wiederum eine Kreisgleichung dar. Die dadurch beschriebenen φ_W-Kreise besitzen die Mittelpunktskoordinaten $[-1/2; 1/(2\phi_W)]$ und den Radius $r = \sqrt{\phi_W^2 + 1}/(2\phi_W)$. Die Darstellung der A_W- und φ_W-Kreise in der G_0-Ebene bezeichnet man als *Hall-Diagramm* [Hal43]. Mit Hilfe dieses im Bild 8.3.22 dargestellten Diagramms lässt sich nun der Frequenzgang $G_W(j\omega)$ des geschlossenen Regelkreises aufgrund der Kenntnis des Frequenzganges $G_0(j\omega)$ des offenen Regelkreises grafisch bestimmen. $G_0(j\omega)$ wird dabei im Hall-Diagramm als Ortskurve dargestellt.

8.3.3.2 Das Amplituden-Phasendiagramm (Nichols-Diagramm)

Neben der Darstellung von Frequenzgängen als Ortskurve wurde für die getrennte Darstellung von logarithmischen Amplituden- und Phasenkennlinien das Bode-Diagramm

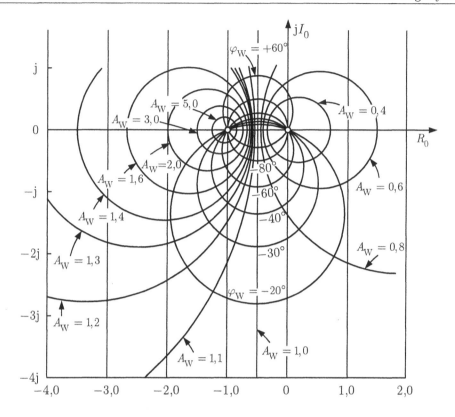

Bild 8.3.22. Das Hall-Diagramm

eingeführt. Daneben besteht weiterhin auch die Möglichkeit, die logarithmische Amplitudenkennlinie in Verbindung mit der Phasenkennlinie in einem gemeinsamen Diagramm,
dem logarithmischen *Amplituden-Phasendiagramm* darzustellen [JNP47]. Auf der Abszisse dieses Diagramms wird der Phasenwinkel $\varphi_0(\omega)$ des offenen Regelkreises linear
dargestellt, während auf der Ordinate die Amplitude $|G_0(\mathrm{j}\omega)|$ logarithmisch bzw. in dB
aufgetragen wird. In diesem Diagramm kann also $G_0(\mathrm{j}\omega)$ durch einen mit ω kodierten
Kurvenverlauf dargestellt werden.

In dasselbe Amplituden-Phasendiagramm lassen sich nun auch die den A_W- und φ_W-
Kreisen des Hall-Diagramms entsprechenden Kurven für $|G_\mathrm{W}| = \mathrm{const}$ und $\varphi_\mathrm{W} = \mathrm{const}$
übertragen. Setzt man die aus Gl. (8.3.44) erhaltenen Werte

$$R_0 = |G_0| \cos \varphi_0 \quad \text{und} \quad I_0 = |G_0| \sin \varphi_0$$

in Gl. (8.3.45) ein, so erhält man direkt für den Betrag des geschlossenen Regelkreises

$$|G_\mathrm{W}| = A_\mathrm{W} = \frac{|G_0|}{\sqrt{1 + 2\,|G_0|\,\cos\varphi_0 + |G_0|^2}} = f_1(|G_0|,\varphi_0). \tag{8.3.50}$$

Durch Einsetzen von R_0 und I_0 in Gl. (8.3.47) folgt weiterhin für den Phasenwinkel des
geschlossenen Regelkreises

$$\varphi_\mathrm{W} = \arctan \frac{\sin \varphi_0}{|G_0| + \cos \varphi_0} = f_2(|G_0|,\varphi_0). \tag{8.3.51}$$

Die Gln. (8.3.50) und (8.3.51) lassen sich derartig umformen, dass daraus die Funktionen

$$|G_0|_{A_W} = f_1^*(\varphi_0, A_W)|_{A_W=\text{const}} \qquad (8.3.52)$$

und

$$|G_0|_{\varphi_W} = f_2^*(\varphi_0, \varphi_W)|_{\varphi_W=\text{const}} \qquad (8.3.53)$$

gebildet werden können, die zweckmäßigerweise numerisch in logarithmischer Darstellung bzw. in dB für $A_W = \text{const}$ und $\varphi_W = \text{const}$ ausgewertet werden. Für jeweils konstante Werte von $|G_W| = A_W$ beschreibt Gl. (8.3.52) im Amplituden-Phasendiagramm eine Kurvenschar, die ähnlich wie die A_W-Kreise im Hall-Diagramm die geometrischen Orte für konstante Amplitudenwerte $|G_W| = \text{const}$ des Frequenzganges des geschlossenen Regelkreises darstellen. Ganz entsprechend ergibt sich aus Gl. (8.3.53) eine Kurvenschar als geometrischer Ort für gleiche Phasenwinkel $\varphi_W = \text{const}$ des geschlossenen Regelkreises.

Durch die Darstellung dieser beiden Kurvenscharen für $|G_W| = \text{const}$ und $\varphi_W = \text{const}$ entsteht aus dem Amplituden-Phasendiagramm das im Bild 8.3.23 dargestellte *Nichols-Diagramm*. Mit Hilfe dieses Diagramms kann nun wiederum $G_W(\text{j}\omega)$ grafisch nach Betrag und Phase aus $G_0(\text{j}\omega)$ konstruiert werden, indem die Schnittpunkte der Kurven $|G_W| = \text{const}$ und $\varphi_W = \text{const}$ mit $G_0(\text{j}\omega)$ bestimmt werden. Der Vorteil des Nichols-Diagramms besteht darin, dass wegen seiner logarithmischen Darstellung sofort auch der Übergang zum Bode-Diagramm vorgenommen werden kann. Damit stellt es ein wichtiges Hilfsmittel zur Synthese von Regelkreisen dar. Es gestattet, die Eigenschaften des offenen und des geschlossenen Regelkreises in einem Diagramm abzulesen. So kann man beispielsweise für das Wertepaar

$$|G_0|_{\text{dB}} = 12\,\text{dB} \qquad \text{und} \qquad \varphi_0 = -150°$$

des offenen Regelkreises das Wertepaar

$$|G_W|_{\text{dB}} = 2\,\text{dB} \qquad \text{und} \qquad \varphi_W = -9°$$

des geschlossenen Regelkreises direkt aus dem Nichols-Diagramm ablesen.

8.3.3.3 *Anwendung des Nichols-Diagramms*

Ein offener Regelkreis besitze die Übertragungsfunktion

$$G_0(s) = G_R(s)\,G_S(s) = K_R \frac{5}{s(s^2 + 1{,}4s + 1)} \qquad \text{mit} \qquad K_R = 1. \qquad (8.3.54)$$

Für den wesentlichen Frequenzbereich werden zunächst die Werte von $|G_0|$ und φ_0 ausgerechnet (Tabelle 8.3.1) und dann ins Nichols-Diagramm (Bild 8.3.24) eingetragen. Als wichtige Kenndaten erhält man aus dieser Darstellung

- die Durchtrittsfrequenz $\omega_D = 1{,}68\,\text{s}^{-1}$,

- den Amplitudenrand $A_R = 11\,\text{dB}$,

- den Phasenrand $\varphi_R = -38°$.

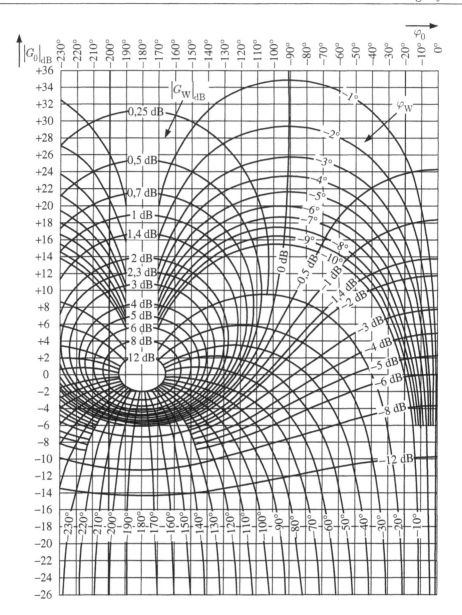

Bild 8.3.23. Nichols-Diagramm

Anhand dieser Kennwerte ist ersichtlich, dass der geschlossene Regelkreis instabil ist.

Nun soll aber der Verstärkungsfaktor K_R des Reglers so eingestellt werden, dass der geschlossene Regelkreis stabil wird und einen Phasenrand von $\varphi_R = +20°$ erhält.

Im Nichols-Diagramm bedeutet eine Veränderung der Verstärkung des offenen Regelkreises eine Verschiebung der Amplituden-Phasenkurve $|G_0(\varphi_0)|$ in vertikaler Richtung. Um den geforderten Phasenrand zu erhalten, muss die Amplituden-Phasenkurve $|G_0(\varphi_0)|$

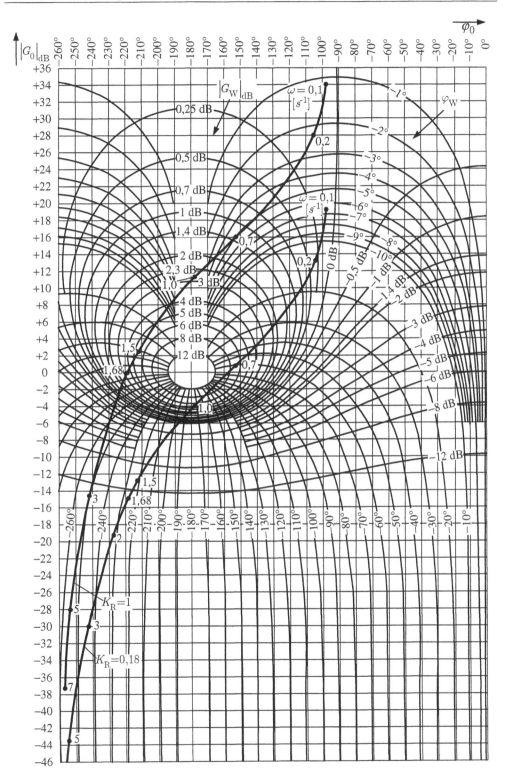

Bild 8.3.24. Nicholskurve von $G_0(s) = K_R \frac{5}{s(s^2+1,4s+1)}$ für $K_R = 1$ und $K_R = 0,18$

Tabelle 8.3.1 Betrag $|G_0|$ und Phase φ_0 des Frequenzganges nach Gl. (8.3.54) für einige ausgewählte Frequenzen

$\omega[\mathrm{s}^{-1}]$	$|G_0|$	$|G_0|_{\mathrm{dB}}$	$\varphi_0[^\circ]$
0,1	50	34	- 98
0,2	25	28	- 106
0,7	6,47	16	- 153
1,0	3,57	11	- 180
1,5	1,36	2,7	- 211
1,68	1	0	- 218
2,0	0,61	$-4,3$	- 227
3,0	0,18	$-14,7$	- 242
5,0	0,04	-28	- 254
7,0	0,015	-37	- 258

um 15 dB nach unten verschoben werden. Dies erreicht man, indem man die Reglerverstärkung

$$K_{\mathrm{R}} = 0,18$$

wählt. Damit verschiebt sich die Durchtrittsfrequenz zu

$$\omega_{\mathrm{D}} = 0,75\,\mathrm{s}^{-1}.$$

Der sich ergebende neue Amplitudenrand beträgt damit

$$A_{\mathrm{R}} \approx -4\,\mathrm{dB}.$$

Die Amplitudenüberhöhung des geschlossenen Regelkreises ist gleich dem $|G_{\mathrm{W}}|_{\mathrm{dB}}$-Wert der Kurve, die von der Amplituden-Phasenkurve gerade berührt wird. Im vorliegenden Beispiel ergibt sich

$$A_{\mathrm{W\,max}} \approx 10\,\mathrm{dB}.$$

Die zugehörige Resonanzfrequenz liegt bei

$$\omega_{\mathrm{r}} \approx 0,8\,\mathrm{s}^{-1}$$

und als Bandbreite des geschlossenen Regelkreises liest man ab

$$\omega_{\mathrm{b}} \approx 1,2\,\mathrm{s}^{-1}.$$

An diesem Beispiel sieht man, dass aus dem Nichols-Diagramm die Kennwerte sowohl des offenen als auch des geschlossenen Regelkreises einfach abgelesen werden können. Insofern eignet sich dieses Diagramm sehr gut zur Synthese von Regelkreisen für Führungsverhalten.

8.3.4   Reglerentwurf mit dem Wurzelortskurvenverfahren

8.3.4.1   Der Grundgedanke

Der Reglerentwurf mit Hilfe des Wurzelortskurvenverfahrens schließt unmittelbar an die Überlegungen vom Abschnitt 8.3.1.1 an. Dort wurden für den geschlossenen Regelkreis mit einem dominierenden Polpaar die Forderungen an die Überschwingweite, die Anstiegszeit und die Ausregelzeit umgesetzt in die Bedingungen für den Dämpfungsgrad D und die Eigenfrequenz ω_0 der zugehörigen Übertragungsfunktion $G_W(s)$. Mit D und ω_0 liegen aber über Bild 8.3.2 unmittelbar die Pole der Übertragungsfunktion $G_W(s)$ fest. Es muss nun eine Übertragungsfunktion $G_0(s)$ des offenen Regelkreises so bestimmt werden, dass der geschlossene Regelkreis ein dominierendes Polpaar an der gewünschten Stelle erhält, die durch die Werte ω_0 und D vorgegeben ist. Einen solchen Ansatz bezeichnet man auch als *Polvorgabe*.

Mit dem Wurzelortskurvenverfahren besitzt man bekanntlich ein grafisches Verfahren, mit dem eine Aussage über die Lage der Pole des geschlossenen Regelkreises gemacht werden kann. Es bietet sich an, das gewünschte dominierende Polpaar zusammen mit der Wurzelortskurve (WOK) des fest vorgegebenen Teils des Regelkreises in die komplexe s-Ebene einzuzeichnen und durch Hinzufügen von Pol- und Nullstellen in den offenen Regelkreis die WOK so zu verformen, dass zwei ihrer Äste bei einer bestimmten Verstärkung K_0 das gewünschte dominierende, konjugiert komplexe Polpaar schneiden. Bild 8.3.25 zeigt, wie man prinzipiell durch Hinzufügen eines Pols die WOK nach rechts und durch Hinzufügen einer Nullstelle die WOK nach links „verformen" kann.

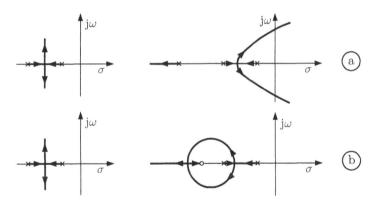

Bild 8.3.25. Verbiegen der WOK (a) nach rechts durch einen zusätzlichen Pol, (b) nach links durch eine zusätzliche Nullstelle im offenen Regelkreis

8.3.4.2   Beispiele für den Reglerentwurf mit Hilfe des Wurzelortskurvenverfahrens

Die prinzipielle Vorgehensweise bei der Regelkreissynthese mit Hilfe des Wurzelortskurvenverfahrens soll nachfolgend anhand zweier Beispiele erläutert werden.

Beispiel 8.3.4

Gegeben ist eine Regelstrecke mit der Übertragungsfunktion

$$G_S(s) = \frac{1}{s(s+3)(s+5)}. \tag{8.3.55}$$

Für diese Regelstrecke soll ein Regler so entworfen werden, dass die Übergangsfunktion $h_W(t)$ des geschlossenen Regelkreises folgende Eigenschaften besitzt

$$e_{max} \leq 16\% \quad \text{und} \quad T_{a,50} = 0,6\,\text{s}.$$

Zunächst werden diese Forderungen mit Hilfe der Bilder 8.3.3 und 8.3.4 in Bedingungen für D und ω_0 übersetzt. Man erhält

$$D \geq 0,5 \quad \text{und} \quad \omega_0 \geq \frac{1,85}{0,6\,\text{s}} = 3,1\,\text{s}^{-1}.$$

Um diese Bedingungen geometrisch deuten zu können, betrachtet man Bild 8.3.26, wo ein konjugiert komplexes Polpaar

$$s_{a,b} = -D\omega_0 \pm j\omega_0\sqrt{1-D^2}$$

eingetragen ist. Der Abstand d^* der beiden Pole $s_{a,b}$ vom Ursprung beträgt

$$d^* = \sqrt{\omega_0^2 D^2 + (1-D^2)\,\omega_0^2} = \omega_0. \tag{8.3.56}$$

Für den Winkel α gilt

$$\cos\alpha = \frac{\omega_0 D}{\omega_0} = D \tag{8.3.57a}$$

oder

$$\alpha = \arccos D, \tag{8.3.57b}$$

wobei im vorliegenden Fall mit $D \geq 0,5$ die Bedingung $\alpha \geq 60°$ gilt. Der Dämpfungsgrad D beschreibt somit den Winkel α, die Frequenz ω_0 den Abstand d^* des dominierenden Polpaares vom Ursprung.

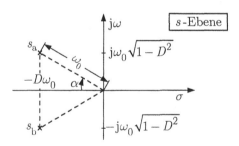

Bild 8.3.26. Konjugiert komplexes Polpaar in der s-Ebene

Bei der Synthese wird man versuchen, den minimal erforderlichen Dämpfungsgrad nicht unnötig zu erhöhen, weil eine solche Maßnahme für eine gegebene Eigenfrequenz ω_0 auch eine Vergrößerung der Anstiegszeit $T_{a,50}$ bewirkt, wie leicht auch aus Bild 8.3.4 hervorgeht. Die Erhöhung der Eigenfrequenz ω_0 bringt eine Vergrößerung der Regelgeschwindigkeit mit sich. Allerdings sollte auch dieser Parameter nicht unnötig über das erforderliche Maß hinaus vergrößert werden, da sonst eventuell die Dominanz des Polpaares verloren geht.

Bild 8.3.27 zeigt die WOK des geschlossenen Regelkreises bei Verwendung eines P-Reglers. Dort sind gestrichelt auch die möglichen Lagen des dominierenden Polpaares auf den beiden Halbgeraden H_1 und H_2 eingetragen. Man erkennt sofort, dass eine Synthese mit einem reinen P-Regler (Änderung der Verstärkung K_0) nicht möglich ist, da die WOK die beiden Halbgeraden H_1 und H_2 für die möglichen Pollagen nicht schneidet. Ebenso wird deutlich, welche Maßnahmen man ergreifen kann, damit die beiden in Frage kommenden Äste der WOK die Halbgeraden $H_{1,2}$ schneiden. Verlegt man nämlich die beiden Pole $s_2 = -3$ und $s_3 = -5$ weiter nach links, so wird sich der Wurzelschwerpunkt, mit ihm das ganze „Asymptotengerüst" und schließlich auch die gesamte WOK nach links verschieben, ohne dass sich dadurch qualitativ die Struktur des Systems ändert. Eine Möglichkeit, dies mit einem einfachen phasenanhebenden Übertragungsglied durchzuführen besteht darin, den Pol $s_2 = -3$ durch eine Nullstelle zu kompensieren und einen Pol $s_4 = -10$ einzuführen. Damit erhält man als Übertragungsfunktion des Reglers

$$G_R(s) = K_R \frac{1 + s/3}{1 + s/10} = 3{,}33 K_R \frac{s+3}{s+10} \tag{8.3.58}$$

sowie als Übertragungsfunktion des korrigierten offenen Regelkreises

$$G_0(s) = K_R 3{,}33 \frac{1}{s(s+10)(s+5)}. \tag{8.3.59}$$

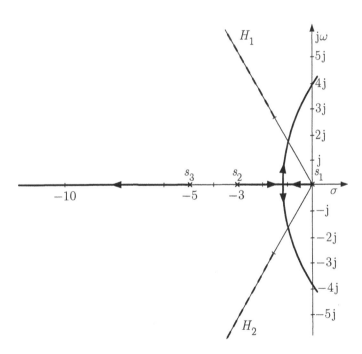

Bild 8.3.27. WOK von $G_W(s)$ (Regelstrecke mit P-Regler) und mögliche Lage des dominierenden Polpaares (gestrichelt)

Die WOK des zugehörigen geschlossenen Regelkreises zeigt Bild 8.3.28. Sie schneidet die Halbgerade H_1 im Punkt s_k. Die zu diesem Punkt gehörige Regelverstärkung ermittelt man zweckmäßigerweise grafisch (über die Abstände zu den 3 Polen) aus Gl. (7.2.17)

$$k_0 = K_R 3{,}33 = |s_k - 0| \, |s_k + 5| \, |s_k + 10| = 3{,}3 \cdot 4{,}4 \cdot 8{,}8$$

zu

$$K_R = 38{,}4.$$

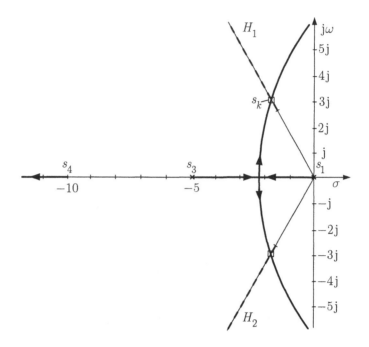

Bild 8.3.28. WOK von $G_W(s)$ mit korrigiertem Regler nach Gl. (8.3.58)

Es sei darauf hingewiesen, dass die vollständige Kompensation (Kürzung) des Poles $s_2 = -3$ durch eine Nullstelle nicht exakt zu verwirklichen ist, da die Kenngrößen einer Regelstrecke entweder nie so genau bekannt sind oder sich in gewissen Grenzen auch verändern können. Dadurch weicht u.U. die WOK in der Umgebung des kompensierten Pols vom idealen Verlauf entsprechend Bild 8.3.28 ab, jedoch ändert sich der Schnittpunkt mit den beiden Halbgeraden dadurch nicht. ∎

Man erkennt anhand dieses Beispiels, dass das Wurzelortskurvenverfahren gut geeignet ist, um sich schnell einen ersten Überblick über die prinzipiell möglichen Korrekturmaßnahmen zu verschaffen. Dazu reicht oftmals die Kenntnis der Asymptoten bereits aus.

Das Wurzelortskurvenverfahren ist besonders auch für die Fälle geeignet, bei denen mit einem Regler eine instabile Regelstrecke stabilisiert werden soll. Dies soll im folgenden an einem weiteren Beispiel erläutert werden.

Beispiel 8.3.5
Gegeben sei eine instabile Regelstrecke mit der Übertragungsfunktion

$$G_S(s) = \frac{1}{(s+1)\,(s+5)\,(s-1)}. \tag{8.3.60}$$

Es liegt zunächst nahe, den Pol $s_1 = 1$ durch eine entsprechende Nullstelle zu kompensieren. Dies könnte man beispielsweise durch ein Allpassglied 1. Ordnung mit der Übertragungsfunktion

$$G_R(s) = \frac{s-1}{s+1}$$

erreichen. Aus den zuvor genannten Gründen gelingt diese Kompensation der instabilen Polstelle durch eine Nullstelle praktisch nie vollständig, so dass gerade aus Gründen der Stabilität hierauf unbedingt verzichtet werden muss.

Eine andere Möglichkeit besteht nun darin, die instabile Regelstrecke mit einer geeigneten Rückkopplung zu versehen, um so den ursprünglich instabilen Pol im geschlossenen Regelkreis in die linke s-Halbebene zu verlagern. Würde man die vorgegebene Regelstrecke mit einem P-Regler zusammenschalten, so liefert dies die WOK nach Bild 8.3.29. Daraus ist aber ersichtlich, dass der P-Regler nicht in der Lage ist, den Regelkreis zu stabilisieren, da die beiden rechten, nach unendlich laufenden Äste der WOK für beliebige Werte der Verstärkung stets in der rechten s-Halbebene verbleiben. Verwendet man jedoch einen Regler, der eine doppelte Nullstelle bei $s = -1$, sowie einen Pol bei $s = 0$ besitzt, so wird die Polstelle bei $s = s_2 = -1$ durch eine Nullstelle ersetzt. Dadurch wird die WOK gemäß Bild 8.3.30 nach links verformt.

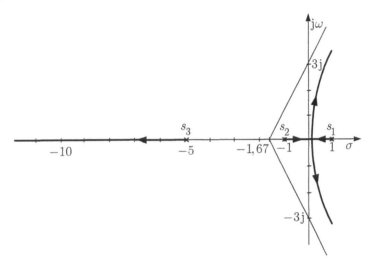

Bild 8.3.29. WOK des Regelkreises bestehend aus der instabilen Regelstrecke und einem P-Regler

Diese Pol-Nullstellenverteilung lässt sich durch einen PID-Regler mit der Übertragungsfunktion

$$G_R(s) = K_R \frac{(s+1)^2}{s} = K_R \left(2 + \frac{1}{s} + s \right)$$

$$= 2K_R \left(1 + \frac{1}{0,5\,s} + 0,5\,s \right)$$

auf einfache Weise realisieren. Aus Bild 8.3.30 ist ersichtlich, dass ab einer gewissen Verstärkung $K_{0\,\mathrm{krit}}$ der geschlossene Regelkreis stabil wird, weil dann alle Pole desselben in der linken s-Halbebene liegen.

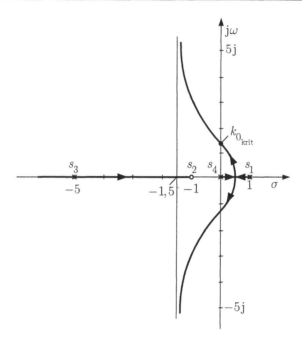

Bild 8.3.30. WOK des Regelkreises bestehend aus der instabilen Regelstrecke und einem PID-Regler

Da die Stabilität des Systems durch die Pole in der linken s-Halbebene nicht beeinflusst werden, ist eine Kompensation derselben möglich. Selbst wenn diese Kompensation nicht vollständig möglich wäre, z.B. bei eventuell auftretenden Parameteränderungen der Regelstrecke, bliebe die Stabilität des Systems erhalten. Aus demselben Grund sollte – wie oben bereits erwähnt – allerdings die Kompensation von Polen in der rechten s-Halbebene unbedingt unterbleiben. ∎

8.4   Analytische Entwurfsverfahren

Nachfolgend sollen analytische Entwurfsverfahren behandelt werden, die durch streng systematisches Vorgehen direkt zur Lösung der Syntheseaufgabe führen. Im Gegensatz zu diesen *direkten* Entwurfsverfahren stellen die bisher behandelten Methoden, wie beispielsweise das Frequenzkennlinien- oder das Wurzelortskurven-Verfahren, *indirekte* Entwurfsverfahren dar, die mehr auf einem systematischen Probieren beruhen (z.B. Wiederholung eines bestimmten Entwurfsschrittes). Dieses Vorgehen hängt stark von der Erfahrung und dem Geschick des Benutzers ab. Bei den bisher betrachteten Entwurfsverfahren wurde stets vom offenen Regelkreis ausgegangen. Dieser wurde dann durch Hinzufügen verschiedener Reglerbausteine wie z.B. phasenanhebender und phasenabsenkender Übertragungsglieder so lange modifiziert, bis der geschlossene Regelkreis das gewünschte Verhalten aufwies.

Bei den direkten Entwurfsverfahren wird hingegen stets vom Verhalten des geschlossenen Regelkreises ausgegangen. Meist wird eine gewünschte Führungsübertragungsfunktion $G_W(s) \equiv K_W(s)$ vorgegeben. Im allgemeinen erfolgt dies aufgrund von Gütespezifikationen, die z.B. an den Verlauf der entsprechenden Übergangsfunktion $h_W(t)$ gestellt werden. Für eine Reihe von geeigneten Übergangsfunktionen liegen nun in tabellarischer Form die Zähler- und Nennerpolynome der zugehörigen Übertragungsfunktion $K_W(s)$ bzw. deren Pol- und Nullstellenverteilung vor. Bei bekanntem Verhalten der Regelstrecke lässt sich dann der erforderliche Regler direkt entwerfen.

Die auf diese Weise entworfenen Regler müssen nicht unbedingt eine optimale Lösung darstellen; sie garantieren jedoch die Einhaltung der gestellten Gütespezifikationen wie Überschwingweite, Ausregelzeit usw. Nachteil dieser Verfahren ist, dass sie bei Systemen mit Totzeit nicht anwendbar sind.

8.4.1 Vorgabe des Verhaltens des geschlossenen Regelkreises

Die gewünschte Führungsübertragungsfunktion des Regelkreises sei festgelegt durch

$$K_W(s) = \frac{\alpha(s)}{\beta(s)} = \frac{\alpha_0 + \alpha_1 s + \ldots + \alpha_v s^v}{\beta_0 + \beta_1 s + \ldots + \beta_u s^u}, \quad u > v, \tag{8.4.1}$$

wobei $\alpha(s)$ und $\beta(s)$ Polynome in s darstellen. Bei den nachfolgend behandelten Entwurfsverfahren wird nun stets die Pol-Nullstellen-Verteilung von $K_W(s)$ so gewählt, dass die an die Führungsübergangsfunktion $h_W(t)$ gestellten Gütemaße erfüllt werden. Es liegt zunächst nahe, zu diesem Zweck eine Rechnersimulation für $K_W(s)$ zu verwenden, bei der eine bestimmte Pol-Nullstellen-Verteilung in der linken s-Halbebene zugrundegelegt wird, deren Parameter dann solange variiert werden, bis $h_W(t)$ das gewünschte Verhalten zeigt. Häufig ist jedoch eine derartige, detaillierte Untersuchung gar nicht erforderlich, insbesondere, wenn die Führungsübertragungsfunktion des Regelkreises keine Nullstellen aufweist, und wenn – wegen der Forderung $K_W(0) \equiv 1$ bei Führungsverhalten – gerade $\alpha_0 = \beta_0$ wird und somit im einfachsten Falle

$$K_W(s) = \frac{\beta_0}{\beta_0 + \beta_1 s + \ldots + \beta_u s^u} \tag{8.4.2}$$

gilt. Für einen Regelkreis, dessen Führungsübertragungsfunktion durch Gl. (8.4.2) beschrieben werden kann, existieren verschiedene Möglichkeiten, sogenannte *Standard-Formen*, um die Übergangsfunktion $h_W(t)$ sowie die Polverteilung von $K_W(s)$ bzw. die Koeffizienten des Nennerpolynoms $\beta(s)$ aus tabellarischen Darstellungen zu entnehmen.

Eine erste Möglichkeit ist, als Polverteilung einen reellen Mehrfachpol bei $s = -\omega_0$ anzunehmen. Hier und im folgenden ist ω_0 jeweils eine spezielle Bezugsfrequenz, nicht die Eigenfrequenz. Damit erhält man als Übertragungsfunktion für das gewünschte Führungsverhalten

$$K_W(s) = \frac{\omega_0^u}{(s + \omega_0)^u}. \tag{8.4.3}$$

Dies entspricht einer Hintereinanderschaltung von u PT$_1$-Gliedern mit gleicher Zeitkonstante $T = 1/\omega_0$. Diese Darstellung wird auch als *Binominal-Form* bezeichnet. Die zu den verschiedenen Ordnungen u gehörenden Standard-Polynome $\beta(s)$ sind in Tabelle 8.4.1

dargestellt [GL53]. Wie die Darstellung in Tabelle 8.4.1 weiterhin zeigt, wird die zeitnormierte Übergangsfunktion $h_W(\omega_0 t)$ mit steigender Systemordnung u immer langsamer. Ein Reglerentwurf entsprechend dieser Binominal-Form kommt daher nur in Betracht, wenn die Übergangsfunktion h_W kein Überschwingen aufweisen soll. Ansonsten wird diese Standard-Form meist für Vergleichszwecke benutzt.

Eine weitere Möglichkeit einer Standard-Form für $K_W(s)$ nach Gl. (8.4.2) stellt die *Butterworth-Form* dar. Bei dieser Form sind die u Pole von $K_W(s)$ in der linken s-Halbebene in gleichmäßiger Teilung auf einem Kreis mit dem Radius ω_0 um den Ursprung als Mittelpunkt angeordnet. Tabelle 8.4.1 enthält die zugehörigen Standard-Polynome $\beta(s)$ sowie die entsprechenden zeitnormierten Übergangsfunktionen $h_W(\omega_0 t)$.

Zahlreiche weitere Möglichkeiten zur Entwicklung von Standard-Formen für Gl. (8.4.2) bieten die in Tabelle 8.2.1 aufgeführten Integralkriterien. Beispielsweise liefert das Kriterium für die minimale eitbeschwerte betragslineare Regelfläche (I_4) die ebenfalls in Tabelle 8.4.1 dargestellten Resultate $\left(\int_0^\infty |e|\, t\, \mathrm{d}t - Form\right)$. Weiterhin wird häufig auch die minimale Abklingzeit t_ε als Kriterium benutzt. Tabelle 8.4.1 enthält daher für die minimale Abklingzeit auf einen Wert von $\varepsilon = 5\%$ auch die entsprechende $t_{5\%}-Abklingzeit$-*Form*. Je nach dem speziellen Anwendungsfall kann aus den in Tabelle 8.4.1 angegebenen Standard-Formen die gewünschte Standard-Form für einen Reglerentwurf zugrunde gelegt werden.

Für die Polfestlegung in Gl. (8.4.2) hat sich weiterhin auch ein Vorschlag von W. Weber [Web67] bewährt, bei dem die gewünschte Führungsübertragungsfunktion

$$K_W(s) = \frac{5^k(1+\kappa^2)\,\omega_0^{k+2}}{(s+\omega_0+\mathrm{j}\kappa\omega_0)\,(s+\omega_0-\mathrm{j}\kappa\omega_0)\,(s+5\omega_0)^k} \tag{8.4.4}$$

durch einen reellen k-fachen Pol ($k = u - 2$) und ein komplexes Polpaar beschrieben wird. Tabelle 8.4.2 enthält für verschiedene Werte von k und κ die zeitnormierten Übergangsfunktionen $h_W(\omega_0 t)$. Durch geeignete Wahl von k, κ und ω_0 lässt sich für zahlreiche Anwendungsfälle meist eine Führungsübertragungsfunktion finden, die die gewünschten Gütemaße im Zeitbereich erfüllt.

8.4.2   Das Verfahren nach Truxal-Guillemin

Bei dem im Bild 8.4.1 dargestellten Regelkreis sei das Verhalten der Regelstrecke durch die gebrochen rationale Übertragungsfunktion

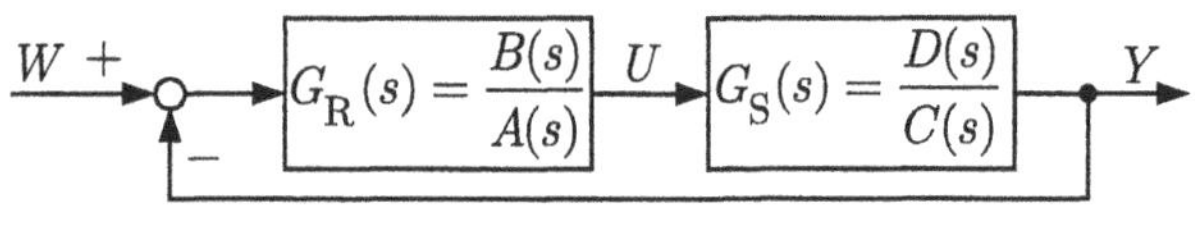

Bild 8.4.1. Blockschaltbild des zu entwerfenden Regelkreises

$$G_S(s) = \frac{d_0 + d_1 s + d_2 s^2 + \ldots + d_m s^m}{c_0 + c_1 s + c_2 s^2 + \ldots + c_n s^n} = \frac{D(s)}{C(s)} \tag{8.4.5}$$

Tabelle 8.4.1 Standardpolynome $\beta(s)$ für Gl. (8.4.2) und zugehörige Übergangsfunktionen für Regelsysteme mit verschiedener Ordnung u

	Standard-Polynome $\beta(s)$ für $u = 1, 2,\dots$	zugehörige Übergangsfunktion $h_W(w_0 t)$
Binomial-Form	$s + \omega_0$ $s^2 + 2\omega_0 s + \omega_0^2$ $s^3 + 3\omega_0 s^2 + 3\omega_0^2 s + \omega_0^3$ $s^4 + 4\omega_0 s^3 + 6\omega_0^2 s^2 + 4\omega_0^3 s + \omega_0^4$ $s^5 + 5\omega_0 s^4 + 10\omega_0^2 s^3 + 10\omega_0^3 s^2 + 5\omega_0^4 s + \omega_0^5$ $s^6 + 6\omega_0 s^5 + 15\omega_0^2 s^4 + 20\omega_0^3 s^3 + 15\omega_0^4 s^2 + 6\omega_0^5 s + \omega_0^6$	
Butterworth-Form	$s + \omega_0$ $s^2 + 1{,}4\omega_0 s + \omega_0^2$ $s^3 + 2{,}0\omega_0 s^2 + 2{,}0\omega_0^2 s + \omega_0^3$ $s^4 + 2{,}6\omega_0 s^3 + 3{,}4\omega_0^2 s^2 + 2{,}6\omega_0^3 s + \omega_0^4$ $s^5 + 3{,}24\omega_0 s^4 + 5{,}24\omega_0^2 s^3 + 5{,}24\omega_0^3 s^2 + 3{,}24\omega_0^4 s + \omega_0^5$ $s^6 + 3{,}86\omega_0 s^5 + 7{,}46\omega_0^2 s^4 + 9{,}14\omega_0^3 s^3 + 7{,}46\omega_0^4 s^2 + 3{,}86\omega_0^5 s + \omega_0^6$	

Fortsetzung von **Tabelle 8.4.1**

Standard-Polynome $\beta(s)$ für $u = 1,\, 2,\dots$	zugehörige Übergangsfunktion $h_W(\omega_0 t)$
$\int_0^\infty \lvert e(t)\rvert t\,dt$-Form $s + \omega_0$ $s^2 + 1{,}4\omega_0 s + \omega_0^2$ $s^3 + 1{,}75\omega_0 s^2 + 2{,}15\omega_0^2 s + \omega_o^3$ $s^4 + 2{,}1\omega_0 s^3 + 3{,}4\omega_0^2 s^2 + 2{,}7\omega_0^3 s + \omega_0^4$ $s^5 + 2{,}8\omega_0 s^4 + 5{,}0\omega_0^2 s^3 + 5{,}5\omega_0^3 s^2 + 3{,}4\omega_0^4 s + \omega_0^5$ $s^6 + 3{,}25\omega_0 s^5 + 6{,}60\omega_0^2 s^4 + 8{,}60\omega_0^3 s^3 + 7{,}45\omega_0^4 s^2 + 3{,}95\omega_0^5 s + \omega_0^6$	
$t_{5\%}$-Abklingzeit-Form $s + \omega_0$ $s^2 + 1{,}4\omega_0 s + \omega_0^2$ $s^3 + 1{,}55\omega_0 s^2 + 2{,}10\omega_0^2 s + \omega_o^3$ $s^4 + 1{,}60\omega_0 s^3 + 3{,}15\omega_0^2 s^2 + 2{,}45\omega_0^3 s + \omega_0^4$ $s^5 + 1{,}575\omega_0 s^4 + 4{,}05\omega_0^2 s^3 + 4{,}10\omega_0^3 s^2 + 3{,}025\omega_0^4 s + \omega_0^5$ $s^6 + 1{,}45\omega_0 s^5 + 5{,}10\omega_0^2 s^4 + 5{,}30\omega_0^3 s^3 + 6{,}25\omega_0^4 s^2 + 3{,}425\omega_0^5 s + \omega_0^6$	

Tabelle 8.4.2 Übergangsfunktionen für Regelsysteme mit einem komplexen Polpaar und einem reellen k-fachen Pol gemäß Gl. (8.4.4)

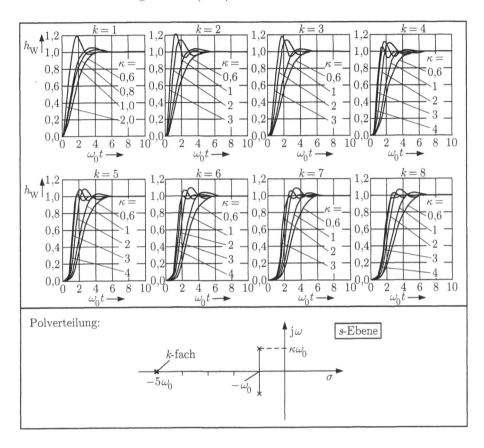

gegeben. Dabei sollen das Zähler- und Nennerpolynom $D(s)$ und $C(s)$ keine gemeinsamen Wurzeln besitzen; weiterhin sei $G_\mathrm{S}(s)$ auf $c_n = 1$ normiert, und es gelte $m < n$.

Zunächst wird angenommen, dass $G_\mathrm{S}(s)$ stabil sei und minimales Phasenverhalten besitze. Für den zu entwerfenden Regler wird die Übertragungsfunktion

$$G_\mathrm{R}(s) = \frac{b_0 + b_1 s + b_2 s^2 + \ldots + b_w s^w}{a_0 + a_1 s + a_2 s^2 + \ldots + a_z s^z} = \frac{B(s)}{A(s)} \tag{8.4.6}$$

angesetzt und ebenfalls normiert mit $a_z = 1$. Aus Gründen der Realisierbarkeit des Reglers muss $w = \operatorname{Grad} B(s) \leq \operatorname{Grad} A(s) = z$ gelten. Der Regler soll nun so entworfen werden, dass sich der geschlossene Regelkreis entsprechend einer gewünschten, vorgegebenen Führungsübertragungsfunktion

$$K_\mathrm{W}(s) = \frac{\alpha_0 + \alpha_1 s + \ldots + \alpha_v s^v}{\beta_0 + \beta_1 s + \ldots + \beta_u s^u} = \frac{\alpha(s)}{\beta(s)} \qquad u > v \tag{8.4.7}$$

verhält, wobei $K_\mathrm{W}(s)$ unter der Bedingung der Realisierbarkeit des Reglers frei wählbar sein soll. Aus der Führungsübertragungsfunktion des geschlossenen Regelkreises

$$G_W(s) = \frac{G_R(s)\,G_S(s)}{1 + G_R(s)\,G_S(s)} \overset{!}{=} K_W(s) \tag{8.4.8}$$

erhält man die Reglerübertragungsfunktion

$$G_R(s) = \frac{1}{G_S(s)}\,\frac{K_W(s)}{1 - K_W(s)} \tag{8.4.9}$$

oder mit den oben angegebenen Zähler- und Nennerpolynomen

$$G_R(s) = \frac{B(s)}{A(s)} = \frac{C(s)\,\alpha(s)}{D(s)[\beta(s) - \alpha(s)]}. \tag{8.4.10}$$

Die *Realisierbarkeitsbedingung* für den Regler

$$\text{Grad } B(s) = w = n + v \le \text{Grad } A(s) = z = u + m$$

liefert somit

$$u - v \ge n - m. \tag{8.4.11}$$

Der Polüberschuss $(u - v)$ der gewünschten Übertragungsfunktion $K_W(s)$ für das Führungsverhalten des geschlossenen Regelkreises muss also größer oder gleich dem Polüberschuss $(n - m)$ der Regelstrecke sein. Im Rahmen dieser Forderung ist die eigentliche Ordnung von $K_W(s)$ zunächst frei wählbar. Nach Gl. (8.4.9) enthält der Regler die reziproke Übertragungsfunktion $1/G_S(s)$ der Regelstrecke; es liegt hier also eine vollständige Kompensation der Regelstrecke vor. Dies lässt sich auch in einem Blockschaltbild veranschaulichen, wenn man in Gl. (8.4.9) $K_W(s)$ explizit als „Modell" einführt (Bild 8.4.2). Bei der physikalischen Realisierung des Reglers $G_R(s)$ ist natürlich von Gl. (8.4.10) auszugehen, da eine direkte Konstruktion von $1/G_S(s)$ nicht möglich ist.

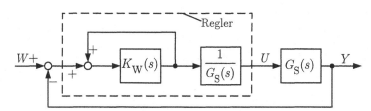

Bild 8.4.2. Kompensation der Regelstrecke

Beispiel 8.4.1
Gegeben sei eine Regelstrecke mit der Übertragungsfunktion

$$G_S(s) = \frac{5}{s(1 + 1{,}4s + s^2)}. \tag{8.4.12}$$

Der Polüberschuss der Regelstrecke ist dabei $n - m = 3$. Nach der Beziehung (8.4.11) muss daher der Polüberschuss der gewünschten Führungsübertragungsfunktion $K_W(s)$

$$u - v \ge 3$$

sein. ∎

Die Koeffizienten einer Übertragungsfunktion $K_W(s)$, die der Realisierbarkeitsbedingung (8.4.11) gehorcht, sind allerdings nicht ganz beliebig wählbar. Praktische *Beschränkungen* bei der Wahl von $K_W(s)$ bilden gewöhnlich der maximale Bereich der Stellgröße, Parameterfehler, bei der eventuell ungenauen Angabe von $1/G_S(s)$ sowie das Messrauschen im Regelsignal, das sich über den Regler störend auf das Stellsignal auswirken kann.

Bei dem ursprünglich von Guillemin [Tru60] angegebenen Verfahren [Tru60] war der Reglerentwurf noch so durchzuführen, dass $G_R(s)$ nur negativ reelle Polstellen aufwies, um dadurch eine Realisierung durch passive RC-Netzwerke zu gewährleisten. Darauf ist man selbstverständlich heute nicht mehr angewiesen. Aufgrund der modernen Schaltungstechnik mit Operationsverstärkern lassen sich nahezu beliebige Übertragungsfunktionen realisieren. Daher kann man im Rahmen der Realisierbarkeit gemäß Gl. (8.4.11) und bei Beachtung der technischen Beschränkungen in der Stellgröße die Pol-Nullstellen-Verteilung von $K_W(s)$ weitgehend beliebig festlegen. Das Vorgehen beim Entwurf von $G_R(s)$ sei anhand des nachfolgenden Beispiels gezeigt.

Beispiel 8.4.2
Für eine proportional wirkende Regelstrecke mit der Übertragungsfunktion

$$G_S(s) = \frac{1}{(1+s)^2\,(1+5s)} = \frac{1}{1+7s+11s^2+5s^3} = \frac{D(s)}{C(s)} \tag{8.4.13}$$

sei ein im Sinne der minimalen zeitbeschwerten betragslinearen Regelfläche (I_4) optimaler Regler nach dem zuvor beschriebenen Verfahren so zu entwerfen, dass die Anstiegszeit $T_{a,50} = 2{,}4\,\text{s}$ wird.

Zunächst folgt aus der Realisierbarkeitsbedingung, Gl. (8.4.11), und wegen $n - m = 3 - 0 = 3$, dass der Polüberschuss der gewünschten Führungsübertragungsfunktion $K_W(s)$

$$u - v \geq 3$$

sein muss. Bei Zugrundelegung der Tabelle 8.4.1 erhält man mit der $\int |e(t)|\,t\,\mathrm{d}t$-Form für $u = 3$ und somit für $v = 0$ das Standard-Polynom

$$\beta(s) = s^3 + 1{,}75\omega_0 s^2 + 2{,}15\omega_0^2 s + \omega_0^3. \tag{8.4.14}$$

Aus der zugehörigen zeitnormierten Übergangsfunktion $h_W(\omega_0 t)$ folgt ebenfalls aus Tabelle 8.4.1 die normierte Anstiegszeit

$$\omega_0 T_{a,50} = 2{,}4$$

und damit wird wegen der geforderten Anstiegszeit $T_{a,50} = 2{,}4s$ die Bezugsfrequenz $\omega_0 = 1\,\text{s}^{-1}$. Gl. (8.4.14) lautet nun

$$\beta(s) = s^3 + 1{,}75s^2 + 2{,}15s + 1.$$

Da bei der gewählten Standardform für $K_W(s)$ das Zählerpolynom $\alpha(s) = 1$ wird, folgt als Übertragungsfunktion des Kompensationsreglers gemäß Gl. (8.4.10)

$$G_R(s) = \frac{C(s)\,\alpha(s)}{D(s)\,[\beta(s) - \alpha(s)]} = \frac{1+7s+11s^2+5s^3}{1+2{,}15s+1{,}75s^2+s^3-1}$$

oder

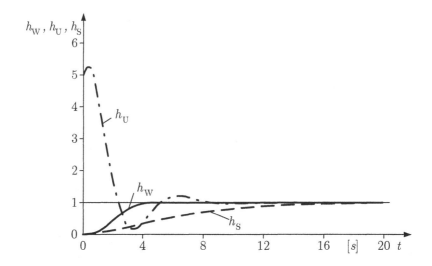

Bild 8.4.3. Regelverhalten bei dem untersuchten Beispiel: $h_W(t)$ Übergangsfunktion der Regelgröße für Führungsverhalten, $h_U(t)$ Übergangsfunktion der zugehörigen Stellgröße, $h_S(t)$ Übergangsfunktion der ungeregelten Regelstrecke

$$G_R(s) = \frac{1 + 7s + 11s^2 + 5s^3}{s(2{,}15 + 1{,}75s + s^2)}.$$

Dieser Regler besitzt also einen I-Anteil. Das Regelverhalten ist in Bild 8.4.3 dargestellt.   ∎

Würde man als weiteres Beispiel anstelle von Gl. (8.4.13) die integralwirkende Regelstrecke mit der Übertragungsfunktion gemäß Gl. (8.4.12) wählen, dann würde sich – sofern $K_W(s)$ gleich sein soll – als Übertragungsfunktion des Reglers

$$G_R(s) = \frac{1 + 1{,}4s + s^2}{(2{,}15 + 1{,}75s + s^2)\,5} = \frac{1 + 1{,}4s + s^2}{10{,}75 + 8{,}75s + 5s^2}$$

ergeben, also ein Regler ohne I-Anteil. Für beide, sehr unterschiedlichen Regelstrecken lässt sich somit durch dieses Syntheseverfahren dasselbe Führungsverhalten erzwingen, sofern der zulässige Stellbereich des Reglers nicht überschritten wird.

Bei den bisherigen Überlegungen wurde vorausgesetzt, dass $G_S(s)$ stabil sei und minimales Phasenverhalten besitze. Für Regelstrecken, die diese Voraussetzungen nicht erfüllen, ist das hier beschriebene Verfahren nur bedingt anwendbar; das Verfahren muss dann in folgender Form erweitert werden:

Es sollte keine direkte Kompensation der in der rechten s-Halbebene gelegenen Pole und Nullstellen von $G_S(s)$ durch die Reglerübertragungsfunktion $G_R(s)$ stattfinden, da sonst bereits bei einer kleinen Veränderung der Lage dieser Pol-Nullstellenverteilung Stabilitätsprobleme auftreten. Daher kann in diesen Fällen die gewünschte Führungsübertragungsfunktion $K_W(s)$ nicht mehr beliebig gewählt werden.

Bei einer Regelstrecke mit *nichtminimalem Phasenverhalten* muss $K_W(s)$ so festgelegt werden, dass die Nullstellen von $K_W(s)$ die in der rechten s-Halbebene gelegenen Nullstellen von $G_S(s)$ enthalten. Bei einer *instabilen* Regelstrecke muss hingegen die Übertragungsfunktion $1 - K_W(s)$ als Nullstellen die Werte der in der rechten s-Halbebene gelegenen Pole von $G_S(s)$ besitzen. Dadurch wird die Wahl von $K_W(s)$ natürlich wesentlich eingeschränkt. Dies sei abschließend anhand je eines Beispiels gezeigt.

Beispiel 8.4.3
Für eine Allpass-Regelstrecke mit der Übertragungsfunktion

$$G_S(s) = \frac{1 - Ts}{1 + Ts}$$

soll ein Regler so entworfen werden, dass der geschlossene Regelkreis der gewünschten Führungsübertragungsfunktion

$$G_W(s) \equiv K_W(s) = \frac{1}{1 + T_1 s}$$

gehorcht. Die Anwendung von Gl. (8.4.10) liefert als Reglerübertragungsfunktion

$$G_R(s) = \frac{1 + Ts}{1 - Ts} \frac{1}{T_1 s}.$$

Dieser Regler bewirkt eine direkte Kompensation (Kürzung) der Nullstelle der Regelstrecke. Dies ist jedoch – wie bereits ausgeführt wurde – unerwünscht. Daraus folgt, dass die zuvor gewählte Übertragungsfunktion $K_W(s)$ nicht zulässig ist. $K_W(s)$ wird daher entsprechend obiger Diskussion in folgender, abgeänderter Form gewählt:

$$K_W(s) = \frac{1 - Ts}{(1 + T_1 s)^2}.$$

Mit Gl. (8.4.10) erhält man nun die Reglerübertragungsfunktion

$$G_R(s) = \frac{1 + Ts}{s[(2T_1 + T) + sT_1^2]}.$$

Aufgrund der Wahl von $K_W(s)$ weist also der geschlossene Regelkreis ebenfalls Allpassverhalten auf. Dies wirkt sich umso stärker aus, je kleiner die Zeitkonstante T_1 gewählt wird. Bild 8.4.4 zeigt das Verhalten dieses Regelkreises.

∎

Beispiel 8.4.4
Die Übertragungsfunktion einer instabilen Regelstrecke

$$G_S(s) = \frac{1}{1 - sT}$$

sei gegeben. Gesucht ist ein Regler $G_R(s)$, bei dem $K_W(s)$ die Realisierbarkeitsbedingung $u - v \geq 1$ erfüllt, sowie $1 - K_W(s)$ als Nullstelle den Wert des instabilen Pols bei $s = +1/T$ enthält. Es muss also der Ansatz

$$1 - K_W(s) = \frac{\beta(s) - \alpha(s)}{\beta(s)} = \frac{(1 - sT)\,K(s)}{\beta(s)}$$

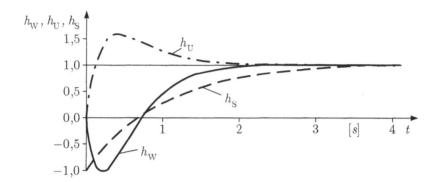

Bild 8.4.4. Regelverhalten bei dem untersuchten Beispiel: $h_W(t)$ Übergangsfunktion der Regelgröße für Führungsverhalten, $h_U(t)$ Übergangsfunktion der zugehörigen Stellgröße, $h_S(t)$ Übergangsfunktion der ungeregelten Regelstrecke ($T = 1\,\text{s}$; $T_1 = 0{,}5\,\text{s}$)

gelten, wobei $K(s)$ so zu wählen ist, dass

$$\text{Grad}[(1 - sT)\,K(s)] = \text{Grad}\,\beta(s)$$

wird. Im vorliegenden Fall soll $K_W(s)$ so gewählt werden, dass $\text{Grad}\,\beta(s) = u = 2$ wird. Daraus folgt dann $\text{Grad}\,K(s) = 1$.

Damit $K_W(s)$ stabiles Verhalten aufweist, wird der Ansatz

$$K(s) = -T_1 s$$

gemacht. Damit erhält man

$$\beta(s) - \alpha(s) = (1 - Ts)\,(-T_1 s)$$

und bei Beachtung der Realisierbarkeitsbedingungen folgt hieraus

$$(\beta_0 - \alpha_0) + (\beta_1 - \alpha_1)\,s + \beta_2 s^2 = -T_1 s + T_1 T s^2.$$

Der Koeffizientenvergleich liefert dann mit der Bezugsgröße $\beta_2 = 1$

$$\beta_0 - \alpha_0 = 0, \quad \beta_1 - \alpha_1 = -T_1 \quad \text{und} \quad T_1 T = 1.$$

Somit wird

$$T_1 = \frac{1}{T} \quad \text{und} \quad \beta_0 = \alpha_0.$$

Die noch frei wählbaren Parameter β_0 und β_1 werden nun so festgelegt, dass $K_W(s)$ – unter Berücksichtigung eines akzeptablen Stellverhaltens – eine bestimmte Dämpfung und Eigenfrequenz erhält. Ohne darauf im einzelnen einzugehen, werden im vorliegenden Fall

$$\beta_0 = 1 \quad \text{und} \quad \beta_1 = T_1 = \frac{1}{T}$$

gewählt. Damit folgt

$$\alpha_0 = 1 \quad \text{und} \quad \alpha_1 = 2T_1 = \frac{2}{T}.$$

Mit diesen Größen ist nun die gewünschte Führungsübertragungsfunktion des geschlossenen Regelkreises durch die Beziehung

$$K_{\mathrm{W}}(s) = \frac{1 + (2/T)\,s}{1 + (1/T)\,s + s^2}$$

festgelegt und es gilt

$$1 - K_{\mathrm{W}}(s) = \frac{(1 - Ts)\,(-s/T)}{1 + (1/T)\,s + s^2}.$$

Die Voraussetzungen für den Reglerentwurf sind damit erfüllt, und als Übertragungsfunktion des Reglers erhält man gemäß Gl. (8.4.9) oder Gl. (8.4.10)

$$G_{\mathrm{R}}(s) = \frac{1 + (2/T)\,s)}{-(1/T)\,s} = -2\left(1 + \frac{T}{2}\,\frac{1}{s}\right).$$

Offensichtlich liefert dieser Entwurf einen PI-Regler, der für $w(t) = \sigma(t)$ durch seine negative Verstärkung einen positiven Verlauf der Regelgröße bewirkt. Das Übergangsverhalten dieses Regelkreises ist im Bild 8.4.5 für $T = 1\,\mathrm{s}$ dargestellt. Bei Berücksichtigung eines akzeptablen Stellverhaltens lässt sich allerdings die relativ große maximale Überschwingweite nicht vermeiden.

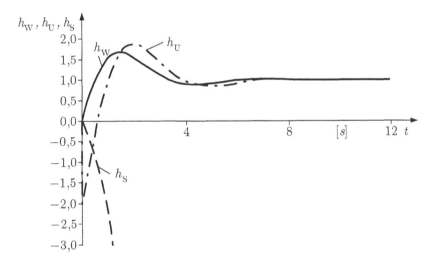

Bild 8.4.5. Regelverhalten bei dem untersuchten Beispiel: $h_{\mathrm{W}}(t)$ Übergangsfunktion der Regelgröße, $h_{\mathrm{U}}(t)$ Übergangsfunktion der zugehörigen Stellgröße, $h_{\mathrm{S}}(t)$ Übergangsfunktion der ungeregelten Regelstrecke

8.4.3   Ein algebraisches Entwurfsverfahren

8.4.3.1   Der Grundgedanke

Bei dem nachfolgend behandelten Verfahren [Web67], [Shi63] soll entsprechend Bild 8.4.1 für eine durch Gl. (8.4.5) beschriebene Regelstrecke ein Regler gemäß Gl. (8.4.6) so entworfen werden, dass der geschlossene Regelkreis sich nach einer gewünschten, vorgegebenen Führungsübertragungsfunktion entsprechend Gl. (8.4.7) verhält. Dabei wird allerdings die Ordnung von Zähler- und Nennerpolynom der Reglerübertragungsfunktion gleich groß gewählt ($w = \operatorname{Grad} B(s) = \operatorname{Grad} A(s) = z$).

Die Pole des geschlossenen Regelkreises sind die Wurzeln der charakteristischen Gleichung, die man aus

$$1 + G_{\mathrm{R}}(s)\, G_{\mathrm{S}}(s) = 0$$

unter Berücksichtigung der in den Gln. (8.4.5) und (8.4.6) definierten Polynome zu

$$P(s) \equiv \beta(s) = A(s)\, C(s) + B(s)\, D(s) = 0 \tag{8.4.15a}$$

erhält. Andererseits folgt mit Gl. (8.4.7)

$$P(s) \equiv \beta(s) = \beta_0 + \beta_1 s + \ldots + \beta_u s^u = \beta_u \prod_{i=1}^{u} (s - s_i) = 0. \tag{8.4.15b}$$

Dieses Polynom besitzt die Ordnung $u = z + n$, seine Koeffizienten hängen von den Parametern der Regelstrecke und des Reglers ab und sind lineare Funktionen der gesuchten Reglerparameter. Der erste Koeffizient lautet gemäß eines Vergleichs beider Gleichungen

$$\beta_0 = a_0 c_0 + b_0 d_0, \tag{8.4.16a}$$

der letzte wegen $m < n$ und $a_z = c_n = 1$

$$\beta_u = a_z c_n = 1. \tag{8.4.16b}$$

Eine allgemeine Darstellung lässt sich mit

$$\begin{aligned}\beta_i = {}&b_0 d_i + b_1 d_{i-1} + \ldots + b_w d_{i-w} \\ &+ a_0 c_i + a_1 c_{i-1} + \ldots + a_z c_{i-z}\end{aligned} \tag{8.4.16c}$$

angeben, wobei

$$d_k = 0 \quad \text{für} \quad k < 0 \text{ und } k > m$$

und

$$c_k = 0 \quad \text{für} \quad k < 0 \text{ und } k > n,$$

sowie $w = z$ nach Voraussetzung gilt.

Die Koeffizienten β_i ergeben sich andererseits aus den negativen Polen $-s_i$ durch den Vietaschen Wurzelsatz. Für den ersten, zweitletzten und letzten Koeffizienten von $\beta(s)$ gilt beispielsweise

$$\beta_0 = \prod_{i=1}^{u} (-s_i) \qquad (8.4.17\text{a})$$

$$\beta_{u-1} = \sum_{i=1}^{u} (-s_i) \qquad (8.4.17\text{b})$$

$$\beta_u = 1 \qquad (8.4.17\text{c})$$

Während sich also die Koeffizienten β_i gemäß Gl. (8.4.17) unmittelbar aus den vorgegebenen Polen des geschlossenen Regelkreises ergeben, sind in den Koeffizienten β_i der Gl. (8.4.16) noch die gesuchten Reglerparameter enthalten. Ein Koeffizientenvergleich liefert die eigentlichen *Synthesegleichungen*, nämlich ein lineares Gleichungssystem für die $2z + 1$ unbekannten Reglerkoeffizienten $a_0, \ldots, a_{z-1}, b_0, b_1, \ldots, b_z$. Die Zahl der Gleichungen ist $u = z + n$. Daraus ergibt sich als Bedingung für die eindeutige Auflösbarkeit die Ordnung des Reglers zu $z = n - 1$.

Bei näherer Untersuchung zeigt sich jedoch, dass ein so entworfener Regler bei weitem nicht allen Einsatzfällen gerecht wird. Durch seinen relativ kleinen Verstärkungsfaktor kann sich bei Störungen eine bleibende Regelabweichung ergeben. Dies muss beim Entwurf berücksichtigt werden. Für Regelstrecken mit integralem Verhalten genügt die Reglerordnung $z = n - 1$; bei Regelstrecken mit proportionalem Verhalten oder wenn Störgrößen am Eingang integraler Regelstrecken berücksichtigt werden müssen, sollte die Verstärkung des Reglers beeinflussbar sein, so dass insbesondere auch ein integrales Verhalten des Reglers erreicht werden kann. Dies geschieht dadurch, dass man die Reglerordnung um 1 erhöht, d.h. $z = n$ setzt, so dass das Gleichungssystem unterbestimmt wird. Der so erzielte zusätzliche Freiheitsgrad erlaubt nun eine freie Wahl der Reglerverstärkung K_{R}, die zweckmäßig als reziproker Verstärkungsfaktor eingeführt wird:

$$\frac{1}{K_{\text{R}}} = c_{\text{R}} = \frac{a_0}{b_0}. \qquad (8.4.18)$$

Allerdings erhöht sich damit auch die Ordnung des geschlossenen Regelkreises; sie ist jetzt doppelt so groß wie die Ordnung der Regelstrecke.

8.4.3.2 *Berücksichtigung der Nullstellen des geschlossenen Regelkreises*

Bei dem im vorherigen Abschnitt beschriebenen Vorgehen ergeben sich die Nullstellen der Führungsübertragungsfunktion

$$K_{\text{W}}(s) \overset{!}{=} G_{\text{W}}(s) = \frac{B(s)\,D(s)}{A(s)\,C(s) + B(s)\,D(s)} \qquad (8.4.19)$$

von selbst. Zwar können die Nullstellen der Regelstrecke, also die Wurzeln von $D(s)$, bei der Wahl der Polverteilung berücksichtigt und eventuell kompensiert werden, das Polynom $B(s)$ entsteht aber erst beim Reglerentwurf und muss nachträglich beachtet werden. Dies geschieht am einfachsten dadurch, dass man vor den geschlossenen Regelkreis, also in die Wirkungslinie der Führungsgröße, entsprechend Bild 8.4.6 a ein Korrekturglied Vorfilter(Vorfilter) mit der Übertragungsfunktion

$$G_{\mathrm{K}}(s) = \frac{c_{\mathrm{K}}}{B_{\mathrm{K}}(s)}$$

schaltet, mit dem sich die Nullstellen des Reglers und der Reglerstrecke kompensieren lassen. Dies lässt sich aus Stabilitätsgründen allerdings nur für Nullstellen durchführen, deren Realteil negativ ist. Bezeichnet man die Teilpolynome von $B(s)$ und $D(s)$, deren Wurzeln in der linken s-Halbebene liegen mit $B^+(s)$ und $D^+(s)$ sowie die Teilpolynome, deren Wurzeln in der rechten s-Halbebene bzw. auf der imaginären Achse liegen entsprechend mit $B^-(s)$ und $D^-(s)$, so lassen sich die Zählerpolynome $B(s)$ und $D(s)$ wie folgt aufspalten:

$$B(s) = B^-(s)\,B^+(s) \tag{8.4.20}$$

$$D(s) = D^-(s)\,D^+(s) \tag{8.4.21}$$

mit

$$B^-(s) = \sum_{i=0}^{w^-} b_i^-\, s^i \tag{8.4.22a}$$

$$w = w^+ + w^-$$

$$B^+(s) = \sum_{i=0}^{w^+} b_i^+\, s^i \tag{8.4.22b}$$

bzw.

$$D^-(s) = \sum_{i=0}^{m^-} d_i^-\, s^i \tag{8.4.23a}$$

$$m = m^+ + m^-$$

$$D^+(s) = \sum_{i=0}^{m^+} d_i^+\, s^i \tag{8.4.23b}$$

Für den Fall, dass $B(s)$ und $C(s)$ sowie $A(s)$ und $D(s)$ teilerfremd sind, also im geschlossenen Regelkreis der Regler weder Pol- noch Nullstellen der Regelstrecke kompensiert, lässt sich das Nennerpolynom der Übertragungsfunktion des Korrekturgliedes wie folgt bestimmen:

$$B_{\mathrm{K}}(s) = B^+(s)\,D^+(s). \tag{8.4.24}$$

Damit erhält man als Führungsübertragungsfunktion

$$\begin{aligned}
G_{\mathrm{W}}(s) &= \frac{c_{\mathrm{K}}}{B_{\mathrm{K}}(s)}\,\frac{B(s)\,D(s)}{A(s)\,C(s) + B(s)\,D(s)} \\
&= \frac{c_{\mathrm{K}}\,B^-(s)\,D^-(s)}{A(s)\,C(s) + B(s)\,D(s)}.
\end{aligned} \tag{8.4.25}$$

Wenn sowohl der Regler als auch die Regelstrecke minimalphasiges Verhalten und deren Übertragungsfunktionen keine Nullstellen auf der imaginären Achse aufweisen, lassen sich sämtliche Nullstellen des geschlossenen Regelkreises kompensieren, so dass man anstelle von Gl. (8.4.25) die Beziehung

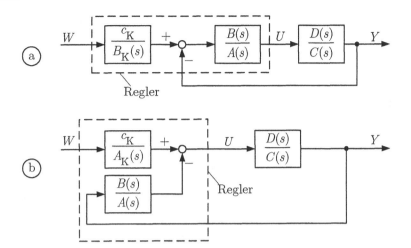

Bild 8.4.6. Kompensation der Reglernullstellen (a) mit Regler im Vorwärtszweig und (b) mit Regler im Rückkopplungszweig

$$G_W(s) = \frac{c_K}{A(s)\,C(s) + B(s)\,D(s)} \qquad (8.4.26)$$

erhält. Soll der geschlossene Regelkreis auch vorgegebene Nullstellen enthalten, so ist in der Übertragungsfunktion $G_K(s)$ des Korrekturgliedes ein entsprechendes Zählerpolynom vorzusehen. Der Zählerkoeffizient c_K des Korrekturgliedes dient dazu, den Verstärkungsfaktor K_W der Führungsübertragungsfunktion $G_W(s)$ gleich 1 zu machen. Aus Gl. (8.4.25) folgt hierfür

$$K_W = G_W(0) = c_K \frac{b_0^- d_0^-}{a_0 c_0 + b_0 d_0} = 1. \qquad (8.4.27)$$

Der Nennerausdruck stellt den ersten Koeffizienten β_0 des charakteristischen Polynoms $\beta(s)$ dar, und somit gilt mit Gl. (8.4.27)

$$c_K = \frac{\beta_0}{b_0^- d_0^-}. \qquad (8.4.28)$$

Im Falle eines Reglers mit I-Anteil wird $a_0 = 0$ und nach Gl. (8.4.18) $c_R = 0$. Mit den Gln. (8.4.27) und (8.4.20) bis (8.4.23) folgt direkt

$$c_K = b_0^+ d_0^+. \qquad (8.4.29)$$

Wird der Regler gemäß Bild 8.4.6 b in den *Rückkopplungszweig* des Regelkreises geschaltet, so ändert das am Eigenverhalten des so entstandenen Systems gegenüber dem der Konfiguration nach Bild 8.4.6 a nichts, denn das Nennerpolynom der Übertragungsfunktion und somit die charakteristische Gleichung des geschlossenen Regelkreises bleiben erhalten. Allerdings erscheinen nun nicht mehr die Nullstellen der Übertragungsfunktion des Reglers, sondern deren Polstellen als Nullstellen in der Übertragungsfunktion des geschlossenen Regelkreises. Es gelten jetzt analoge Überlegungen bei der Bestimmung des Nennerpolynoms $A_K(s)$ in der Übertragungsfunktion des Korrekturgliedes. Dieses Polynom berechnet sich zu

$$A_K(s) = A^+(s)\,D^+(s), \qquad (8.4.30)$$

wobei das Polynom $A^+(s)$ die Pole des Reglers und $D^+(s)$ die Nullstellen der Regelstrecke in der linken s-Halbebene enthält. Die Führungsübertragungsfunktion

$$G_W(s) = \frac{c_K A^-(s)\, D^-(s)}{A(s)\, C(s) + B(s)\, D(s)} \tag{8.4.31}$$

stimmt für den Fall eines stabilen Reglers und einer minimalphasigen Regelstrecke mit der Gl. (8.4.26) überein.

Die Konstante c_K für einen proportional wirkenden Regler ist

$$c_K = \frac{\beta_0}{a_0^-\, d_0^-}. \tag{8.4.32}$$

Es soll ausdrücklich darauf hingewiesen werden, dass für einen integrierenden Regler im Rückkopplungszweig keine Führungsregelung realisierbar ist.

8.4.3.3   Lösung der Synthesegleichungen

Das durch Gl. (8.4.16c) beschriebene Gleichungssystem kann leicht in Matrix-Schreibweise dargestellt werden. Dabei werden die gesuchten Reglerparameter in einem Parametervektor zusammengefasst. Die Matrix der Regelstreckenparameter ist in den beiden betrachteten Fällen (Reglerordnung $z = n-1$ und $z = n$) gleich aufgebaut.

Für *integrale Regelstrecken* ($c_0 = 0$) mit der Reglerordnung $z = n-1$ und Normierung $c_n = 1$ lautet damit das Synthese-Gleichungssystem:

$$\left[\begin{array}{cccc:cccc}
d_0 & & & & 0 & & & \\
d_1 & d_0 & & \mathbf{0} & c_1 & 0 & & \mathbf{0} \\
d_2 & d_1 & d_0 & & c_2 & c_1 & 0 & \\
\vdots & \vdots & \ddots & \ddots & \vdots & \vdots & \ddots & \ddots \\
& & & & c_{n-2} & c_{n-3} & \cdots & c_1 & 0 \\
d_{n-1} & d_{n-2} & d_1 & d_0 & c_{n-1} & c_{n-2} & \cdots & c_2 & c_1 \\ \hdashline
0 & d_{n-1} & d_{n-2} \cdots & d_1 & 1 & c_{n-1} & c_{n-2} \cdots & c_2 \\
& & d_{n-1} \cdots & d_2 & & 1 & c_{n-1} \cdots & c_3 \\
\vdots & & \ddots & \vdots & & & \ddots & \ddots & \vdots \\
& \mathbf{0} & & & & \mathbf{0} & & \ddots & c_{n-1} \\
0 & & & d_{n-1} & & & & 1
\end{array}\right]
\begin{bmatrix} b_0 \\ b_1 \\ b_2 \\ \vdots \\ b_{n-2} \\ b_{n-1} \\ a_0 \\ a_1 \\ \vdots \\ a_{n-3} \\ a_{n-2} \end{bmatrix}
=
\begin{bmatrix} \beta_0 \\ \beta_1 \\ \beta_2 \\ \vdots \\ \beta_{n-2} \\ \beta_{n-1} \\ \beta_n \\ \beta_{n+1} \\ \vdots \\ \beta_{2n-3} \\ \beta_{2n-2} \end{bmatrix}
-
\begin{bmatrix} 0 \\ 0 \\ 0 \\ \vdots \\ 0 \\ 0 \\ c_1 \\ c_2 \\ \vdots \\ c_{n-2} \\ c_{n-1} \end{bmatrix}
\tag{8.4.33a}$$

und

$$a_{n-1} = \beta_u \tag{8.4.33b}$$

In dieser Beziehung wurde ein nicht mit den Reglerkoeffizienten verknüpfter Vektor $[0 \ldots 0\; c_1 \ldots c_{n-1}]^T$ von der Matrix der linken Seite abgespalten und auf die rechte Seite gebracht, die als wesentlichen Teil die Koeffizienten des Polynoms $\beta(s)$ mit der gewünschten (vorgegebenen) Polverteilung enthält.

Für *Regelstrecken mit proportionalem Verhalten* oder bei Störungen am Eingang integraler Regelstrecken, wo die Reglerordnung aus Gründen des Störverhaltens um 1 auf $z = n$ erhöht wird, gelten mit den Gln. (8.4.18) und (8.4.16a) folgende Beziehungen:

$$a_0 = c_R b_0 \tag{8.4.34}$$

$$b_0 = \frac{\beta_0}{d_0 + c_R c_0}. \tag{8.4.35}$$

Außerdem gilt das Synthese-Gleichungssystem:

$$
\begin{bmatrix}
d_0 & & & & c_0 & & & \\
d_1 & d_0 & & \mathbf{0} & c_1 & c_0 & & \mathbf{0} \\
d_2 & d_1 & d_0 & & c_2 & c_1 & c_0 & \\
\vdots & \vdots & \ddots & \ddots & \vdots & \vdots & \ddots & \ddots \\
& & & & & & & c_0 \\
d_{n-1}d_{n-2} & \cdots & d_1 & d_0 & c_{n-1}c_{n-2} & \cdots & c_2 & c_1 \\
0 & d_{n-1}d_{n-2} & \cdots & d_1 & 1 & c_{n-1}c_{n-2} & \cdots & c_2 \\
& & & & & 1 & c_{n-1} & \cdots & c_3 \\
\vdots & & \ddots & \vdots & & & \ddots & \vdots \\
& \mathbf{0} & & & & \mathbf{0} & & c_{n-1} \\
0 & & & d_{n-1} & & & & 1
\end{bmatrix}
\begin{bmatrix}
b_1 \\ b_2 \\ b_3 \\ \vdots \\ \\ b_n \\ \hline a_1 \\ a_2 \\ \vdots \\ \\ a_{n-1}
\end{bmatrix}
=
\begin{bmatrix}
\beta_1 \\ \beta_2 \\ \beta_3 \\ \vdots \\ \\ \beta_n \\ \hline \beta_{n+1} \\ \vdots \\ \\ \beta_{2n-1}
\end{bmatrix}
- b_0
\begin{bmatrix}
d_1 + c_R c_1 \\ d_2 + c_R c_2 \\ \\ \vdots \\ d_{n-1} + c_R c_{n-1} \\ c_R \\ \hline 0 \\ \vdots \\ \\ 0
\end{bmatrix}
-
\begin{bmatrix}
0 \\ 0 \\ \\ \vdots \\ 0 \\ c_0 \\ \hline c_1 \\ \vdots \\ \\ c_{n-1}
\end{bmatrix}
$$
$$\tag{8.4.36a}$$

und

$$a_n = \beta_u. \tag{8.4.36b}$$

Die $(2n-1) \times (2n-1)$ Matrizen der linken Seite der Gln. (8.4.33a) und (8.4.36a) sind für $c_0 = 0$ jeweils gleich. Es lässt sich einfach zeigen, dass diese Matrix regulär ist. Damit sind die Synthesegleichungen eindeutig lösbar. Die Lösung kann bei Systemen niedriger Ordnung von Hand durchgeführt werden. Bei Systemen höherer Ordnung ist der Einsatz einer Digitalrechenanlage erforderlich.

8.4.3.4 Anwendung des Verfahrens

Beispiel 8.4.5
Eine integrale Regelstrecke habe die Übertragungsfunktion

$$G_S(s) = 0{,}25 \frac{1 + 5s}{s(1 + 0{,}25s)} = \frac{1 + 5s}{4s + s^2}.$$

Da nicht mit Störungen am Eingang der Regelstrecke gerechnet wird, lassen sich die Reglerkoeffizienten nach Gl. (8.4.33a) und Gl. (8.4.33b) bestimmen.

Nach Abschnitt 8.4.3.1 erhält man für diese Regelstrecke 2. Ordnung die Reglerordnung zu $z = n - 1 = 1$. Der geschlossene Regelkreis besitzt somit die Ordnung $u = z + n = 3$. Die Übergangsfunktion dieses Regelkreises soll der Binominalform gemäß Tabelle 8.4.1 entsprechen, wobei $t_{50} \approx 2{,}5s$ eingehalten werden soll. Dies entspricht etwa dem Wert $\omega_0 \approx 1s^{-1}$. Das zugehörige charakteristische Polynom

$$\beta(s) = (1 + s)^3 = 1 + 3s + 3s^2 + s^3$$

und Gln. (8.4.33a) und (8.4.33b) liefern die Synthesegleichungen

$$\begin{bmatrix} 1 & 0 & 0 \\ 5 & 1 & 4 \\ 0 & 5 & 1 \end{bmatrix} \begin{bmatrix} b_0 \\ b_1 \\ a_0 \end{bmatrix} = \begin{bmatrix} 1 \\ 3 \\ 3 \end{bmatrix} - \begin{bmatrix} 0 \\ 0 \\ 4 \end{bmatrix},$$

mit

$$a_1 = 1,$$

aus deren Lösung sich die Reglerkoeffizienten

$$a_0 = -\frac{9}{19} \quad , \quad a_1 = \quad 1 \quad ,$$

$$b_0 = \quad 1 \quad , \quad b_1 = -\frac{2}{19} \quad ,$$

ergeben. Die gesuchte Übertragungsfunktion des Reglers lautet damit:

$$G_R(s) = \frac{1 - \dfrac{2}{19}s}{-\dfrac{9}{19} + s}.$$

Wie hieraus ersichtlich, führt dieser Entwurf zu einem instabilen Regler, der darüber hinaus noch nichtminimalphasiges Verhalten aufweist. Die Übertragungsfunktion

$$G_{W_1}(s) = \frac{\left(1 - \dfrac{2}{19}s\right)(1 + 5s)}{(1 + s)^3}$$

des geschlossenen Regelkreises enthält im Zählerpolynom neben der Nullstelle der Regelstrecke eben auch diese Nullstelle des Reglers in der rechten s-Halbebene. Entsprechend den Überlegungen in Abschnitt 8.4.3.2 lässt sich diese Nullstelle aus Stabilitätsgründen nicht mit einem Korrekturglied kompensieren. Dies wäre auch gar nicht so sehr erforderlich, da die Nullstelle der Regelstrecke dominiert und somit einen sehr viel stärkeren Einfluss auf den Verlauf der Übergangsfunktion des geschlossenen Regelkreises hat (vgl. Bild 8.4.7). Das Nennerpolynom $B_K(s)$ in der Übertragungsfunktion $G_K(s)$ des Korrekturgliedes bestimmt sich somit zu

$$B_K(s) = D^+(s)\, B^+(s) = 1 + 5s.$$

Die Gesamtübertragungsfunktion des Regelkreises einschließlich des Korrekturgliedes

$$G_W(s) = \frac{1 - \dfrac{2}{19}s}{(1 + s)^3}$$

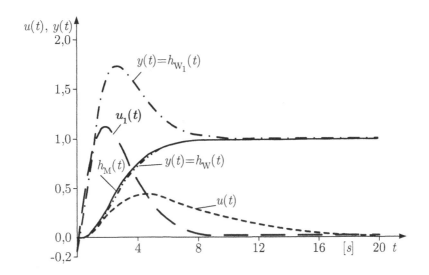

Bild 8.4.7. Übergangsfunktion der Regelgröße $y(t)$ für die Fälle: (a) ohne Korrekturglied $y(t) = h_{W_1}(t)$, (b) mit Korrekturglied $y(t) = h_W(t)$, sowie den zugehörigen Stellgrößen $u_1(t)$ und $u(t)$ und der Übergangsfunktion des Vergleichssystems $y(t) = h_M(t)$

enthält nun zwar immer noch im Zählerpolynom die Nullstelle der Übertragungsfunktion des Reglers, wie aus Bild 8.4.7 jedoch ersichtlich ist, zeigt die entsprechende Übergangsfunktion $h_W(t)$ keine große Abweichung von der Übergangsfunktion $h_M(t)$ des vorgegebenen Vergleichssystems

$$K_W(s) = \frac{1}{(1+s)^3}.$$

Auffallend ist, dass die Übergangsfunktion $h_{W_1}(t)$ des Regelkreises ohne Korrekturglied mit ihrer großen Überschwingweite so gut wie keine Ähnlichkeit mit den anderen Übergangsfunktionen aufweist, obwohl alle drei Systeme das gleiche Eigenverhalten besitzen. Hier macht sich also der dominierende Einfluss der Nullstelle $s_N = -0{,}2$ in der Übertragungsfunktion der Regelstrecke bemerkbar. ∎

Beispiel 8.4.6
Gegeben sei eine Regelstrecke 3. Ordnung mit der Übertragungsfunktion

$$G_S(s) = \frac{1}{(1+s)^2\,(1+5s)} = \frac{0{,}2}{0{,}2 + 1{,}4s + 2{,}2s^2 + s^3} = \frac{d_0}{C(s)}.$$

Die Übergangsfunktion $h_S(t)$ dieser Regelstrecke ist im Bild 8.4.8 dargestellt. Nun soll ein Regler so entworfen werden, dass die Übergangsfunktion $h_W(t)$ des geschlossenen Regelkreises eine gewünschte Form aufweist, die aus Tabelle 8.4.2 ausgesucht wird. Im vorliegenden Fall einer PT_n-Regelstrecke muss die Ordnung m des Reglers gleich der Ordnung n der Regelstrecke, also

$$z = n,$$

gewählt werden. Damit erhält man eine Führungsübertragungsfunktion $G_W(s)$ 6. Ordnung. Die gewünschte Übertragungsfunktion gemäß Gl. (8.4.4), die die Grundlage für Tabelle 8.4.2 bildet, besitzt genau dann die geforderte Gesamtordnung $z + n = 6$, wenn

$$k = 4$$

gewählt wird. Für den Fall soll weiterhin die Form der Übergangsfunktion mit

$$\kappa = 4$$

(siehe Tabelle 8.4.2) festgelegt werden. Der letzte noch nicht festgelegte Parameter der angestrebten Übertragungsfunktion $K_W(s)$ ist die Frequenz ω_0. Alle Übergangsfunktionen in Tabelle 8.4.2 sind auf diese Frequenz normiert, so dass man den Zeitmaßstab noch wählen kann. Somit lässt sich durch geeignete Wahl von ω_0 das in Tabelle 8.4.2 normiert dargestellte Übergangsverhalten auf den gewünschten Zeitmaßstab übertragen. Für einen Wert $\omega_0 = 0,4\,\text{s}^{-1}$ würde sich z.B. eine Anstiegszeit $T_{a,50} \approx 1,6\,\text{s}$ ergeben, für $\omega_0 = 2s^{-1}$ wäre $T_{a,50} \approx 0,32\,\text{s}$. Wählt man jedoch für ω_0 einen sehr großen Wert, um eine geringe Anstiegszeit zu erhalten, dann liefert dies als Ergebnis des Reglerentwurfs die Koeffizienten des Reglers in so unterschiedlichen Größenordnungen,dass dieser Regler praktisch nicht realisierbar wäre. Es soll daher hier

$$\omega_0 = 0,4\,\text{s}^{-1}$$

gewählt werden. Mit den hier festgelegten Werten für k,κ und ω_0 erhält man für die gewünschte Führungsübertragungsfunktion nach Ausmultiplikation in Gl. (8.4.4) schließlich

$$K_W(s) = \frac{43{,}52}{43{,}52 + 99{,}84s + 106{,}88s^2 + 72{,}96s^3 + 33{,}12s^4 + 8{,}9s^5 + s^6} = \frac{\beta_0}{\beta(s)}.$$

Zur Berechnung der Koeffizienten der nach Gl. (8.4.6) beschriebenen Reglerübertragungsfunktion $G_R(s)$ liefern zunächst die Gln. (8.4.34) und (8.4.35)

$$b_0 = \frac{\beta_0}{d_0 \left(1 + c_R \dfrac{c_0}{d_0}\right)} = 217{,}6 \frac{1}{1 + c_R}$$

und

$$a_0 = c_R b_0 = 217{,}6 \frac{c_R}{1 + c_R}.$$

Die Bestimmung der restlichen Reglerkoeffizienten erfolgt nun nach Gl. (8.4.36a)

$$\begin{bmatrix} 0{,}2 & 0 & 0 & 0{,}2 & 0 \\ 0 & 0{,}2 & 0 & 1{,}4 & 0{,}2 \\ 0 & 0 & 0{,}2 & 2{,}2 & 1{,}4 \\ 0 & 0 & 0 & 1 & 2{,}2 \\ 0 & 0 & 0 & 0 & 1 \end{bmatrix} \begin{bmatrix} b_1 \\ b_2 \\ b_3 \\ a_1 \\ a_2 \end{bmatrix} = \begin{bmatrix} 99{,}84 \\ 106{,}88 \\ 72{,}96 \\ 33{,}12 \\ 8{,}8 \end{bmatrix} - 217{,}6 \frac{1}{1 + c_R} \begin{bmatrix} 1{,}4c_R \\ 2{,}2c_R \\ c_R \\ 0 \\ 0 \end{bmatrix} - \begin{bmatrix} 0 \\ 0 \\ 0{,}2 \\ 1{,}4 \\ 2{,}2 \end{bmatrix}.$$

Die Lösung dieses Synthese-Gleichungssystems liefert – angefangen von der untersten Zeile – die Reglerkoeffizienten

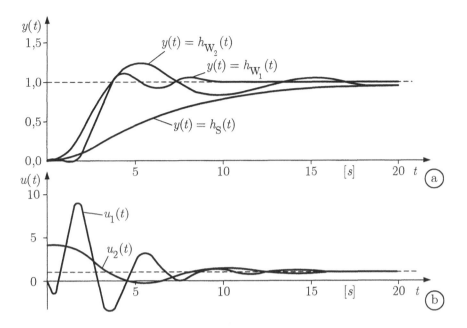

Bild 8.4.8. (a) Übergangsfunktionen der Regelgröße $y(t)$ im ungeregelten Fall $y(t) = h_S(t)$ sowie im geregelten Fall für den entworfenen Kompensationsregler $y(t) = h_{W_1}(t)$ und den optimalen PI-Regler $y(t) = h_{W_2}(t)$; (b) Verlauf der zu $h_{W_1}(t)$ und $h_{W_2}(t)$ gehörenden Stellgrößen $u_1(t)$ und $u_2(t)$

$$a_2 = 6{,}6;$$
$$a_1 = 17{,}2;$$
$$b_3 = 128{,}4 - 1088\frac{c_R}{1 + c_R};$$
$$b_2 = 407{,}4 - 2393{,}6\frac{c_R}{1 + c_R};$$
$$b_1 = 482 - 1523{,}2\frac{c_R}{1 + c_R}.$$

Wählt man den reziproken Verstärkungsfaktor gemäß Gl. (8.4.18) zu

$$c_R = 0{,}2 \quad \text{für} \quad K_R = 5,$$

um Koeffizienten zu erhalten, die größenordnungsmäßig etwa gleich sind, so ergibt sich als praktisch realisierbare Reglerübertragungsfunktion

$$\begin{aligned} G_R(s) &= \frac{181{,}33 + 228{,}13s + 8{,}467s^2 - 52{,}93s^3}{36{,}26 + 17{,}2s + 6{,}6s^2 + s^3} = \\ &= \frac{-52{,}93(s - 2{,}468)(s + 1{,}154 + \mathrm{j}0{,}236)(s + 1{,}154 - \mathrm{j}0{,}236)}{(s + 4{,}573)(s + 1{,}013 + \mathrm{j}2{,}627)(s + 1{,}013 - \mathrm{j}2{,}627)}. \end{aligned}$$

Nach Gl. (8.4.28) ergibt sich für den Koeffizienten c_K des Korrekturgliedes

$$c_K = \frac{\beta_0}{b_0^- d_0^-} = \frac{43{,}52}{2{,}468 \cdot 52{,}93 \cdot 1} = 0{,}3331.$$

Hiermit erhält man die Übertragungsfunktion des Korrekturgliedes

$$G_K = \frac{0{,}3331}{0{,}2(s + 1{,}154 + j0{,}236)\,(s + 1{,}154 - j0{,}236)} = \frac{1{,}67}{1{,}39 + 2{,}31s + s^2}.$$

Die Übergangsfunktion der Regelgröße $y(t) = h_{W_1}(t)$ des geschlossenen Regelkreises ist ebenfalls im Bild 8.4.8 dargestellt. Zum Vergleich dazu zeigt dieses Bild auch die entsprechende Übergangsfunktion $y(t) = h_{W_2}(t)$ des geschlossenen Regelkreises bei Verwendung eines PI-Reglers; dessen Parameter im Sinne des Gütekriteriums der minimalen quadratischen Regelfläche gemäß Kapitel 8.2.2 optimiert wurden. Sowohl die Überschwingweite als auch die Anstiegszeit (im Wendepunkt) und Ausregelzeit dieses Regelkreises mit PI-Regler sind deutlich schlechter als bei dem oben entworfenen Regler. Aus dem Verlauf der Stellgrößen $u_1(t)$ bzw. $u_2(t)$ ist jedoch ersichtlich, dass eine geringere Anstiegszeit im allgemeinen durch eine größere Stellamplitude erkauft werden muss. Wegen der stets vorhandenen Beschränkung der Stellgröße können von der praktischen Seite her häufig zu hohe Anforderungen an die gewünschte Übertragungsfunktion $K_W(s)$ des Regelkreises nicht realisiert werden. ∎

8.5   Reglerentwurf für Führungs- und Störungsverhalten

8.5.1   Struktur des Regelkreises

Für den Entwurf von Reglern bei vorgegebener Übertragungsfunktion G_S (s) der Regelstrecke und bei geforderter Führungsübertragungsfunktion $G_W(s) \overset{!}{=} K_W(s)$ wurde in den vorangegangenen Abschnitten verschiedene Syntheseverfahren beschrieben. Berücksichtigt man zusätzlich Störungen, die bei technisch realisierten Regelsystemen immer vorhanden sind, und will man darüber hinaus Einfluss auf das Störverhalten ausüben, so ist die Verwendung eines weiteren Regelkreiselementes, im folgenden als *Vorfilter* mit der Übertragungsfunktion $G_V(s)$ bezeichnet, notwendig. Die sich dabei ergebende Struktur des Regelkreises zeigt Bild 8.5.1. Weiterhin müssen verschiedene Angriffspunkte der einwirkenden Störungen berücksichtigt werden, da sich Störungen am Eingang oder am Ausgang der Regelstrecke unterschiedlich auf die Regelgröße auswirken.

Für die Synthese von Regler und Vorfilter werden folgende Übertragungsfunktionen eingeführt:

$$G_V(s) = \frac{M(s)}{N(s)} = \frac{m_0 + m_1 s + \ldots + m_x s^x}{n_0 + n_1 s + \ldots + n_y s^y}, \quad y \geq x; \tag{8.5.1}$$

$$G_R(s) = \frac{B(s)}{A(s)} = \frac{b_0 + b_1 s + \ldots + b_w s^w}{a_0 + a_1 s + \ldots + a_z s^z}, \quad z \geq w; \tag{8.5.2}$$

$$G_S(s) = \frac{D(s)}{C(s)} = \frac{d_0 + d_1 s + \ldots + d_m s^m}{c_0 + c_1 s + \ldots + c_n s^n}, \quad n \geq m. \tag{8.5.3}$$

Legt man als *Forderung* für den Regelkreis die gewünschte Führungsübertragungsfunktion

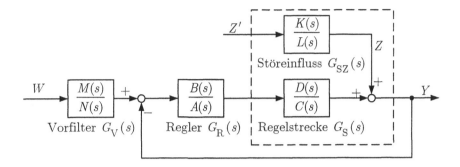

Bild 8.5.1. Regelkreis für Führungs- und Störverhalten

$$K_W(s) = \frac{\alpha(s)}{\beta(s)} = \frac{\alpha_0 + \alpha_1 s + \ldots + \alpha_v s^v}{1 + \beta_1 s + \ldots + \beta_u s^u}, \quad u \geq v \tag{8.5.4}$$

und die gewünschte Störungsübertragungsfunktion

$$K_Z(s) = \frac{\gamma(s)}{\sigma(s)} = \frac{\gamma_0 + \gamma_1 s + \ldots + \gamma_q s^q}{1 + \sigma_1 s + \ldots + \sigma_p s^p}, \quad p \geq q \tag{8.5.5}$$

fest, so soll bei sprungförmigen Führungs- und Störgrößen keine bleibende Regelabweichung auftreten. Somit muss gelten:

$$K_W(0) = \lim_{s \to 0} \frac{\alpha(s)}{\beta(s)} = 1, \quad \text{d.h. } \alpha_0 = 1 \tag{8.5.6}$$

und

$$K_Z(0) = \lim_{s \to 0} \frac{\gamma(s)}{\sigma(s)} = 0, \quad \text{d.h. } \gamma_0 = 0. \tag{8.5.7}$$

Für die Synthese des Regelkreises wird weiterhin gefordert, die Zähler- und Nennerpolynome von $K_W(s)$ und $K_Z(s)$ von möglichst niedrigem Grad und nach festlegbaren Kriterien zu wählen.

8.5.2 Der Reglerentwurf

Die Führungsübertragungsfunktion ist gegeben durch

$$G_W(s) = \frac{Y(s)}{W(s)} = \frac{G_V(s)\, G_R(s)\, G_S(s)}{1 + G_R(s)\, G_S(s)} \overset{!}{=} K_W(s). \tag{8.5.8}$$

Die Störungsübertragungsfunktion lässt sich errechnen als

$$G_Z(s) = \frac{Y(s)}{Z(s)} = \frac{G_{SZ}(s)}{1 + G_R(s)\, G_S(s)} \overset{!}{=} K_Z(s). \tag{8.5.9}$$

Aus Gl. (8.5.9) folgt dann für die Übertragungsfunktion des Reglers

$$G_R(s) = \frac{G_{SZ}(s) - K_Z(s)}{G_S(s)\, K_Z(s)}. \tag{8.5.10}$$

Für Störungen am *Eingang* der Regelstrecke gilt $G_{SZ}(s) = G_S(s)$, und damit erhält man mit Gl. (8.5.10) als Übertragungsfunktion des Reglers

$$G_R(s) = \frac{D(s)\,\sigma(s) - \gamma(s)\,C(s)}{D(s)\,\gamma(s)}. \qquad (8.5.11)$$

Störungen am *Ausgang* der Regelstrecke werden mit $G_{SZ} = 1$ in Gl. (8.5.10) berücksichtigt. In diesem Fall ist die Übertragungsfunktion des Reglers für Störungen am Ausgang der Regelstrecke gegeben durch

$$G_R(s) = \frac{C(s)\,[\sigma(s) - \gamma(s)]}{D(s)\,\gamma(s)} = \frac{1}{G_S(s)}\,\frac{\sigma(s) - \gamma(s)}{\gamma(s)}. \qquad (8.5.12)$$

8.5.2.1 Reglerentwurf für Störungen am Eingang der Regelstrecke

Betrachtet man Gl. (8.5.11), so ist – falls sich durch die Subtraktion keine Terme gleicher Potenz aufheben – der Grad w des Zählerpolynoms entweder durch $m + p$ oder durch $q + n$ gegeben. Der Grad z des Nennerpolynoms ist mit $m + q$ festgelegt. Aus Gründen der Realisierbarkeit des Reglers müsste wegen $z \geq w$ gelten:

$$q \geq p \quad \text{und} \quad m \geq n.$$

Da diese Bedingungen jedoch wegen der Gln. (8.5.3) und (8.5.5) nicht eingehalten werden können, müssen im Zählerpolynom der Gl. (8.5.11)

$$D(s)\,\sigma(s) - \gamma(s)\,C(s)$$

die entsprechenden Glieder höherer Potenzen in s zum Verschwinden gebracht werden. Dies ist nur möglich, wenn

$$m + p = q + n \quad \text{oder} \quad n - m = p - q \qquad (8.5.13)$$

gewählt wird. Dies lässt sich in allgemeiner Form durch Ausmultiplikation der Teilpolynome des Zählers von Gl. (8.5.11) leicht nachweisen. Dabei erhält man beim Nullsetzen der entsprechenden Glieder höherer Potenzen in s die Synthesegleichungen für den Reglerentwurf. Diese Beziehungen aus den Koeffizienten von $G_S(s)$ und $K_Z(s)$ lassen sich systematisch für unterschiedliche Systemordnungen aufstellen. Darauf soll hier jedoch nicht im Detail eingegangen werden, vielmehr wird dies später anhand einiger Beispiele exemplarisch gezeigt.

Aus Gl. (8.5.13) geht hervor, dass der Polüberschuss sowohl der Regelstreckenübertragungsfunktion als auch der Störungsübertragungsfunktion gleich sein muss. Weiterhin ist ersichtlich, dass aus Realisierbarkeitsgründen im Zählerpolynom von Gl. (8.5.11) genau

$$(m + p) - (m + q) = p - q = n - m$$

Glieder der höchsten Potenz in s verschwinden müssen, d.h. kompensiert werden müssen. Daraus ergibt sich für den Grad des Zähler- und des Nennerpolynoms der Reglerübertragungsfunktion

$$w = z = (m + p) - (p - q) = m + q.$$

Da $n - m$ Glieder höchster Ordnung im Zählerpolynom von Gl. (8.5.11) kompensiert werden müssen, und der Grad des Polynoms $\gamma(s)$ minimal werden soll, muss der Grad dieses Polynoms zu

$$q = n - m \tag{8.5.14}$$

gewählt werden. Damit folgt mit Gl. (8.5.13) weiterhin

$$p = q + n - m = 2(n - m). \tag{8.5.15}$$

Den zuvor festgelegten Grad des Zähler- und Nennerpolynomsvon $G_R(s)$ erhält man somit schließlich mit Gl. (8.5.14) zu

$$w = z = m + q = n. \tag{8.5.16}$$

Nachfolgend soll nun anhand einiger einfacher Beispiele das Vorgehen beim Reglerentwurf anschaulich gezeigt werden.

Beispiel 8.5.1
Als Übertragungsfunktion der Regelstrecke sei

$$G_S(s) = \frac{D(s)}{C(s)} = \frac{d_0 + d_1 s}{c_0 + c_1 s + c_2 s^2}$$

mit $n = 2$ und $m = 1$ gegeben. Gemäß den Gln. (8.5.14) und (8.5.15) besitzen die Polynome $\sigma(s)$ und $\gamma(s)$ jeweils den Grad

$$p = 2(2 - 1) = 2$$

und

$$q = 2 - 1 = 1.$$

Als Störungsübertragungsfunktion ergibt sich somit

$$K_Z(s) = \frac{\gamma_1 s}{1 + \sigma_1 s + \sigma_2 s^2} = \frac{\gamma(s)}{\sigma(s)}.$$

Setzt man nun die Polynome $\gamma(s)$ und $\sigma(s)$ in Gl. (8.5.11) ein, so folgt formal als Reglerübertragungsfunktion

$$G_R(s) = \frac{d_0 + (d_0\sigma_1 + d_1 - \gamma_1 c_0)s + (d_0\sigma_2 + d_1\sigma_1 - \gamma_1 c_1)s^2 + (d_1\sigma_2 - \gamma_1 c_2)s^3}{d_0\gamma_1 s + d_1\gamma_1 s^2}.$$

Mit $\gamma_1 = \sigma_2 d_1/c_2$ verschwindet das höchste Glied im Zählerpolynom von $G_R(s)$, und man erhält als realisierbare Reglerübertragungsfunktion in zusammengefasster Schreibweise

$$G_R(s) = \frac{b_0 + b_1 s + b_2 s^2}{a_1 s + a_2 s^2}$$

und als Störungsübertragungsfunktion

$$K_Z(s) = \frac{\dfrac{\sigma_2 d_1}{c_2} s}{1 + \sigma_1 s + \sigma_2 s^2} \, .$$

An diesem Beispiel wird deutlich, dass das Störungsübertragungsverhalten nicht frei wählbar ist, sondern nur die Eigendynamik des Störungseinflusses, also die Pole der Störungsübertragungsfunktion. Die Koeffizienten des Zählerpolynoms $\gamma(s)$ sind in diesem Fall abhängig von denen des Nennerpolynoms $\sigma(s)$. ∎

Beispiel 8.5.2

Ähnlich wie im vorherigen Beispiel wird hier eine Regelstrecke zweiter Ordnung, allerdings mit dem Polüberschuss $n - m = 2$ betrachtet, also mit der Übertragungsfunktion

$$G_S(s) = \frac{D(s)}{C(s)} = \frac{d_0}{c_0 + c_1 s + c_2 s^2} \, .$$

Der Grad von Zähler- und Nennerpolynom der Störungsübertragungsfunktion ergibt sich mit den Gln. (8.5.14) und (8.5.15) zu

$$q = n - m = 2 \quad \text{und} \quad p = 2(n - m) = 4 \, .$$

Es ist also eine Störungsübertragungsfunktion der Form

$$K_Z(s) = \frac{\gamma_1 s + \gamma_2 s^2}{1 + \sigma_1 s + \sigma_2 s^2 + \sigma_3 s^3 + \sigma_4 s^4}$$

anzusetzen. Nach Gl. (8.5.16) wird der Grad des Zähler- und Nennerpolynoms der Reglerübertragungsfunktion

$$w = z = m + q = n = 2 \, .$$

Andererseits liefert aber Gl. (8.5.11) formal die Reglerübertragungsfunktion

$$G_R(s) = \frac{b_0 + b_1 s + b_2 s^2 + (d_0 \sigma_3 - \gamma_1 c_2 - \gamma_2 c_1) s^3 + (d_0 \sigma_4 - \gamma_2 c_2) s^4}{d_0 \gamma_1 s + d_0 \gamma_2 s^2} \, .$$

Aus Gründen der Realisierbarkeit müssen jedoch im Zählerpolynom dieser Beziehung $n - m = 2$ Glieder der höchsten Potenzen in s verschwinden. Daraus folgen als Bedingungen für die Festlegung der Störungsübertragungsfunktion

$$\gamma_2 = \frac{d_0 \sigma_4}{c_2}$$

und

$$\gamma_1 = \frac{d_0 \sigma_3 c_2 - d_0 \sigma_4 c_1}{c_2^2} \, .$$

∎

8.5.2.2 *Reglerentwurf für Störungen am Ausgang der Regelstrecke*

Ausgehend von Gl. (8.5.12) lassen sich ähnliche Beziehungen wie im vorherigen Abschnitt aufstellen. Der Grad des Zählerpolynoms der Reglerübertragungsfunktion ist in diesem Fall entweder durch $n+p$ oder durch $q+n$ gegeben. Damit die aus Gründen der Realisierbarkeit des Reglers erforderliche Kompensation überzähliger Terme im Zählerpolynom der Gl. (8.5.12) möglich ist, muss gelten:

$$p = q. \tag{8.5.17}$$

Dass $p = q$ sein muss, wird auch dadurch verständlich, dass die Störung unmittelbar am Ausgang der Regelstrecke einwirkt und somit die Störungsübertragungsfunktion stets sprungfähiges Verhalten aufweist. Es müssen also wiederum $(n + p) - (m + q) = n - m$ Glieder der höchsten Potenz in s im Zählerpolynom von Gl. (8.5.12) kompensiert werden. Somit ist der Grad von Zähler- und Nennerpolynom von $G_\mathrm{R}(s)$ mit

$$w = z = (q + n) - (n - m) = m + q$$

festgelegt. Da im Zählerpolynom von Gl. (8.5.12) $n - m$ Glieder höchster Ordnung kompensiert werden müssen, und der Grad des Polynoms $\gamma(s)$ minimal werden soll, muss der Grad desselben zu

$$q = n - m \tag{8.5.18}$$

gewählt werden. Damit folgt mit Gl. (8.5.17)

$$p = n - m. \tag{8.5.19}$$

Der zuvor festgelegte Grad der Polynome der Reglerübertragungsfunktion $G_\mathrm{R}(s)$ wird dann schließlich mit Gl. (8.5.18)

$$w = z = m + q = n. \tag{8.5.20}$$

Wie man aus Gl. (8.5.12) sehen kann, werden die Pole der Regelstreckenübertragungsfunktion gegen die Nullstellen der Reglerübertragungsfunktion gekürzt. Variieren die Regelstreckenparameter nur geringfügig, so kommt es bei instabilen Regelstrecken auch zu einem instabilen Verhalten des Regelkreises. Bei instabilen Regelstrecken wird $\gamma(s)$ daher so gewählt, dass es die instabilen Terme $C^-(s)$ mit dem Grad n^- enthält, also

$$\gamma(s) = C^-(s)\,\psi(s).$$

Somit hat die Reglerübertragungsfunktion $G_\mathrm{R}(s)$ die Form

$$G_\mathrm{R}(s) = \frac{C^+(s)\,[\sigma(s) - C^-(s)\,\psi(s)]}{D(s)\,\psi(s)},$$

wobei $C^+(s)$ den Anteil des Polynoms $C(s)$ mit Nullstellen in der linken s-Halbebene darstellt.

Das Polynom $\psi(s)$ mit dem Grad λ ist hier so zu wählen, dass das Polynom $\sigma(s) - C^-(s)\,\psi(s)$ selbst nur Nullstellen in der linken s-Halbebene enthält. Die Ordnung der Störungsübertragungsfunktion ist durch $p = n^- + \lambda$ gegeben, da im Zählerpolynom $n - n^- + p - m - \lambda$ Terme höherer Potenzen in s aus Realisierbarkeitsgründen kompensiert werden müssen. Die Reglerübertragungsfunktion hat dann die Ordnung $m + \lambda$. Ein ausführliches Beispiel zum Regelkreisentwurf für eine instabile Regelstreckenübertragungsfunktion ist in Abschnitt 8.5.4.2 zu finden. Das Vorgehen beim Reglerentwurf soll hier anhand einiger einfacher Beispiele stabiler Regelstreckenübertragungsfunktionen nachfolgend anschaulich gezeigt werden.

Beispiel 8.5.3
Wählt man wiederum eine Regelstrecke zweiter Ordnung mit der Übertragungsfunktion

$$G_S(s) = \frac{d_0 + d_1 s}{c_0 + c_1 s + c_2 s^2}$$

und dem Polüberschuss $n - m = 1$, so wird mit den Gln. (8.5.18) und (8.5.19) $q = p = 1$. Als Störungsübertragungsfunktion $K_Z(s)$ folgt damit gemäß den Gln. (8.5.5) und (8.5.7)

$$K_Z(s) = \frac{\gamma_1 s}{1 + \sigma_1 s}.$$

Eingesetzt in Gl. (8.5.12) entsteht dann formal die Reglerübertragungsfunktion

$$G_R(s) = \frac{c_0 + [c_1 + c_0(\sigma_1 - \gamma_1)] s + [c_2 + c_1(\sigma_1 - \gamma_1)] s^2 + c_2(\sigma_1 - \gamma_1) s^3}{d_0 \gamma_1 s + d_1 \gamma_1 s^2}.$$

Mit der Realisierbarkeitsbedingung $\sigma_1 = \gamma_1$ erhält man als realisierbare Übertragungsfunktion des Reglers

$$G_R(s) = \frac{c_0 + c_1 s + c_2 s^2}{d_0 \sigma_1 s + d_1 \sigma_1 s^2}$$

und für die Störungsübertragungsfunktion

$$K_Z(s) = \frac{\sigma_1 s}{1 + \sigma_1 s}.$$

■

Beispiel 8.5.4
Bei einer Regelstrecke mit der Übertragungsfunktion

$$G_S(s) = \frac{d_0}{c_0 + c_1 s + c_2 s^2}$$

ist $n - m = 2$ und somit $p = q = 2$. Daraus folgt als Störungsübertragungsfunktion

$$K_Z(s) = \frac{\gamma_1 s + \gamma_2 s^2}{1 + \sigma_1 s + \sigma_2 s^2}.$$

Die Realisierbarkeitsbedingungen für die Reglerübertragungsfunktion

$$G_R(s) = \frac{b_0 + b_1 s + b_2 s^2 + [c_1(\sigma_2 - \gamma_2) + c_2(\sigma_1 - \gamma_1)] s^3 + (\sigma_2 - \gamma_2) s^4}{d_0 \gamma_1 s + d_0 \gamma_2 s^2}$$

lauten dann

$$\gamma_2 = \sigma_2$$

und

$$\gamma_1 = \sigma_1.$$

Das ergibt eine realisierbare Reglerübertragungsfunktion der Form

$$G_R(s) = \frac{b_0 + b_1 s + b_2 s^2}{d_0 \gamma_1 s + d_0 \gamma_2 s^2}.$$

■

Zusammenfassend kann man feststellen, dass die Ordnung der Störungsübertragungsfunktion vom Angriffsort der Störung und vom Polüberschuss $(n - m)$ der Übertragungsfunktion der Regelstrecke abhängig ist. Wählt man die Eigendynamik von $K_Z(s)$, so sind die Nullstellen von $K_Z(s)$ durch die Realisierbarkeitsbedingungen für den Regler festgelegt.

8.5.3 Entwurf des Vorfilters

Ausgangspunkt für die Synthese der Übertragungsfunktion $G_V(s)$ des Vorfilters sind die Gln. (8.5.8) und (8.5.9). Aus diesen Gleichungen folgt unmittelbar

$$G_V(s) = \frac{G_{SZ}(s)\,K_W(s)}{G_R(s)\,G_S(s)\,K_Z(s)}. \tag{8.5.21}$$

Greift die Störung am *Eingang* der Regelstrecke an, so ist $G_{SZ}(s) = G_S(s)$ und damit wird

$$G_V(s) = \frac{K_W(s)}{G_R(s)\,K_Z(s)}. \tag{8.5.22}$$

Bei Störungen am *Ausgang* der Regelstrecke gilt hingegen wegen $G_{SZ}(s) = 1$

$$G_V(s) = \frac{K_W(s)}{G_R(s)\,G_S(s)\,K_Z(s)}. \tag{8.5.23}$$

8.5.3.1 Entwurf des Vorfilters für Störungen am Eingang der Regelstrecke

Mit Gl. (8.5.22) erhält man als Übertragungsfunktion des Vorfilters

$$G_V(s) = K_W(s)\frac{1}{G_R(s)}\,\frac{1}{K_Z(s)} = \frac{\alpha(s)\,A(s)\,\sigma(s)}{\beta(s)\,B(s)\,\gamma(s)}.$$

Berücksichtigt man, dass mit den Gln. (8.5.2) und (8.5.11)

$$A(s) = D(s)\,\gamma(s)$$

ist, so lässt sich die Übertragungsfunktion des Vorfilters auch in der Form

$$G_V(s) = \frac{\alpha(s)\,D(s)\,\sigma(s)}{\beta(s)\,B(s)} = \frac{M(s)}{N(s)} \tag{8.5.24}$$

schreiben.

Zur Bestimmung des Grades v und u der Polynome $\alpha(s)$ und $\beta(s)$ wird die Realisierbarkeitsbedingung von $G_V(s)$ untersucht. Demnach erhält man mit den Ergebnissen aus Abschnitt 8.5.2.1, also $p = 2(n-m)$ und $w = n$, die Bedingung $u + n \geq v + m + 2(n-m)$, oder

$$u \geq n - m + v. \tag{8.5.25}$$

Nach Gl. (8.5.24) ist der Grad des Zählerpolynoms $M(s)$ und des Nennerpolynoms $N(s)$ damit zu

$$x = m + v + 2(n - m) = 2n - m + v \tag{8.5.26}$$

und

$$y = n + u \tag{8.5.27}$$

festgelegt, sofern $M(s)$ und $N(s)$ teilerfremd sind. Wird z.B. die Zählerordnung der Führungsübertragungsfunktion, wie in den folgenden Beispielen mit $v = 0$ angesetzt, so gilt:

$$u \geq n - m.$$

Ist $v > 0$, so kann $\alpha(s)$ benutzt werden, um nicht vermeidbare Nullstellen der Reglerübertragungsfunktion in der rechten s-Halbebene zu kompensieren, die sonst beim Entwurf zu einem instabilen Vorfilter führen würden. Allerdings bleibt das durch den Regler bedingte nichtminimalphasige Verhalten des Regelkreises erhalten.

Beispiel 8.5.5
In Beispiel 8.5.1 wurde für die Übertragungsfunktion der Regelstrecke

$$G_{\mathrm{S}}(s) = \frac{D(s)}{C(s)} = \frac{d_0 + d_1 s}{c_0 + c_1 s + c_2 s^2}$$

die Störungsübertragungsfunktion

$$K_{\mathrm{Z}}(s) = \frac{\gamma(s)}{\sigma(s)} = \frac{\gamma_1 s}{1 + \sigma_1 s + \sigma_2 s^2}$$

festgelegt. Für den Regler ergab sich damit eine Übertragungsfunktion der Form

$$G_{\mathrm{R}}(s) = \frac{B(s)}{A(s)} = \frac{b_0 + b_1 s + b_2 s^2}{a_1 s + a_2 s^2}.$$

Nach Gl. (8.5.24) lässt sich das Vorfilter $G_{\mathrm{V}}(s)$ als

$$G_{\mathrm{V}}(s) = \frac{\alpha(s)\, D(s)}{\beta(s)\, B(s)}\, \sigma(s)$$

berechnen. Mit $v = 0$ und $u = 1$ wird

$$K_{\mathrm{W}}(s) = \frac{\alpha(s)}{\beta(s)} = \frac{1}{1 + \beta_1 s}$$

gewählt. Damit ist für das Vorfilter der Grad vom Zähler- und Nennerpolynom mit $x = y = 3$ festgelegt. Nach Einsetzen der Ergebnisse aus Beispiel 8.5.1 in Gl. (8.5.24) lautet die Übertragungsfunktion des Vorfilters in der allgemeinen Form

$$G_{\mathrm{V}}(s) = \frac{m_0 + m_1 s + m_2 s^2 + m_3 s^3}{n_0 + n_1 s + n_2 s^2 + n_3 s^3}.$$

∎

Beispiel 8.5.6
Legt man nun, wie in Beispiel 8.5.2, einen Polüberschuss der Übertragungsfunktion der Regelstrecke von $n - m = 2$ zugrunde, und werden die Ergebnisse für $K_{\mathrm{Z}}(s)$ und $G_{\mathrm{R}}(s)$ berücksichtigt, so kann für $v = 0$ die Führungsübertragungsfunktion

$$K_{\mathrm{W}}(s) = \frac{1}{1 + \beta_1 s + \beta_2 s^2}$$

gewählt werden. Als Folge davon entsteht unter Berücksichtigung der Gln. (8.5.24), (8.5.26) und (8.5.27) die Vorfilter-Übertragungsfunktion in der allgemeinen Form

$$G_{\mathrm{V}}(s) = \frac{m_0 + m_1 s + m_2 s^2 + m_3 s^3 + m_4 s^4}{n_0 + n_1 s + n_2 s^2 + n_3 s^3 + n_4 s^4}$$

∎

8.5.3.2 Entwurf des Vorfilters für Störungen am Ausgang der Regelstrecke

Ähnlich wie im Abschnitt 8.5.1 erhält man auch hier aus Gl. (8.5.23)

$$G_V(s) = \frac{A(s)\,C(s)\,\sigma(s)\,\alpha(s)}{B(s)\,D(s)\,\gamma(s)\,\beta(s)} = \frac{M(s)}{N(s)}.$$

Berücksichtigt man die Gln. (8.5.2) und (8.5.11), so erhält man mit

$$A(s) = D(s)\,\gamma(s)$$

aus obiger Beziehung

$$G_V(s) = \frac{C(s)\,\sigma(s)\,\alpha(s)}{B(s)\,\beta(s)}. \tag{8.5.28}$$

Die Aufgabenstellung besteht hier zu Beginn wiederum darin, den Grad u und v der Polynome $\alpha(s)$ und $\beta(s)$ so festzulegen, dass das Vorfilter realisierbar wird. Betrachtet man die Polynome $M(s)$ und $N(s)$ und berücksichtigt dabei die Ergebnisse aus Abschnitt 8.5.3.1, so gilt

$$n + u \geq n + n - m + v.$$

Daraus folgt wie im vorhergehenden Fall

$$u \geq n - m + v. \tag{8.5.29}$$

Aus Gl. (8.5.28) erhält man dann schließlich für den Grad der Zähler- und Nennerpolynome $M(s)$ und $N(s)$ von $G_V(s)$

$$x = 2n - m + v \tag{8.5.30a}$$

und

$$y = n + u \tag{8.5.30b}$$

sofern $M(s)$ und $N(s)$ teilerfremd sind. Entstehen beim Entwurf von $N(s)$ instabile Pole, dann kann wie im Falle von Störungen am Eingang der Regelstrecke vorgegangen werden, indem der Grad v des Zählerpolynoms von $K_W(s)$ um die Anzahl der zu kompensierenden Terme erhöht wird.

Für den Fall instabiler Regelstrecken mit $C(s) = C^+(s)\,C^-(s)$ mit den instabilen Anteilen $C^-(s)$ und dem Nennerpolynom $\gamma(s) = C^-(s)\,\psi(s)$ der Störungsübertragungsfunktion $K_Z(s)$ errechnet sich die Übertragungsfunktion des Vorfilters mit der in Abschnitt 8.5.2.2 festgelegten Reglerübertragungsfunktion

$$G_R(s) = \frac{C^+(s)\,[\sigma(s) - C^-(s)\,\psi(s)]}{D(s)\,\psi(s)} = \frac{B(s)}{A(s)}$$

zu

$$G_V(s) = \frac{C^+(s)\,\sigma(s)\,a(s)}{B(s)\,\beta(s)}. \tag{8.5.31}$$

Beispiel 8.5.7
Hier wird wiederum, wie in Beispiel 8.5.3, als Übertragungsfunktion der Regelstrecke

$$G_S(s) = \frac{D(s)}{C(s)} = \frac{d_0 + d_1 s}{c_0 + c_1 s + c_2 s^2}$$

gewählt. Berücksichtigt man die dabei erhaltenen Ergebnisse

$$K_Z(s) = \frac{\gamma(s)}{\sigma(s)} = \frac{\gamma_1 s}{1 + \sigma_1 s}$$

und

$$G_R(s) = \frac{B(s)}{A(s)} = \frac{b_0 + b_1 s + b_2 s^2}{a_1 s + a_2 s^2},$$

dann kann man für $v = 0$ die Führungsübertragungsfunktion mit Hilfe von Gl. (8.5.29) zu

$$K_W(s) = \frac{\alpha(s)}{\beta(s)} = \frac{1}{1 + \beta_1 s}$$

festlegen. Eingesetzt in Gl. (8.5.28) folgt dann die Übertragungsfunktion des Vorfilters in allgemeiner Form

$$G_V(s) = \frac{m_0 + m_1 s + m_2 s^2 + m_3 s^3}{n_0 + n_1 s + n_2 s^2 + n_3 s^3}$$

∎

Beispiel 8.5.8
Ähnlich wie in Beispiel 8.5.4 wird hier der Polüberschuss der Übertragungsfunktion der Regelstrecke mit $n - m = 2$ festgelegt. Mit

$$K_Z(s) = \frac{\gamma_1 s + \gamma_2 s^2}{1 + \sigma_1 s + \sigma_2 s^2}$$

und

$$G_R(s) = \frac{b_0 + b_1 s + b_2 s^2}{a_1 s + a_2 s^2}.$$

folgt bei der Wahl von $v = 0$ und unter Anwendung der Gl. (8.5.29) als Übertragungsfunktion des Vorfilters

$$G_V(s) = \frac{m_0 + m_1 s + m_2 s^2 + m_3 s^3 + m_4 s^4}{n_0 + n_1 s + n_2 s^2 + n_3 s^3 + n_4 s^4}.$$

∎

8.5.4   Anwendung des Verfahrens

Die in den vorangegangenen Abschnitten angegebenen Synthesebeziehungen für den Reglerentwurf sollen abschließend noch auf ein bereits im Kapitel 8.4.2 eingeführtes Beispiel einer instabilen Regelstrecke mit der Übertragungsfunktion

$$G_S(s) = \frac{D(s)}{C(s)} = \frac{1}{1 - sT}, \qquad T = 1\,\mathrm{s}$$

angewendet werden (siehe Beispiel 8.4.4).

8.5.4.1 Störungen am Eingang der Regelstrecke

Wird eine Störung am Eingang der Regelstrecke angenommen, so ist der Grad von Zähler- und Nennerpolynom der noch festzulegenden Störungsübertragungsfunktion gemäß Gln. (8.5.14) und (8.5.15) mit $q = 1$ und $p = 2$ gegeben. Die Störungsübertragungsfunktion ergibt sich somit als

$$K_Z(s) = \frac{\gamma(s)}{\sigma(s)} = \frac{\gamma_1 s}{1 + \sigma_1 s + \sigma_2 s^2}.$$

Die Reglerübertragungsfunktion errechnet sich dann formal nach Gl. (8.5.11) zu

$$G_R(s) = \frac{B(s)}{A(s)} = \frac{1 + (\sigma_1 - \gamma_1) s + (\sigma_2 + \gamma_1 T) s^2}{\gamma_1 s}.$$

Als Realisierbarkeitsbedingung für den Regler folgt hieraus

$$\gamma_1 = -\frac{\sigma_2}{T}.$$

Damit ergibt sich für den Regler die realisierbare Übertragungsfunktion

$$G_R(s) = \frac{1 + \left(\sigma_1 + \dfrac{\sigma_2}{T}\right) s}{-\dfrac{\sigma_2}{T} s}.$$

Weiterhin liefert obige Beziehung für γ_1 die Störungsübertragungsfunktion

$$K_Z(s) = \frac{-\dfrac{\sigma_2}{T} s}{1 + \sigma_1 s + \sigma_2 s^2}.$$

Beim Entwurf des Vorfilters für Störungen am Eingang der Regelstrecke wird nun so vorgegangen, dass mit Hilfe der Gl. (8.5.25) die Ordnung der Führungsübertragungsfunktion festgelegt wird. Für das Führungsverhalten wird $u = 2$ und $v = 0$ gewählt. Demnach ist die Struktur der Führungsübertragungsfunktion durch

$$K_W(s) = \frac{\alpha(s)}{\beta(s)} = \frac{1}{1 + \beta_1 s + \beta_2 s^2}$$

vorgegeben. Die Reglersynthese soll so erfolgen, dass das Führungsverhalten durch ca. 10% Überschwingen und durch eine Ausregelzeit $t_{3\%} \approx 3\,\mathrm{s}$ festgelegt wird. Im vorliegenden Fall eines Systems 2. Ordnung werden diese Forderungen gemäß den Bildern 8.3.3 und 8.3.5 für die Eigenfrequenz $\omega_0 = 2\,\mathrm{s}^{-1}$ und den Dämpfungsgrad $D = 0{,}6$ erreicht. Somit ergibt sich als zugehörige Führungsübertragungsfunktion

$$K_W(s) = \frac{1}{1 + 0{,}6s + 0{,}25s^2}.$$

Wählt man für das Eigenverhalten des Regelkreises im Störungsfall die gleichen Koeffizienten, also

$$\sigma(s) = \beta(s),$$

so folgt als Störungsübertragungsfunktion

$$K_Z(s) = \frac{-0,25s}{1 + 0,6s + 0,25s^2}$$

und als Reglerübertragungsfunktion

$$G_R(s) = \frac{1 + 0,85s}{-0,25s}.$$

Der Entwurf des Vorfilters, das durch die Beziehung

$$G_V(s) = \frac{D(s)\,\alpha(s)\,\sigma(s)}{B(s)\,\beta(s)}$$

gegeben ist, vereinfacht sich bei der Vorgabe von $\beta(s) = \sigma(s)$ zu

$$G_V(s) = \frac{D(s)\,\alpha(s)}{B(s)} = \frac{1}{1 + 0,85s}.$$

Die verschiedenen Übergangsfunktionen, die den Einfluss sprungförmiger Führungsgrößen und Störgrößen zeigen, sind im Bild 8.5.2 dargestellt.

8.5.4.2 Störungen am Ausgang der Regelstrecke

Wird nun der Regelkreis für Störungen am Ausgang der Regelstrecke ausgelegt, so ist bei instabiler Regelstrecke die in Abschnitt 8.5.2.2 abgeleitete Reglerübertragungsfunktion

$$G_R(s) = \frac{C^+(s)\,[\sigma(s) - C^-(s)\,\psi(s)]}{D(s)\,\psi(s)}$$

maßgebend. Mit

$$C^+(s) = 1, \qquad C^-(s) = 1 - sT$$

und dem Ansatz

$$\psi(s) = a + bs$$

ergibt sich dann, wenn – wie im vorhergehenden Fall –

$$\sigma(s) = \beta(s)$$

angesetzt wird,

$$G_R(s) = \frac{1 - a + (\beta_1 - b + aT)\,s + (\beta_2 + bT)\,s^2}{a + bs}.$$

Als Realisierungsbedingungen für den Regler folgt daraus

$$b = -\frac{\beta_2}{T},$$

wenn der Einfachheit halber $a = 0$ gesetzt wird.

Damit ist die Übertragungsfunktion des Reglers als

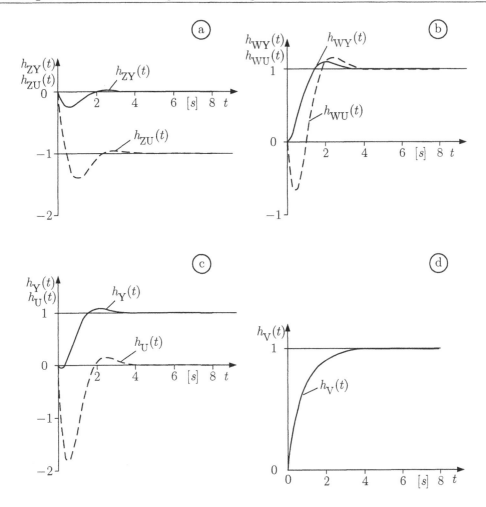

Bild 8.5.2. Übergangsfunktionen bei Auslegung des Regelkreises auf sprungförmige Störungen $z = \sigma(t)$ am *Eingang* der Regelstrecke:
(a) Regelgröße $h_{ZY}(t)$ und Stellgröße $h_{ZU}(t)$ für $z = \sigma(t)$
(b) Regelgröße $h_{WY}(t)$ und Stellgröße $h_{WU}(t)$ für sprungförmige Erregung der Führungsgröße $w = \sigma(t)$
(c) Regelgröße $h_Y(t)$ und Stellgröße $h_U(t)$ für gleichzeitiges $z = \sigma(t)$ und $w = \sigma(t)$
(d) Übergangsfunktion $h_V(t)$ des Vorfilters

$$G_R(s) = \frac{1 + \left(\beta_1 + \dfrac{\beta_2}{T}\right) s}{-\dfrac{\beta_2}{T} s} = \frac{1 + 0{,}85s}{-0{,}25s}$$

festgelegt, und die Störungsübertragungsfunktion ist dann durch

$$K_Z(s) = \frac{\psi(s)\, C^-(s)}{\sigma(s)} = \frac{-\dfrac{\beta_2}{T} s + \beta_2 s^2}{1 + \beta_1 s + \beta_2 s^2}$$

gegeben.

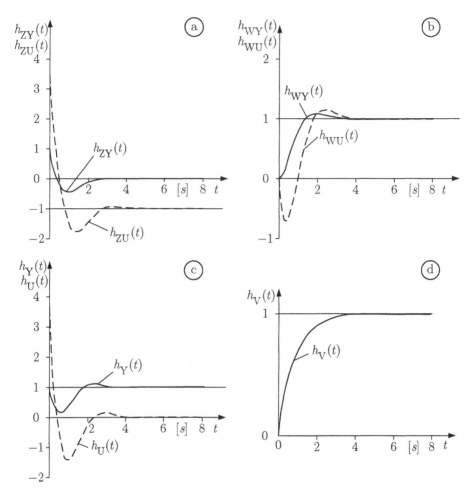

Bild 8.5.3. Übergangsfunktionen bei Auslegung des Regelkreises auf sprungförmige Störungen $z = \sigma(t)$ am *Ausgang* der Regelstrecke:
(a) Regelgröße $h_{ZY}(t)$ und Stellgröße $h_{ZU}(t)$ für $z = \sigma(t)$
(b) Regelgröße $h_{WY}(t)$ und Stellgröße $h_{WU}(t)$ für sprungförmige Erregung der Führungsgröße $w = \sigma(t)$
(c) Regelgröße $h_Y(t)$ und Stellgröße $h_U(t)$ für gleichzeitiges $z = \sigma(t)$ und $w = \sigma(t)$
(d) Übergangsfunktion $h_V(t)$ des Vorfilters

Die Übertragungsfunktion des Vorfilters lässt sich nach Gl. (8.5.23) zu

$$G_V(s) = \frac{A(s)\,C(s)\,\sigma(s)\,\alpha(s)}{B(s)\,D(s)\,\gamma(s)\,\beta(s)}$$

berechnen. Mit den gemachten Annahmen

$$K_{\mathrm{W}}(s) = \frac{\alpha(s)}{\beta(s)} = \frac{1}{1 + \beta_1 s + \beta_2 s^2},$$

$$\sigma(s) = \beta(s),$$

$$\gamma(s) = C^-(s)\,\psi(s),$$

$$A(s) = D(s)\,\psi(s)$$

vereinfacht sich diese Beziehung zu

$$G_{\mathrm{V}}(s) = \frac{1}{B(s)} = \frac{1}{1 + \left(\beta_1 + \dfrac{\beta_2}{T}\right)s} = \frac{1}{1 + 0{,}85 s}.$$

Die zu diesem Fall gehörenden Übergangsfunktionen sind im Bild 8.5.3 dargestellt.

8.6 Verbesserung des Regelverhaltens durch Entwurf vermaschter Regelsysteme

8.6.1 Problemstellung

Die bisher behandelten einschleifigen Regelkreise können auch bei optimaler Auslegung besonders hohe Anforderungen bezüglich maximaler Überschwingweite $e_{\max}$, Anstiegszeit T_a und Ausregelzeit t_ε bei Regelstrecken höherer Ordnung und eventuell vorhandener Totzeit nicht erfüllen, insbesondere dann, wenn große Störungen und zwischen Stell- und Messglied große Verzögerungen auftreten. Eine Verbesserung des Regelverhaltens lässt sich jedoch erzielen, wenn die Signalwege zwischen Stelleingriff und Störung verkürzt werden, oder wenn Störungen bereits vor ihrem Eintritt in eine Regelstrecke weitgehend durch eine getrennte *Vorregelung* kompensiert werden, wozu allerdings die Störungen messbar und über ein Stellglied beeinflussbar sein müssen. Eine Verkürzung der Signalwege innerhalb eines Regelsystems führt zu einer strukturellen Erweiterung des Grundregelkreises und damit zu einem vermaschten Regelsystem.

Nachfolgend werden einige der wichtigsten Grundstrukturen vermaschter Regelsysteme behandelt. Für die Auswahl der jeweils geeignetsten Struktur sind neben der Art und dem Eingriffsort der Hauptstörgrößen besonders anlagenspezifische sowie ökonomische Gesichtspunkte maßgebend, wie z.B. zusätzliche Installation von Stell- und Messgliedern. Eine Entscheidung hängt somit weitgehend vom speziellen Anwendungsfall ab.

8.6.2 Störgrößenaufschaltung

Die Störgrößenaufschaltung entspricht einer dem Grundregelkreis überlagerten Steuerung mit dem Ziel, die Störung weitgehend durch ein Steuerglied mit der Übertragungsfunktion $G_{\mathrm{st}_i}(s)(i = 1,2,\ldots)$ zu kompensieren, bevor sie sich voll auf die Regelgröße y auswirkt. Diese Schaltung lässt sich natürlich nur dann realisieren, wenn die Störung am

Eingang der Regelstrecke messbar ist. Hinsichtlich der Aufschaltung der Störung werden im weiteren zwei Fälle unterschieden, wobei folgende Übertragungsfunktionen verwendet werden:

$$G_R(s) = \frac{B(s)}{A(s)}; \qquad G_{st_i}(s) = \frac{B_{st_i}(s)}{A_{st_i}(s)} \qquad (i = 1,2)$$

$$G_S(s) = \frac{D(s)}{C(s)}; \qquad G_{SZ}(s) = \frac{D_Z(s)}{C_Z(s)}.$$

8.6.2.1 Störgrößenaufschaltung auf den Regler

Entsprechend Bild 8.6.1 wird die Störung z' über das Steuerglied mit der Übertragungsfunktion $G_{st_1}(s)$ dem Regler aufgeschaltet, der durch seinen Stelleingriff den Einfluss der Störung zu kompensieren versucht.

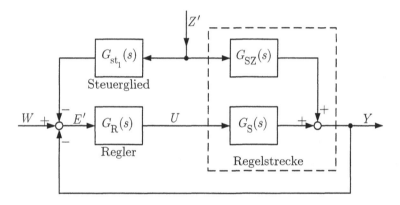

Bild 8.6.1. Blockschaltbild der Störgrößenaufschaltung auf den Regler

Aus dem Blockschaltbild folgt für die Regelgröße unmittelbar im Bildbereich

$$Y(s) = [W(s) - Y(s) - Z'(s)\,G_{st_1}(s)]\,G_R(s)\,G_S(s) + Z'(s)\,G_{SZ}(s). \qquad (8.6.1)$$

Durch Umformung erhält man hieraus

$$Y = \frac{G_{SZ} - G_{st_1}G_R G_S}{1 + G_R G_S}\,Z' + \frac{G_R G_S}{1 + G_R G_S}\,W, \qquad (8.6.2a)$$

bzw.

$$Y = \frac{A_{st_1}A\,C\,D_Z - B_{st_1}B\,D\,C_Z}{A_{st_1}C_Z(A\,C + B\,D)}\,Z' + \frac{B\,D}{A\,C + B\,D}\,W, \qquad (8.6.2b)$$

wobei der kürzeren Schreibform wegen auf die Argumentschreibweise im weiteren verzichtet werden soll. Aus den Teilübertragungsfunktionen von Gl. (8.6.2b) ist zu erkennen, dass die charakteristische Gleichung

$$A_{st_1}C_Z(A\,C + B\,D) = 0 \qquad (8.6.3a)$$

bezüglich des Störverhaltens und

$$A\,C + B\,D = 0 \qquad (8.6.3\text{b})$$

bezüglich des Führungsverhaltens lautet.

Da im Idealfall für die Störungsübertragungsfunktion Gl. (8.1.2) gilt, wäre die Störung vollständig kompensiert für

$$G_{\text{SZ}} = G_{\text{st}_1} G_{\text{R}} G_{\text{S}}, \qquad (8.6.4)$$

woraus sich die Übertragungsfunktion des Steuergliedes zu

$$G_{\text{st}_1} = \frac{G_{\text{SZ}}}{G_{\text{R}} G_{\text{S}}} = \frac{A\,C\,D_{\text{Z}}}{B\,D\,C_{\text{Z}}} \qquad (8.6.5)$$

ergibt. Dieser Ansatz lässt sich für einen sprungfähigen Regler nur dann verwirklichen, wenn der Polüberschuss von G_{S} nicht größer als von G_{SZ} ist. Anderenfalls ist keine vollständige Kompensation möglich. Das Polynom $B\,D\,C_{\text{Z}}$ muss außerdem ein Hurwitz-Polynom sein.

Für den häufigen Fall, dass Stör- und Stellverhalten der Regelstrecke gleich sind, also speziell für $G_{\text{SZ}} = G_{\text{S}}$, folgt als Übertragungsfunktion des Steuergliedes

$$G_{\text{st}_1} = \frac{1}{G_{\text{R}}} = \frac{A}{B}. \qquad (8.6.6)$$

Da die völlige Beseitigung einer Störung in einer Regelstrecke mit P-Verhalten nur durch einen Regler mit I-Verhalten möglich ist, müsste entsprechend Gl. (8.6.6) die Übertragungsfunktion des Steuergliedes ideales D-Verhalten aufweisen. Besitzt der Regelkreis z.B. einen PI-Regler, dann wird das Steuerglied als DT_1-Glied, also als Vorhalteglied entworfen.

Meist lässt sich der Entwurf des Steuergliedes nach Gl. (8.6.5) oder Gl. (8.6.6) nicht ideal verwirklichen, so z.B. weil G_{R} neben dem reinen I-Verhalten auch noch Verzögerungen besitzt. Auch in diesen Fällen ist die Verwendung eines Vorhaltegliedes für G_{st_1} empfehlenswert. Immerhin bewirkt die nachgebende Aufschaltung zu Beginn des Auftretens einer Störgröße deren Kompensation durch die Stellgröße. Der Einfluss der Störgrößen-aufschaltung über das DT_1-Glied geht dann mit fortschreitender Zeit zurück, jedoch hat inzwischen auch der Regler einen derartigen Stelleingriff vorgenommen, dass die Regel-abweichung nur noch gering ist.

8.6.2.2   Störgrößenaufschaltung auf die Stellgröße

Die Störgrößenaufschaltung auf die Stellgröße bzw. das Stellglied ist in Bild 8.6.2 darge-stellt. Hieraus folgt wiederum für die Regelgröße

$$Y = \left[(W - Y)\,G_{\text{R}} - Z'G_{\text{st}_2} \right] G_{\text{S}} + Z'G_{\text{SZ}}$$

und nach Umformung

$$Y = \frac{G_{\text{SZ}} - G_{\text{st}_2} G_{\text{S}}}{1 + G_{\text{R}} G_{\text{S}}}\, Z' + \frac{G_{\text{R}} G_{\text{S}}}{1 + G_{\text{R}} G_{\text{S}}}\, W \qquad (8.6.7\text{a})$$

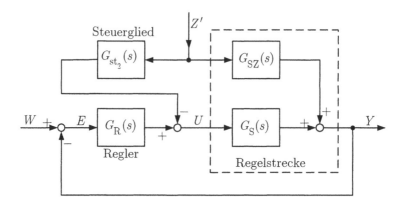

Bild 8.6.2. Blockschaltbild der Störgrößenaufschaltung auf die Stellgröße

bzw.

$$Y = \frac{A(A_{st_2} C\, D_Z - B_{st_2} D\, C_Z)}{A_{st_2} C_Z (A\, C + B\, D)}\, Z' + \frac{B\, D}{A\, C + B\, D}\, W. \tag{8.6.7b}$$

Die sich ergebenden charakteristischen Gleichungen sind die gleichen wie im Fall der Störgrößenaufschaltung auf den Regler. Für eine ideale Störungskompensation folgt aus Gl. (8.6.7)

$$G_{SZ} = G_{st_2} G_S, \tag{8.6.8}$$

woraus sich die Übertragungsfunktion des Steuergliedes zu

$$G_{st_2} = \frac{G_{SZ}}{G_S} = \frac{C\, D_Z}{D\, C_Z} \tag{8.6.9}$$

ergibt. Betrachtet man wiederum den Spezialfall $G_{SZ} = G_S$, bei dem die Störung z direkt am Eingang des Gliedes mit der Übertragungsfunktion G_S angreift, dann wird $G_{st_2} = 1$. Die Störung wird also am Eintrittsort in die Regelstrecke vollständig kompensiert.

Ähnlich wie bei Gl. (8.6.5) ist die Realisierung eines Steuergliedes nach Gl. (8.6.9) nicht möglich, wenn

$$[\text{Grad}\, D_Z + \text{Grad}\, C] > [\text{Grad}\, C_Z + \text{Grad}\, D] \tag{8.6.10}$$

mit $G_{SZ} = D_Z/C_Z$ und $G_S = D/C$ gilt, da G_{st_2} dann durch PD-Glieder realisiert werden müsste. Auch im Falle, dass G_S nichtminimales Phasenverhalten aufweist, oder G_{SZ} instabil ist, lässt sich Gl. (8.6.9) nicht realisieren, da sich hierbei ein instabiles Steuerglied ergibt. In den Fällen, in denen eine dynamische Kompensation gemäß Gl. (8.6.9) nicht möglich ist, begnügt man sich mit einer statischen Kompensation mit einem P-Glied

$$G_{st_2} = \frac{K_{SZ}}{K_S}, \tag{8.6.11}$$

wobei K_{SZ} und K_S die Verstärkungsfaktoren der Übertragungsfunktionen G_{SZ} und G_S darstellen.

Bild 8.6.3 zeigt Störgrößenaufschaltungen auf den Regler sowie die Stellgröße am Beispiel der Temperaturregelung eines Dampfüberhitzers (Ü). Regelgröße ist die Dampftemperatur ϑ am Überhitzeraustritt. Stellgröße ist der Kühlwasserstrom im Einspritzkühler (K). Schwankungen des Dampfstromes $\dot{m}$ wirken als Störung auf die Dampftemperatur. Der Dampfstrom (Störgröße z) wird gemessen und über das Steuerglied G_{st_1} oder G_{st_2} dem Regler oder der Stellgröße aufgeschaltet.

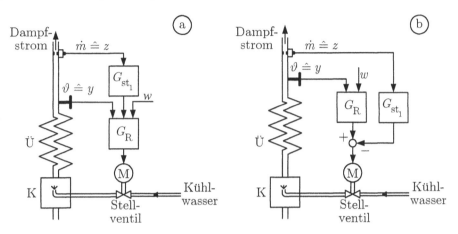

Bild 8.6.3. Beispiele für Störgrößenaufschaltungen auf den Regler (a) und das Stellglied (b) bei einer Temperaturregelung eines Dampfüberhitzers

8.6.3   Regelsysteme mit Hilfsregelgröße

Häufig kann bei Regelstrecken mit ausgeprägtem Verzögerungsverhalten neben der eigentlichen Regelgröße y eine Zwischengröße gemessen und als Hilfsgröße y_{H} benutzt werden. Der Hilfsregelkreis besteht dann gemäß Bild 8.6.4 aus dem ersten Regelstreckenabschnitt mit der Übertragungsfunktion $G_{\mathrm{S}_1}(s)$ und dem Hilfsregler mit der Übertragungsfunktion $G_{\mathrm{RH}}(s)$. Für die Regelgröße folgt unmittelbar aus Bild 8.6.4

$$Y = \left\{ \left[(W - Y)\, G_{\mathrm{R}} - \frac{Y}{G_{\mathrm{S}_2}} G_{\mathrm{RH}} \right] G_{\mathrm{S}_1} + Z' G_{\mathrm{SZ}} \right\} G_{\mathrm{S}_2} \tag{8.6.12}$$

und umgeformt

$$Y = \frac{G_{\mathrm{SZ}} G_{\mathrm{S}_2}}{1 + (G_{\mathrm{R}}\, G_{\mathrm{S}_2} + G_{\mathrm{RH}})\, G_{\mathrm{S}_1}}\, Z' + \frac{G_{\mathrm{R}} G_{\mathrm{S}_1} G_{\mathrm{S}_2}}{1 + (G_{\mathrm{R}}\, G_{\mathrm{S}_2} + G_{\mathrm{RH}})\, G_{\mathrm{S}_1}}\, W \tag{8.6.13a}$$

bzw.

$$Y = \frac{A\, C_1\, D_2\, D_{\mathrm{Z}}}{C_{\mathrm{Z}}[A\, C_2(C_1 A_{\mathrm{H}} + D_1 B_{\mathrm{H}}) + D_1 D_2 B\, A_{\mathrm{H}}]}\, Z'$$
$$+ \frac{B\, D_1\, D_2\, A_{\mathrm{H}}}{A\, C_2(C_1 A_{\mathrm{H}} + D_1 B_{\mathrm{H}}) + D_1 D_2 B\, A_{\mathrm{H}}}\, W \tag{8.6.13b}$$

mit

$$G_{\mathrm{RH}} = \frac{B_{\mathrm{H}}}{A_{\mathrm{H}}} \; ; \quad G_{\mathrm{S}_1} = \frac{D_1}{C_1} \; ; \quad G_{\mathrm{S}_2} = \frac{D_2}{C_2}.$$

Die charakteristische Gleichung bezüglich des Störverhaltens lautet

$$C_{\mathrm{Z}} \left[A\, C_2 (C_1 A_{\mathrm{H}} + D_1 B_{\mathrm{H}}) + D_1 D_2 B\, A_{\mathrm{H}} \right] = 0 \qquad (8.6.14\mathrm{a})$$

und bezüglich des Führungsverhaltens

$$A\, C_2 (C_1 A_{\mathrm{H}} + D_1 B_{\mathrm{H}}) + D_1 D_2 B\, A_{\mathrm{H}} = 0. \qquad (8.6.14\mathrm{b})$$

Aus dieser Beziehung ist ersichtlich, dass die Aufschaltung einer Hilfsregelgröße das Stabilitätsverhalten des Regelsystems beeinflusst.

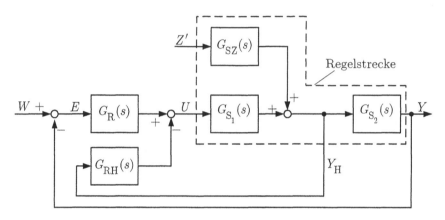

Bild 8.6.4. Blockschaltbild eines Regelsystems mit Hilfsregelgröße y_{H}

Bei günstiger Wahl von G_{RH} lässt sich einerseits eine Störungsreduktion auf den zweiten Regelstreckenteil (G_{S_2}) sowie eine Verbesserung des Verhaltens des Hauptregelkreises erzielen. Dabei sollte der Abgriffsort für y_{H} hinter dem Eintrittsort der Störung, jedoch möglichst nahe dem Regelstreckeneingang gelegen sein. Enthält der erste Regelstreckenabschnitt nur geringere Verzögerungen, dann genügt meist schon für die Wahl von G_{RH} ein einfaches P-Glied. Häufig kann sogar der Hilfsregler eingespart werden, wenn die Hilfsregelgröße direkt über ein PT_1-Glied auf den Eingang des Hauptreglers aufgeschaltet wird. Bild 8.6.5 zeigt als Beispiel eines Regelsystems mit Hilfsregelgröße wiederum die Temperaturregelung eines Dampfüberhitzers, bei dem als Hilfsregelgröße die Dampftemperatur ϑ_1 am Überhitzereintritt gemessen wird.

8.6.4 Kaskadenregelung

Die Kaskadenregelung kann als Sonderfall des Regelverfahrens mit Hilfsregelgröße betrachtet werden. Hierbei wirkt entsprechend Bild 8.6.6 der Hauptregler mit der Übertragungsfunktion G_{R_2} nicht direkt auf das Stellglied, sondern liefert den Sollwert für den unterlagerten Hilfsregler mit der Übertragungsfunktion G_{R_1}. Dieser Hilfsregler bildet zusammen mit dem ersten Regelstreckenanteil (G_{S_1}) einen Hilfsregelkreis, der dem Hauptregelkreis unterlagert ist. Störungen im ersten Regelstreckenteil werden durch den

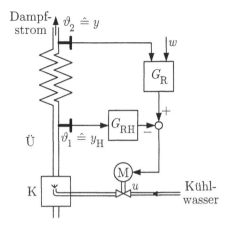

Bild 8.6.5. Beispiel einer Regelschaltung mit Hilfsregelgröße y_H

Hilfsregler bereits soweit ausgeregelt, dass sie im zweiten Regelstreckenteil gar nicht oder nur stark reduziert bemerkbar sind. Der Hauptregler muss dann nur noch geringfügig eingreifen. Werden in einer Regelstrecke mehrere Hilfsregelgrößen gemessen und in un-

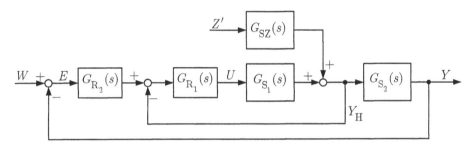

Bild 8.6.6. Blockschaltbild einer Kaskadenregelung

terlagerten Hilfsregelkreisen verarbeitet, so spricht man von Mehrfachkaskaden. Diese Regelungsstrukturen weisen bereits eine gewisse Ähnlichkeit mit den modernen Zustandsregelungen (s. Band „Regelungstechnik II") auf, sofern man die dort zurückgekoppelten Zustandsgrößen als Hilfsregelgrößen interpretiert.

Die analytische Behandlung liefert für die im Bild 8.6.6 dargestellte Kaskadenregelung als Regelgröße

$$Y = \left\{ \left[(W - Y)\, G_{\mathrm{R}_2} - \frac{Y}{G_{\mathrm{S}_2}} \right] G_{\mathrm{R}_1} G_{\mathrm{S}_1} + Z' G_{\mathrm{SZ}} \right\} G_{\mathrm{S}_2} \tag{8.6.15}$$

und umgeformt

$$Y = \frac{G_{\mathrm{SZ}} G_{\mathrm{S}_2}}{1 + G_{\mathrm{R}_1}\, G_{\mathrm{S}_1}(1 + G_{\mathrm{R}_2}\, G_{\mathrm{S}_2})}\, Z' + \frac{G_{\mathrm{R}_1} G_{\mathrm{R}_2} G_{\mathrm{S}_1} G_{\mathrm{S}_2}}{1 + G_{\mathrm{R}_1} G_{\mathrm{S}_1}(1 + G_{\mathrm{R}_2}\, G_{\mathrm{S}_2})}\, W \tag{8.6.16a}$$

bzw.

$$Y = \frac{A_1 A_2 C_1 D_2 D_Z}{C_Z[A_1 A_2 C_1 C_2 + B_1 D_1 (A_2 C_2 + B_2 D_2)]} Z'$$
$$+ \frac{B_1 B_2 D_1 D_2}{A_1 A_2 C_1 C_2 + B_1 D_1 (A_2 C_2 + B_2 D_2)} W \qquad (8.6.16\text{b})$$

mit

$$G_{R_1} = \frac{B_1}{A_1} ; \quad G_{R_2} = \frac{B_2}{A_2}.$$

Bildet man die charakteristische Gleichung bezüglich des Störverhaltens

$$C_Z[A_1 A_2 C_1 C_2 + B_1 D_1 (A_2 C_2 + B_2 D_2)] = 0 \qquad (8.6.17\text{a})$$

und bezüglich des Führungsverhaltens

$$A_1 A_2 C_1 C_2 + B_1 D_1 (A_2 C_2 + B_2 D_2) = 0, \qquad (8.6.17\text{b})$$

so ist ersichtlich, dass das Stabilitätsverhalten durch den unterlagerten Hilfsregelkreis voll beeinflusst wird. Fasst man in Gl. (8.6.16a) das Führungsverhalten des Hilfsregelkreises zu

$$G_H = \frac{G_{R_1} G_{S_1}}{1 + G_{R_1} G_{S_1}} \qquad (8.6.18)$$

zusammen, dann kann Gl. (8.6.16a) in die Form

$$Y = \frac{G_{S_2}}{1 + G_{R_2} G_H G_{S_2}} \frac{G_{SZ}}{1 + G_{R_1} G_{S_1}} Z' + \frac{G_{R_2} G_H G_{S_2}}{1 + G_{R_2} G_H G_{S_2}} W \qquad (8.6.19)$$

gebracht werden, aus der sich direkt das Blockschaltbild eines einschleifigen Regelsystem gemäß Bild 8.6.7 angeben lässt, das genau dasselbe System wie Bild 8.6.6 beschreibt. Aus dieser Darstellung ist leicht ersichtlich, dass der Hilfsregelkreis (G_H) als Teilübertragungsglied des Grundregelkreises betrachtet werden kann. Somit kann der Entwurf einer Kaskadenregelung in folgenden beiden Schritten durchgeführt werden:

1. Auslegung des Hilfsregelkreises, d.h. Bemessung der Reglerübertragungsfunktion G_{R_1} für eine vorgegebene Teilstreckenübertragungsfunktion G_{S_1} für Störverhalten, z.B. unter Verwendung der Einstellregeln nach Ziegler und Nichols. Da der Hilfsregelkreis schnell sein soll, wird für G_{R_1} meist ein P- oder PD-Regler gewählt.

2. Auslegung der Übertragungsfunktion G_{R_2} des Hauptreglers für die „Regelstreckenübertragungsfunktion" $G_H G_{S_2}$, z.B. nach dem Frequenzkennlinien-Verfahren oder wieder nach Ziegler und Nichols. Da G_{R_2} die Aufgabe hat, die Regelabweichung auszuregeln, wird hierzu zweckmäßigerweise ein PI-Regler eingesetzt, sofern die Regelstrecke PT_n-Regelverhalten besitzt.

Bild 8.6.8 zeigt abschließend noch zwei Beispiele für ausgeführte Kaskadenschaltungen.

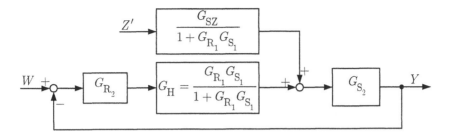

Bild 8.6.7. Umgeformtes Blockschaltbild der Kaskadenregelung

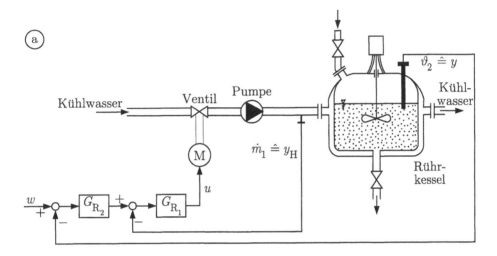

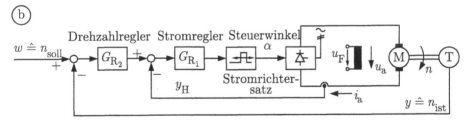

Bild 8.6.8. Beispiele für Kaskadenregelungen: (a) Temperaturregelung eines Rührwerk-behälters, (b) Drehzahlregelung eines Gleichstrommotors über eine unterlagerte Stromregelung des Motors

8.6.5 Regelsysteme mit Hilfsstellgröße

Einer Störung in einem Regelkreis kann auch dadurch entgegengewirkt werden, dass zwischen dem Stellglied des Hauptregelkreises und der Regelgröße (Messort) ein zusätzliches Stellglied (Hilfsstellgröße u_H) angebracht wird, das meist auch von einem zusätzlichen Hilfsregler (G_{RH}) beaufschlagt wird. Bild 8.6.9 zeigt das zugehörige Blockschaltbild.

Hieraus folgt unmittelbar für die Regelgröße

$$Y = [(W - Y)\,G_R G_{S_1} + Z' G_{SZ} + (W - Y)\,G_{RH}]\,G_{S_2} \qquad (8.6.20)$$

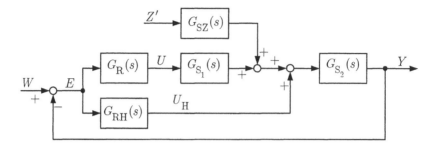

Bild 8.6.9. Blockschaltbild eines Regelsystems mit Hilfsstellgröße u_H

und umgeformt

$$Y = \frac{G_{SZ}G_{S_2}}{1 + (G_R G_{S_1} + G_{RH})G_{S_2}} Z' + \frac{G_{S_2}(G_{RH} + G_R G_{S_1})}{1 + (G_R G_{S_1} + G_{RH})G_{S_2}} W \qquad (8.6.21a)$$

bzw.

$$Y = \frac{A\,C_1 D_2 A_H D_Z}{C_Z[A\,C_1(C_2 A_H + D_2 B_H) + B\,D_1 D_2 A_H]} Z'$$
$$+ \frac{D_2(B\,D_1 A_H + A\,C_1 B_H)}{A\,C_1(C_2 A_H + D_2 B_H) + B\,D_1 D_2 A_H} W. \qquad (8.6.21b)$$

Bildet man die charakteristische Gleichung bezüglich des Störverhaltens

$$C_Z[A\,C_1(C_2 A_H + D_2 B_H) + B\,D_1 D_2 A_H] = 0 \qquad (8.6.22a)$$

und bezüglich des Führungsverhaltens

$$A\,C_1(C_2 A_H + D_2 B_H) + B\,D_1 D_2 A_H = 0, \qquad (8.6.22b)$$

so erkennt man, dass die Stabilität des Hauptregelkreises durch die Hinzunahme der Hilfsstellgröße u_H beeinflusst wird. Bei der Wahl des Eingriffsortes der Hilfsstellgröße sollte darauf geachtet werden, dass der zweite Regelstreckenteil (G_{S_2}) möglichst geringe Verzögerung aufweist, da dann der Hilfsregler wesentlich schneller einer Störung entgegenwirken kann. Zu beachten ist, dass die Hilfsstellgröße im stationären Zustand zu Null werden muss, wenn aus anlagenbedingten Gründen der Beharrungszustand nur durch die Hauptstellgröße u eingestellt werden soll. Dies ist möglich, wenn für G_{RH} ein DT_1-Glied verwendet wird.

Der Nachteil der Regelschaltung mit Hilfsstellgröße liegt im höheren technischen Aufwand, der beim Einbau eines zusätzlichen Stellgliedes größer ist als bei einem zusätzlichen Messglied, das eventuell ohnehin schon zur Überwachung des Prozesses vorhanden ist.

8.6.6   Smith-Prädiktor

Dieser bereits 1959 vorgeschlagene Regler [Smi59] ist speziell zum Einsatz bei Regelstrecken mit aperiodischem Verhalten und großen Totzeiten geeignet. Für die Regelstrecke wird entsprechend Bild 8.6.10 ein aus zwei in Reihe geschalteten Teilen (G_{M1})

und (G_{M2}) bestehendes Modell angesetzt, wobei das zweite Teilmodell nur die Totzeit nachbildet. Das Modell wird parallel zur Regelstrecke (G_S) geschaltet. Die zugehörige Regelungsstruktur besteht aus zwei Regelkreisen. Im inneren Regelkreis wird das erste Teilmodell (G_{M1}) zur Bestimmung („Prädiktion") der Modellausgangsgröße Y_{M1} verwendet, die dem eigentlichen Regler (G_R) aufgeschaltet wird, der dann die Stellgröße U liefert und dafür sorgt, dass die Regelgröße Y dem Sollwert W folgt. Da dieser innere Regelkreis keine Totzeit enthält, sollte die Reglerverstärkung so groß gewählt werden, dass man schnelle, aber noch gut gedämpfte Einschwingvorgänge bei Sollwertänderungen erhält. Die Auswirkungen einer nicht messbarer Störung Z oder auch kleinerer Modellungenauigkeiten werden über den „Prädiktionsfehler" $Y - Y_M$ im äußeren Regelkreis korrigiert. Diese Regelungsstruktur, die keine eigentliche Signalprädiktion enthält, kann auch angewandt werden bei Regelstrecken mit ausgeprägtem nichtminimalem Phasenverhalten und durch gewisse Modifikationen bei instabilen Regelstrecken [Han03].

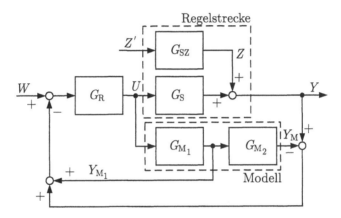

Bild 8.6.10. Blockschaltbild des Smith-Prädiktors

8.6.7   IMC-Regler

Aus der in Bild 8.6.11 dargestellten Blockstruktur ist zu ersehen, dass ein Regelkreis mit IMC-Regler zwei identische Modelle (G_M) der Regelstrecke besitzt, von denen das eine parallel zur Regelstrecke, das andere in den direkten Rückkopplungszweig des Reglers (G_R) geschaltet ist. Die Stellgröße U dieses Reglers, der z.B. ein klassisches PID-Verhalten aufweisen kann, wirkt sowohl auf die Regelstrecke (G_S) als auch auf beide Modelle. Fasst man nun G_M in der Rückkopplung mit G_R in einem Block zusammen, so erhält man den eigentlichen *Internal Model Controller (IMC)*, der im Weiteren als IMC-Regler (G_{IMC}) bezeichnet werden soll und durch die Übertragungsfunktion

$$G_{IMC}(s) = \frac{G_R(s)}{\{1 + G_R(s)\,G_M(s)\}}$$

beschrieben wird. Das Kennzeichen dieses Reglers ist also, dass er intern ein Modell der Regelstrecke besitzt. Im Idealfall, wenn

$$G_M(s) = G_S(s)$$

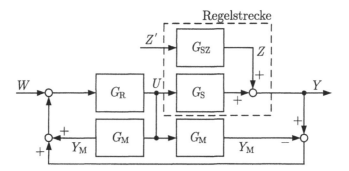

Bild 8.6.11. Blockschaltbild des IMC-Reglers

wäre, würde die Störung $Z(s)$ direkt auf den Reglereingang wirken und könnte somit rasch beseitigt werden. Bei den normalerweise stets vorhandenen Modellunsicherheiten (Ungenauigkeiten und Parameteränderungen) ist ein systematischer Entwurf von $G_{IMC}(s)$ erforderlich, der im Wesentlichen aus zwei Schritten besteht und einen zweckmäßigen Kompromis zwischen Regelgüte und Robustheit darstellt. Im Schritt 1 wird im Falle einer stabilen Regelstrecke eine stabile, kausale Reglerübertragungsfunktion $G_{IMC}(s)$ unter Vorgabe der Empfindlichkeitsfunktion

$$S(s) = \frac{1}{1 + G_0(s)}, \tag{8.6.23}$$

entworfen, wobei $G_0(s) = G_R(s)\,G_S(s)$ die Übertragungsfunktion des offenen Regelkreises nach Gl. (5.1.6) und Gl. (8.6.23) identisch mit dem dynamischen Regelfaktor gemäß Gl. (5.1.4) ist. Weiterhin wird dazu die komplementäre Empfindlichkeitsfunktion

$$T(s) = \frac{G_0(s)}{1 + G_0(s)} \tag{8.6.24}$$

eingeführt, die wiederum identisch ist mit der früher in Gl. (5.1.3) bereits definierten Führungsübertragungsfunktion. Der eigentliche Reglerentwurf kann dann z.B. auf der Basis eines Integralkriteriums und unter Verwendung eines PID-Reglers für $G_R(s)$ erfolgen.

Im Schritt 2 wird der entworfene Regler G_{IMC} durch ein zugeschaltetes Filter so erweitert, dass seine Übertragungsfunktion proper wird, d.h. sie muss für $|s| \to \infty$ den Wert Null annehmen und liefert damit bei einer sprungförmigen Erregung ein nichtsprungfähiges Ausgangsverhalten. Häufig eignet sich als Filterübertragungsfunktion ein PT_n-Glied nach Gl. (8.2.25) mit $K_S = 1$ und einstellbarer Zeitkonstante T_i.

Der IMC-Regler wurde in zahlreichen Varianten sowohl für Eingrößensysteme oder SISO (Single-Input/Single-Output)-Systeme als auch Mehrgrößensysteme oder MIMO (Multi-Input/Multi-Output)-Systeme für stabile, nichtminimalphasige und instabile Regelstrecken entwickelt [FW75] und wird vor allem in der Verfahrenstechnik eingesetzt.

8.7 Einige weitere Reglerentwurfsverfahren

Zunächst muss darauf hingewiesen werden, dass die Entwurfsverfahren für Zustandsregler und digitale Regler ausführlich erst im Band „Regelungstechnik II" [Unb07] behandelt werden. Nachfolgend soll aber noch kurz auf Reglerverfahren eingegangen werden, die gelegentlich auch unter dem Stichwort „höhere Regelalgorithmen" [Lin94] zu finden sind. Hier können aber nur die wichtigsten Prinzipien dieser Verfahren genannt werden. Bezüglich Details muss auf die entsprechende Fachliteratur verwiesen werden.

8.7.1 Robuste Regler

Stabilität und Regelgüte sind zwei der wichtigsten Forderungen an eine Regelung (siehe 8.1). Eine ganz wesentliche weitere Forderung besteht darin, dass Stabilität und Regelgüte auch dann gewährleistet werden, wenn in der Regelstrecke Unsicherheiten oder Änderungen, z.B. in den Parametern oder bei verschiedenen Arbeitspunkten, auftreten. Weitere Unsicherheiten können Ausfälle von Komponenten (Mess- oder Stellgliedern) darstellen. In allen diesen Situationen sollte ein robustes oder möglichst unempfindliches Regelsystem zuverlässig arbeiten. Seit den 1980er Jahren wurde dem Entwurf robuster Regler in Fachkreisen besondere Aufmerksamkeit gewidmet [MZ89], [Ack93], [Bar94], [BCK95]. Bei der Lösung dieses Problems zeigte sich, dass die optimale Zustandsregelung (siehe Bd. „Regelungstechnik III" [Unb00]) zur Formulierung der robusten Stabilität sich nicht eignete. Da etwa zur gleichen Zeit für die Analyse von MIMO-Systemen sich wesentliche Entwicklungen in der Frequenzbereichsdarstellung vollzogen, wie z.B. die Polynommatrizendarstellung von MIMO-Systemen oder auch die Erweiterungen von Wurzelortskurven, Nyquist- und Bode-Diagrammen auf MIMO-Systeme, lag es nahe, auch für das Robustheitsproblem Lösungen im Frequenzbereich zu formulieren. Zames [Zam81] schlug zur Lösung des Problems der optimalen Unterdrückung einer ganzen Klasse von Störungen vor, nicht nur die Minimierung der Empfindlichkeitsfunktion S nach Gl. (8.6.23) zu betrachten, sondern auch diese in geeigneter Weise zu optimieren. Das Minimierungsproblem von S ist mathematisch äqivalent mit dem Problem der Minimierung der Norm der Fehlerübertragungsfunktion. Zames führte dazu die so genannte H_∞-Norm ein, deren optimaler Wert zum gewünschten robusten Regler führt, der auch als H_∞-optimaler Regler bezeichnet wird und sowohl für SISO- als auch MIMO-Regelstrecken entworfen werden kann. Sofern keine geschlossene Lösung für dieses Problem möglich ist, empfiehlt sich die Anwendung der numerischen LMI (Linear Matrix Inequalities)-Technik [BB91].

Ein von Kharitonov bereits 1978 vorgestelltes Stabilitätskriterium ermöglicht auf der Basis von nur vier festen „charakteristischen Polynomen" die Analyse und Synthese von linearen Regelsystemen mit großen Parameterunsicherheiten [Kha78].

8.7.2 Modellbasierte prädiktive Regler

Modellbasierte prädiktive (MBP)-Regler werden in der Praxis als digitale Regler (siehe Bd.„Regelungstechnik II") realisiert. Sie verwenden gewöhnlich ein festes Modell der Regelstrecke im On-line-Betrieb, mit dessen Hilfe die zukünftigen Werte $y(k+j|k)$ der

Regelgröße $y(k)$ für $j = 1,2,\ldots N_k$ zum Zeitpunkt k vorausberechnet, also prädiziert werden, wobei N_k den Prädiktionshorizont beschreibt. Die Prädiktion hängt jedoch nicht nur von dem Modellverhalten ab, sondern auch von den für $j = 0,1,2,\ldots N_{k-1}$ sich ergebenden Werten $u(k + j \mid k)$ der Stellgröße. Optimale Stellgrößenwerte erhält man aus der Minimierung einer geeignet gewählten Gütefunktion, zweckmäßig einer quadratischen Summenfunktion, die bei diskreten Systemen (siehe Bd. „Regelungstechnik II") einem der quadratischen Integral-Gütemaße in Tabelle 8.2.1 entspricht. Die zu minimierende Gütefunktion muss die Regelabweichung $e(k)$ und den Stellaufwand, ähnlich wie I_7 in Tabelle 8.2.1, berücksichtigen. Die Optimierungsaufgabe wird in jedem Abtastintervall – eventuell auch unter Berücksichtigung von Begrenzungen der Regelkreissignale – neu gelöst, jedoch wird von der berechneten optimalen Stellgrößenfolge gewöhnlich nur der erste Wert als Stellgröße im nächsten Abtastintervall verwendet. Diese Prozedur wird in derselben Weise im übernächsten Abtastintervall weitergeführt bis schließlich die Regelabweichung verschwindet. Da die hier beschriebene Optimierungsaufgabe nur selten analytisch gelöst werden kann, werden zur Lösung numerische Verfahren eingesetzt.

Die zahlreichen seit etwa 1980 vorgeschlagenen linearen MBP-Regler, z.B. [CB99], [Soe92], [Cla94], [Raw00] unterscheiden sich i.W. durch die Art des Ansatzes für das gewählte Modell sowie durch die Wahl des Gütekriteriums und des numerischen Lösungswegs. Dennoch weisen sie viele Gemeinsamkeiten auf und können teilweise direkt ineinander übergeführt werden.

Weiterhin stehen MBP-Regler in einem engen Zusammenhang mit dem optimalen Zustandsregler (siehe Bd. „Regelungstechnik III" [Unb00]) sowie mit dem IMC-Regler und dem Smith-Prädiktor, da sie ebenfalls – wie die beiden letztgenannten – sich besonders für Regelstrecken mit Totzeitverhalten eignen. Auch lassen sich MBP-Regler auf einfach Weise mittels einer Adaption des Regelstreckenmodells im laufenden Betrieb zu einem adaptiven Regelsystem (siehe Abschnitt 8.7.4) erweitern [Kr92]. Mittels eines solchen adaptiven MBP-Reglers können dann auch zeitvariante und zahlreiche nichtlineare Regelstrecken beherrscht werden. Für allgemeine Nichtlinearitäten liegen ebenfalls entsprechende Entwurfskonzepte vor [CA98], [Hal03].

In zahlreichen industriellen Anwendungen haben sich die MBP-Regler bewährt. Dies war möglich durch die Einführung dezentraler offener Strukturen bei Prozessleitsystemen [Pol94], die charakterisiert sind durch eine horizontale und vertikale Durchgängigkeit und die Einbeziehung speicherprogrammierbarer Steuerungen und spezieller Controller, für die heute leistungsfähige Programmiersprachen für die Realisierung auch anspruchsvoller Regelalgorithmen zur Verfügung stehen [UL08].

8.7.3   GMV-Regler

Dieser Regler basiert auf dem Minimum-Varianz (MV)-Regler (siehe Bd. „Regelungstechnik III"[Unb00]), dessen Arbeitsweise als linearer diskreter stochastischer Regler darin besteht, die Varianz σ_e^2 der Regelabweichung $e(k + d)$ bei einer Regelstrecke mit der diskreten Totzeit d bzw. den Erwartungswert $E\{e(k+d)\}$ mittels einer zum Zeitpunkt k optimal ermittelten Stellgröße $u(k)$ zu minimieren. Der MV-Regler stellt einen Spezialfall des verallgemeinerten (generalized) GMV-Reglers [CG75] dar, bei dem anstelle von σ_e^2 jedoch die Varianz eines Signals $y_e(k + d)$ minimiert wird, das sich aus der Summe der gefilterten Regelgröße $y(k)$, Stellgröße $u(k)$ und Führungsgröße $w(k)$ zusammensetzt. Die Filterung dieser Signale erfolgt über Polynome in z^{-1}, die in die Entwurfsgleichungen mit eingehen. Dieser Regler hat den Vorteil, dass er für stabile und instabile sowohl minimalphasige als auch nichtminimalphasige Regelstrecken eingesetzt werden kann. Der MV-Regler und der GMV-Regler basieren auf einer Einschritt-Vorhersage der Regelgröße und benötigen dazu ein explizites Modell der Regelstrecke und der Störgrößen, die auf die Regelstrecke einwirken, sowie die Kenntnis der aktuellen und zurückliegenden Messsignale der Ein- und Ausgangsgröße (im SISO-Fall) der Regelstrecke. Insofern existiert eine enge Verwandtschaft mit dem MBP-Regler, für den es übrigens eine äquivalente Verallgemeinerung, den GMBP-Regler, wie für den hier dargestellten GMV-Regler gibt. Dieser Regler kann ebenfalls wie der MBP-Regler bei unbekannter oder zeitvarianter Regelstrecke durch eine On-line-Identifikation mittels eines rekursiven Parameterschätzverfahrens (siehe Bd. „Regelungstechnik III" [Unb00]) zu einem adaptiven GMV-Regler [Krä92] erweitert werden.

8.7.4 Adaptive Regler

In einem adaptiven Regelsystem [Unb00], [Cha87] hat der Regler die Aufgabe, sich entweder an die unbekannten Eigenschaften einer invarianten Regelstrecke oder bei zeitvarianten Regelstrecken – bedingt z.B. durch unterschiedliche Arbeitsbedingungen, Störungen, Lastwechsel, Alterung usw. – selbsttätig im Sinne eines Optimierungskriteriums oder einer Einstellvorschrift anzupassen. Im ersten Fall erfolgt die Anpassung meist nur einmalig oder gelegentlich nach Bedarf, im zweiten Fall ist gewöhnlich eine ständige Anpassung des Reglers erforderlich. Diese selbsttätige Anpassung oder Adaption des Reglers erfolgt meist über dessen Einstellparameter, seltener über die Reglerstruktur. Selbsteinstellend, selbstanpassend, selbstoptimierend oder gar selbstlernend sind nur häufig benutzte Synonyme für den Begriff „adaptiv". Bei der adaptiven Regelung wird dem klassischen Grundregelkreis nach Bild 8.1.1 ein Anpassungssystem überlagert, das aus den drei charakteristischen Teilprozessen Identifikation, Entscheidungsprozess und Modifikation gebildet wird. Die *Identifikation* erfolgt im „On-line"-Betrieb meist mittels rekursiver Parameterschätzverfahren (siehe Bd. „Regelungstechnik III" [Unb00]) unter Verwendung der Ein- und Ausgangssignale der Regelstrecke. Dabei werden entweder die Parameter der Regelstrecke oder direkt diejenigen des Reglers bestimmt. Im *Entscheidungsprozess* wird mittels der bei der Identifikation erhaltenen Information der Regler auf der Basis vorgegebener Gütekriterien berechnet und seine Anpassung festgelegt. Je nach der Art der Anpassung unterscheidet man zwischen *indirekter* Adaption – sofern ein explizites Regelstreckenmodell dem Reglerentwurf zugrunde liegt – und *direkter* Adaption bei Umgehung dieses Zwischenschrittes. Die *Modifikation* stellt die Realisierung der Resultate des Entscheidungsprozesses dar. Dem Anpassungssystem kann noch ein Überwachungssystem überlagert werden, dessen Aufgabe in der Sicherstellung einer fehlerfreien Funktion des Gesamtsystems besteht.

Adaptive Regelsysteme lassen sich entsprechend ihrer Struktur und Funktionsweise unterscheiden in Modellvergleichsverfahren, Self-tuning(ST)-Verfahren und Verfahren der gesteuerten Adaption. Beim *Modellvergleichsverfahren* [Lan79], [NA89], [ILM92], [Ann03] wird meist dem Grundregelkreis ein paralleles, festes Modell zugeschaltet, welches das gewünschte Verhalten darstellt. Der Modellfehler, also die Differenz zwischen der Regelgröße und dem Modellausgangssignal, wird dem Adaptivregler zugeführt und von diesem gemäß eines Gütekriteriums minimiert. Der *ST-Regler* [HB81], [Gaw87], [AW89], [WZ91] arbeitet ohne Vergleichsmodell. Sein Entwurfsprinzip besteht in einer „On-line"-Reglersynthese für eine Regelstrecke, deren Parameter entweder ständig identifiziert werden oder direkt in den Reglerentwurf eingehen. Als Basis des Entwurfs eignen sich zahlreiche unterschiedliche Regler, z.B. MV-, GMV-, PID-Regler, Polvorgaberegler, optimale Zustandsregler u.a. Die *gesteuerte Adaption* [Unb00] wird dann eingesetzt, wenn das Verhalten eines Regelsystems für unterschiedliche, messbare Parameteränderungen und Störungen der Regelstrecke bekannt ist. Dann kann die zugehörige Regleradaption über eine zuvor berechnete feste Zuordnung (*parameter scheduling*) ausgeführt werden.

Adaptive Regelsysteme weisen stets eine nichtlineare Struktur [KKK95] auf. Dadurch bedingt stellte die Garantie ihrer Stabilität lange ein unbefriedigend gelöstes Problem dar, das aber heute als grundsätzlich gelöst betrachtet werden kann [And86], [SB98]. Neben der Lösung vieler signifikanter theoretischer Probleme haben die spektakulären Fortschritte der modernen Rechentechnik dazu geführt, dass viele adaptive Regler sich sehr erfolgreich in der industriellen Praxis bewährt haben. So reichen die Anwendungen vom einfachen, auf den Ziegler-Nichols-Regeln und einer Relaisumschaltung basierenden PID-ST-Regler (auch als *Autotuning*-Regler bezeichnet) [AH84] bis hin zur theoretisch anspruchsvollen adaptiven *dualen* Regelung [FU04], bei der die Paramterunsicherheit durch eine „vorsichtige" Systemkomponente sowie eine ständige Erregungskomponente zur besseren Identifikation im Regelgesetz berücksichtigt werden.

8.7.5 Nichtlineare Regler

Neben den klassischen Methoden zur Analyse und Synthese nichtlinearer Regelsysteme, die im Detail im Bd. „Regelungstechnik II" [Unb07] beschrieben werden, soll nachfolgend auf einige der neueren Entwurfsverfahren [NS90] für nichtlineare Regler noch kurz hingewiesen werden. Die *Singular pertubation*-Methode [KKO99] wird schon länger zur Vereinfachung des Entwurfs nichtlinearer Regler eingesetzt. Sie ist dann anwendbar, wenn das dynamische Verhalten der Regelstrecke durch zwei unterschiedliche Zeitmaßstäbe beschrieben werden kann, z.B. erfolgt beim Flugzeug ein relativ langsamer Regeleingriff bei Reisegeschwindigkeit und eine schnellere Reaktion beim Manöverflug. Der Reglerentwurf erfolgt dann in zwei Schritten: Zunächst wird ein Regler für das langsame Verhalten entworfen, dann erfolgt der Entwurf für das schnelle Verhalten. Der gesamte Regler setzt sich dann aus beiden Teilreglern zusammen.

Ein anderer nichtlinearer Regler ist der *Sliding-mode*(SM)-Regler, auch als *Variable Structure*(VS)-Regler bezeichnet. Dieser Regler [Utk77], [HGH93] arbeitet diskontinuierlich als spezieller Zweipunktregler, der aufgrund äußerer Signale seine Struktur umschaltet, um ein gewünschtes Regelverhalten zu erzielen. Die Aufgabe eines SM-Reglers besteht darin, den Zustandsvektor x des betreffenden Regelsystems entlang einer Trajektorie auf die Schaltebene $\sigma(x) = 0$ zu bringen, um ihn dann auf dieser in den Ursprung des Zustandsraumes gleiten zu lassen, der nun dem gewünschten Sollwert entspricht. Die Dynamik der zugehörigen Regelstrecke beeinflusst das Regelverhalten im Gleitzustand nicht. Zur Ermittlung der Schaltfunktion $\sigma(x)$ existieren verschiedene Methoden.

Dieser Regler hat sich aufgrund seiner *Robustheit* und Unempfindlichkeit gegenüber Parameteränderungen der Regelstrecke und äußeren Störungen in der Praxis besonders bewährt.

Die nichtlineare *differenzial-geometrische Methode* [Kha02], die seit Anfang der 1990er Jahre entwickelt wurde, liefert interessante Möglichkeiten zur Stabilitätsanalyse und Untersuchung der Steuerbarkeit und Beobachtbarkeit nichtlinearer Systeme. Diese Methode ist aber nur anwendbar bei Systemen, deren Nichtlinearität stetig differenzierbar ist. Diese Voraussetzung ist jedoch bei vielen Nichtlinearitäten, wie z.B. bei fast allen nichtlinearen statischen Kennlinien, nicht gegeben. Andererseits liefert diese Methode die Basis der *exakten Linearisierungsmethode*, die oft auch als externe Linearisierung mittels Zustands- und Ausgangsrückführung bezeichnet wird. Durch Anwendung dieser Methode können einige nichtlineare Systeme in ein äquivalentes lineares System gleicher Ordnung übergeführt werden. Dies wird erreicht durch eine nichtlineare Koordinatentransformation sowie einer daraus resultierenden nichtlinearen Rückkopplung. Dann kann im nächsten Schritt für das exakt linearisierte System ein linearer Regler entworfen werden. Leider ist diese Methode nur auf wenige nichtlineare Systeme anwendbar. Größere praktische Bedeutung haben jedoch die in letzter Zeit entwickelten *angenäherten Linearisierungs-methoden* erlangt. Verschiedene Verfahren stehen hierfür zur Verfügung, doch der erforderliche Rechenaufwand ist teilweise sehr groß.

8.7.6 „Intelligente" Regler

Expertensysteme oder *wissensbasierte Systeme* (WBS) werden seit den 1980er Jahren zur Regelung technischer Anlagen eingesetzt. Generell handelt es sich bei diesen Systemen um intelligente Rechenprogramme, die ein detailliertes Wissen auf einem eng begrenzten Spezialgebiet gespeichert haben und Entscheidungsregeln enthalten, sowie die Fähigkeit besitzen, logische Schlussfolgerungen zu ziehen ähnlich der Arbeitsweise eines menschliche Experten. Ein WBS kann sowohl für Überwachungsfunktionen in komplexen Automatisierungssystemen als auch direkt im geschlossenen Regelkreis als spezieller Regler eingesetzt werden. Der *Fuzzy-Regler* (siehe auch Kapitel 10) kann als ein spezielles Realzeit-WBS interpretiert werden. Bei diesem Regler [DHR93], [KF93], [Str96], [KKW96] muss das Expertenwissen des Regelungsingenieurs in eine Reihe von Handlungsanweisungen in Form bestimmter Regeln, auch als Regelbasis bezeichnet, zur Verfügung gestellt werden. Der Fuzzy-Regler arbeitet intern mit Operatoren, z.B. „WENN", „UND" und „DANN", sowie den (unscharfen) Fuzzy-Variablen, wie z.B. „groß", „klein", „mittel". Die gewünschte Arbeitsweise lässt sich leicht als Rechenalgorithmus darstellen. Das analoge Eingangssignal dieses Regler muss zunächst einer Fuzzifizierung unterzogen werden, während das Ausgangssignal erst über eine Defuzzifizierung die Stellgröße liefert. Während früher der Entwurf eines Fuzzy-Reglers meist heuristisch erfolgte, verwendet man heute bewährte systematische Entwurfsmethoden [Kie97], die auch eine vielseitige Kombination dieses Reglers mit anderen Regelungskonzepten, z.B. adaptiven und prädiktiven Reglern oder Sliding-mode-Reglern, ermöglichen. Fuzzy-Regler stellen eine wertvolle Ergänzung zu den klassischen Regelverfahren dar und erweisen sich wegen ihrer universalen Approximationseigenschaft als besonders geeignet zur Regelung nichtlinearer Regelstrecken.

Auch *künstlich neuronale Netzwerke* (KNN) besitzen als Hauptmerkmal eine universale Approximationsfähigkeit [Fun89]. Sie sind daher besonders für die Regelung von linearen und nichtlinearen Regelstrecken mit unbekannter Struktur geeignet. Ein KNN besitzt die Eigenschaften der Lernfähigkeit und Adaption und wird daher in einer Trainingsphase dazu benutzt, anhand von Messwerten der Ein- und Ausgangssignale einer Regelstrecke ein dynamisches Modell derselben zu erstellen. Aber auch im On-line-Betrieb lässt sich ein KNN zur ständigen Identifikation einer stark zeitvarianten Regelstrecke oder zur Fehlerüberwachung einsetzen. Dann ist es möglich, einen geeigneten modellbasierten Regler unter Verwendung eines weiteren KNN zu entwerfen. Sowohl durch die in den letzten Jahren entwickelten speziellen, sehr schnellen und effizienten Lernalgorithmen als auch durch die Verfügbarkeit enormer prozessnaher Rechnerleistung haben KNN-Regler eine große Bedeutung in der industriellen Praxis erlangt.

Zum Abschluss soll noch erwähnt werden, dass KNN und Fuzzy-Systeme viele gemeinsame Eigenschaften aufweisen und daher auch – bei bestimmten Konfigurationen – unter dem Begriff der Neuro-Fuzzy-Systeme [HBB96] zusammengefasst werden können, z.B. lässt sich zeigen, dass ein auf radialen Basis-Funktionen (RBF) beruhendes KNN als Spezialfall eines Fuzzy-Systems betrachtet werden kann. Neuro-Fuzzy-Regler werden u.a. in der Robotik mit Erfolg eingesetzt. Im Zusammenhang mit Fuzzy-, Neuro-Fuzzy- und KNN-Reglern taucht seit kurzer Zeit immer häufiger auch der Begriff der evolutionären oder genetischen Regler auf [LN96]. Dahinter verbirgt sich eine Reihe sehr leistungsfähiger Algorithmen zur Optimierung der zuvor genannten Regler. Alle diese Regler werden neuerdings unter dem Begiff der „intelligenten" Regler [Kin99], [ZJ01] zusammengefasst.

9 Identifikation von Regelkreisgliedern mittels deterministischer Signale

9.1 Theoretische und experimentelle Identifikation

Im Kapitel 2 wurde bereits auf die beiden Möglichkeiten zur Kennwertermittlung oder Identifikation von Regelkreisgliedern, dem theoretischen und experimentellen Vorgehen, hingewiesen. Bei dem *theoretischen* Vorgehen erfolgt die Bildung des gesuchten mathematischen Modells anhand der in den Regelkreisgliedern sich abspielenden Elementarvorgänge unter Verwendung technischer Daten und physikalischer Grundgesetze. Dieser theoretische Zweig der Identifikation stellt ein geschlossenes Arbeitsgebiet dar, das oft auch durch den Begriff der *Systemdynamik* gekennzeichnet wird.

Der Hauptvorteil der *theoretischen Identifikation* besteht darin, dass das zu analysierende Regelkreisglied noch gar nicht tatsächlich existieren muss. Insofern besitzt die theoretische Identifikation eine ganz wesentliche Bedeutung bereits im Entwurfsstadium bzw. in der Planungsphase eines Regelsystems. Die dabei erhaltenen Lösungen sind allgemein gültig und können somit auch auf weitere gleichartige Anwendungsfälle (z.B. mit anderen Dimensionen) übertragen werden. Sie liefern weiterhin eine tiefe Einsicht in die inneren Zusammenhänge eines Regelsystems. Einfache Beispiele für diese theoretische Modellbildung wurde bereits im Abschnitt 3.1 behandelt. Allerdings führt die theoretische Identifikation bei etwas komplizierteren Regelkreisgliedern meist aber auf sehr umfangreiche mathematische Modelle, die für eine weitere Anwendung, z.B. für eine Simulation des Systems oder für einen Reglerentwurf, häufig nicht mehr geeignet sind. Die Vereinfachungen des mathematischen Modells, die dann getroffen werden müssen, lassen sich leider im Entwurfsstadium meist nur schwer bestätigen. Ein weiterer Nachteil der theoretischen Identifikation besteht noch in der Unsicherheit der Erfassung der inneren und äußeren Einflüsse beim Aufstellen der physikalischen Bilanzgleichungen, mit denen die in einem Regelkreisglied sich abspielenden Elementarvorgänge beschrieben werden.

Da – wie früher bereits beschrieben – die *experimentelle Identifikation* nur die Messung der Ein- und Ausgangssignale zur Ermittlung eines mathematischen Modells des zu identifizierenden Regelsystems verwendet, kann sie sehr einfach und schnell auf der Basis von Messergebnissen durchgeführt werden. Hierbei sind keine detaillierten Spezialkenntnisse des zu untersuchenden Regelsystems erforderlich. Als Ergebnis der experimentellen Identifikation erhält man meist einfache Modelle, die jedoch das untersuchte Regelsystem hinreichend genau beschreiben, wobei oft die Genauigkeit noch wählbar ist. Der Hauptnachteil der experimentellen Identifikation besteht darin, dass das zu analysierende Regelsystem bereits existieren muss und somit im Entwurfsstadium keine Vorausberechnung erfolgen kann. Weiterhin sind die Ergebnisse meist nur beschränkt übertragbar. Daher ist es oft zweckmäßig, eine experimentelle Identifikation mit einer theoretischen zu verbinden, um zumindest alle a priori-Kenntnisse über das zu identifizierende Regelsystem, z.B. gewisse Kenntnisse über dessen Struktur, bei der experimentellen Analyse verwenden zu können.

9.2 Formulierung der Aufgabe der experimentellen Identifikation

Die experimentelle Identifikation eines Regelsystems umfasst zwei wesentliche Teilvorgänge, die Messung und deren numerische (oder grafo-analytische) Auswertung mit dem Ziel einer Modellerstellung. Ausgangspunkt der experimentellen Identifikation sind also die zusammengehörigen Messungen (oder Datensätze) des zeitlichen Verlaufs der Ein- und Ausgangsgrößen eines Regelsystems, anhand derer das mathematische Modell für das statische und dynamische Verhalten desselben hergeleitet werden kann. Alle hierfür infrage kommenden Verfahren zur experimentellen Systemanalyse werden gewöhnlich in folgenden vier Stufen durchgeführt:

1. *Signalanalyse:*

   Diese Stufe umfasst zunächst die Festlegung eines geeigneten Testsignals zur Erregung der Eingangsgröße des Regelkreisgliedes. Bildet man zu einem gegebenen Signal, das durch die Zeitfunktion $f(t)$ beschrieben wird, die $\mathscr{L}$-Transformierte $F(s)$ und wählt dabei $s = \mathrm{j}\omega$, so erhält man als spektrale Darstellung dieses Signals

   $$F(\mathrm{j}\omega) = A(\omega)\,\mathrm{e}^{\mathrm{j}\varphi(\omega)}, \qquad (9.2.1)$$

   wobei $A(\omega)$ das *Amplitudendichtespektrum* und $\varphi(\omega)$ das *Phasendichtespektrum* desselben beschreiben. Bei der Festlegung eines für die experimentelle Identifikation geeigneten *Testsignals* zur Erregung der Eingangsgröße eines Regelkreisgliedes sollte beachtet werden, dass das zu identifizierende System durch dieses Signal über seinen gesamten Frequenzbereich hinreichend erregt wird. Die Auswahl eines geeigneten Testsignals $u(t)$ kann beispielsweise anhand von Tabelle 9.2.1 erfolgen.

   Bei einer Messung nur zu diskreten Zeitpunkten muss auch die Abtastzeit festgelegt werden. Die größte noch zulässige Abtastzeit wird dabei durch das Shannonsche Abtasttheorem [RF58] bestimmt. Eine weitere Aufgabe der Signalanalyse besteht in der Festlegung der erforderlichen Messzeit. Die obere Grenze hierfür ist gewöhnlich durch die beschränkte Stationarität eines realen Systems, also auch durch das Auftreten von Drifterscheinungen gegeben. Die erforderliche Messzeit bei Verwendung deterministischer Testsignale wird durch das Erreichen des neuen stationären Zustandes der Systemausgangsgröße bestimmt. Treten zusätzliche Störsignalkomponenten im Ausgangssignal auf, dann wird die Messzeit durch die erforderliche Mittelung gleichartiger Messungen gegeben. Mit zunehmendem Verhältnis von Stör- zu Nutzsignal wird die Messzeit natürlich größer. In einem solchen Fall ist es dann zweckmäßiger, statistische Analyseverfahren zu verwenden [SD69]; UGB74], die aber erst im Band „Regelungstechnik III" behandelt werden.

   Die Durchführung der Signalanalyse kann im „*off-line*"- oder „*on-line*"-Betrieb erfolgen. Beim off-line-Betrieb werden alle Messwerte zunächst nur registriert oder gespeichert und erst zu einem späteren Zeitpunkt, z.B. mit Hilfe eines Rechners,

Tabelle 9.2.1 Amplitudenspektren einiger wichtiger deterministischer Testsignale für $\omega > 0$

Testsignal $u(t)$	Amplitudendichte-spektrum $A(\omega)$	
Sprung	$\dfrac{A(\omega)}{K^*} = \dfrac{1}{\lvert \omega \rvert}$	
Rechtecksimpuls	$\dfrac{A(\omega)}{K^*} = \left\lvert \dfrac{2}{\omega} \sin \dfrac{\omega T_{\mathrm p}}{2} \right\rvert$	
Dreiecksimpuls	$\dfrac{A(\omega)}{K^*} = \dfrac{8}{\omega^2 T_{\mathrm p}} \sin^2 \dfrac{\omega T_{\mathrm p}}{4}$	
Anstiegsfunktion	$\dfrac{A(\omega)}{K^*} = \dfrac{1}{\omega^2 T_{\mathrm p}}$	
Doppelimpuls	$\dfrac{A(\omega)}{K^*} = \dfrac{2}{\lvert \omega \rvert}\left(1 - \cos \omega\, T_{\mathrm p}\right)$	

ausgewertet. Beim on-line-Betrieb werden die Messwerte, so wie sie anfallen, also sofort in Realzeit weiterverarbeitet. Eine Speicherung oder Aufzeichnung der Messwerte ist somit nicht unbedingt erforderlich, jedoch für Kontrollzwecke meist ratsam.

2. *Festlegung des Modellansatzes:*

   In den Kapiteln 3 und 4 wurden die wichtigsten Beschreibungsmöglichkeiten für mathematische Modelle von Regelsystemen behandelt. Je nach der weiteren Verwendung eines mathematischen Modells muss nun in dieser zweiten Stufe der experimentellen Identifikation ein bestimmter Modellansatz festgelegt werden. Bei dieser Entscheidung werden zweckmäßigerweise alle über das System vorhandenen a priori-Kenntnisse mit verwendet. Wird z.B. bei einem linearen Modellansatz die Ordnung der zugehörigen Differentialgleichung zunächst zu hoch oder zu niedrig gewählt, dann kann mit Hilfe eines Gütekriteriums eine optimale Abschätzung erfolgen, sofern die Analyse mit mehreren Modellansätzen durchgeführt wird.

3. *Wahl eines Gütekriteriums:*

   In vielen Fällen beruhen die Analyseverfahren darauf, einen bestimmten *Modellfehler* oder ein Funktional desselben zu minimieren. Als Modellfehler wird hierbei meist die Abweichung zwischen System- und Modellverhalten definiert. Von den zahlreichen für die Identifikation vorgeschlagenen Gütekriterien haben sich insbesondere jene bewährt, bei denen eine quadratische Funktion des Modellfehlers verwendet wird. Bei verschiedenen Verfahren der deterministischen experimentellen Identifikation verzichtet man jedoch auf die Wahl einer geeigneten, mathematisch formulierbaren Gütevorschrift zur Beurteilung der Übereinstimmung von System- und Modellverhalten; vielmehr begnügt man sich häufig mit einer rein subjektiven Beurteilung der entsprechenden Signalverläufe.

4. *Rechenvorschrift:*

   Liegen der Modellansatz und das Gütekriterium fest, so unterscheiden sich die einzelnen Analyseverfahren nur noch in der Art der numerischen Lösung (*Numerik*) der durch das Gütekriterium beschriebenen Optimierungsaufgabe. Diese Aufgabe besteht nun darin, für den gewählten Modellansatz bzw. für verschiedene mögliche Modellansätze die Parameter des mathematischen Modells (zusammengefasst im Parametervektor p) mit Hilfe eines numerischen Verfahrens so zu bestimmen, dass das Gütekriterium erfüllt wird.

Bild 9.2.1 zeigt ein Blockschaltbild, in dem die hier beschriebenen Stufen der experimentellen Systemanalyse dargestellt sind. Daraus geht hervor, dass die im Parametervektor p zusammengefassten Modellparameter durch den Rechenalgorithmus so lange verändert werden, bis das Gütekriterium über ein Funktional des Modellfehlers $e^* = y - y_M$ für einen bestimmten Modellansatz erfüllt ist. Der Vorgang kann mit anderen Modellansätzen – wenn erforderlich – wiederholt werden. Da auf diese Art indirekt die Parameter eines Modells mit Hilfe des Ein- und Ausgangssignals „gemessen" werden, erscheint es gerechtfertigt, die experimentelle Identifikation als eine Erweiterung der klassischen Messtechnik anzusehen.

Allgemein anwendbare Verfahren zur experimentellen Identifikation, die auch das unter Umständen stark nichtlineare Verhalten von Regelsystemen berücksichtigen, liegen bisher noch nicht vor. Daher soll im folgenden die Behandlung auf Verfahren beschränkt

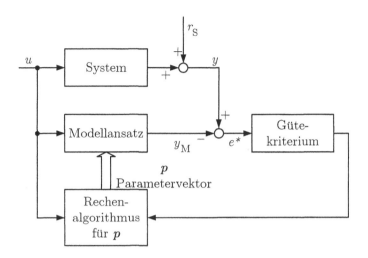

Bild 9.2.1. Darstellung der vier Stufen der experimentellen Systemanalyse

werden, die nur bei linearen Regelsystemen anwendbar sind. Bei diesen Verfahren wird das Eingangssignal $u(t)$ des zu untersuchenden Regelsystems durch ein bestimmtes Testsignal, z.B. mit sprung-, rampen-, rechteckimpuls- oder sinusförmiger Charakteristik (vgl. Bild 9.2.2) erregt und die Reaktion des zugehörigen,eventuell durch ein Rauschsignal $r_S(t)$ gestörten Ausgangssignals $y(t)$ gemessen.

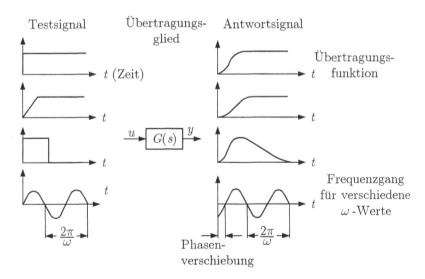

Bild 9.2.2. Einige deterministische Testsignale zur Kennwertermittlung

Die Auswertung dieser beiden Signale ermöglicht – wie zuvor beschrieben – die Ermittlung eines mathematischen Modells, z.B. in Form einer allgemeinen, gebrochen rationalen Übertragungsfunktion entsprechend Gl. (4.2.2). Dies kann wieder auf zwei prinzipiell verschiedenen Wegen erzielt werden, nämlich durch eine Approximation repräsentativer Charakteristiken, z.B. der Übergangsfunktion $h(t)$ oder des Frequenzganges $G(\mathrm{j}\omega)$, also

im Zeit- und Frequenzbereich. Dabei zeigt sich, dass speziell für aperiodische Übergangsfunktionen die Identifikation im Zeitbereich vergleichsweise schnell und ohne zu großen
Aufwand durchgeführt werden kann. Wesentlich allgemeiner anwendbar sind jedoch die
Verfahren im Frequenzbereich, die dazu auch eine höhere Genauigkeit der Systemidentifikation ermöglichen.

9.3 Systemidentifikation im Zeitbereich

Nahezu alle bisher in der Literatur vorgeschlagenen Verfahren zur Systemidentifikation
im Zeitbereich gehen von dem vorgegebenen Verlauf der Übergangsfunktion $h(t)$ aus. In
vielen Fällen kann aber die Übergangsfunktion nicht direkt gemessen werden, z.B. weil
manche Prozesse durch eine länger anhaltende sprungförmige Verstellung der Eingangsgröße zu sehr im normalen Betriebsablauf gestört werden oder weil viele Stellglieder
auch keine sprungförmigen Änderungen zulassen. Daher muss oft vor der eigentlichen
Ermittlung der Systemparameter die Übergangsfunktion $h(t)$ aus den Ein- und Aus-
gangssignalen $u(t)$ bzw. $y(t)$ zuerst berechnet werden.

9.3.1 Bestimmung der Übergangsfunktion aus Messwerten

9.3.1.1 Rechteckimpuls als Eingangssignal

Wie im Bild 9.3.1 a dargestellt, lässt sich eine Rechteckimpulsfunktion mit der Impuls-
breite T_p und der Impulshöhe K^* aus der Überlagerung zweier um T_p verschobener
Sprungfunktionen, von denen die zweite negatives Vorzeichen aufweist, herleiten. Aus
dieser Überlegung folgt direkt als Bestimmungsgleichung für die gesuchte Übergangsfunktion die Beziehung

$$h(t) = \frac{1}{K^*}y(t) + h(t - T_\mathrm{p}),\qquad(9.3.1)$$

die sich, wie im Bild 9.3.1 b gezeigt, leicht grafisch oder numerisch realisieren lässt.

9.3.1.2 Rampenfunktion als Eingangssignal

Eine Rampenfunktion kann entsprechend Bild 9.3.2 aus der Überlagerung zweier Anstiegsfunktionen zusammengesetzt werden. Diese Anstiegsfunktionen kann man sich auch
aus der Integration zweier um die Zeit T_p gegeneinander verschobener Sprungfunktionen
der Höhe K^* bzw. $-K^*$ entstanden denken. Unter der Voraussetzung eines linearen
Systemverhaltens darf die Integration von der Eingangsseite auf die Ausgangsseite vertauscht werden, wodurch dann durch Differentiation des Ausgangssignals $y(t)$ über die
Beziehung

$$K^*h(t) - K^*h(t - T_\mathrm{p}) = T_\mathrm{p}\frac{\mathrm{d}y}{\mathrm{d}t}\qquad(9.3.2)$$

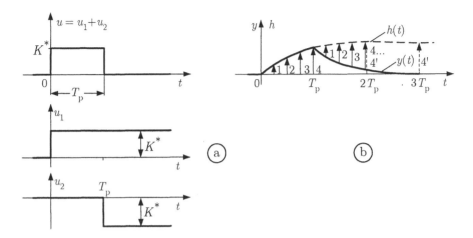

Bild 9.3.1. Zusammensetzung eines Rechteckimpuls-Testsignals aus zwei Sprungfunktionen (a) und Ermittlung von $h(t)$ aus dem vorgegebenen Verlauf von $y(t)$ (b)

schließlich die gesuchte Übergangsfunktion durch

$$h(t) = \frac{T_\mathrm{p}}{K^*} \frac{\mathrm{d}y}{\mathrm{d}t} + h(t - T_\mathrm{p}) \tag{9.3.3}$$

numerisch oder grafisch – wie im Abschnitt 9.3.1.1 angedeutet – sukzessiv sich ermitteln lässt.

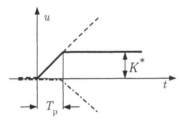

Bild 9.3.2. Rampenfunktion als Testsignal

9.3.1.3 Beliebiges deterministisches Eingangssignal

Wie bereits im Abschnitt 3.2.3 erwähnt, stellt das Duhamelsche Faltungsintegral entsprechend Gl. (3.2.7) einen allgemeinen Zusammenhang zwischen dem Ein- und Ausgangssignal $u(t)$ und $y(t)$ sowie der Gewichtsfunktion $g(t)$ eines Übertragungssystems dar. Sind demnach die Signalverläufe von $u(t)$ und $y(t)$ bekannt, so lässt sich durch eine numerische Entfaltung der Gl. (3.2.7) die Gewichtsfunktion $g(t)$ punktweise ermitteln. Ausgehend von Gl. (3.2.7) erhält man durch Vertauschen der Argumente

$$y(t) = \int\limits_0^t u(t - \tau)\, g(\tau)\, \mathrm{d}\tau. \tag{9.3.4}$$

Diese Beziehung wird durch eine Stufenapproximation näherungsweise in die Summe

$$y(t) = \sum_{\nu=0}^{k} u(t - \nu\Delta\tau)\, g(\nu\Delta\tau)\, \Delta\tau \qquad (9.3.5)$$

übergeführt, wobei die konstante Schrittweite $\Delta\tau$ einen hinreichend kleinen Wert annehmen sollte. Wird nun auch für t bei der numerischen Berechnung die Schrittweite $\Delta\tau$ gewählt ($t = 0, \Delta\tau, 2\Delta\tau, \ldots, k\Delta\tau$), so erhält man aus Gl. (9.3.5) folgendes System von $k + 1$ Gleichungen mit den $k + 1$ Unbekannten $g(0), \ldots, g(k\Delta\tau)$

$$
\begin{aligned}
y(0) =&\ u(0)\, g(0)\, \Delta\tau \\
y(\Delta\tau) =&\ u(\Delta\tau)\, g(0)\, \Delta\tau + u(0)\, g(\Delta\tau)\, \Delta\tau \\
&\ \vdots \\
y(k\Delta\tau) =&\ u(k\Delta\tau)\, g(0)\, \Delta\tau + \ldots + u(0)\, g(k\Delta\tau)\, \Delta\tau.
\end{aligned}
\qquad (9.3.6)
$$

Durch eine Normierung der Zeitachse und der Gewichtsfolge $g(\nu)$, $\nu = 0, \ldots, k$ auf die Schrittweite $\Delta\tau$ gemäß Bild 9.3.3 geht Gl. (9.3.5) über in die *Faltungssumme*

$$y(k) = \sum_{\nu=0}^{k} u(k - \nu)\, g(\nu), \qquad (9.3.7)$$

und Gl. (9.3.6) kann für die diskreten Zeitpunkte k in die vektorielle Darstellung

$$
\begin{bmatrix} y(0) \\ y(1) \\ \vdots \\ y(k) \end{bmatrix}
=
\begin{bmatrix}
u(0) & 0 & \cdots & 0 \\
u(1) & u(0) & & \\
\vdots & \vdots & \ddots & \vdots \\
u(k) & u(k-1) & \cdots & u(0)
\end{bmatrix}
\cdot
\begin{bmatrix} g(0) \\ g(1) \\ \vdots \\ g(k) \end{bmatrix}
\qquad (9.3.8)
$$

$$\boldsymbol{y}(k) = \boldsymbol{U}(k)\, \boldsymbol{g}(k)$$

gebracht werden. Durch Inversion der Matrix $\boldsymbol{U}(k)$ ergibt sich die „entfaltete" *Gewichtsfolge* (als Approximation der Gewichtsfunktion) in der vektoriellen Darstellung

$$\boldsymbol{g}(k) = \boldsymbol{U}^{-1}(k)\, \boldsymbol{y}(k). \qquad (9.3.9)$$

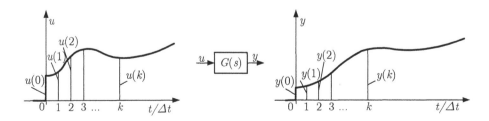

Bild 9.3.3. Beliebiges deterministisches Eingangssignal als Testsignal

Über diese Entfaltungstechnik und die gemäß Gl. (3.2.6a) erforderliche Integration

$$h(t) = \int\limits_0^t g(\tau)\,\mathrm{d}\tau$$

erhält man schließlich mit Hilfe der Gewichtsfolge $g(k)$ die gesuchte Übergangsfunktion in zeitnormierter diskreter Darstellung

$$h(k) = \sum_{\nu=0}^k g(\nu). \tag{9.3.10}$$

Es sei noch darauf hingewiesen, dass bei den Berechnungsverfahren zur direkten Lösung linearer Gleichungssysteme (z.B. Gauß'sches Verfahren, Verfahren nach Gauß-Banachiewicz, Verfahren nach Gauß-Jordan mit Pivotsuche oder Quadratwurzelverfahren nach Cholesky) gelegentlich numerische Schwierigkeiten wegen einer schlechten Kondition der zu invertierenden Matrix auftreten können.

9.3.2 Verfahren zur Identifikation anhand der Übergangsfunktion oder Gewichtsfunktion

Für die wichtigsten Klassen von Regelkreisgliedern mit verzögertem proportionalem und integralem Verhalten, also für sogenanntes PT_n- und IT_n-Verhalten sowie für einfaches schwingungsfähiges PT_2S-Verhalten (mit einem konjugiert komplexen Polpaar in der linken s-Halbebene) wurden in den vergangenen Jahren zahlreiche Analyseverfahren vorgeschlagen, um die Kennwerte einer gebrochenen rationalen Übertragungsfunktion mit und ohne Totzeit direkt aus einer vorgegebenen Übergangsfunktion oder Gewichtsfunktion zu ermitteln. Dabei spielen die grafo-analytischen Methoden, eine Kombination von grafischer und analytischer Auswertung, für die praktische Anwendung die wichtigste Rolle. Die meisten Verfahren sind für die direkte Auswertung der in der Praxis weitgehend auftretenden PT_n-Systeme zugeschnitten. Andererseits kann man sich aber IT_n-Systeme durch Integration aus PT_n-Systemen unmittelbar entstanden vorstellen. Dies bedeutet, dass nach Abspalten des Integralverhaltens – was grafisch sehr leicht durchzuführen ist – nur noch das verbleibende PT_n-Verhalten identifiziert werden muss.

9.3.2.1 *Wendetangenten- und Zeitprozentkennwerte-Verfahren*

Grundsätzlich geht man bei diesen Verfahren so vor, dass man versucht, eine vorgegebene Übergangsfunktion $h_0(t)$ durch bekannte einfache Übertragungsglieder anzunähern. Die Modellstruktur wird bei dieser Approximation im allgemeinen angenommen, und die darin enthaltenen Kenngrößen werden dann aus dem Verlauf der Übergangsfunktion bestimmt. Bei diesem Verfahren werden entweder sogenannte Zeitprozentkennwerte oder die Wendetangente von $h_0(t)$ benutzt. Als *Zeitprozentkennwerte* werden die Zeitpunkte t_m bezeichnet, in denen $h_0(t_m)/K$ einen bestimmten prozentualen Wert seines stationären Endwertes ($\hat{=}100\%$) erreicht hat, wobei K den Verstärkungsfaktor des Systems darstellt. Bei der Wendetangentenkonstruktion ergeben sich als Systemkennwerte die Verzugszeit T_u und die Anstiegszeit T_a.

Bei der früher meist benutzten einfachen Approximation nach Küpfmüller [Küp28]

$$G(s) = \frac{K\mathrm{e}^{-sT_\mathrm{t}}}{11 + sT} \tag{9.3.11}$$

werden die Parameter $T_\mathrm{t} = T_\mathrm{u}$ (Verzugszeit) und $T = T_\mathrm{a}$ (Anstiegszeit) mittels einer Wendetangentenkonstruktion aus der Übergangsfunktion entsprechend Bild 9.3.4 bestimmt.

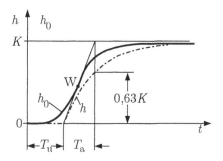

Bild 9.3.4. Küpfmüller-Approximation (W $\hat{=}$ Wendepunkt von $h_0(t)$, $K \hat{=}$ Verstärkungsfaktor)

Eine Verbesserung der Küpfmüller-Approximation wurde von Strejc [Str59] vorgeschlagen. Die Konstanten T_t und T werden dabei für Gl. (9.3.5) so bestimmt, dass – wie im Bild 9.3.5 dargestellt – die vorgegebene Übergangsfunktion $h_0(t)$ in 2 Punkten A$(h_1; t_1)$ und B$(h_2; t_2)$ geschnitten wird. A und B werden zweckmäßig so gewählt, dass sie vor und hinter dem Wendepunkt W der anzunähernden Übergangsfunktionen liegen. Der Verstärkungsfaktor K kann direkt aus dem stationären Endwert der Übergangsfunktion abgelesen werden. Mit der Approximation durch einen Modellansatz entsprechend Gl. (9.3.11) folgt für die Übergangsfunktion

$$h(t) = \begin{cases} 0 & \text{für } t < T_\mathrm{t} \\ K\left(1 - \mathrm{e}^{-(t-T_\mathrm{t})/T}\right) & \text{für } t \geq T_\mathrm{t}. \end{cases} \tag{9.3.12}$$

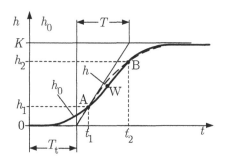

Bild 9.3.5. Zur Approximation nach Strejc

Daraus ergeben sich dann die Konstanten T und T_t aus den Koordinaten der beiden gewählten Punkte A und B nach den Beziehungen

$$T = \frac{t_2 - t_1}{\ln \dfrac{K - h_1}{K - h_2}}, \tag{9.3.13}$$

$$T_{\mathrm{t}} = T \ln \left(1 - \frac{h_\nu}{K}\right) + t_\nu; \qquad \nu = 1 \ \text{oder} \ 2. \tag{9.3.14}$$

Diese Annäherung ist bereits wesentlich günstiger als die von Küpfmüller vorgeschlagene. Im allgemeinen wird jedoch die Annäherung einer Übergangsfunktion höherer Ordnung durch eine solche 1. Ordnung mit Totzeit nicht befriedigen, da die Abweichungen vor allem im Anlaufbereich zu stark sind.

Liegt eine gemessene Übergangsfunktion vor, so kann aus dem Verhältnis $T_{\mathrm{a}}/T_{\mathrm{u}}$ der Wendetangentenkonstruktion (nach Bild 8.2.7) beurteilt werden, ob sie sich für eine *Approximation durch ein PT_2-Glied* mit der Übertragungsfunktion

$$G(s) = \frac{K}{(1 + T_1 s)(1 + T_2 s)} \tag{9.3.15}$$

eignet. Eine solche Approximation ist möglich, wenn $T_{\mathrm{a}}/T_{\mathrm{u}} \geq 9{,}64$ ist. Zwischen den Kenngrößen T_{a} und T_{u} einerseits und den Zeitkonstanten T_1 und T_2 andererseits besteht hierbei ein exakter Zusammenhang. Aus der zugehörigen Übergangsfunktion

$$h(t) = K \left[1 - \frac{T_1}{T_1 - T_2}\, \mathrm{e}^{-t/T_1} + \frac{T_2}{T_1 - T_2}\, \mathrm{e}^{-t/T_2}\right]; \qquad T_1 \neq T_2 \tag{9.3.16}$$

können die Wendetangente und somit auch die Größen

$$T_{\mathrm{a}} = T_1 \left[\frac{T_2}{T_1}\right]^{\frac{T_2}{T_2 - T_1}}$$

und

$$T_{\mathrm{u}} = \frac{T_1 T_2}{T_2 - T_1} \ln \frac{T_2}{T_1} - T_{\mathrm{a}} + T_1 + T_2$$

bestimmt werden. Mit $\mu = T_2/T_1$ folgt schließlich

$$\frac{T_{\mathrm{a}}}{T_1} = \mu^{\frac{\mu}{\mu - 1}} \tag{9.3.17}$$

$$\frac{T_{\mathrm{a}}}{T_{\mathrm{u}}} = \frac{1}{\mu^{\frac{-\mu}{\mu - 1}} \left[1 + \mu + \dfrac{\mu}{\mu - 1} \ln \mu\right] - 1}. \tag{9.3.18}$$

Mit Hilfe der in Tabelle 9.3.1 aufgeführten Werte bzw. des im Bild 9.3.6 dargestellten Nomogramms lassen sich aus $T_{\mathrm{a}}/T_{\mathrm{u}}$ die Größen T_1 und T_2 leicht berechnen.

Beispiel 9.3.1
Bei einer gemessenen Übergangsfunktion wurden die Werte $T_{\mathrm{a}} = 23\,\mathrm{s}$ und $T_{\mathrm{u}} = 2\,\mathrm{s}$ abgelesen. Aus $T_{\mathrm{a}}/T_{\mathrm{u}} = 11{,}5$ folgt $\mu = 0{,}33$ (oder $\mu = 3{,}0$). Somit ergibt sich durch Interpolation zur Tabelle 9.3.1 $T_{\mathrm{a}}/T_1 = 1{,}7$ (oder 5,2). Mit μ und T_{a} folgt schließlich $T_1 \approx 4{,}4\,\mathrm{s}$ und $T_2 \approx 13{,}3\,\mathrm{s}$. ∎

Tabelle 9.3.1 Zusammenhang zwischen T_a bzw T_u und T_1 und T_2 für ein PT2-Übertragungsglied

$\mu = T_2/T_1$	T_a/T_1	T_a/T_u
0,1	1,29	20,09
0,2	1,50	13,97
0,3	1,68	11,91
0,4	1,84	10,91
0,5	2,00	10,35
0,6	2,15	10,03
0,7	2,30	9,83
0,8	2,44	9,72
0,9	2,58	9,66
0,99	2,70	9,65
1,11	2,87	9,66
1,2	2,99	9,70
2,0	4,00	10,35
3,0	5,20	11,50
4,0	6,35	12,73
5,0	7,48	13,97
6,0	8,59	15,22
7,0	9,68	16,45
8,0	10,77	17,67
9,0	11,84	18,88
10,0	12,92	20,09

In manchen Fällen können aperiodische Übergangsfunktionen auch durch eine reine Totzeit T_t und ein PT2-Übertragungsglied gut approximiert werden.

Bei der *Approximation durch ein PT3-Glied* kann man in ähnlicher Weise die Wendetangentenkonstruktion anwenden. Diese Zusammenhänge sind von Schwarze [Sch62] untersucht worden. Dabei ergab sich, dass eine gute Annäherung durch

$$G(s) = \frac{K}{(1 + T_1 s)(1 + T_2 s)(1 + T_3 s)} \tag{9.3.19}$$

nur dann möglich ist, wenn $T_a/T_u \geq 4{,}59$ wird.

Ein Verfahren, das leicht anzuwenden ist und in vielen Fällen auch zu recht guten Approximationen führt, wurde von Thal-Larsen [TL56] entwickelt. Dabei wird eine *Approximation durch ein PT3Tt-Glied* mit

$$G(s) = \frac{K}{(1 + T_1 s)(1 + T_2 s)(1 + T_3 s)} \, \mathrm{e}^{-sT_t} \tag{9.3.20}$$

verwendet. Unter der Voraussetzung $T_2 = T_3 = \mu T_1$ erhält man mit speziellen Zeitprozentkennwerten der Übergangsfunktion aus den von Thal-Larsen entwickelten Diagrammen schließlich die gewünschten Systemkennwerte. Das rein formale Vorgehen ist in Tabelle 9.3.2 dargestellt.

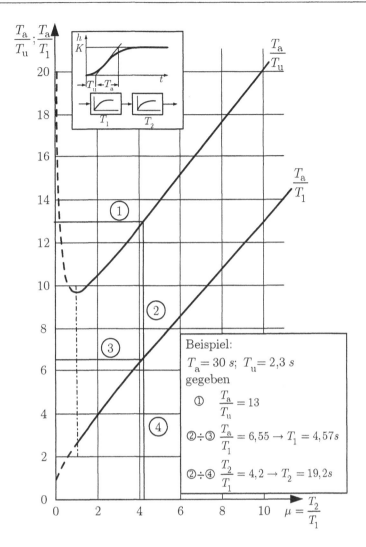

Bild 9.3.6. Nomogramm zur Umrechnung der Verzugszeit T_u und der Anstiegszeit T_a auf die Einzelzeitkonstanten T_1 und T_2

Beispiel 9.3.2
Aus der im Bild 9.3.7 dargestellten Übergangsfunktion werden folgende Zeitprozentkennwerte abgelesen:

$$t_{10} = 28{,}2\,\text{s}, \qquad t_{40} = 56{,}6\,\text{s}, \qquad t_{80} = 114\,\text{s}.$$

Damit ergibt sich mit Tabelle 9.3.2 im Schritt 1:

$$(t_{80} - t_{10})/(t_{40} - t_{10}) = 3{,}02.$$

Die Schritte 2 bis 5 liefern dann

$$\mu = 0{,}26$$

und

Tabelle 9.3.2 Praktische Durchführung der Kennwertermittlung nach Thal-Larsen

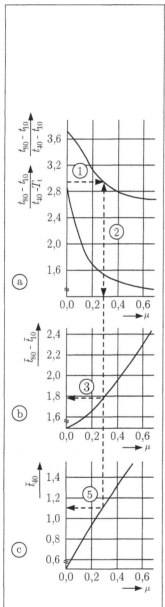

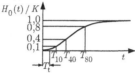

Die gemessene Übergangsfunktion $h_0(t)$ wird durch eine Übergangsfunktion 3. Ordnung mit den Zeitkonstanten T_1, $T_2 = T_3$ und der Totzeit T_t angenähert.
Die Werte $(t_{80} - t_{10})/(t_{40} - t_{10})$, $(t_{80} - t_{10})/(t_{40} - T_t)$, $(\bar{t}_{80} - \bar{t}_{10})$ sowie $\bar{t}_{40}$ sind in Abhängigkeit von μ in den Bildern (a) und (b) dargestellt, wobei gilt

$$\bar{t}_i = t_i/T \quad \text{und} \quad \mu = T_2/T_1.$$

Schritt 1:
Die Zeitprozentkennwerte t_{10}, t_{40} und t_{80} werden aus der gemessenen Übergangsfunktion abgelesen und der Quotient $(t_{80} - t_{10})/(t_{40} - t_{10})$ gebildet bzw. $(t_{80} - t_{10})/(t_{40} - T_t)$, sofern eine Totzeit berücksichtigt werden muss.

Schritt 2:
Mit den Werten aus Schritt 1 bestimmt man nach Bild (a) den Wert $T_2/T_1 = \mu$.
Schritt 3:
Mit den Werten für μ ist aus Bild (b) der Wert für $(\bar{t}_{80} - \bar{t}_{10})$ zu ermitteln.
Schritt 4:
Bestimmung von T_1 und $T_2 = T_3$ nach den Beziehungen

$$T_1 = (t_{80} - t_{10})/(\bar{t}_{80} - \bar{t}_{10})$$
$$T_2 = T_3 = \mu T_1.$$

Schritt 5:
Zur Kontrolle ist noch die Größe $\bar{t}_{40}$ mit μ zu bestimmen (Bild (c)), außerdem der Wert $t'_{40} = \bar{t}_{40}T_1$.
Schritt 6:
Falls t'_{40} und t_{40} nicht übereinstimmen, wird die Differenz $t_{40} - t'_{40}$ als Totzeit gedeutet.
Schritt 7:
Zur Auswahl und Kontrolle der optimalen Lösung ist für die Totzeit der Wert $(t_{80} - t_{10})/(t_{40} - T_t)$ ($\geq 1{,}385$) zu bilden und nach Bild (b) der Wert μ zu bestimmen. Dabei sollte stets die kleinstmögliche Totzeit gewählt werden, so dass μ noch abgelesen werden kann. Die optimale Lösung ergibt die beste Übereinstimmung mit dem μ-Wert aus Schritt 2.

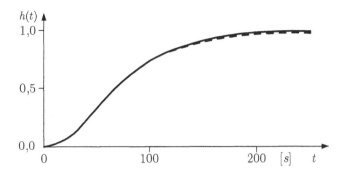

Bild 9.3.7. Zur Approximation nach Thal-Larsen für $(K = 1)$

$$\bar{t}_{80} - \bar{t}_{10} = 1{,}73$$

sowie

$$\bar{t} = 1{,}05.$$

Daraus errechnen sich die Werte

$$T_1 = (t_{80} - t_{10})/(\bar{t}_{80} - \bar{t}_{10}) = 85{,}8/1{,}73 = 49{,}6\,\text{s}$$
$$T_2 = T_3 = \mu T_1 = 0{,}26 \cdot 49{,}6 = 12{,}9\,\text{s}$$
$$t'_{40} = \bar{t}_{40} \cdot T_1 = 1{,}05 \cdot 49{,}6 = 52{,}0\,\text{s}.$$

Nach Schritt 6 ergibt sich eine Totzeit zu

$$T_t = t_{40} - t'_{40} = 56{,}6 - 52{,}0 = 4{,}6\,\text{s}.$$

Schritt 7 liefert mit

$$(t_{80} - t_{10})/(t_{40} - T_t) = 85{,}8/52{,}0 = 1{,}65$$

den Kontrollwert $\mu = 0{,}26$. Diese Lösung kann als optimal angesehen werden. Das Ergebnis ist ebenfalls im Bild 9.3.7 dargestellt. ∎

Die *Approximation durch ein PT_n-Glied* mit gleichen Zeitkonstanten $T_1 = T_2 = \ldots = T_n$ und der Übertragungsfunktion

$$G(s) = \frac{K}{(1 + Ts)^n} \tag{9.3.21}$$

führt auch im Zeitbereich zu einfachen Beziehungen. Für die Übergangsfunktion eines solchen Übertragungsgliedes erhält man

$$h(t) = K\left\{1 - \left[\sum_{\nu=0}^{n-1} \frac{(t/T)^\nu}{\nu!}\right] \mathrm{e}^{-t/T}\right\}. \tag{9.3.22}$$

Die Durchführung einer Wendetangentenkonstruktion [Str59] liefert für $K = 1$ die Beziehungen

$$\frac{T_a}{T} = \frac{(n-1)!}{(n-1)^{n-1}} \, e^{n-1} \qquad (9.3.23)$$

und

$$\frac{T_u}{T} = n - 1 - \frac{(n-1)!}{(n-1)^{n-1}} \left[e^{n-1} - \sum_{\nu=0}^{n-1} \frac{(n-1)^\nu}{\nu!} \right]. \qquad (9.3.24)$$

Die zahlenmäßige Auswertung dieser Beziehungen ist für $n = 1$ bis 10 in Tabelle 9.3.3 dargestellt.

Tabelle 9.3.3 Auswertung der Gln. (9.3.23) und (9.3.24)

n	T_a/T	T_u/T	T_a/T_u	Graphische Darstellung
1	1	0	∞	
2	2,718	0,282	9,65	
3	3,695	0,805	4,59	
4	4,463	1,425	3,13	
5	5,119	2,100	2,44	
6	5,699	2,811	2,03	
7	6,226	3,549	1,75	
8	6,711	4,307	1,56	
9	7,164	5,081	1,41	
10	7,590	5,869	1,29	

Dieses Approximationsverfahren liefert in jedem Fall befriedigende Ergebnisse, wenn das Verhältnis der größten zur kleinsten Zeitkonstante des wirklichen Übertragungssystems nicht größer als 2 ist.

Da die Wendetangentenkonstruktion oft nicht hinreichend genau durchgeführt werden kann, wird man in vielen Fällen lieber genauer ablesbare *Zeitprozentkennwerte* benutzen. Auch dann lässt sich eine Approximation entsprechend Gl. (9.3.21) bzw. (9.3.22) verwirklichen [Sch62]. Als Zeitprozentkennwerte t_m, z.B. t_{10}, t_{30}, t_{50}, t_{70} und t_{90}, wählt man die Zeitpunkte, zu denen 10 %, 30 %, ..., 90 % des Endwertes $h(\infty)/K$ erreicht sind. Damit gilt für die Werte t_m, T und n die Gleichung

$$\frac{100 - m}{100} = \left[\sum_{\nu=0}^{n-1} \frac{(1_m/T)^\nu}{\nu!} \right] e^{-t_m/T}, \qquad (9.3.25)$$

z.B. mit $m = 10, 30, 50, 70, 90$.

Diese Beziehungen ergeben sich unmittelbar aus Gl. (9.3.22) entsprechend der Definition der t_m-Werte. Hieraus lassen sich t_m/T und Quotienten davon, die nicht von T abhängen, bestimmen. Für $n = 1,2,\ldots,10$ wurden die Werte t_{10}/T, t_{30}/T, $\ldots$, t_{90}/T und die Quotienten t_{10}/t_{90}, t_{10}/t_{70}, t_{10}/t_{50}, t_{10}/t_{30}, t_{30}/t_{70} und t_{30}/t_{50} von Schwarze [Sch62] berechnet und in Diagrammen dargestellt (Bild 9.3.8).

Anhand eines aus der gegebenen Übergangsfunktion übermittelten Quotienten t_{10}/t_{90}, t_{10}/t_{70} usw. allein kann die Ordnung n abgeschätzt werden. Hiermit wird dann aus einer

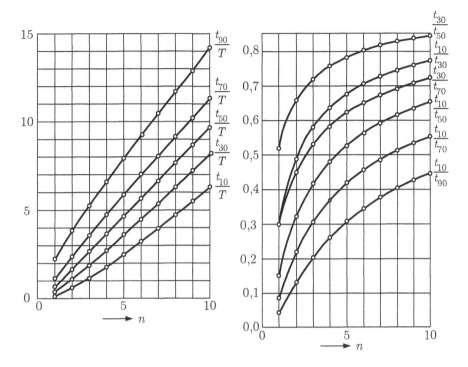

Bild 9.3.8. Zeitprozentkennwerte in Abhängigkeit von der Ordnung n

der Kurven t_m/T die Größe T bestimmt. Die weiteren Werte werden nicht benötigt, können aber zur Kontrolle mit herangezogen werden.

Beispiel 9.3.3
Aus einer Übergangsfunktion wurden die folgenden Werte abgelesen:

$$t_{10} = 28{,}2\,\text{s}; \quad t_{30} = 47{,}5\,\text{s}; \quad t_{50} = 67\,\text{s}; \quad t_{70} = 93{,}5\,\text{s}; \quad t_{90} = 149\,\text{s};$$

aus $t_{10}/t_{30} = 0{,}59$ folgt $n = 3$;
aus $t_{10}/T = 1{,}1$; $t_{30}/T = 1{,}91$; $t_{50}/T = 2{,}67$; $t_{70}/T = 3{,}62$; $t_{90}/T = 5{,}32$ erhält man als Mittelwert $T = 25{,}9\,\text{s}$. ∎

Sehr gute Ergebnisse liefert eine weitere Zeitprozent-Kennwertemethode, bei der die *Approximation mit einem PT_n-Glied mit zwei unterschiedlichen Zeitkonstanten*, also der Übertragungsfunktion

$$G(s) = \frac{K}{(1 + Ts)(1 + \mu\,Ts)^{n-1}}, \tag{9.3.26}$$

im Bereich $n = 1{,}2{,}\ldots 6$ und $1/20 \leq \mu \leq 20$ durchgeführt wird [Sch64]. Aus der von Gl. (9.3.26) ableitbaren Übergangsfunktion

$$h(t) = \mathscr{L}^{-1}\{G(s)/(Ks)\}$$

können für verschiedene Werte von n und μ die bezogenen Zeitprozentkennwerte t_m/T berechnet und in Diagrammen dargestellt werden. Es werden nun aus t_m/T wieder die von T unabhängigen Quotienten, z.B. t_m/t_{50} und t_m/t_{10} berechnet und ebenfalls in Diagrammen als Funktionen von n und μ dargestellt. Mit Hilfe dieser Diagramme und der aus der gegebenen Übergangsfunktion entnommenen Zeitprozentkennwerte t_m ($m = 10,50,90\ 95$) werden dann direkt die gesuchten Systemkennwerte n, μ und T bestimmt. Bezüglich der erforderlichen Diagramme muss auf die Originalarbeit [Sch64] verwiesen werden.

Neben diesen wohl am weitesten ausgearbeiteten Approximationen sind zahlreiche weitere vorgeschlagen worden. So verwendet z.B. Radtke [Rad66] zur Approximation die Übertragungsfunktion

$$G(s) = \frac{K}{\prod\limits_{i=1}^{n} \left(1 + \dfrac{T}{i}s\right)}, \qquad i = 1,2,\ldots,n \qquad (9.3.27)$$

bei der die Zeitkonstanten nach einer harmonischen Reihe gestaffelt sind. Hudzovic [Hud69] hat diesen Ansatz weiter verbessert und verwendet zur Approximation die Übertragungsfunktion

$$G(s) = \frac{K}{\prod\limits_{i=0}^{n-1} \left(1 + \dfrac{T}{1 + i \cdot r}s\right)}. \qquad (9.3.28)$$

Für die Werte von $n = 1,2,\ldots,7$ und $0 \leq r \leq -1$ wurden die Quotienten T/T_a und T_u/T_a der Übergangsfunktion berechnet und in einem Diagramm dargestellt, Bild 9.3.9. Aus der vorgegebenen Übergangsfunktion muss mit einer *Wendetangentenkonstruktion* die Größe T_u/T_a ermittelt werden. Der Schnittpunkt der Linie $T_u/T_a = $ const mit der n-Kurve niedrigster Ordnung liefert die Werte $-r$ und T/T_a.

Damit sind die Werte für n, r und T aus T_u und T_a bestimmt. Dieses Verfahren liefert, wie das nachfolgende Beispiel zeigt, ebenfalls schnell recht gute Ergebnisse.

Beispiel 9.3.4
Aus einer gemessenen Übergangsfunktion werden folgende Werte entnommen:

$$K = 1; \quad T_a = 21{,}2\,\text{s}; \quad T_u = 3{,}3\,\text{s}.$$

Zunächst bildet man das Verhältnis

$$T_u/T_a = 3{,}3/21{,}2 = 0{,}16$$

und bestimmt hiermit aus Bild 9.3.9 in den dort dargestellten Schritten 1 bis 3 die Werte

$$n = 3, \qquad r = -0{,}42, \qquad T/T_a = 0{,}09$$

und daraus

$$T = T_a \cdot 0{,}09 = 21{,}2 \cdot 0{,}09 \approx 2{,}0\,\text{s}.$$

Mit diesen Werten erhält man folgende Übertragungsfunktion

$$G(s) = \frac{1}{(1 + Ts)\left(1 + \dfrac{T}{1 + r}s\right)\left(1 + \dfrac{T}{1 + 2r}s\right)}$$

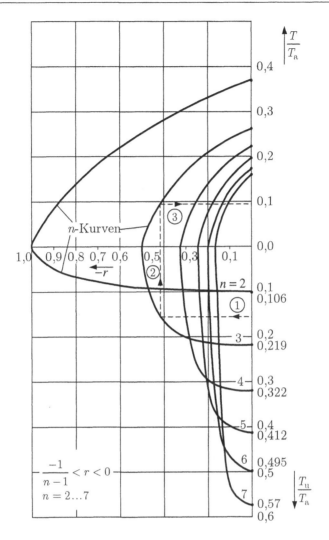

Bild 9.3.9. Zur Bestimmung der Kennwerte n, r und T der Gl. beim Verfahren nach Hudzovic

bzw.

$$G(s) = \frac{1}{(1 + 2s)\,(1 + 3,\!45s)\,(1 + 12,\!5s)}.$$

Bei den bisher behandelten Verfahren handelte es sich im wesentlichen um eine Approximation einer vorgegebenen Übergangsfunktion $h_0(t)$ unter Verwendung empirischer Kennwerte. Ähnliche Verfahren liegen auch zur Approximation der Gewichtsfunktion $g_0(t)$ vor [Git70], auf die hier aber nicht besonders eingegangen werden kann.

9.3.2.2   Weitere Verfahren

Die *Momentenmethode* [Bah54] geht gewöhnlich von dem vorgegebenen Verlauf der Gewichtsfunktion $g_0(t)$ aus, wobei für das zu identifizierende System ein Modell mit der Übertragungsfunktion

$$G(s) = \frac{b_0 + b_1 s + \ldots + b_m s^m}{a_0 + a_1 s + \ldots + s^n} \tag{9.3.29}$$

zugrunde gelegt wird. Der Zusammenhang zwischen $g_0(t)$ und $G(s)$ ist dann durch die Laplace-Transformation

$$G(s) = \mathscr{L}\{g_0(t)\} = \int\limits_0^\infty g_0(t)\, \mathrm{e}^{-st} \mathrm{d}t \tag{9.3.30}$$

gegeben. Die Taylor-Reihenentwicklung des in Gl. (9.3.30) enthaltenen Terms e^{-st} um den Punkt $st = 0$ liefert dann

$$G(s) = \int\limits_0^\infty \left[1 - st + \frac{(st)^2}{2!} - \frac{(st)^3}{3!} + - \ldots\right] g_0(t)\, \mathrm{d}t. \tag{9.3.31}$$

Daraus folgt

$$G(s) = \int\limits_0^\infty g_0(t)\, \mathrm{d}t - s\int\limits_0^\infty t\, g_0(t)\, \mathrm{d}t + \frac{2^2}{2!}\int\limits_0^\infty t^2 g_0(t)\, \mathrm{d}t - + \ldots . \tag{9.3.32}$$

Alle in Gl. (9.3.32) auftretenden Integrale können nun als Momente der Gewichtsfunktion aufgefasst werden, wobei jeweils nur eine numerische Integration über der „zeitbeschwerten" Gewichtsfunktion $t^i g_0(t)$ durchzuführen ist. Definiert man das i-te Moment der vorgegebenen Gewichtsfunktion als

$$M_i = \int\limits_0^\infty t^i g_0(t)\, \mathrm{d}t, \tag{9.3.33}$$

dann lässt sich Gl. (9.3.32) umschreiben in die Form

$$G(s) = M_0 - sM_1 + \frac{s^2}{2!} M_2 - \frac{s^3}{3!} M_3 + \ldots . \tag{9.3.34}$$

Aus Gl. (9.3.29) folgt dann durch Gleichsetzen mit Gl. (9.3.34)

$$\left(M_0 - sM_1 + \frac{s^2}{2!} M_2 - \frac{s^3}{3!} M_3 + - \ldots\right) \cdot (a_0 + a_1 s + \ldots + s^n) = (b_0 + b_1 s + \ldots + b_m s^m). \tag{9.3.35}$$

Durch Koeffizientenvergleich erhält man hieraus $(m + n + 1)$ algebraische Gleichungen, aus denen mit den zuvor berechneten Momenten M_i die zu identifizierenden Parameter $a_0, a_1, \ldots, a_{n-1}, b_0, b_1, \ldots, b_m$ leicht bestimmt werden können.

Beispiel 9.3.5
Wird $m = 1$ und $n = 2$ gewählt, so ergeben sich durch Ausmultiplizieren der der Gl. (9.3.35) entsprechenden Beziehung und anschließendem Koeffizientenvergleich die Beziehungen

$$
\begin{aligned}
M_0 a_0 &= b_0 \\
(-M_1 a_0 + M_0 a_1)\, s &= b_1 s \\
\left(\tfrac{M_2}{2!} a_0 - M_1 a_1 + M_0 \right) s^2 &= 0 \\
\left(-\tfrac{M_3}{3!} a_0 + \tfrac{M_2}{2!} a_1 - M_1 \right) s^3 &= 0
\end{aligned}
$$

woraus sich das Gleichungssystem zur Berechnung der gesuchten Modellparameter a_0, a_1, b_0 und b_1 in vektorieller Form direkt angeben lässt:

$$
\underbrace{\begin{bmatrix}
M_0 & 0 & -1 & 0 \\
-M_1 & M_0 & 0 & -1 \\
\dfrac{M_2}{2!} & -M_1 & 0 & 0 \\
-\dfrac{M_3}{3!} & \dfrac{M_2}{2!} & 0 & 0
\end{bmatrix}}_{M} \cdot
\underbrace{\begin{bmatrix} a_0 \\ a_1 \\ b_0 \\ b_1 \end{bmatrix}}_{p} =
\underbrace{\begin{bmatrix} 0 \\ 0 \\ -M_0 \\ M_1 \end{bmatrix}}_{m} .
$$

Nun braucht nur noch der gesuchte Parametervektor

$$
p = M^{-1} m
$$

berechnet werden. ∎

Die hier beschriebene Form der Momentenmethode lässt sich für lineare Systeme mit aperiodischem Verhalten anwenden und ist wegen der dabei durchgeführten Integration unempfindlich gegenüber hochfrequenten Störungen. Bei Auftreten von niederfrequenten Störungen empfiehlt sich jedoch eine erweiterte Version dieser Methode [Bol73].

Bei der sogenannten *Flächen-Methode* können die Koeffizienten eines speziellen Ansatzes für $G(s)$ aus einer mehrfachen Integration der vorgegebenen Übergangsfunktion $h_0(t)$ ermittelt werden [Lep72]. Bei der *Interpolations-Methode [Str68]* werden die $m + n + 1$ unbekannten Parameter der Übertragungsfunktion nach Gl. (9.3.29) so berechnet, dass die approximierende Übergangsfunktion $h(t)$ in $m + n + 1$ Punkten mit dem Verlauf der vorgegebenen Übergangsfunktion $h_0(t)$ übereinstimmt.

9.4 Systemidentifikation im Frequenzbereich

Nicht immer sind die im Abschnitt 9.3 behandelten Verfahren anwendbar; auch ist die mit ihnen erreichbare Genauigkeit manchmal nicht ausreichend. Allgemeiner anwendbar sind die Verfahren zur Identifikation im Frequenzbereich. Außerdem erhält man wesentlich genauere Übertragungsfunktionen, wenn beispielsweise der Frequenzgang des zu analysierenden Übertragungssystems in diskreten Werten – z.B. aus direkten Messungen oder Berechnungen gewonnen – vorliegt und nur eine Approximation desselben durchgeführt wird. Neben dem bereits im Abschnitt 4.3.3 behandelten klassischen Bodeschen Frequenz-kennlinienverfahren stehen zur Lösung dieser Approximationsaufgabe auch spezielle, sehr leistungsfähige Verfahren zur Verfügung [Unb66c]; [Str66].

9.4.1   Identifikation mit dem Frequenzkennlinien-Verfahren

Bei der Anwendung des Frequenzkennlinien-Verfahrens zur Identifikation eines Regel-kreisgliedes wird der vorgegebene, meist direkt gemessene Amplitudenverlauf in elemen-tare Standardübertragungsglieder (vgl. Tabelle 4.3.3) zerlegt, indem bei den kleinsten ω-Werten begonnen wird. Hier liegt gewöhnlich ein P- oder I-Verlauf vor. Die bei ei-ner solchen Approximation mit Standardübertragungsgliedern entstehenden Knickpunk-te und Winkel hängen – wie im Abschnitt 4.3.3 gezeigt wurde – mit den Kennwerten des Übertragungssystems direkt zusammen. Die gesuchte Übertragungsfunktion ergibt sich dann aus der Multiplikation der gefundenen Einzelübertragungsfunktionen.

Beispiel 9.4.1
Aus dem im Bild 9.4.1 dargestellten Amplitudengang ist das prinzipielle Vorgehen leicht ersichtlich. Dabei ergibt sich unmittelbar die Übertragungsfunktion anhand der Eckfre-quenzen des Amplitudenverlaufs zu

$$G(s) = \frac{15\left(1 + \dfrac{1}{0{,}33}s\right)}{\left(1 + \dfrac{1}{0{,}70}s\right)\left(1 + \dfrac{1}{2{,}1}s\right)\left(1 + \dfrac{1}{11{,}2}s\right)}. \tag{9.4.1}$$

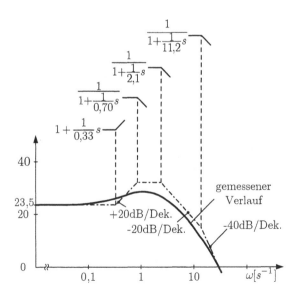

Bild 9.4.1. Zur Identifikation eines gemessenen Frequenzganges mit dem Frequenzkennlinien-verfahren

Das hier beschriebene Verfahren liefert allein durch die Approximation des Amplitudenganges die gesuchte Übertragungsfunktion. Da jedoch ein eindeutiger Zusammenhang zwischen dem Amplituden- und Phasengang nur bei Systemen mit minimalem Phasenverhalten gegeben ist (vgl. Abschnitt 4.3.5), kann dieses Verfahren nur eingeschränkt angewandt werden, da ja meist nie genau bekannt ist, ob ein Regelkreisglied mit minimalem oder nichtminimalem Phasenverhalten vorliegt. Diese Einschränkung besitzt das nachfolgend dargestellte Verfahren nicht.

9.4.2　Identifikation durch Approximation eines vorgegebenen Frequenzganges

Bei diesem Verfahren [Unb66c] wird der Verlauf der Ortskurve eines gemessenen oder aus anderen Daten berechneten Frequenzganges

$$G_0(\mathrm{j}\omega) = R_0(\omega) + \mathrm{j}I_0(\omega) \tag{9.4.2}$$

vorgegeben. (Anmerkung: $G_0(\mathrm{j}\omega)$ ist hier nicht zu verwechseln mit dem Frequenzgang eines offenen Regelsystems.) Es soll nun dazu eine gebrochen rationale, das zu identifizierende System kennzeichnende Übertragungsfunktion

$$G(s) = \frac{b_0 + b_1 s + \ldots + b_n s^n}{a_0 + a_1 s + \ldots + a_n s^n} \tag{9.4.3}$$

mit

$$a_\nu,\ b_\nu \text{ reell und } a_n \neq 0$$

ermittelt werden, die für $s = \mathrm{j}\omega$ die Ortskurve $G_0(\mathrm{j}\omega)$ „möglichst gut" annähert. Da z.B. über die Hilbert-Transformation, Gl. (4.3.77), ein eindeutiger Zusammenhang zwischen der Realteilfunktion $R(\omega)$ und der Imaginärteilfunktion $I(\omega)$ von $G(\mathrm{j}\omega)$ besteht, genügt es auch z.B., nur die gegebene Realteilfunktion $R_0(\omega)$ durch $R(\omega)$ zu approximieren. Damit wird automatisch auch $I(\omega)$ gewonnen. Somit gibt die gewonnene Übertragungsfunktion $G(s)$ für $s = \mathrm{j}\omega$ näherungsweise die Ortskurve $G_0(\mathrm{j}\omega)$ wieder.

Die praktische Durchführung dieser Approximationsaufgabe erfolgt durch eine konforme Abbildung der s-Ebene auf die w-Ebene mittels der Transformationsgleichung

$$w = \frac{\sigma_0^2 + s^2}{\sigma_0^2 - s^2} \quad \text{bzw. mit } s = \mathrm{j}\omega \quad w = \frac{\sigma_0^2 - \omega^2}{\sigma_0^2 + \omega^2}, \tag{9.4.4}$$

wobei der Frequenzbereich $0 \leq \omega \leq \infty$ in ein endliches Intervall $-1 \leq w \leq 1$ übergeht. Damit kann $R_0(\omega)$ mit gleichbleibenden Werten als $r_0(w)$ in der w-Ebene dargestellt werden, Bild 9.4.2, wobei die konstante Größe σ_0 so gewählt werden sollte, dass der wesentliche Frequenzbereich für $R_0(\omega)$ auch in der w-Ebene möglichst stark berücksichtigt wird.

Durch eine zweckmäßige Wahl von $2n + 1$ Kurvenpunkten von $r_0(w)$ kann für $r(w)$ der Ansatz

$$r(w) = \frac{c_0 + c_1 w + \ldots + c_n w^n}{1 + d_1 w + \ldots + d_n w^n} \tag{9.4.5}$$

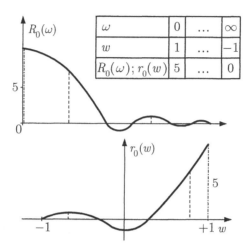

Bild 9.4.2. Zur Transformation von $R_0(\omega)$ in $r_0(w)$

gemacht werden, woraus durch Auflösung des zugehörigen linearen Gleichungssystems von $2n+1$ Gleichungen die Parameter $c_0, c_1, \ldots, c_n$ und $d_1, \ldots, d_n$ ermittelt werden können, da für die gewählten Punkte $r_0(w_\mu) = r(w_\mu)$ gilt.

Die Rücktransformation der nun bekannten Funktion $r(w)$ mittels der Gl. (9.4.4) liefert direkt den Realteil $R(\omega)$ der gesuchten Übertragungsfunktion $G(s)$ für $s = \mathrm{j}\omega$. Aus der Beziehung

$$R(\omega) = R\left(\frac{s}{\mathrm{j}}\right) \equiv H^*(s) = \frac{1}{2}[G(s) + G(-s)] \tag{9.4.6}$$

kann dann schließlich über eine Faktorisierung des Nennerpolynoms von $H^*(s)$ in ein Hurwitz-Polynom $D(s)$ und ein Anti-Hurwitz-Polynom $D(-s)$, also

$$H^*(s) = \frac{C_0 + C_1 s^2 + \ldots + C_n s^{2n}}{D_0 + D_1 s^2 + \ldots + D_n s^{2n}} = \frac{C(s^2)}{D(s)\,D(-s)}, \tag{9.4.7}$$

mit dem Ansatz

$$G(s) = \frac{b_0 + b_1 s + \ldots + b_n s^n}{D(s)} \tag{9.4.8}$$

und

$$D(s) = a_0 + a_1 s + \ldots + a_n s^n \tag{9.4.9}$$

direkt die Übertragungsfunktion $G(s)$ ermittelt werden. Dabei ergeben sich die Koeffizienten $b_\nu (\nu = 0, 1, \ldots, n)$ durch Koeffizientenvergleich der Gln. (9.4.6) und (9.4.7), sofern zuvor die Gln. (9.4.8) und (9.4.9) in Gl. (9.4.6) bzw. in Gl. (9.4.7) eingesetzt wurden.

Zweckmäßigerweise verwendet man zur praktischen Durchführung dieses Verfahrens einen Rechner. Die Struktur der gebrochen rationalen Übertragungsfunktion $G(s)$ wird dabei zunächst durch die im Ansatz nach Gl. (9.4.5) verwendeten $(2n+1)$ Kurvenpunkte bestimmt. Werden hierbei sehr viele Punkte gewählt, so nehmen die Koeffizienten höherer Ordnung in $G(s)$ automatisch sehr kleine Werte an und können somit vernachlässigt werden.

Dieses Verfahren liefert also neben den Parametern auch die Struktur von $G(s)$. Die erzielte Genauigkeit der Systembeschreibung ist sehr groß, wobei trotzdem die Ordnung von Zähler- und Nennerpolynom vergleichsweise niedrig bleibt, was gerade für die Weiterverarbeitung eines solchen mathematischen Modells sehr vorteilhaft ist. Die im Bild 9.4.3 dargestellte und approximierte Ortskurve zeigt die Ergebnisse der Anwendung dieses Verfahrens am Beispiel eines Wärmetauschers.

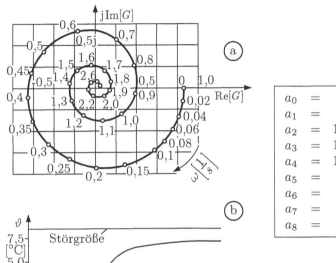

a_0	$=$	$1{,}00$	b_0	$=$	$0{,}850$
a_1	$=$	$5{,}48$	b_1	$=$	$-2{,}23$
a_2	$=$	$11{,}28$	b_2	$=$	$2{,}69$
a_3	$=$	$15{,}90$	b_3	$=$	$-2{,}03$
a_4	$=$	$12{,}70$	b_4	$=$	$0{,}992$
a_5	$=$	$8{,}35$	b_5	$=$	$-0{,}355$
a_6	$=$	$3{,}44$	b_6	$=$	$0{,}079$
a_7	$=$	$1{,}04$	b_7	$=$	$-0{,}016$
a_8	$=$	$0{,}226$	b_8	$=$	0

Bild 9.4.3. Approximation ($\circ$) einer vorgegebenen Ortskurve (a) und zugehörige Sprungantwort (b) eines Wärmetauschers, wobei die Systemparameter a_ν und b_ν das mathematische Modell gemäß Gl. (9.4.3) beschreiben

Im nachfolgend dargestellten sehr einfachen Beispiel soll der prinzipielle Ablauf des Verfahrens nochmals anschaulich erklärt werden.

Beispiel 9.4.2
Es sei $n = 1$ gewählt, dann wird

$$r(w) = \frac{c_0 + c_1 w}{1 + d_1 w}.$$

Sind durch die Lösung der beschriebenen einfachen Approximationsaufgabe die Parameter c_0, c_1 und d_1 ermittelt, so erfolgt mit

$$w = \frac{\sigma_0^2 + s^2}{\sigma_0^2 - s^2}$$

die Rücktransformation gemäß Gl. (9.4.6)

$$R(\omega) = R\left(\frac{s}{j}\right) = H^*(s) = \frac{c_0 + c_1 \dfrac{\sigma_0^2 + s^2}{\sigma_0^2 - s^2}}{1 + d_1 \dfrac{\sigma_0^2 + s^2}{\sigma_0^2 - s^2}}$$

und zusammengefasst

$$H^*(s) = \frac{(c_0 + c_1)\,\sigma_0^2 + (-c_0 + c_1)\,s^2}{(1 + d_1)\,\sigma_0^2 + (-1 + d_1)\,s^2}.$$

Abgekürzt folgt entsprechend Gl. (9.4.7)

$$H^*(s) = \frac{C_0 + C_1 s^2}{D_0 + D_1 s^2} = \frac{C(s^2)}{D(s)\,D(-s)} = \frac{1}{2}[G(s) + G(-s)]. \tag{9.4.10}$$

Mit dem Ansatz nach Gl. (9.4.8)

$$G(s) = \frac{b_0 + b_1 s}{D(s)}$$

und mit

$$D(s) = a_0 + a_1 s$$

gemäß Gl. (9.4.9) erhält man nun nach Einsetzen dieser beiden Beziehungen in Gl. (9.4.6)

$$H^*(s) = \frac{1}{2}\left[\frac{(b_0 + b_1 s)\,D(-s) + (b_0 - b_1 s)\,D(s)}{D(s)\,D(-s)}\right]. \tag{9.4.11}$$

Aus der Auflösung von

$$D_0 + D_1 s^2 = 0$$

ergeben sich die Wurzeln von $D(s)$ zu

$$s_{1,2} = \pm\sqrt{-D_0/D_1} = \pm\sigma_0\sqrt{\frac{1 + d_1}{1 - d_1}}.$$

Da aber

$$D(s) = k(s - s_1) = a_0 + a_1 s$$

ist, folgt schließlich nach Einsetzen der Wurzel und anschließendem Koeffizientenvergleich

$$a_1 = \sqrt{1 - d_1} \qquad \text{und} \qquad a_0 = \sigma_0\sqrt{1 + d_1}.$$

Zur Berechnung der Parameter b_0 und b_1 wird $D(s)$ in Gl. (9.4.11) eingesetzt. Dies liefert

$$H^*(s) = \frac{1}{2}\left[\frac{(b_0 + b_1 s)\,(a_0 - a_1 s) + (b_0 - b_1 s)\,(a_0 + a_1 s)}{D(s)\,D(-s)}\right]$$

oder ausmultipliziert

$$H^*(s) = \frac{a_0 b_0 - a_1 b_1 s^2}{D(s)\,D(-s)}. \tag{9.4.12}$$

Der Koeffizientenvergleich zwischen den Gln. (9.4.10) und (9.4.12) ergibt schließlich zwei Gleichungen für die zwei noch unbekannten Parameter b_0 und b_1:

$$C_0 = a_0 b_0$$
$$C_1 = -a_1 b_1.$$

Aufgelöst erhält man dann

$$b_0 = \frac{C_0}{a_0} = \frac{\sigma_0(c_0 + c_1)}{\sqrt{1 + d_1}} \qquad \text{und} \qquad b_1 = -\frac{C_1}{a_1} = \frac{c_0 - c_1}{\sqrt{1 + d_1}}.$$

9.5 Numerische Transformationsmethoden zwischen Zeit- und Frequenzbereich

Da bei der Identifikation von Regelkreisgliedern häufig der Übergang zwischen Zeit- und Frequenzbereich erforderlich ist, sollen nachfolgend – nach der Behandlung der notwendigen theoretischen Grundlagen – zwei Verfahren beschrieben werden, die die numerische Transformation vom Zeit- in den Frequenzbereich, insbesondere zwischen der Übergangsfunktion $h(t)$ und dem zugehörigen Frequenzgang $G(\mathrm{j}\omega)$, und umgekehrt gestatten.

9.5.1 Grundlegende theoretische Zusammenhänge

Wird ein Regelkreisglied durch eine Sprungfunktion der Höhe K^* erregt, dann erhält man die Sprungantwort $h^*(t)$ und somit gilt definitionsgemäß für die Übergangsfunktion

$$h(t) = \frac{h^*(t)}{K^*}. \tag{9.5.1}$$

Mit der $\mathscr{L}$-Transformierten von $h(t)$, also

$$H(s) = \int_0^\infty h(t)\,\mathrm{e}^{-st}\mathrm{d}t, \tag{9.5.2}$$

ergibt sich für die Übertragungsfunktion des betreffenden Regelkreisgliedes

$$G(s) = s\,H(s) = \frac{s}{K^*}\int_0^\infty h^*(t)\,\mathrm{e}^{-st}\mathrm{d}t. \tag{9.5.3}$$

Für $s = \mathrm{j}\omega$ erhält man aus $G(s)$ den Frequenzgang

$$G(\mathrm{j}\omega) = R(\omega) + \mathrm{j}I(\omega) \tag{9.5.4}$$

und aus

$$G(\mathrm{j}\omega) = \frac{\mathrm{j}\omega}{K^*}\int_0^\infty h^*(t)\,\mathrm{e}^{-\mathrm{j}\omega t}\mathrm{d}t \tag{9.5.5}$$

folgt dann für dessen Real- und Imaginärteil

$$R(\omega) = \frac{\omega}{K^*}\int_0^\infty h^*(t)\,\sin\omega t\,\mathrm{d}t, \tag{9.5.6}$$

$$I(\omega) = \frac{\omega}{K^*}\int_0^\infty h^*(t)\,\cos\omega t\,\mathrm{d}t. \tag{9.5.7}$$

Die numerische Auswertung dieser beiden Beziehungen, Gln. (9.5.6) und (9.5.7), ermöglicht die Berechnung des Frequenzganges aus dem vorgegebenen Verlauf einer gemessenen Sprungantwort $h^*(t)$.

Um umgekehrt die Berechnung der Übergangsfunktion $h(t)$ aus einem vorgegebenen, z.B. gemessenen Frequenzgang $G(\mathrm{j}\omega)$, durchzuführen, wird die $\mathscr{L}$-Transformierte von $h(t)$ dargestellt als Summe

$$H(s) = H_r(s) + H_n(s), \tag{9.5.8}$$

wobei die reguläre Teilfunktion $H_r(s)$ alle Pole von $H(s)$ in der linken s-Halbebene und die nichtreguläre Teilfunktion $H_n(s)$ alle Pole von $H(s)$ in der rechten s-Halbebene und auf der imaginären Achse enthält. Somit folgt für die Übergangsfunktion entsprechend Gl. (9.5.8)

$$h(t) = h_r(t) + h_n(t), \tag{9.5.9}$$

wobei stets

$$\lim_{t \to \infty} h_r(t) = 0 \tag{9.5.10}$$

gilt. Das Umkehrintegral, Gl. (4.1.2), liefert für die Übergangsfunktion gemäß Gl. (9.5.9)

$$h(t) = \frac{1}{2\pi\mathrm{j}} \int_{c-\mathrm{j}\omega}^{c+\mathrm{j}\infty} H_r(s)\,\mathrm{e}^{st}\mathrm{d}s + \frac{1}{2\pi\mathrm{j}} \int_{c-\mathrm{j}\infty}^{c+\mathrm{j}\infty} H_n(s)\,\mathrm{e}^{st}\mathrm{d}s, \tag{9.5.11}$$

wobei im ersten Integral der rechten Seite $c = 0$ gesetzt werden darf, da alle Pole von $H_r(s)$ in der linken s-Halbebene liegen. Speziell für $s = \mathrm{j}\omega$ erhält man dann

$$h_r(t) = \frac{1}{2\pi} \int_{-\infty}^{\infty} H_r(\mathrm{j}\omega)\,\mathrm{e}^{\mathrm{j}\omega t}\,\mathrm{d}\omega. \tag{9.5.12}$$

Setzt man in Gl. (9.5.12) Real- und Imaginärteil von

$$H_r(\mathrm{j}\omega) = R_r(\omega) + \mathrm{j}I_r(\omega) \tag{9.5.13}$$

ein, so folgt

$$h_r(t) = \frac{1}{2\pi} \int_{-\infty}^{\infty} [R_r(\omega)\cos\omega t - I_r(\omega)\sin\omega t]\,\mathrm{d}\omega +$$
$$+ \frac{\mathrm{j}}{2\pi} \int_{-\infty}^{\infty} [R_r(\omega)\sin\omega t + I_r(\omega)\cos\omega t]\,\mathrm{d}\omega. \tag{9.5.14}$$

Da $h_r(t)$ eine reelle Zeitfunktion ist, muss das zweite Integral zu Null werden. Dies ist tatsächlich der Fall, da stets $R(\omega)$ und somit auch $R_r(\omega)$ eine gerade und $I(\omega)$ bzw. $I_r(\omega)$ eine ungerade Funktion ist. Damit geht Gl. (9.5.14) über in

$$h_r(t) = \frac{1}{2\pi} \int_{-\infty}^{\infty} [R_r(\omega)\cos\omega t - I_r(\omega)\sin\omega t]\,\mathrm{d}\omega. \tag{9.5.15a}$$

Dieser Ausdruck lässt sich aufspalten in

$$h_r(t) = h_g(t) + h_u(t), \tag{9.5.15b}$$

also in einen Anteil

$$h_g(t) = \frac{1}{2\pi} \int\limits_{-\infty}^{\infty} R_r(\omega) \cos \omega t \, \mathrm{d}\omega = \frac{1}{2}[h_r(t) + h_r(-t)] \quad \text{für alle } t, \tag{9.5.16a}$$

der eine gerade Funktion der Zeit ist, und einen Anteil

$$h_u(t) = -\frac{1}{2\pi} \int\limits_{-\infty}^{\infty} I_r(\omega) \sin \omega t \, \mathrm{d}\omega = \frac{1}{2}[h_r(t) - h_r(-t)] \quad \text{für alle } t, \tag{9.5.16b}$$

der eine ungerade Funktion der Zeit ist. Setzt man voraus, dass $h_r(t) = 0$ für $t < 0$ bzw. $h_r(-t) = 0$ für $t > 0$ ist, so folgt aus den Gln. (9.5.16a) und (9.5.16b)

$$h_g(t) = \frac{1}{2}h_r(t) \quad \text{für} \quad t > 0 \tag{9.5.17a}$$

und

$$h_u(t) = \frac{1}{2}h_r(t) \quad \text{für} \quad t > 0. \tag{9.5.17b}$$

Somit lässt sich $h_r(t)$ gemäß Gl. (9.5.15b) und unter Verwendung der Gln. (9.5.16) und (9.5.17) auf zwei verschiedene Arten berechnen:

$$h_r(t) = 2h_g(t) = \frac{1}{\pi} \int\limits_{-\infty}^{\infty} R_r(\omega) \cos \omega t \, \mathrm{d}\omega = \frac{2}{\pi} \int\limits_{0}^{\infty} R_r(\omega) \cos \omega t \, \mathrm{d}\omega \tag{9.5.18}$$

oder

$$h_r(t) = 2h_u(t) = -\frac{1}{\pi} \int\limits_{-\infty}^{\infty} I_r(\omega) \sin \omega t \, \mathrm{d}\omega = -\frac{2}{\pi} \int\limits_{0}^{\infty} I_r(\omega) \sin \omega t \, \mathrm{d}\omega. \tag{9.5.19}$$

Für die weiteren Betrachtungen wird nun vorausgesetzt, dass $G(s)$ in der ganzen rechten s-Halbebene und auf der imaginären Achse (einschließlich dem Koordinatenursprung) keine Pole besitze. Es erfolgt also eine Beschränkung auf Regelkreisglieder mit P-Verhalten. (Nebenbei sei angemerkt, dass bei Regelkreisgliedern mit I-Verhalten der I-Anteil im Frequenzgang meist eliminiert werden kann, so dass obige Voraussetzung keine wesentliche Einschränkung darstellt). Unter dieser Voraussetzung folgt aus dem Endwertsatz der $\mathscr{L}$-Transformation, Gl. (4.1.21),

$$\lim_{t \to \infty} h(t) = \lim_{s \to 0} s\, H(s) = \lim_{s \to 0} G(s) = G(0). \tag{9.5.20}$$

Da für

$$H(s) = \frac{G(s)}{s} \tag{9.5.21}$$

gilt, besitzt aufgrund obiger Annahme über $G(s)$ die Funktion $H(s)$ die nichtreguläre Teilfunktion

$$H_n(s) = \frac{G(0)}{s}. \tag{9.5.22}$$

Durch Einsetzen der Gln. (9.5.21) und (9.5.22) in Gl. (9.5.8) ergibt sich für die reguläre Teilfunktion

$$H_r(s) = \frac{G(s) - G(0)}{s}. \tag{9.5.23}$$

Wird wiederum $s = j\omega$ gesetzt, dann erhält man den Frequenzgang $G(j\omega)$ mit seinem Real- und Imaginärteil, also

$$G(j\omega) = R(\omega) + jI(\omega).$$

Damit folgt aus Gl. (9.5.23) mit den Real- und Imaginärteilen $R_r(\omega)$ und $I_r(\omega)$ von $G_r(j\omega)$ die Beziehung

$$R_r(\omega) + jI_r(\omega) = \frac{I(\omega)}{\omega} + j\frac{R(0) - R(\omega)}{\omega}. \tag{9.5.24}$$

Durch Koeffizientenvergleich ergibt sich hieraus

$$R_r(\omega) = \frac{I(\omega)}{\omega} \tag{9.5.25}$$

$$I_r(\omega) = \frac{R(0) - R(\omega)}{\omega}. \tag{9.5.26}$$

Werden diese Beziehungen in die Gln. (9.5.18) und (9.5.19) eingesetzt, dann erhält man aus Gl. (9.5.18)

$$h_r(t) = \frac{2}{\pi} \int_0^\infty \frac{I(\omega)}{\omega} \cos \omega t \, d\omega \tag{9.5.27}$$

oder bei Beachtung von

$$\frac{2}{\pi} \int_0^\infty \frac{\sin \omega t}{\omega} d\omega = 1$$

aus Gl. (9.5.19)

$$h_r(t) = -R(0) + \frac{2}{\pi} \int_0^\infty \frac{R(\omega)}{\omega} \sin \omega t \, d\omega. \tag{9.5.28}$$

Die inverse $\mathscr{L}$-Transformation von Gl. (9.5.22) liefert als nichtregulären Teil von $h(t)$ direkt die Funktion

$$h_n(t) = G(0)\,\sigma(t) = R(0)\,\sigma(t), \tag{9.5.29}$$

wobei $\sigma(t)$ die Einheitssprungfunktion nach Gl. (3.2.1) darstellt. Schließlich folgt aus Gl. (9.5.9) mit den Gln. (9.5.27) bis (9.5.29) als endgültige Transformationsbeziehung zwischen der Übergangsfunktion $h(t)$ und dem Frequenzgang $G(j\omega) = R(\omega) + jI(\omega)$ eines Regelsystems

$$h(t) = R(0) + \frac{2}{\pi} \int_0^\infty \frac{I(\omega)}{\omega} \cos \omega t \, d\omega, \qquad t > 0 \tag{9.5.30}$$

oder

$$h(t) = \frac{2}{\pi} \int_0^\infty \frac{R(\omega)}{\omega} \sin \omega t \, d\omega, \qquad t > 0. \tag{9.5.31}$$

9.5.2 Berechnung des Frequenzganges aus der Sprungantwort

Zur exakten Auswertung der Gln. (9.5.6) und (9.5.7) müsste die Sprungantwort $h^*(t)$ in analytischer Form vorliegen. Dies ist jedoch bei der experimentellen Identifikation nicht der Fall. Allerdings besteht die Möglichkeit, den Frequenzgang als Näherung punktweise für verschiedene ω-Werte durch numerische Auswertung der beiden Gln. (9.5.6) und (9.5.7) zu bestimmen. Dieser Weg soll hier jedoch nicht beschritten werden; vielmehr wird ein Verfahren [Unb66b] beschrieben, das wohl auf dasselbe Ergebnis führt, dessen Herleitung aber nicht die direkte Auswertung der Gln. (9.5.6) und (9.5.7) erfordert.

Zunächst wird der grafisch vorgegebene Verlauf der Sprungantwort $h^*(t)$, die sich für $t \to \infty$ asymptotisch einer Geraden mit beliebig endlicher Steigung nähert, in N äquidistanten Zeitintervallen der Größe Δt durch einen Geradenzug $\tilde{h}(t)$ entsprechend Bild 9.5.1 approximiert. Dabei stellt $t_N = N\Delta t$ diejenige Zeit dar, nach der die Sprungantwort $h^*(t)$ nur noch hinreichend kleine Abweichungen von der asymptotischen Geraden für $t \to \infty$ aufweist.

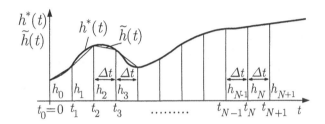

Bild 9.5.1. Annäherung der Sprungantwort $h^*(t)$ durch einen Geradenzug $\tilde{h}(t)$

Die beiden bei $t = t_\nu = \nu\Delta t$ aufeinander folgenden Teile des approximierenden Geradenzuges $\tilde{h}(t)$ haben gemäß Bild 9.5.2 (a) die Steigung

$$b_\nu^* = \frac{h_\nu - h_{\nu-1}}{\Delta t} \tag{9.5.32}$$

und

$$b_{\nu+1}^* = \frac{h_{\nu+1} - h_\nu}{\Delta t}. \tag{9.5.33}$$

Setzt man das Geradenstück von $\tilde{h}(t)$ des Intervalls $t_{\nu-1} \le t \le t_\nu$ für $t > t_\nu$ fort, so lässt sich $\tilde{h}(t)$ im nächstfolgenden Intervall $t_\nu \le t \le t_{\nu+1}$ durch Superposition dieser fortgesetzten Geraden mit einer „Knickgeraden" $r_\nu(t)$ darstellen. Diese Knickgerade gemäß Bild 9.5.2 (b) erfüllt die Bedingung

$$r_{\nu(t)} = \begin{cases} 0 & \text{für } t \le t_\nu \\ \beta_\nu(t - t_\nu) & \text{für } t \ge t_\nu \end{cases} \quad \text{für} \quad \nu = 0,1 \ldots,N, \tag{9.5.34}$$

wobei die Steigung β_ν sich aus der Differenz der Steigungen b_ν^* und $b_{\nu+1}^*$ ergibt:

$$\beta_\nu = \begin{cases} \frac{h_{\nu-1} - 2h_\nu + h_{\nu+1}}{\Delta t} & \text{für } \nu = 1,2,\ldots N \\ \frac{h_1 - h_0}{\Delta t} & \text{für } \nu = 0 . \end{cases} \tag{9.5.35}$$

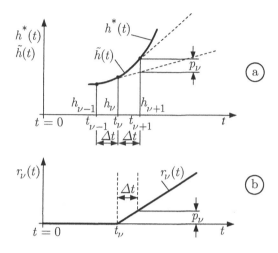

Bild 9.5.2. Zur Bildung der „Knickgeraden"$r_\nu(t)$

Für die weiteren Betrachtungen wird in Gl. (9.5.35) die Abkürzung

$$p_\nu = \begin{cases} h_{\nu-1} - 2h_\nu + h_{\nu+1} & \text{für } \nu = 1,2,\ldots N \\ h_1 - h_0 & \text{für } \nu = 0 \end{cases} \tag{9.5.36}$$

eingeführt.

Die im Bild 9.5.2 (b) dargestellte Knickgerade $r_\nu(t)$ kann im Sinne der Regelungstechnik als Antwort eines Übertragungssystems auf das sprungförmige Eingangssignal der Höhe K^* angesehen werden. Dann stellt $r_\nu(t)$ eine nach der Totzeit $t_\nu = \nu\Delta t$ einsetzende Anstiegsfunktion mit der Zeitkonstanten $K^*\Delta t/p_\nu$ dar. Das dynamische Verhalten eines solchen Übertragungssystems wird bekanntlich durch die Übertragungsfunktion

$$\tilde{G}_\nu(s) = \frac{1}{K^*} \frac{p_\nu}{\Delta t} \frac{1}{s}\, e^{-s\nu\Delta t} \tag{9.5.37}$$

beschrieben.

Die Approximation des gesamten Verlaufs der Sprungantwort $h^*(t)$ kann durch Überlagerung der zuvor definierten Knickfunktionen $r_\nu(t)$ und der Größe h_0 gemäß Bild 9.5.3, also durch

$$h^*(t) \approx h_0 + \sum_{\nu=0}^{N} r_\nu(t), \tag{9.5.38}$$

erfolgen. Entsprechend liefert die Überlagerung der zugehörigen Teilübertragungsfunktionen gemäß Gl. (9.5.37) und dem P-Verhalten für h_0 näherungsweise die Übertragungsfunktion des zu $h^*(t)$ gehörigen Gesamtsystems:

$$G(s) \approx \frac{h_0}{K^*} + \sum_{\nu=0}^{N} \tilde{G}_\nu(s). \tag{9.5.39}$$

Mit Gl. (9.5.37) folgt dann

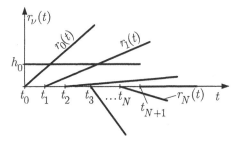

Bild 9.5.3. Approximation der Sprungantwort $h^*(t)$ durch „Knickgeraden" $r_\nu(t)$ mit $\nu = 0,1,2,\ldots,N$

$$G(s) \approx \frac{1}{K^*}\left[h_0 + \frac{1}{s}\sum_{\nu=0}^{N}\frac{p_\nu}{\Delta t}\,\mathrm{e}^{-s\nu\Delta t}\right]. \tag{9.5.40}$$

Für den Übergang auf den Frequenzgang wird $s = \mathrm{j}\omega$ gesetzt, und nach elementarer Umformung folgt aus Gl. (9.5.40) schließlich

$$G(\mathrm{j}\omega) \approx \frac{1}{K^*}\left\{h_0 - \frac{1}{\omega\Delta t}\sum_{\nu=0}^{N}p_\nu[\sin(\omega\nu\Delta t) + \mathrm{j}\cos(\omega\nu\Delta t)]\right\}. \tag{9.5.41}$$

Die Zerlegung von $G(\mathrm{j}\omega)$ in Real- und Imaginärteil ergibt dann:

$$R(\omega) \approx \frac{1}{K^*}\left[h_0 - \frac{1}{\omega\Delta t}\sum_{\nu=0}^{N}p_\nu \sin(\omega\nu\Delta t)\right] \tag{9.5.42}$$

und

$$I(\omega) \approx \frac{1}{K^*}\frac{1}{\omega\Delta t}\sum_{\nu=0}^{N}p_\nu \cos(\omega\nu\Delta t). \tag{9.5.43}$$

Mit diesen beiden numerisch leicht auswertbaren Beziehungen stehen somit approximative Lösungen für die Gln. (9.5.6) und (9.5.7) zur Verfügung.

9.5.3 Erweiterung des Verfahrens zur Berechnung des Frequenzganges für nichtsprungförmige Testsignale

Stellt das Testsignal $u(t)$ zur Erregung der Eingangsgröße des zu identifizierenden Regelkreisgliedes kein sprungförmiges Signal dar, dann lässt sich das zuvor beschriebene Verfahren in einer erweiterten Form ebenfalls zur Berechnung des Frequenzganges anwenden. Zu diesem Zweck wird ein „fiktives" Übertragungsglied, dessen Eingangsgröße man sich durch einen Einheitssprung erregt denkt, in Reihe vor das zu identifizierende Regelkreisglied geschaltet (Bild 9.5.4). Die beiden Signale $u(t)$ und $y(t)$ müssen dabei nur die Bedingung erfüllen, dass sie für $t > 0$ eine endliche Steigung aufweisen und für $t \to \infty$ asymptotisch in eine Gerade mit beliebiger endlicher Steigung übergehen. Der gesuchte Frequenzgang $G(\mathrm{j}\omega)$ ergibt sich mit den im Bild 9.5.4 dargestellten Definitionen zu

$$G(j\omega) = \frac{Y(j\omega)}{U(j\omega)} = \frac{G_y(j\omega)}{G_u(j\omega)}. \tag{9.5.44}$$

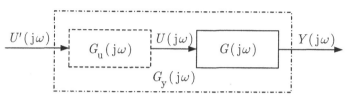

Bild 9.5.4. Erzeugung eines beliebigen Testsignals $u(t)$ durch ein vorgeschaltetes „fiktives" Übertragungsglied mit dem Frequenzgang $G_u(j\omega)$ und sprungförmiger Erregung $u'(t) = \sigma(t)$

Da sowohl $G_y(j\omega)$ als auch $G_u(j\omega)$ die Frequenzgänge zweier sprungförmig erregter (fiktiver) Übertragungsglieder darstellen, lässt sich $G(j\omega)$ anhand von Gl. (9.5.44) durch zweimaliges Anwenden des zuvor beschriebenen Verfahrens berechnen. Unter Verwendung der Gl. (9.5.40) folgt somit für den gesuchten Frequenzgang gemäß Gl. (9.5.44)

$$G(j\omega) \approx \frac{y_0 - \dfrac{1}{\omega \Delta t} \sum_{\nu=0}^{N} p_\nu e^{-j(\omega\nu\Delta t - \pi/2)}}{u_0 - \dfrac{1}{\omega \Delta t'} \sum_{\mu=0}^{N} q_\mu e^{-j(\omega\mu\Delta t' - \pi/2)}}. \tag{9.5.45}$$

Dabei wird gemäß Bild 9.5.5 das Eingangssignal $u(t)$ in M, das Ausgangssignal $y(t)$ in N äquidistante Zeitintervalle der Länge Δt bzw. $\Delta t'$ unterteilt und die zugehörigen Ordinatenwerte u_μ und y_ν werden abgelesen. Aus diesen Werten werden die Koeffizienten

$$
\begin{aligned}
p_\nu &= y_{\nu-1} - 2y_\nu + y_{\nu+1} && \text{für} && \nu = 1,\dots,N \\
p_0 &= \phantom{y_{\nu-1} - 2}y_1 - y_0 && \text{für} && \nu = 0 \\
q_\mu &= u_{\mu-1} - 2u_\mu + u_{\mu+1} && \text{für} && \mu = 1,\dots,M \\
q_0 &= \phantom{u_{\mu-1} - 2}u_1 - u_0 && \text{für} && \mu = 0
\end{aligned}
$$

gebildet. Dabei ist noch zu beachten, dass die beiden letzten Ordinatenwerte, also u_M und u_{M+1} bzw. y_N und y_{N+1}, bereits auf der jeweiligen asymptotischen Geraden des Signalverlaufs für $t \to \infty$ liegen sollten.

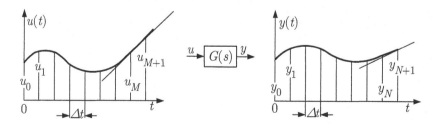

Bild 9.5.5. Zur Berechnung des Frequenzganges aus gemessenem Ein- und Ausgangssignal

Für verschiedene häufig verwendete Testsignale sind die aus Gl. (9.5.45) resultierenden Ergebnisse in der Tabelle 9.5.1 zusammengestellt [Unb68]. Dementsprechend müssen nur die bei den jeweiligen Testsignalen sich ergebenden Werte y_ν des Antwortsignals in die betreffenden Gleichungen eingesetzt werden, um den Real- und Imaginärteil des gesuchten Frequenzganges $G(\mathrm{j}\omega)$ zu berechnen.

Tabelle 9.5.1: Frequenzgangberechnung mit Testsignalen

Testsignal $u(t)$	Frequenzgang $G(\mathrm{j}\omega) = \mathrm{Re}(\omega) + \mathrm{jIm}(\omega)$, wobei $p_\nu = y_{\nu-1} - 2y_\nu + y_{\nu+1}$ ist
Sprung 	$\mathrm{Re}(\omega) = \left[y_0 - \dfrac{1}{\omega\Delta t}\sum_{\nu=0}^{N} p_\nu \sin(\omega\nu\Delta t) \right] \dfrac{1}{K^*}$ $y_\nu \equiv h_\nu$ $\mathrm{Im}(\omega) = -\dfrac{1}{\omega\Delta t}\sum_{\nu=0}^{N} p_\nu \cos(\omega\nu\Delta t)\,\dfrac{1}{K^*}$
Rechteckimpuls 	$\mathrm{Re}(\omega) = \dfrac{y_0 \sin\dfrac{\omega T_\mathrm{p}}{2} - \dfrac{1}{\omega\Delta t}\sum\limits_{\nu=0}^{N} p_\nu \cos\omega\!\left(\nu\Delta t - \dfrac{T_\mathrm{p}}{2}\right)}{2K^* \sin\dfrac{\omega T_\mathrm{p}}{2}}$ $\mathrm{Im}(\omega) = \dfrac{-y_0 \cos\dfrac{\omega T_\mathrm{p}}{2} - \dfrac{1}{\omega\Delta t}\sum\limits_{\nu=0}^{N} p_\nu \sin\omega\!\left(\nu\Delta t - \dfrac{T_\mathrm{p}}{2}\right)}{2K^* \sin\dfrac{\omega T_\mathrm{p}}{2}}$
Dreieckimpuls 	$\mathrm{Re}(\omega) = \dfrac{y_0 \sin\dfrac{\omega T_\mathrm{p}}{2} - \dfrac{1}{\omega\Delta t}\sum\limits_{\nu=0}^{N} p_\nu \cos\omega\!\left(\nu\Delta t - \dfrac{T_\mathrm{p}}{2}\right)}{\dfrac{8K^*}{\omega T_\mathrm{p}} \sin^2\dfrac{\omega T_\mathrm{p}}{4}}$ $\mathrm{Im}(\omega) = \dfrac{-y_0 \sin\dfrac{\omega T_\mathrm{p}}{2} - \dfrac{1}{\omega\Delta t}\sum\limits_{\nu=0}^{N} p_\nu \cos\omega\!\left(\nu\Delta t - \dfrac{T_\mathrm{p}}{2}\right)}{\dfrac{8K^*}{\omega T_\mathrm{p}} \sin^2\dfrac{\omega T_\mathrm{p}}{4}}$
Trapezimpuls 	$\mathrm{Re}(\omega) = \dfrac{y_0 \sin\dfrac{\omega T_\mathrm{p}}{2} - \dfrac{1}{\omega\Delta t}\sum\limits_{\nu=0}^{N} p_\nu \cos\omega\!\left(\nu\Delta t - \dfrac{T_\mathrm{p}}{2}\right)}{\dfrac{1}{a}\cdot\dfrac{4K^*}{\omega T_\mathrm{p}} \sin\!\left(\dfrac{\omega T_\mathrm{p}}{2}a\right)\sin\!\left[\dfrac{\omega T_\mathrm{p}}{2}(1-a)\right]}$ $\mathrm{Im}(\omega) = \dfrac{-y_0 \cos\dfrac{\omega T_\mathrm{p}}{2} + \dfrac{1}{\omega\Delta t}\sum\limits_{\nu=0}^{N} p_\nu \sin\omega\!\left(\nu\Delta t - \dfrac{T_\mathrm{p}}{2}\right)}{\dfrac{1}{a}\cdot\dfrac{4K^*}{\omega T_\mathrm{p}} \sin\!\left(\dfrac{\omega T_\mathrm{p}}{2}a\right)\sin\!\left[\dfrac{\omega T_\mathrm{p}}{2}(1-a)\right]}$

Fortsetzung von **Tabelle 9.5.1**

Testsignal $u(t)$	Frequenzgang $G(\mathrm{j}\omega) = \mathrm{Re}(\omega) + \mathrm{jIm}(\omega)$, wobei $p_\nu = y_{\nu-1} - 2y_\nu + y_{\nu+1}$ ist
Rampe	$$\mathrm{Re}(\omega) = \frac{\dfrac{\omega T_{\mathrm{p}}}{2}}{K^*\sin\dfrac{\omega T_{\mathrm{p}}}{2}}\left[y_0\cos\frac{\omega T_{\mathrm{p}}}{2} - \frac{1}{\omega\Delta t}\sum_{\nu=0}^{N}p_\nu\sin\omega\left(\nu\Delta t - \frac{T_{\mathrm{p}}}{2}\right)\right]$$ $$\mathrm{Im}(\omega) = \frac{\dfrac{\omega T_{\mathrm{p}}}{2}}{K^*\sin\dfrac{\omega T_{\mathrm{p}}}{2}}\left[y_0\sin\frac{\omega T_{\mathrm{p}}}{2} - \frac{1}{\omega\Delta t}\sum_{\nu=0}^{N}p_\nu\cos\omega\left(\nu\Delta t - \frac{T_{\mathrm{p}}}{2}\right)\right]$$
Verzögerung 1.Ordnung	$$\mathrm{Re}(\omega) = \frac{1}{K^*}\left(y_0 - \frac{1}{\omega\Delta t}\left[\sum_{\nu=0}^{N}p_\nu\sin(\omega\nu\Delta t) - \right.\right.$$ $$\left.\left.-\omega T_{\mathrm{p}}\sum_{\nu=0}^{N}p_\nu\cos(\omega\nu\Delta t)\right]\right)$$ $$\mathrm{Im}(\omega) = \frac{1}{K^*}\left(y_0\omega T - \frac{1}{\omega\Delta t}\left[\sum_{\nu=0}^{N}p_\nu\cos(\omega\nu\Delta t) - \right.\right.$$ $$\left.\left.-\omega T_{\mathrm{p}}\sum_{\nu=0}^{N}p_\nu\sin(\nu\omega\Delta t)\right]\right)$$
Cosinusimpuls	$$\mathrm{Re}(\omega) = \frac{1-\left(\dfrac{\omega T_{\mathrm{p}}}{2\pi}\right)^2}{K^*\sin\dfrac{\omega T_{\mathrm{p}}}{2}}\left[y_0\sin\frac{\omega T_{\mathrm{p}}}{2} - \frac{1}{\omega\Delta t}\sum_{\nu=0}^{N}p_\nu\cos\omega\left(\nu\Delta t - \frac{T_{\mathrm{p}}}{2}\right)\right]$$ $$\mathrm{Im}(\omega) = \frac{1-\left(\dfrac{\omega T_{\mathrm{p}}}{2\pi}\right)^2}{K^*\sin\dfrac{\omega T_{\mathrm{p}}}{2}}\left[-y_0\cos\frac{\omega T_{\mathrm{p}}}{2} + \frac{1}{\omega\Delta t}\sum_{\nu=0}^{N}p_\nu\sin\omega\left(\nu\Delta t - \frac{T_{\mathrm{p}}}{2}\right)\right]$$
Anstiegsfunktion	$$\mathrm{Re}(\omega) = \frac{\omega T_{\mathrm{p}}}{K^*}\cdot\frac{1}{\omega\Delta t}\cdot\sum_{\nu=0}^{N}p_\nu\cos(\omega\nu\Delta t)$$ $$\mathrm{Im}(\omega) = \frac{\omega T_{\mathrm{p}}}{K^*}\left[y_0 - \frac{1}{\omega\Delta t}\cdot\sum_{\nu=0}^{N}p_\nu\sin(\omega\nu\Delta t)\right]$$

9.5.4 Berechnung der Übergangsfunktion aus dem Frequenzgang

Geht man von der Darstellung des Frequenzganges $G(\mathrm{j}\omega)$ durch seinen Realteil $R(\omega)$ und Imaginärteil $I(\omega)$ aus, so wird der Zusammenhang zwischen dem Frequenzgang und der zugehörigen Übergangsfunktion $h(t)$ eines Regelkreisgliedes durch Gl. (9.5.30) oder Gl. (9.5.31) gegeben. Diese beiden Gleichungen sind parallel und unabhängig voneinander gültig.

Für die weiteren Betrachtungen soll von Gl. (9.5.30) ausgegangen werden. Der Verlauf von

$$\nu(\omega) = \frac{I(\omega)}{\omega}; \qquad \omega \geq 0, \qquad \nu(0) \neq \infty \tag{9.5.46}$$

sei als gegeben vorausgesetzt. Durch einen Streckenzug $s_0, s_1, \ldots, s_N$ wird $\nu(\omega)$ im Bereich $0 \leq \omega \leq \omega_N$ so approximiert, dass für $\omega \geq \omega_N$ der Verlauf von $\nu(\omega) \approx 0$ wird (vgl. Bild 9.5.6 (a)). Werden – wie im Bild 9.5.6 (b) dargestellt – auf der ω-Achse jeweils bei den Werten ω_ν Geraden aufgetragen, deren Steigung gleich der Steigungsänderung des Streckenzuges in den Knickpunkten $0, 1, \ldots, N$ ist, so entstehen die „Knickgeraden"

$$s_\nu(\omega) = \begin{cases} 0 & \text{für } \omega \leq \omega_\nu \\ b_\nu(\omega - \omega_\nu) & \text{für } \omega \geq \omega_\nu \end{cases} \qquad \text{für} \quad \nu = 0, 1, \ldots, N \tag{9.5.47}$$

mit der Steigung

$$b_0 = \frac{\nu_1 - \nu_0}{\omega_1 - \omega_0}; \qquad \omega_0 = 0; \qquad \text{für} \quad \nu = 0 \tag{9.5.48a}$$

und

$$b_\nu = \frac{\nu_{\nu+1} - \nu_\nu}{\omega_{\nu+1} - \omega_\nu} - \frac{\nu_\nu - \nu_{\nu-1}}{\omega_\nu - \omega_{\nu-1}}; \qquad \omega_0 = 0; \qquad \text{für} \quad \nu = 1, \ldots, N. \tag{9.5.48b}$$

Die Größen $\nu_\nu (\nu = 0, 1, \ldots, N)$ werden dabei direkt aus dem Verlauf von $\nu(\omega)$ entnommen, und für Gl. (9.5.48b) muss $\nu_N = \nu_{N+1} = 0$ gewählt werden. Die Approximation von $\nu(\omega)$ kann durch Überlagerung dieser Knickgeraden und Addition von ν_0 in der Form

$$\nu(\omega) \approx \nu_0 + \sum_{\nu=0}^{N} s_\nu(\omega), \quad \omega \geq 0 \tag{9.5.49}$$

erfolgen. Berücksichtigt man, dass – entsprechend der Voraussetzung $\nu(\omega) \approx 0$ für $\omega \geq \omega_N$ – als obere Integrationsgrenze $\omega = \omega_N$ gesetzt werden kann, so geht Gl. (9.5.30) in die Form

$$h(t) \approx R(0) + \frac{2}{\pi} \left[\sum_{\nu=0}^{N} \int_{\omega_\nu}^{\omega_N} s_\nu(\omega) \cos \omega t \, \mathrm{d}\omega + \nu_0 \int_{0}^{\omega_N} \cos \omega t \, \mathrm{d}\omega \right] \tag{9.5.50}$$

über. Unter Betrachtung von Gl. (9.5.47) erhält man aus Gl. (9.5.50)

$$h(t) \approx R(0) + \frac{2}{\pi} \left[\sum_{\nu=0}^{N} \left(b_\nu \int_{\omega_\nu}^{\omega_N} \omega \cos \omega t \, \mathrm{d}\omega - \omega_\nu b_\nu \int_{\omega_\nu}^{\omega_N} \cos \omega t \, \mathrm{d}\omega \right) + \nu_0 \int_{0}^{\omega_N} \cos \omega t \, \mathrm{d}\omega \right]. \tag{9.5.51}$$

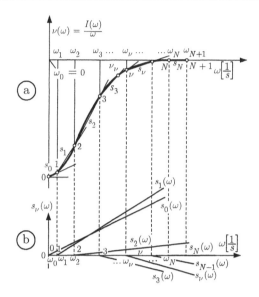

Bild 9.5.6. (a) Annäherung der Kurve $\nu(\omega) = I(\omega)/\omega$ durch einen Streckenzug $s_0, s_1, \ldots, s_N$. (b) Darstellung der „Knickgeraden" $s_\nu(\omega)$ von Gl. (9.5.47)

Nach Auswertung der Integrale und Zusammenfassung aller Terme ergibt sich dann für $t > 0$

$$h(t) \approx R(0) + \frac{2}{\pi} \left\{ \frac{\sin \omega_N t}{t} \left[\nu_0 + \sum_{\nu=0}^{N} b_\nu (\omega_N - \omega_\nu) \right] \right.$$
$$\left. - \frac{1}{t^2} \sum_{\nu=0}^{N} b_\nu \cos \omega_\nu t + \frac{\cos \omega_N t}{t^2} \sum_{\nu=0}^{N} b_\nu \right\}. \qquad (9.5.52)$$

Berücksichtigt man, dass in Gl. (9.5.52)

$$\sum_{\nu=0}^{N} b_\nu = 0$$

und

$$\nu_0 + \sum_{\nu=0}^{N} b_\nu (\omega_N - \omega_\nu) = \nu(\omega_N) \approx 0$$

gesetzt werden kann, so folgt schließlich

$$h(t) \approx R(0) + \frac{2}{\pi t^2} \sum_{\nu=0}^{N} b_\nu \cos \omega_\nu t; \qquad t > 0. \qquad (9.5.53)$$

Die Gl. (9.5.53) erlaubt in einfacher Weise zusammen mit den Gln. (9.5.48a) und (9.5.48b) näherungsweise die punktweise Berechnung der Übergangsfunktion $h(t)$ aus dem vorgegebenen Frequenzgang $G(j\omega)$ [Unb66a]. Zur numerischen Durchführung des Verfahrens wird zweckmäßigerweise ein Rechner verwendet.

10 Grundlagen der Fuzzy-Regelung

10.1 Einführung

Die Fuzzy-Regelung hat ihren Ursprung in der von L. Zadeh [Zad65] im Jahre 1965 eingeführten *Fuzzy-Logik*. Im Gegensatz zur klassischen Boolschen oder binären Logik mit nur zwei möglichen Wahrheitswerten {1,0}, bietet diese *unscharfe* (engl. fuzzy) Logik gemäß Bild 10.1.1 die Möglichkeit eines *stetigen* Übergangs zwischen Zugehörigkeit und Nichtzugehörigkeit einer Aussage zu einer Menge durch eine Abbildung der Wahrheits- oder Zugehörigkeitswerte in einem abgeschlossenen Intervall [0,1]. Die Fuzzy-Logik kann somit Aussagen verarbeiten, die eventuell nur zu einem gewissen Grad wahr oder falsch sind, und eignet sich daher besonders gut zur Nachbildung gewisser Funktionen des menschlichen Denkens.

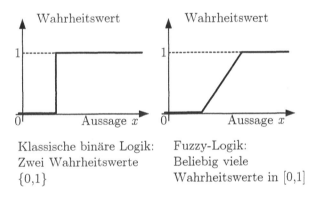

Bild 10.1.1. Unterschied der binären Logik und der Fuzzy-Logik

Der Einsatz der Fuzzy-Logik zur Lösung regelungstechnischer Probleme führte zu einem neuen Zweig der Regelungstechnik, der *Fuzzy-Control* oder *Fuzzy-Regelung*. Der Entwurf von *Fuzzy-Reglern* wird ermöglicht einerseits durch die

- Darstellung der Ein- und Ausgangssignale durch *Fuzzy-Mengen* und deren Verknüpfung mittels Fuzzy-Logik, andererseits durch die

- Anwendung der Regeln und Methoden des approximativen oder unscharfen Schließens, auch als *Fuzzy-Inferenz* bezeichnet, sowie durch die

- Erzeugung von Stellsignalen aus Fuzzy-Mengen, die man als Resultat des unscharfen Schließens erhält.

Wesentlich dabei ist, dass die Regeln des unscharfen Schließens gewöhnlich als „Wenn-Dann"-Regeln formuliert werden und daher dem Verhalten des Menschen als Regeln in ihrer linguistischen Form sehr nahe kommen. So ist es nicht verwunderlich, dass gerade die ersten Anwendungen der Fuzzy-Regelung das Ziel hatten, den Menschen als Bediener einer technischen Anlage zu ersetzen.

Die geschichtliche Entwicklung der Fuzzy-Regelung kann in drei Phasen unterteilt werden:

Phase 1 (1965 bis 1979): Die grundlegenden Untersuchungen von L. Zadeh fanden zunächst kaum Interesse und wurden von namhaften Fachleuten wenig ernst genommen. Erste Anwendungen in Europa und USA befassten sich mit der Zeichenerkennung und Datenanalyse. Bis auf ganz wenige Ausnahmen, z.B. [Mam74], KvN76], gab es kaum spezielle regelungstechnische Anwendungen.

Phase 2 (1980 bis 1990): In dieser Zeit erfolgten in den USA und in Europa nur wenige Anwendungen, z.B. die Regelung eines Zementdrehrohrofens [HØ82]. Hingegen setzte in Japan eine stürmische Entwicklung der Fuzzy-Regelung ein mit zahlreichen theoretischen und praktischen Ergebnissen, insbesondere mit dem Einsatz in der Konsumgüterindustrie, z.B. für die Steuerung und Regelung von Waschmaschinen, Reiskochern, Mikrowellenherden, Kameras, Camcordern, Unterhaltungselektronik u.a. [Wei80].

Einen Meilenstein im großtechnischen Einsatz der Fuzzy-Regelung stellte der automatische Betrieb der U-Bahn der Großstadt Sendai dar, bei der sich vor allem ein höherer Fahrkomfort und eine erhebliche Energieeinsparung ergaben [YM85]. Weitere spektakuläre Einsätze der Fuzzy-Regelung konnten in Japan bei chemischen Produktionsprozessen, Hochhausaufzügen, Industrierobotern, Müllverbrennungsanlagen und anderen Anwendungen verzeichnet werden.

Phase 3 (seit 1990): Regelrecht aufgeschreckt durch den hohen Entwicklungsstand und die praktischen Erfolge in Japan setzte in USA und vor allem in Europa Anfang der neunziger Jahre fast eine Art von „Fuzzy-Hysterie" ein. Neben wenigen seriösen „Fuzzy-Propheten", die tatsächlich meinten, die klassische Regelungstechnik nun vergessen zu können, nahmen sich zahlreiche Forschungsinstitute und industrielle Firmen in Deutschland intensiv und mit ernsthaftem Interesse der neuen Technik als internationale Herausforderung an. Als Resultat dieser Bemühungen zeigte sich, dass die Fuzzy-Regelung heute einen neuen, wichtigen Zweig der Regelungstechnik darstellt, der zwar die klassischen Verfahren nicht verdrängen wird, aber je nach Anwendungsbereich diese wesentlich ergänzen kann.

Die Entwicklung von Fuzzy-Regelverfahren ist heute noch in vollem Gange. Zahlreiche Lehrbücher und Monografien sind bereits verfügbar, die einen guten Zugang zu diesem noch jungen Gebiet der Regelungstechnik ermöglichen, so z.B. [KF93], [DHR93], [Str96], [KKW96], [Kie97], [DP98], [Kin99].

Fuzzy-Regelverfahren haben eine besondere Bedeutung dann, wenn das Verhalten der Regelstrecke nicht genau durch ein mathematisches Modell beschrieben ist. Solche Regelstrecken werden häufig manuell durch einen Bediener betrieben. Das Verhalten dieses Bedieners oder Anlagenfahrers auf der Basis einer verbal beschriebenen Regelstrategie nachzubilden, war ursprünglich die Idee der ersten Einsätze der Fuzzy-Regelung. Daraus resultierte zunächst eine starke Vereinfachung des Reglerentwurfs für nicht regelungstechnisch geschultes Personal [KKW96]. Allerdings ist die heutige Entwicklung der Fuzzy-Regelung gekennzeichnet durch eine Integration der Fuzzy-Methoden in bereits verfügbare regelungstechnische Verfahren, insbesondere zur Verbesserung nichtlinearer Regelungen, Mehrgrößenregelungen, adaptiver und robuster Regelungen usw. Derartige Fuzzy-Regelungen werden bereits auf breiter Front, z.B. in der Verfahrenstechnik, Energietechnik, Klimatechnik, Medizintechnik, Kraftfahrzeugtechnik, Fertigungstechnik, Robotertechnik, Transporttechnik und in zahlreichen anderen Bereichen erfolgreich eingesetzt.

Nachfolgend werden zunächst die wichtigsten Grundlagen der Fuzzy-Logik und der Fuzzy-Mengen eingeführt. Anschließend erfolgt die Beschreibung regelbasierter Fuzzy-Systeme. Schließlich wird für Eingrößensysteme das Konzept der Fuzzy-Regelung vorgestellt.

10.2 Einige wichtige Grundlagen der Fuzzy-Logik

10.2.1 Fuzzy-Menge und Zugehörigkeitsfunktion

In der klassischen Mengenlehre kann eine Menge durch Aufzählen aller ihrer Elemente mittels der Beziehung

$$A = \{a_1, a_2, a_3, \cdots, a_n\}$$

dargestellt werden. Sind diese Elemente $a_i (i = 1, \cdots, n)$ von A zugleich Teilmenge einer umfassenderen Grundmenge X, so kann die Menge A z.B. auch beschrieben werden für alle Elemente $x \in X$ durch ihre charakteristische Funktion

$$\mu_A(x) = \begin{cases} 1 & \text{falls } x \in X \\ 0 & \text{sonst .} \end{cases} \tag{10.2.1}$$

In der klassischen Mengenlehre nimmt $\mu_A(x)$ nur die Werte 0 und 1, also zwei Wahrheitswerte, an. Solche Mengen werden auch als *scharfe Mengen* bezeichnet.

Bei einer *unscharfen Menge* A, auch als *Fuzzy-Menge* („fuzzy set") bezeichnet, wird die Mengenzugehörigkeit durch eine verallgemeinerte, charakteristische Funktion oder Zugehörigkeitsfunktion („membership function") $\mu_A(x)$ von A beschrieben, die jedem Element $x_0 \in X$ einen Zugehörigkeitsgrad $\mu_A(x_0)$ zuordnet. Im Gegensatz zur klassischen Mengenlehre kann die Zugehörigkeitsfunktion $\mu_A(x)$ einer Fuzzy-Menge im normierten abgeschlossenen Intervall [0,1] beliebige Wahrheitswerte annehmen. Somit ist A eine unscharfe Teilmenge der umfassenden Grundmenge X:

$$A = \{(x, \mu_A(x)) \mid x \in X\}. \tag{10.2.2}$$

Eine scharfe Menge ist somit ein Sonderfall einer Fuzzy-Menge, bei der die Zugehörigkeitsfunktion $\mu_A(x)$ nur die Werte 0 und 1 annimmt. Das Konzept der Fuzzy-Mengen stellt damit eine Verallgemeinerung der klassischen, scharfen Mengen dar, man vergleiche dazu Bild 10.2.1.

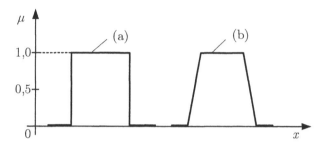

Bild 10.2.1. Zugehörigkeitsfunktionen $\mu(x)$ für eine (a) scharfe Menge und (b) Fuzzy-Menge

Die Zugehörigkeitsfunktion $\mu_A(x)$ gibt für die Elemente x der Grundmenge X die Zugehörigkeit zur Fuzzy-Menge A an, wobei für $\mu_A(x)$ beliebige Kurvenformen, z.B. der Einfachheit halber stückweise lineare Funktionen wie Dreiecke oder Trapeze, zugelassen sind.

Der oben bereits als Zugehörigkeitsgrad $\mu_A(x_0)$ erwähnte Wert einer Zugehörigkeitsfunktion $\mu_A(x)$ beschreibt für das spezielle Element $x = x_0$, in welchem Maße es zur Fuzzy-Menge A gehört. Dieser Wert liegt im normierten Einheitsintervall [0,1]. Natürlich kann x_0 auch gleichzeitig zu einer anderen Fuzzy-Menge B gehören, so dass $\mu_B(x_0)$ den Zugehörigkeitsgrad von x_0 zu B charakterisiert. Dieser Fall ist im Bild 10.2.2 dargestellt.

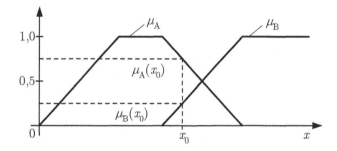

Bild 10.2.2. Zugehörigkeit von x_0 zu den Teilmengen A und B: $\mu_A(x_0) = 0{,}75$ und $\mu_B(x_0) = 0{,}25$

Im folgenden werden einige wichtige Eigenschaften und Kenngrößen von Fuzzy-Mengen beschrieben.

Definition 10.2.1
Zwei unscharfe Mengen A und B aus X sind genau dann *gleich*, wenn ihre Zugehörigkeitsfunktionen gleich sind, d.h.

$$A = B \Leftrightarrow \mu_A(x) = \mu_B(x), \quad x \in X. \qquad (10.2.3)$$

Definition 10.2.2
Die *Universalmenge U* ist definiert als

$$\mu_U(x) = 1, \quad x \in X. \qquad (10.2.4)$$

Definition 10.2.3
Der *Träger* („support") oder auch die *Einflußbreite* einer unscharfen Menge A ist eine scharfe Menge und durch den Bereich definiert, in dem die Werte der Zugehörigkeitsfunktion von Null verschieden sind:

$$\text{supp}(A) = \{x \in X \mid \mu_A(x) > 0\}. \tag{10.2.5}$$

Definition 10.2.4
Der *Kern* („core") einer normalen unscharfen Menge A ist die Menge aller Elemente, deren Zugehörigkeitsgrad eins ist:

$$\text{core}(A) = \{x \in X \mid \mu_A(x) = 1\}. \tag{10.2.6}$$

Definition 10.2.5
Als *Übergang* („boundary") wird der Bereich der unscharfen Menge A bezeichnet, in dem die Zugehörigkeitsfunktion der Bedingung $0 < \mu_A(x) < 1$ genügt. Es gilt:

$$\text{bnd}(A) = \{x \in X \mid 0 < \mu_A(x) < 1\}. \tag{10.2.7}$$

Definition 10.2.6
Die *Höhe* („height") einer unscharfen Menge A, bzw. das *Supremum*, ist durch den höchsten Zugehörigkeitsgrad gekennzeichnet. Es ist definitionsgemäß

$$\text{hgt}(A) = \sup_{x \in X} \mu_A(x). \tag{10.2.8}$$

Definition 10.2.7
Wird der Träger einer normalen unscharfen Menge durch ein einzelnes Element x^0 aus X gebildet und gilt

$$\text{supp}(A) = \text{core}(A) = \{x^0\}, \tag{10.2.9}$$

so nennt man diese Menge *Singleton*.

Wie zuvor bereits ausführlich dargestellt, werden Fuzzy-Mengen durch ihre Zugehörigkeitsfunktionen repräsentiert. Die Art der Darstellung ist von der jeweiligen Grundmenge abhängig. Besteht eine Grundmenge aus sehr vielen Elementen, oder ist die Grundmenge ein Kontinuum, dann bietet sich die *parametrische Darstellung* an. Dazu werden Funktionen benutzt, deren Form durch die entsprechende Wahl verschiedener Parameter verändert werden kann. Die Vorteile in der praktischen Rechneranwendung liegen im geringen Speicherverbrauch und dem Erreichen einer beliebig feinen Auflösung, abhängig von der Rechnergenauigkeit. Aufgrund ihrer Einfachheit und effizienten Berechenbarkeit werden daher häufig stückweise lineare Zugehörigkeitsfunktionen wie trapez- oder dreieckförmige Funktionen eingesetzt. Sie sind durch vier bzw. drei Parameter definiert.

Bild 10.2.3 zeigt den schematischen Verlauf einer Trapezfunktion. Sie lässt sich formal durch

$$\mu(x,a,b,c,d) = \begin{cases} 0, & x < a, x > d \\ \frac{x-a}{b-a}, & a \leq x \leq b \\ 1, & b < x < c \\ \frac{d-x}{d-c}, & c \leq x \leq d \end{cases} \tag{10.2.10}$$

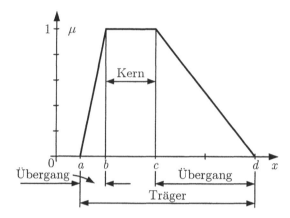

Bild 10.2.3. Stückweise lineare Zugehörigkeitsfunktion

beschreiben und geht für den Fall $b = c$ in eine dreieckförmige Zugehörigkeitsfunktion über.

Für verschiedene Anwendungsfälle erfordert die Modellierung einen Kurvenverlauf mit fließenden Übergängen. Die stückweise linearen Funktionen genügen dieser Bedingung nicht und können alternativ durch stetig differenzierbare Funktionen ersetzt werden. Im folgenden seien exemplarisch drei dieser Funktionen, deren Verlauf im Bild 10.2.4 dargestellt ist, näher betrachtet. Es sind dies

- die normierte Gauß-Funktion (Bild 10.2.4 (a))

$$\mu(x,\zeta,\sigma) = e^{-\frac{(x-\zeta)^2}{2\sigma^2}}, \tag{10.2.11}$$

- die Differenz sigmoider Funktionen (Bild 10.2.4 (b))

$$\mu(x,\alpha_1,\zeta_1,\alpha_2,\zeta_2) = \left[1 + e^{-\alpha_1(x-\zeta_1)}\right]^{-1} - \left[1 + e^{-\alpha_2(x-\zeta_2)}\right]^{-1} \tag{10.2.12}$$

und

- die verallgemeinerte Glockenfunktion (Bild 10.2.4 (c))

$$\mu(x,\alpha,\beta,\zeta) = \left[1 + \left|\frac{x-\zeta}{\alpha}\right|^{2\beta}\right]^{-1}. \tag{10.2.13}$$

Die Funktionen aus den Gln.(10.2.11) bis (10.2.13) bieten neben dem Vorteil des weicheren Verlaufs auch den, dass sie mit Hilfe geschlossener Ausdrücke beschreibbar und somit mit minimalem Aufwand zu implementieren sind. Bei der Funktion nach Gl.(10.2.12) kann allerdings bei ungünstiger Wahl der Parameter ζ_1 und ζ_2 der Fall auftreten, dass die Zugehörigkeitsfunktion die maximale Höhe von Eins nicht mehr erreicht. Die Gauß-Funktion besitzt den Vorteil, dass sie aufgrund ihrer Symmetrie lediglich zwei Parameter zur Beschreibung benötigt, das Zentrum ζ und den Formparameter σ. Dabei ist σ der Abstand zwischen ζ und dem links- bzw. rechtsseitigen Wendepunkt (W) der Funktion. Ein

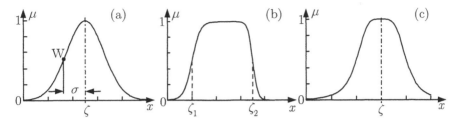

Bild 10.2.4. Zugehörigkeitsfunktionen mit fließenden Übergängen (Gln.(10.2.11) bis (10.2.13))

Nachteil gegenüber den beiden anderen Zugehörigkeitsfunktionstypen ist jedoch das Fehlen der Möglichkeit zur Bildung eines Kerns mit mehr als einem Element. In [MMSW92] und [BG90] werden noch verschiedene andere Zugehörigkeitsfunktionen, z.B. S-, Z- und Π-Funktionen vorgeschlagen, die hier jedoch nicht berücksichtigt werden.

10.2.2 Operatoren für unscharfe Mengen

Im Bereich der scharfen Mengen sind die grundlegenden Verknüpfungsoperationen die Bildung des Durchschnitts (UND) und der Vereinigung (ODER) zweier Mengen sowie die Bildung des Komplements (Negation) einer Menge. Für diese elementaren mengenalgebraischen Operationen hat Zadeh [Zad65] folgende Verallgemeinerung für Fuzzy-Mengen vorgeschlagen:

Definition 10.2.8
Für den ODER-Operator oder die *Vereinigung* („fuzzy union") zweier unscharfer Mengen A und B mit den Zugehörigkeitsfunktionen $\mu_A(x)$ und $\mu_B(x)$ gilt:

$$\mu_{A\cup B}(x) = \max\{\mu_A(x), \mu_B(x)\}, \quad x \in X. \tag{10.2.14}$$

Definition 10.2.9
Der UND-Operator oder *Durchschnitt* („fuzzy intersection") zweier unscharfer Mengen A und B mit entsprechenden Zugehörigkeitsfunktionen wird wie folgt festgelegt:

$$\mu_{A\cap B}(x) = \min\{\mu_A(x), \mu_B(x)\}, \quad x \in X. \tag{10.2.15}$$

Definition 10.2.10
Das Komplement einer unscharfen Menge A mit der Zugehörigkeitsfunktion $\mu_A(x)$ ist die unscharfe Menge $\overline{A}$, die punktweise definiert ist durch die Zugehörigkeitsfunktion

$$\mu_{\overline{A}}(x) = 1 - \mu_A(x), \quad x \in X. \tag{10.2.16}$$

Neben der Minimum- und Maximumoperation gibt es zahlreiche andere Operatoren zur Bildung des Durchschnitts bzw. der Vereinigung, die sich alle unter dem Begriff t-Norm bzw. t-Conorm (oder s-Norm) zusammenfassen lassen. In [MMSW92] und [Til92] finden sich umfangreiche Zusammenstellungen und Untersuchungen verschiedener Operatoren. Im folgenden seien noch zwei wichtige Vertreter der UND- und ODER-Verknüpfung dargestellt. Es sind dies das algebraische Produkt (UND) und die algebraische Summe (ODER).

Definition 10.2.11

Das *algebraische Produkt* von zwei unscharfen Mengen A und B ist definiert als Multiplikation ihrer Zugehörigkeitsfunktionen:

$$\mu_{A \cup B}(x) = \mu_A(x)\,\mu_B(x), \quad x \in X. \tag{10.2.17}$$

Definition 10.2.12

Die *algebraische Summe* zweier unscharfer Mengen A und B ist wie folgt definiert:

$$\mu_{A \cap B}(x) = \mu_A(x) + \mu_B(x) - \mu_A(x)\,\mu_B(x), \quad x \in X. \tag{10.2.18}$$

10.2.3 Linguistische Variablen und Werte

Mit Hilfe linguistischer Variablen und ihrer Werte lassen sich sprachlich ausgedrücktes Wissen, Erfahrungen und Informationen mit allen linguistischen Unsicherheiten und Unschärfen in einheitlicher Form und ohne Informationsverlust auf dem Rechner modellieren und verarbeiten. Systemgrößen, die sonst durch konkrete Zahlenwerte beschrieben werden, können mittels linguistischer Variablen nun durch die qualitative Angabe ihrer Attribute charakterisiert werden. Die Effizienz und der Vorteil liegen in der Nutzung der natürlichen Sprache, da qualitative Beschreibungen von Situationen und Sachverhalten oftmals allgemeingültiger und verständlicher sind als quantitative Beschreibungen. Bei regelungstechnischen Anwendungen wäre beispielsweise die Aussage: „Wenn die Anregelzeit klein und das Überschwingen gering sind, dann ist die Regelgüte befriedigend" sicherlich verständlicher, als eine Klassifizierung der beiden Größen durch konkrete Zahlenwerte. Hier stellen die Ausdrücke „klein", „gering" und „befriedigend" linguistische Werte (oder Terme) der linguistischen Variablen „Anregelzeit", „Überschwingweite" und „Regelgüte" dar. Jeder linguistische Wert wird dabei durch eine unscharfe Menge beschrieben.

10.3 Regelbasierte Fuzzy-Systeme

Nachdem im vorangegangenen Abschnitt die elementaren Begriffe der Fuzzy-Logik eingeführt wurden, folgt nun die Anwendung der Fuzzy-Logik auf die Bearbeitung von regelbasiertem Wissen. Dazu wird ein regelbasiertes Fuzzy-System benötigt, bestehend aus einem System von Regeln und einem Inferenzschema, das die Verarbeitungsvorschrift enthält, nach der scharfe oder unscharfe Eingangsgrößen $x_i, i = 1, \ldots, q$, mit Hilfe der Regeln und ihren unscharfen Termen zu einer scharfen oder unscharfen Ausgangsgröße y verarbeitet werden (s. Bild 10.3.1). Die Betrachtung von mehreren Eingangsgrößen und nur einer Ausgangsgröße bedeutet hierbei keine Einschränkung, da Fuzzy-Systeme mit mehreren Ein- und Ausgangsgrößen immer in mehrere Systeme der ersten Form aufgeteilt werden können.

Ein regelbasiertes Fuzzy-System gemäß der Darstellung nach Bild 10.3.1 bildet die Grundlage zur Realisierung eines Fuzzy-Reglers. Da allerdings bei regelungstechnischen Aufgabenstellungen die Eingangsgrößen x_i normalerweise als physikalisch messbare (scharfe) Größen vorliegen, und andererseits auch eine im Fuzzy-System berechnete unscharfe

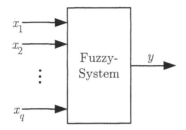

Bild 10.3.1. Regelbasiertes Fuzzy-System mit q Eingängen und einem Ausgang

Ausgangsgröße y in eine physikalische (scharfe) umgeformt werden muss, sind im Fuzzy-System die dazu erforderlichen Komponenten der Fuzzifizierung und Defuzzifizierung vorzusehen. Die Verarbeitung der fuzzifizierten Eingangsgrößen x_i erfolgt anhand einer Regelbasis in der Fuzzy-Inferenzmaschine unter Verwendung der Zugehörigkeitsfunktionen des Ausgangs- und der Eingangssignale y und x_i. Die einzelnen Komponenten eines regelbasierten Fuzzy-Systems sind im Bild 10.3.2 dargestellt, wobei die Eingangsgrößen zu dem Eingangsvektor $x = [x_1 x_2 \dots x_q]^T$ zusammengefasst werden. Die Funktionen dieser Komponenten werden nachfolgend im Detail behandelt.

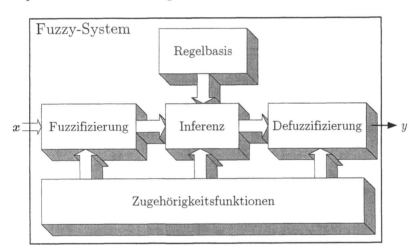

Bild 10.3.2. Komponenten eines Fuzzy-Systems

10.3.1 Regelbasis

Bei der Definition regelbasierter Fuzzy-Systeme wird allgemein von einer bestimmten Anzahl linguistischer Regeln, auch Regelbasis genannt, ausgegangen, welche aus einem Bedingungsteil (Prämisse) und einer Folgerung (Konklusion) bestehen. Sie sind von der WENN-DANN-Form

$$R_l : \text{WENN}(x_1 = A_n),\text{und/oder} \cdots \text{und/oder}(x_q = A_{lq}) \text{ DANN } y = B_l \qquad (10.3.1)$$

mit $l = 1, \ldots, L$. Dabei ist L die Anzahl der Regeln einer Regelbasis. Das hier betrachtete regelbasierte Fuzzy-System besitzt q Eingangsvariablen $x_i, i = 1, \ldots, q$ und eine Ausgangsvariable y, die in linguistischer Form beschrieben werden. A_{li} sowie B_l sind unscharfe Mengen über den Grundbereichen X_i und Y und werden durch ihre Zugehörigkeitsfunktionen $\mu_{A_{li}}(x)$ und $\mu_{B_l}(y)$ dargestellt. Die Aussage „$x_i = A_{li}$" ist wie folgt zu lesen: „Wenn die Eingangsvariable x_i die Eigenschaft A_{li} hat". Entsprechendes gilt für „$y = B_l$". Neben den L Regeln sind eine Anzahl von aktuellen Eingangswerten

$$x_i = x_i(k), \quad i = 1, \ldots, q \text{ und } k \geq 0.$$

des Systems gegeben, wobei k ganzzahlig ist und den jeweiligen Zeitpunkt des Wertes der Eingangsgröße x_i kennzeichnet. Dabei kann $x_i(k)$ sowohl eine unscharfe Menge (z.B. unscharfe Zahl) als auch ein scharfer Wert sein. Da in der Regelungstechnik jedoch üblicherweise Messdaten bzw. daraus abgeleitete Daten als Informationen herangezogen werden und diese in Form scharfer Werte vorliegen, wird im folgenden nur der Fall scharfer Eingangswerte betrachtet.

10.3.2 Fuzzifizierung

Die Fuzzifizierung umfasst den Vorgang des Übersetzens von scharfen Werten, z.B. Meßwerten, in Zugehörigkeitsgrade linguistischer Werte von Fuzzy-Mengen. Dabei wird mit Hilfe der entsprechenden Zugehörigkeitsfunktion jedem linguistischen Wert ein Zugehörigkeitsgrad zugeordnet. Der jeweilige Zugehörigkeitsgrad beschreibt, inwieweit die linguistischen Aussagen einer linguistischen Variablen erfüllt sind.

Beispiel 10.3.1
Für die Fuzzifizierung des Spannungswertes $u_0 = 70\text{V}$ sollen die im Bild 10.3.3 dargestellten Zugehörigkeitsfunktionen μ_A (niedrig) und μ_B (mittel), verwendet werden. Der Spannungswert $u_0 = 70\text{V}$ gehört offensichtlich mit einem Zugehörigkeitsgrad von $\mu_A(u_0) = 0{,}75$ zu der Fuzzy-Menge „niedrig" und mit einem Zugehörigkeitsgrad von $\mu_B(u_0) = 0{,}25$ zu der Fuzzy-Menge „mittel".

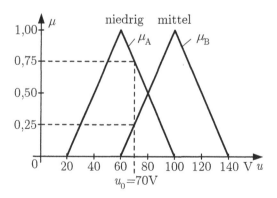

Bild 10.3.3. Fuzzifizierung einer elektrischen Spannung

10.3.3 Fuzzy-Inferenzmaschine

Den Kern eines Fuzzy-Systems bildet die Fuzzy-Inferenzmaschine, die die linguistischen Regeln der Regelbasis auswertet und daraus eine linguistische Schlussfolgerung für die aktuellen Eingangsgrößen $x_i(k)$ berechnet. Beim Bearbeiten unscharfer Regeln nach Gl. (10.3.1) wird für jeden Begriff „$x_i = A_{li}$" in einer Regel ein Übereinstimmungs- oder Kompatibilitätsmaß („matching") mit den aktuellen Eingangswerten $x_i(k)$ berechnet. Hierbei beschreibt das Argument k von x_i den augenblicklichen Zeitpunkt $t \equiv t_k = kT$, zu dem der Eingangswert $x_i(t)$ vom Rechner abgetastet wird, wobei T ein konstantes Abtastintervall ist. Für die L Regeln des angegebenen Fuzzy-Systems sind die Werte

$$a_{li}(k) = \mu_{A_{li}}[x_i(k)], \quad l = 1,\ldots,L, \quad i = 1,\ldots,q, \tag{10.3.2}$$

in Abhängigkeit von den q Eingangswerten zu bestimmen. Bild 10.3.4 veranschaulicht dies für den exakt gegebenen Eingangswert $x_i(k)$. Das Ergebnis ist gleichbedeutend mit dem Zugehörigkeitsgrad a_{li} des scharfen Wertes $x_i(k)$ zu der unscharfen Menge A_{li}. Dieser Vorgang entspricht wiederum einer Fuzzifizierung.

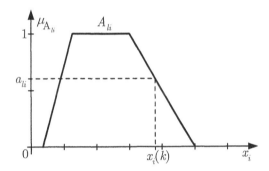

Bild 10.3.4. Bestimmung der Übereinstimmungsmaße a_{li} (Fuzzifizierung)

Im folgenden wird der Ablauf der regelbasierten Inferenz im einzelnen erläutert.

10.3.3.1 Prämissenauswertung

Zunächst müssen die auf der linken Seite jeder Regel (Prämissenteil) enthaltenen Aussagen für alle Eingangswerte x_i miteinander verknüpft und der zugehörige Aktivierungs- oder Erfülltheitsgrad (gelegentlich auch als Gesamtkompatibilitätsmaß bezeichnet) berechnet werden. Diese Größe ergibt sich für jeden diskreten Zeitpunkt k und für jede Regel ($l = 1,\ldots,L$) zu

$$a_l(k) = a_{l1}(k) * a_{l2}(k) * \ldots * a_{lq}(k) = \mu_{A_{l1}}[x_1(k)] * \mu_{A_{l2}}[x_2(k)] * \ldots * \mu_{A_{lq}}[x_q(k)]. \tag{10.3.3}$$

Der Erfülltheitsgrad $a_l(k)$ beschreibt den Grad der Übereinstimmung einer Regel mit den aktuellen Eingangswerten. Das Ergebnis dieser Aggregation ist von der Wahl der UND- bzw. ODER-Verknüpfung gemäß den Gln.(10.2.14) und (10.2.15), gekennzeichnet durch das Symbol $*$, abhängig.

Mit Hilfe der Aktivierungsgrade aller Regeln und der Zugehörigkeitsfunktionen der Ausgangsvariable soll nun eine Schlussfolgerung (*Inferenz*) aus allen Eingangswerten gezogen werden, die sich aus den Inferenzergebnissen der einzelnen Regeln zusammensetzt.

10.3.3.2 Komposition

Die Auswertung der Zugehörigkeitsfunktionen der Schlussfolgerungen, also des Konklusionsteils einer Regel, wird häufig als *Aktivierung* und das Zusammenfügen dieser ausgewerteten Zugehörigkeitsfunktionen als *Aggregation* bezeichnet. Die Grundlage für diese Vorgehensweise bildet die Kompositionsregel der Inferenz. Hierbei ist das Ergebnis von der jeweils verwendeten Fuzzy-Implikation abhängig.

Die Fuzzy-*Implikation* ist eine Vorschrift zur Interpretation der einzelnen Regeln. Ähnlich wie für die Operatoren gibt es auch hierfür eine Vielzahl verschiedener Vorschläge, die der Literatur, z.B. [DHR93], [BG90], [KF88] entnommen werden können. Dabei hat sich im Bereich der Fuzzy-Regelung die Mamdani-Implikation gegenüber anderen durchgesetzt, da ihr die Idee zugrunde liegt, dass der Erfülltheitsgrad der Konklusion nicht größer sein darf als der der Prämisse. Die Zugehörigkeitsfunktion des DANN-Terms wird somit auf den Erfülltheitsgrad der Vorbedingung bzw. den Aktivierungsgrad der betreffenden Regel beschränkt. Dies kann auf folgende zwei Arten erfolgen:

a) *Minimumverfahren:* Verwendung einer UND-Verknüpfung mit dem Minimumoperator liefert für die Zugehörigkeitsfunktion der Regel l

$$\mu_{B_l^*}(y) = \min\{a_l, \mu_{B_l}(y)\}, \quad y \in Y, \tag{10.3.4}$$

mit dem Aktivierungsgrad a_l der l-ten Regel, der Zugehörigkeitsfunktion $\mu_{B_l}(y)$ der l-ten unscharfen Menge B_l, der Variable y und der modifizierten Ausgangszugehörigkeitsfunktion $\mu_{B_l^*}(y)$ der l-ten Regel.

b) *Produktverfahren:* Hier wird die Zugehörigkeitsfunktion des l-ten Terms mit dem Aktivierungsgrad a_l der jeweiligen Regel multipliziert. Es ergibt sich somit für die Zugehörigkeitsfunktion der Regel l:

$$\mu'_{B_l^*}(y) = a_l \mu_{B_l}(y), \quad y \in Y. \tag{10.3.5}$$

Im Bild 10.3.5 sind die beiden Verfahren grafisch dargestellt.

10.3.3.3 Regelaggregation

Der nächste Schritt der Inferenz umfasst das Zusammenfügen der modifizierten Konklusionszugehörigkeitsfunktionen $\mu_{B_l^*}(y)$ aller Regeln zu einer Gesamtzugehörigkeitsfunktion $\mu_{B^*}(y)$ der Variable y. Als Operator wird üblicherweise die ODER-Verknüpfung in Form des Maximumoperators gewählt. Dadurch kommen die Wirkungsanteile aller Regeln zur Geltung. Für die Ausgangszugehörigkeitsfunktion der gesamten Regelbasis gilt:

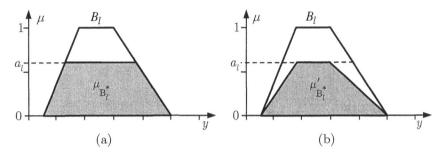

Bild 10.3.5. Interpretation einer Regel mittels (a) Minimum- und (b) Produktverfahren

$$\mu_{B^*}(y) = \max\{\mu_{B_1^*}(y), \mu_{B_2^*}(y), \ldots, \mu_{B_L^*}(y)\} = \overset{L}{\underset{l=1}{\max}}\{\mu_{B_l^*}(y)\}. \tag{10.3.6}$$

Unter Berücksichtigung der Gln.(10.3.4) und (10.3.5) in Gl.(10.3.6) erhält man als Ergebnis der Inferenz entweder die *Max-Min-Inferenz*

$$\mu_{B^*}(y) = \overset{L}{\underset{l=1}{\max}}\{\min\{a_l, \mu_{B_l}(y)\}\} \tag{10.3.7}$$

oder die *Max-Prod-Inferenz*

$$\mu_{B^*}(y) = \overset{L}{\underset{l=1}{\max}}\{a_l \mu_{B_l}(y)\}. \tag{10.3.8}$$

Bei den beiden hier betrachteten Inferenzverfahren steht „Max" für die Regelüberlagerung und „Min" bzw. „Prod" für die Art der Implikation.

Beispiel 10.3.2
Es soll der Vorgang der Auswertung der beiden Fuzzy-Regeln

$$R_1 : \text{WENN } (x_1 =_{„}P") \text{ UND } (x_2 =_{„}M") \text{ DANN } (y =_{„}M")$$
$$R_2 : \text{WENN } (x_1 =_{„}N") \text{ ODER } (x_2 =_{„}K") \text{ DANN } (y =_{„}K"),$$

für ein Fuzzy-System mit den beiden Eingängen x_1 und x_2 sowie dem Ausgang y grafisch dargestellt werden, wobei „K" für „Klein", „M" für „Mittel", „P" für „Positive Steigung" und „N" für „Negative Steigung" steht. Zur Lösung wird der Prämissenteil (oder WENN-Teil) von R_1 mit dem UND-Operator gemäß Gl.(10.2.15) und jener von R_2 mit dem ODER-Operator gemäß Gl.(10.2.14) ausgewertet, was im ersten Fall als Erfülltheitsgrad den minimalen Wert von $\mu_{A_{11}}(x_1)$ und $\mu_{A_{12}}(x_2)$, also $a_1 = \mu_{A_{12}}(x_2)$ und im zweiten Fall den maximalen Wert von $\mu_{A_{21}}(x_1)$ und $\mu_{A_{22}}(x_2)$, also $a_2 = \mu_{A_{22}}(x_2)$ liefert. Die Zugehörigkeitsfunktion des Konklusionsteils (oder DANN-Teils) einer Regel R_l wird bekanntlich mit Hilfe des Erfülltheitsgrades a_l der betreffenden Regel l über das Minimumverfahren, Gl.(10.3.4), oder das Produktverfahren, Gl.(10.3.5), ermittelt.

Im Falle der Anwendung des Minimumverfahrens folgt somit

$$\mu_{B_1^*}(y) = \min\{\mu_{A_{12}}(x_2), \mu_{B_1}(y)\}, \quad y \in Y$$
$$\mu_{B_2^*}(y) = \min\{\mu_{A_{22}}(x_2), \mu_{B_2}(y)\}, \quad y \in Y$$

und im Falle des Produktverfahrens

$$\mu'_{B_1^*}(y) = \mu_{A_{12}}(x_2)\mu_{B_1}(y), \quad y \in Y$$

$$\mu'_{B_2^*}(y) = \mu_{A_{22}}(x_2)\mu_{B_2}(y), \quad y \in Y.$$

Die beiden Regeln R_1 und R_2 werden im Rahmen der Regelaggregation schließlich durch Zusammenfügen der modifizierten Konklusionszugehörigkeitsfunktionen $\mu_{B_1^*}(y)$ und $\mu_{B_2^*}(y)$ bzw. $\mu'_{B_1^*}(y)$ und $\mu'_{B_2^*}(y)$ dazu verwendet, um die Gesamtzugehörigkeitsfunktion $\mu_{B^*}(y)$ bzw. $\mu'_{B^*}(y)$ zu bilden. Da hierzu der ODER-Operator (Maximumbildung) gemäß Gl.(10.3.6) verwendet wird, erhält man somit bei Anwendung der Max-Min-Inferenz nach Gl. (10.3.7)

$$\mu_{B^*}(y) = \max_{l=1}^{L=2}\left\{\min\{\mu_{A_{12}}(x_2),\mu_{A_{22}}(x_2),\mu_{B_1}(y),\mu_{B_2}(y)\}\right\}$$

und bei Anwendung der Max-Prod-Inferenz nach Gl.(10.3.8)

$$\mu'_{B^*}(y) = \max_{l=1}^{L=2}\{\mu_{A_{12}}(x_2)\,\mu_{B_1}(y),\mu_{A_{22}}(x_2)\,\mu_{B_2}(y)\}.$$

Der gesamte Vorgang der Regelanwendung ist im Bild 10.3.6 dargestellt.   ∎

Die Ausgangsinformation einer Regelbasis liegt nach den obigen Ausführungen, und wie aus dem Beispiel erkennbar, in Form einer unscharfen Menge B^* aus Y vor, die sich durch die Überlagerung der modifizierten Zugehörigkeitsfunktion der l Regeln ergeben. Das Inferenzergebnis ist somit selbst unscharf. In den meisten Anwendungen solcher Fuzzy-Systeme, insbesondere der Fuzzy-Regelung, ist es jedoch erforderlich, diese Ausgangszugehörigkeitsfunktion in einen konkreten einzelnen Zahlenwert y_s umzuwandeln, also zu defuzzifizieren.

10.3.4   Defuzzifizierung

Auch hier sind mehrere Methoden üblich. Einen umfangreicheren Überblick mit Vergleich liefern [KF93], [DHR93] und [KF88]. Davon sollen die wichtigsten hier kurz vorgestellt werden.

10.3.4.1   Schwerpunktmethode

Eine gebräuchliche, zugleich aber numerisch relativ aufwändige Methode, ist die Schwerpunktmethode („center of gravity", COG, „center of area", COA). Der scharfe Ausgangswert y_s wird hier als Abszissenwert des Schwerpunktes der unter der Ausgangszugehörigkeitsfunktion $\mu_{B^*}(y)$ der Menge B^* in Y gelegenen Fläche ermittelt:

$$y_{\text{sp}} = \frac{\int_Y y\mu_{B^*}(y)\,dy}{\int_Y \mu_{B^*}(y)\,dy} \tag{10.3.9}$$

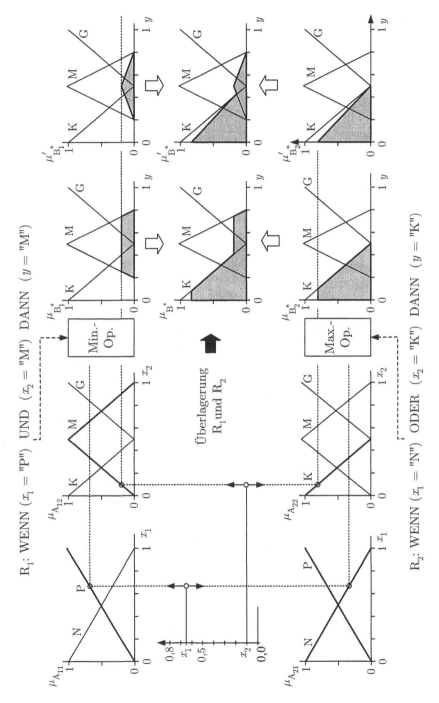

Bild 10.3.6. Beispiel zur Anwendung des Verfahrens der Max-Min-Inferenz (a) und der Max-Prod-Inferenz (b)

10.3.4.2 Erweiterte Schwerpunktmethode

Da der Schwerpunkt der Fläche unter einer Zugehörigkeitsfunktion nicht an deren Rand liegen kann, werden bei der erweiterten Schwerpunktmethode die in den Bereichsgrenzen gelegenen Zugehörigkeitsfunktionen für die Schwerpunktbildung symmetrisch erweitert. Damit wird die Ausnutzung des gesamten Stellbereichs garantiert. Die Vorgehensweise hierbei ist im Bild 10.3.7 dargestellt.

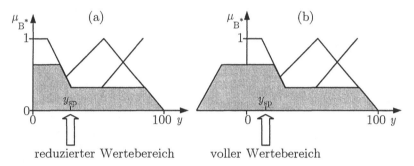

Bild 10.3.7. Originale (a) und erweiterte (b) Schwerpunktmethode

10.3.4.3 Singleton-Schwerpunktmethode

In vielen Anwendungen wird die Defuzzifizierung dadurch stark vereinfacht, dass man die in den Konklusionsteilen der Regeln verwendeten Zugehörigkeitsfunktionen $\mu_{B^*}(y)$ auf jeweils nur noch einen einzigen von Null verschiedenen Zahlenwert reduziert. Man spricht dann von Singletons, die bereits in Gl.(10.2.9) eingeführt wurden. Die Berechnung des Schwerpunktes reduziert sich dann für z Singletons („center of singletons", COS) auf:

$$y_{\mathrm{sp}} = \frac{\sum\limits_{i=1}^{z} y_i \mu_{B_i^*}(y_i)}{\sum\limits_{i=1}^{z} \mu_{B_i^*}(y_i)}, \tag{10.3.10}$$

wobei $z \leq L$ gilt. Hier sind $\mu_{B_i^*}(y_i)$ die Zugehörigkeitsgrade und $y_i, i = 1, \ldots, z$ die dazugehörigen Abszissenwerte der z Singletons, die man nach der Maximumüberlagerung aller Regeln erhält. Interpretiert man die Singletons als Massepunkte, die durch den Zugehörigkeitsgrad eine Gewichtung erhalten, so handelt es sich hier um die Schwerpunktberechnung für konzentrierte Massen. Die Singleton-Methode besitzt gegenüber der Flächenschwerpunktmethode einen wesentlichen Rechenzeitvorteil, denn es kann zum einen auf die Flächen- und zum anderen auf die Schnittpunktberechnung der überlagerten Konklusionsmengen verzichtet werden. Dieser Vorteil wird insbesondere in der Echtzeitanwendung deutlich. Auf den ersten Blick erscheinen die Beschreibungen der Ausgangsterme durch Singletons jedoch als inkonsequente Vereinfachungsmaßnahme, da sie im eigentlichen Sinne keine unscharfen Mengen mehr darstellen. Betrachtet man aber die Überlagerung aller modifizierten Ausgangs-Singletons, so lässt sich die Gesamtheit als diskrete scharfe Menge auffassen. Außerdem hat sich in der Praxis gezeigt, dass das Übertragungsverhalten eines Fuzzy-Systems kaum von der Einflußbreite (Träger) der Ausgangszugehörigkeitsfunktionen abhängig ist [KF93], [Kah95]. Signifikanten Einfluss hat die Lage des Zentrums.

10.3.4.4 Maximummethode

Die Maximummethode wählt als Ausgangsgröße y in Y den Wert aus, für den der Zugehörigkeitsgrad der Ausgangszugehörigkeitsfunktion maximal ist. Da immer nur die Regel mit dem höchsten Aktivierungsgrad betrachtet wird, liefert ein Fuzzy-System mit dieser Defuzzifizierungsmethode im Gegensatz zur Schwerpunktmethode einen unstetigen, sprungförmigen Ausgangsgrößenverlauf. Aus diesem Grunde ist diese Methode insbesondere zur Beschreibung stetiger Systeme ungeeignet.

10.4 Fuzzy-Systeme zur Regelung („fuzzy control")

Die Fuzzy-Regelung („fuzzy control") als ein Hauptanwendungsbereich von Fuzzy-Systemen ging aus der Idee hervor, das Verhalten eines Bedieners oder Anlagenfahrers basierend auf verbal beschriebenen Regelstrategien nachzubilden. Die Publikationen [Mam74] und [MA75] gelten als die grundlegenden Arbeiten in diesem Bereich. Sie befassen sich ausschließlich mit den praktischen Aspekten. Theoretische Untersuchungen von Fuzzy-Reglern wurden erst später in [KM78], [BR79a] und [BR79b] durchgeführt. Die ersten industriellen bzw. großtechnischen Anwendungen werden in [HØ82] und [YM85] beschrieben. Jüngere Anwendungen sind in [YLZ95] zusammengefasst. Ein umfangreicher Überblick über verschiedene Einsatzmöglichkeiten von Fuzzy-Reglern und Weiterentwicklungen ist in [Lee90], [RL93] und [WT93] zu finden.

10.4.1 Grundstruktur eines Fuzzy-Reglers

Ein Fuzzy-Regler kann analog zum konventionellen Regler als ein Übertragungssystem mit Eingangsgrößen, die Informationen über die Regelstrecke enthalten, sowie Ausgangsgrößen in Form von Stellgrößen oder Stellgrößenänderungen interpretiert werden. Von außen betrachtet weist der Regler dabei keinerlei „Unschärfe" auf, d.h. sowohl die Eingangs- als auch die Ausgangsgrößen besitzen scharfe Werte. Die Eingangsgrößen des Fuzzy-Reglers setzen sich aus Beobachtungen (Messungen) an der Regelstrecke (z.B. Systemausgangs- und Zustandsgrößen) und Sollwerten zusammen, die Ausgangsgrößen sind die Stellgrößen. Bild 10.4.1 zeigt die Grundstruktur eines Fuzzy-Eingrößenreglers.

Die Grundstruktur eines Fuzzy-Reglers kann in drei Blöcke unterteilt werden:

1. Signalaufbereitung im Eingang (Eingangsfilter),

2. Fuzzy-Block und

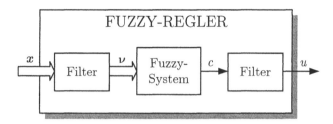

Bild 10.4.1. Grundstruktur eines Fuzzy-Eingrößenreglers

3. Signalaufbereitung im Ausgang (Ausgangsfilter).

Die Ein- und Ausgangsfilter dienen zur Anpassung des Fuzzy-Blocks an die äußeren Systemgrößen. Der Fuzzy-Block besteht aus einem regelbasierten Fuzzy-System, gemäß Abschnitt 10.3.

10.4.1.1 Signalaufbereitung im Eingang

In diesem Block werden die Eingangsgrößen ν des Fuzzy-Blocks aus den Systemgrößen des Prozesses und den Sollwerten, also aus x berechnet. In vielen Anwendungsfällen sind dies z.B. die Regelabweichungen und deren zeitliche Änderung. Es können aber auch andere dynamische Übertragungsglieder vorgeschaltet werden, um andere Hilfsgrößen, wie z.B. integrale Anteile der Regelabweichung, abzuleiten. Häufig gehen auch noch Messgrößen, die keine Regelgrößen sind, mit ein. Diese müssen nicht zwangsläufig echte Zustandsgrößen der Regelstrecke, sondern können sekundäre Größen sein, die messtechnisch einfacher zu beschaffen sind und ihrerseits Rückschlüsse auf den Zustand der Regelstrecke zulassen. Die ist jeweils vom speziellen Anwendungsfall abhängig.

10.4.1.2 Fuzzy-Block

Der Fuzzy-Block enthält in verbaler Form die für den jeweiligen Prozess anzuwendende Regelstrategie und setzt sich aus einem Satz linguistischer WENN-DANN-Regeln, den Zugehörigkeitsfunktionen zur Definition der linguistischen Werte und dem Inferenzschema bzw. Defuzzifizierungsalgorithmus als Bearbeitungsvorschrift zusammen. Eine verbale Regelstrategie, die eine proportionale Regelung bewirkt, wird z.B. durch folgende Regeln ausgedrückt:

R_1 : WENN (Regelabweichung positiv)   DANN (Stellgröße positiv),
R_2 : WENN (Regelabweichung null)   DANN (Stellgröße null),
R_3 : WENN (Regelabweichung negativ)   DANN (Stellgröße negativ).

Ein sinnvolles Regelwerk kann entweder durch Befragung eines Experten und/oder Auswertung von Messdaten aufgestellt werden.

10.4.1.3 Signalaufbereitung im Ausgang

Diese Komponente ist für eine eventuelle Anpassung der scharfen Fuzzy-Systemausgangsgröße c an die Stellgröße u eines Stellgliedes zuständig. Prinzipiell sind auch hier beliebige dynamische und/oder statische Operationen möglich. Oftmals wird durch die Ausgangsgröße des Fuzzy-Blocks eine Änderung der Stellgröße beschrieben, so dass in der Signalaufbereitung eine Integration dieser Stellschritte stattfinden muss, wenn die Stellglieder selbst kein integrales Verhalten aufweisen.

10.4.2 Übertragungsverhalten von Fuzzy-Reglern

Im vorhergehenden Abschnitt wurde schon deutlich, dass das Übertragungsverhalten eines Fuzzy-Reglers durch rein statische Zusammenhänge beschreibbar ist. Wegen dieser grundlegenden Eigenschaft der fehlenden Dynamik bietet sich zur Beschreibung des Übertragungsverhaltens eines Fuzzy-Reglers die Kennlinien- und Kennfelddarstellung an. Sie stellt eine gute Möglichkeit dar, Fuzzy-Regler untereinander und mit konventionellen Reglern zu vergleichen. In diesem Abschnitt sollen die Konstruktion der statischen Übertragungskennlinie eines Fuzzy-Reglers, sowie die Auswirkungen von Modifikationen der Zugehörigkeitsfunktionen und Regeln auf diese Kennlinie ausführlich diskutiert werden, um daraus Hilfen für den Fuzzy-Reglerentwurf zu erhalten.

10.4.2.1 Kennliniendarstellung

Werden als Zugehörigkeitsfunktionen des Fuzzy-Reglers speziell die zuvor, z.B. im Bild 10.3.6, bereits benutzten „Ziehharmonika"-Funktionen verwendet, so sind an ihren Stützstellen immer nur einzelne Regeln aktiv. An diesen Stellen können damit die Ausgangswerte des Fuzzy-Reglers direkt ermittelt werden. Der Verlauf der Kennlinie zwischen diesen Werten ist im allgemeinen nichtlinear. Dies sei anhand des nachfolgenden Beispiels gezeigt.

Beispiel 10.4.1
Für einen proportionalen Fuzzy-Regler mit der Regelabweichung $e = w - y$ (Eingangsgröße) und der Stellgröße u (Ausgangsgröße) sowie der Regelbasis

$$R_1 : \text{WENN} \quad e = \text{NG} \quad \text{DANN} \quad u = \text{NG}$$
$$R_2 : \text{WENN} \quad e = \text{NM} \quad \text{DANN} \quad u = \text{NM}$$
$$R_3 : \text{WENN} \quad e = \text{NK} \quad \text{DANN} \quad u = \text{NK}$$
$$R_4 : \text{WENN} \quad e = \text{NU} \quad \text{DANN} \quad u = \text{NU}$$
$$R_5 : \text{WENN} \quad e = \text{PK} \quad \text{DANN} \quad u = \text{PK}$$
$$R_6 : \text{WENN} \quad e = \text{PM} \quad \text{DANN} \quad u = \text{PM}$$
$$R_7 : \text{WENN} \quad e = \text{PG} \quad \text{DANN} \quad u = \text{PG}$$

und den im Bild 10.4.2 dargestellten Zugehörigkeitsfunktionen $\mu_i(e)$ und $\mu_j(u)$ soll die statische Kennlinie $u = u(e)$ ermittelt werden. Dies lässt sich einfach durch Übertragung der Stützstellen der Zugehörigkeitsfunktionen $\mu_i(e)$ und $\mu_j(u)$ in das e,u-Diagramm durchführen. Damit ergibt sich durch lineare Interpolation der Punkte im e,u-Diagramm die dargestellte nichtlineare statische Kennlinie. Der Verlauf der Kennlinie resultiert im wesentlichen aus der Wahl der Regelbasis sowie den Stützstellen der Zugehörigkeitsfunktionen von e und u, wobei deren jeweiliger Einfluss nachfolgend noch im Detail untersucht wird.

Bereits an diesem Beispiel wird ersichtlich, dass ein Fuzzy-Regler aufgrund seiner nichtlinearen Kennlinie ein nichtlinearer Regler ist.

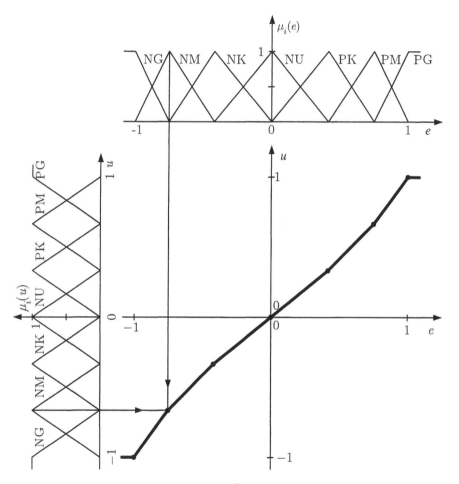

Bild 10.4.2. Zur Konstruktion der statischen Übertragungskennlinie $u = u(e)$. (NU = null, NG = negativ groß, NM = negativ mittel, NK = negativ klein, PG = positiv groß, PM = positiv mittel, PK = positiv klein)

Im weiteren werden für einen Fuzzy-Regler mit der Eingangsgröße e und der Ausgangsgröße u folgende Voraussetzungen getroffen:

- Die UND-Verknüpfung soll durch den Min-Operator realisiert werden, die ODER-Verknüpfung durch den Max-Operator.

- Als Inferenzverfahren wird das Minimumverfahren gemäß Abschnitt 10.3.3.3, dort als Max-Min-Inferenz bezeichnet, gewählt.

- Zur Berechnung des scharfen Ausgangswertes wird die erweiterte Schwerpunktmethode benutzt, d.h. die beiden äußeren Zugehörigkeitsfunktionen der Ausgangsgröße u werden jeweils an ihren Zentren gespiegelt, um den gesamten Stellgrößenbereich nutzen zu können.

Ein- und Ausgangsgröße sollen in einem normierten Wertebereich im Intervall $[-1,1]$ verlaufen. Außerdem sollen zunächst nur drei linguistische Werte definiert werden mit den Bezeichnungen NK (negativ klein), NU (null) und PK (positiv klein), deren Zugehörigkeitsfunktionen $\mu_i(e)$ und $\mu_j(u)$ im Bild 10.4.2 dargestellt sind. Die Regelbasis ist die eines Fuzzy-P-Reglers mit positiver Verstärkung mit den Regeln:

$$R_1 : \text{WENN} \quad e = \text{NK} \quad \text{DANN} \quad u = \text{NK},$$
$$R_2 : \text{WENN} \quad e = \text{NU} \quad \text{DANN} \quad u = \text{NU},$$
$$R_3 : \text{WENN} \quad e = \text{PK} \quad \text{DANN} \quad u = \text{PK}.$$

Im Bild 10.4.3 ist rechts die statische Übertragungskennlinie des betrachteten Fuzzy-Systems dargestellt. Zunächst ist ersichtlich, dass der Verlauf der Kennlinie monoton steigend ist, wie es definitionsgemäß für einen Fuzzy-P-Regler der Fall ist. Die Symmetrie zum Nullpunkt der Funktion folgt unmittelbar aufgrund der gewählten Regeln und der symmetrischen Zugehörigkeitsfunktionen. Die Kennlinie setzt sich aus konstanten und näherungsweise linearen Teilstücken zusammen.

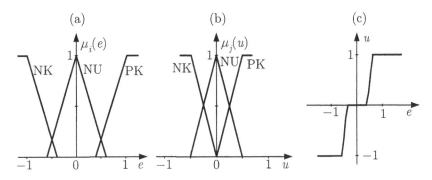

Bild 10.4.3. Zugehörigkeitsfunktionen und statische Kennlinie des Fuzzy-P-Reglers

Betrachtet man die Zugehörigkeitsfunktionen der Eingangsgröße e, so erkennt man die Überlappungsbereiche in den Intervallen $[-0.6, -0.4]$ und $[0.4, 0.6]$. Diese korrespondieren auch genau mit den Bereichen der Kennlinie, in denen diese einen Anstieg aufweist. Der Grund dafür ist, dass genau bei Eingangsgrößen aus den Überlappungsbereichen jeweils zwei Regeln aktiv sind. Die resultierende Ausgangszugehörigkeitsfunktion $\mu^*(u)$ setzt sich daher aus zwei gekappten Zugehörigkeitsfunktionen von u zusammen, wodurch je nach der Form von $\mu^*(u)$ sich der Schwerpunkt der Gesamtfläche verschiebt und eine Variation der scharfen Ausgangsgröße bewirkt. Darauf wird im Detail nachfolgend eingegangen (man vergleiche dazu auch Bild 10.4.8). Demgegenüber ist in den Bereichen der

Eingangsgröße, die nicht überlappen, nur immer eine Regel wirksam. Die Ausgangszu-gehörigkeitsfunktion wird demnach nur von einem Term bestimmt, d.h. sie variiert nur in Abhängigkeit vom Erfülltheitsgrad der Regel in der Höhe. Dabei bleibt der Schwerpunkt der Fläche und somit die Ausgangsgröße u natürlich konstant.

Wird die Anzahl der linguistischen Werte für die Eingangs- und Ausgangsgröße erhöht, so erhält man eine ähnliche Kennlinie, jedoch mit entsprechend mehr Abschnitten, deren Zahl von der Anzahl der linguistischen Werte abhängt. Die Stufenbreite ist vom jewei-ligen Überlappungsgrad abhängig. Im Sonderfall, dass sich die Zugehörigkeitsfunktionen der Eingangsgröße nicht überlappen, erhält man die Kennlinie eines Dreipunktreglers, dargestellt im Bild 10.4.4. In diesem Fall ist immer nur eine Regel aktiv, so dass nur drei verschiedene scharfe Ausgangswerte, - 1, 0 und 1 erzeugt werden.

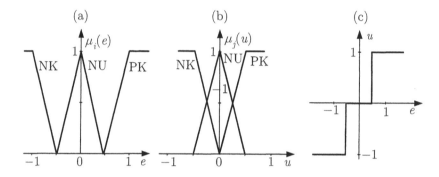

Bild 10.4.4. Abhängigkeit der statischen Kennlinie (c) des Fuzzy-P-Reglers vom Überlap-pungsgrad der Eingangszugehörigkeitsfunktionen (a)

Der Überlappungsgrad der Zugehörigkeitsfunktionen der Ausgangsgröße hat nur eine vergleichsweise untergeordnete Bedeutung. Bild 10.4.5 zeigt die Zugehörigkeitsfunktionen von e und u, die sich jeweils vollständig überlappen. Dabei ist ein angenähert linearer Verlauf der Übertragungskennlinie zu sehen.

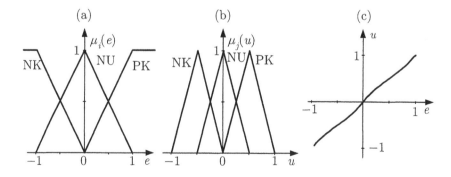

Bild 10.4.5. Abhängigkeit der statischen Kennlinie (c) des Fuzzy-P-Reglers bei vollständiger Überlappung der Ein- und Ausgangsfunktionen (a) und (b)

Modifiziert man die unscharfen Mengen von u so, dass sie sich gerade nicht mehr überschneiden, dann erhält man einen Verlauf der statischen Kennlinie, der nahezu mit dem vorherigen Verlauf identisch ist, wie aus Bild 10.4.6 hervorgeht. Man kann also feststellen, dass der Überlappungsgrad von Zugehörigkeitsfunktionen der Eingangsgröße eines Fuzzy-Reglers einen erheblichen Einfluss auf den Verlauf der statischen Übertragungskennlinie besitzt. Während sich bei geringer Überlappung der Eingangszugehörigkeitsfunktionen stufenförmige Kennlinien ergeben, werden diese bei zunehmendem Überlappungsgrad glatter. Der Einfluss der Überschneidung der Ausgangszugehörigkeitsfunktionen spielt demgegenüber nur eine untergeordnete Rolle.

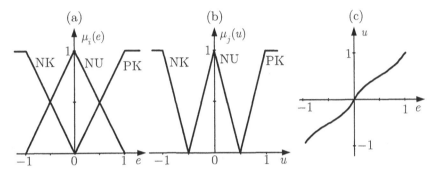

Bild 10.4.6. Abhängigkeit der statischen Kennlinie (c) des Fuzzy-P-Reglers vom Überlappungsgrad der Ausgangszugehörigkeitsfunktionen (b)

Eine weitere Variation der Ausgangszugehörigkeitsfunktionen in der Form, dass die Träger bzw. Einflussbreiten gleichmäßig noch weiter verringert werden, wie Bild 10.4.7 zeigt, lässt überhaupt keinen Unterschied im Verlauf der Kennlinie im Vergleich zu Bild 10.4.5 mehr erkennen.

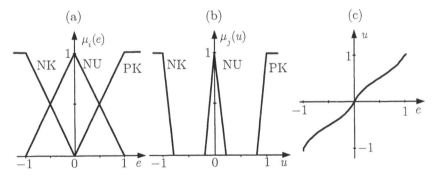

Bild 10.4.7. Abhängigkeit der statischen Kennlinie (c) des Fuzzy-P-Reglers vom Überlappungsgrad der Ausgangszugehörigkeitsfunktionen bei Verringerung des Trägers (b)

Im Bild 10.4.8 ist für die drei zuvor diskutierten Fälle aus den Bildern 10.4.5 bis 10.4.7 die überlagerte Ausgangszugehörigkeitsfunktion mit Bildung des Schwerpunktes nach der erweiterten Schwerpunktmethode für jeweils dieselbe Eingangsgröße $e = 0.80$ dargestellt. Es ist leicht ersichtlich, dass die Abszissenwerte u_{sp} der Schwerpunkte in allen drei Fällen nahezu identisch sind.

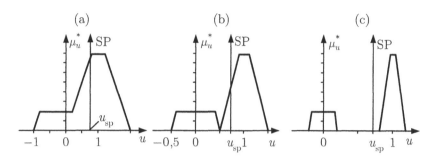

Bild 10.4.8. Überlagerte Ausgangszugehörigkeitsfunktionen $\mu_u^*(s)$ und Schwerpunkte SP

Einen erheblichen Einfluss auf das Übertragungsverhalten hat die Größe des Trägers der Ausgangszugehörigkeitsfunktionen. Im Bild 10.4.9 ist der Verlauf der Kennlinie gezeigt für den Fall, dass die Ausgangszugehörigkeitsfunktion des linguistischen Terms NU einen sehr kleinen Träger besitzt. Die Kennlinie hat zunächst beginnend im Ursprung in positiver e-Richtung einen sehr steilen Verlauf, der etwa nach dem Wert von $e = 0.50$ stark abflacht. Sie ist aufgrund der Symmetrie der Zugehörigkeitsfunktionen und der Regeln natürlich symmetrisch zum Nullpunkt. Der Grund für diese stark nichtlineare Verformung ist, dass durch den ungleichmäßigen Flächeninhalt unter den Zugehörigkeitsfunktionen NU und PK bzw. NK der Abszissenwert der Ausgangsgröße nach der Schwerpunktbildung immer zum linken oder rechten Rand des Stellbereichs tendiert.

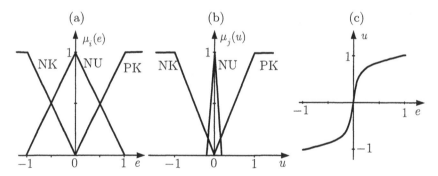

Bild 10.4.9. Einfluss der Träger der Ausgangszugehörigkeitsfunktionen (b) auf den Verlauf der statischen Kennlinie (c) des Fuzzy-P-Reglers

Eine andere Konstellation wird im Bild 10.4.10 dargestellt. Hier zeigt sich genau der umgekehrte Verlauf. Da die Fläche unter der Zugehörigkeitsfunktion von NU verhältnismäßig größer ist als die von NK und PK, führt dies dazu, dass die Ausgangswerte des Reglers betragsmäßig zunächst in Relation zum Betrag der Eingangswerte kleiner sind und somit der Kennlinienverlauf im mittleren Bereich zunächst sehr flach ist und an den Rändern sehr steil wird.

Die Form der Übertragungskennlinie des Fuzzy-Reglers ist demnach sehr stark abhängig vom Träger oder der Einflußbreite einer jeden Zugehörigkeitsfunktion seiner Ausgangsgröße.

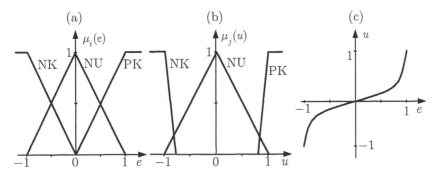

Bild 10.4.10. Einfluss der Träger der Ausgangszugehörigkeitsfunktionen auf den Verlauf der statischen Kennlinie (c) des Fuzzy-P-Reglers

Die Auswirkungen einer modifizierten Regelbasis sollen nur an einem Beispiel gezeigt werden. Dazu wird vom Fall ausgegangen, dass die Regelbasis wieder aus drei Regeln besteht und sowohl die Eingangsgröße e als auch die Ausgangsgröße u des Fuzzy-Systems durch symmetrische und vollständig überlappende Zugehörigkeitsfunktionen modelliert werden. Die Regelbasis wird gegenüber der ursprünglichen so abgewandelt, dass nun folgende Regeln gültig sind:

$$R_1 : \text{WENN} \quad e = \text{NK} \quad \text{DANN} \quad u = \text{PK},$$
$$R_2 : \text{WENN} \quad e = \text{NU} \quad \text{DANN} \quad u = \text{NU},$$
$$R_3 : \text{WENN} \quad e = \text{PK} \quad \text{DANN} \quad u = \text{NK}.$$

Man kann anhand der Kennlinie im Bild 10.4.11 erkennen, dass die Regelbasis eine Betragsbildung der Eingangsgröße e vornimmt.

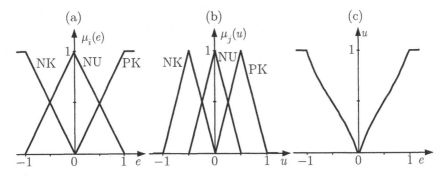

Bild 10.4.11. Kennlinie bei Modifizierung der Regelbasis

Neben der Wahl der Zugehörigkeitsfunktionen spielen natürlich die Wahl der Defuzzifizierungsmethode, der Verknüpfungsoperatoren für die UND- oder ODER-Verknüpfung sowie der Inferenzmethode eine entscheidende Rolle.

10.4.2.2 *Kennfelddarstellung*

Bisher wurden nur Fuzzy-Regler mit jeweils einer Eingangs- und Ausgangsgröße (Eingrößen-Regler) betrachtet. Die Schlussfolgerungen bezüglich der Auswirkungen einzelner Freiheitsgrade des Fuzzy-Reglers haben prinzipiell auch im Fall mehrerer Eingangsgrößen Gültigkeit, wobei die grafische Darstellung jedoch nicht mehr in Form einer Kennlinie möglich ist. Lediglich im Fall zweier Eingangsgrößen bestehen noch Möglichkeiten, das Übertragungsverhalten darzustellen.

Angenommen, ein Fuzzy-Regler besitzt zwei Eingangsgrößen e_1 und e_2 sowie die Ausgangsgröße u, dann lässt sich sein Übertragungsverhalten $u = u(e_1, e_2)$ einmal in der Weise darstellen, dass die Eingangsgröße e_2 diskretisiert und für jeden festen Wert die zugehörige Kennlinie $u = u(e_1)$ aufgetragen wird. Man erhält dann eine Kennlinienschar mit dem Scharparameter e_2. Diese Form der Darstellung wird als Kennfelddarstellung bezeichnet. Eine andere Möglichkeit besteht darin, die Linien mit konstanter Ausgangsgröße, als Höhenlinien in der e_1, e_2-Ebene aufzutragen. Als dritte Darstellungsform bleibt die Möglichkeit, den Ausgangsgrößenverlauf wie im Bild 10.4.12 dreidimensional über der Eingangsgrößenebene aufzuzeichnen. Ein typisches Beispiel für einen Regler mit zwei Eingangsgrößen ist der im Bild 10.4.13 dargestellte PD-Regler mit $e_1 = e$ und $e_2 = \dot{e}$.

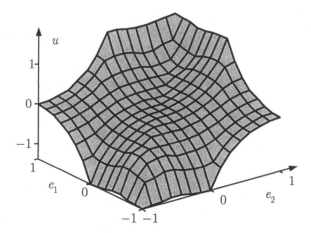

Bild 10.4.12. Dreidimensionale Darstellung des Übertragungsverhaltens

Bei Fuzzy-Reglern mit mehr als zwei Eingängen kann man so vorgehen, dass alle Eingangsgrößen bis auf zwei konstant gehalten werden, und die Abhängigkeit der Ausgangsgröße von diesen beiden Eingangsgrößen auf eine der beschriebenen Arten aufgetragen wird. Jedoch besitzen derartige Darstellungen i.a. nur eine begrenzte Aussagefähigkeit.

Legt man das Übertragungsverhalten zugrunde, so kann man erkennen, dass Fuzzy-Regler im Grunde gar keinen neuen Reglertyp darstellen. Sie gehören vielmehr zur Klasse der Kennlinien- bzw. Kennfeldregler, die bereits seit vielen Jahren in verschiedenen Bereichen der Regelungstechnik erfolgreich eingesetzt werden. Das wirklich Neue am Fuzzy-Regler ist die Art der Parametrisierung. Das Übertragungsverhalten wird nicht explizit grafisch oder formelmäßig vorgegeben, sondern implizit in linguistischer Form durch Festlegung der Zugehörigkeitsfunktionen und durch die Formulierung einer Regelbasis.

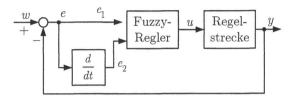

Bild 10.4.13. PD-Fuzzy-Regler

10.4.3 Beispiel einer Fuzzy-Regelung

Im folgenden soll am Beispiel der Regelung eines Verladekrans der Entwurf und die Funktionsweise einer Fuzzy-Regelung vorgestellt werden.

10.4.3.1 Beschreibung der Regelstrecke

Das Modell des Verladekrans besteht gemäß Bild 10.4.14 aus einer Laufkatze mit Pendel und den Fahrschienen. Das Pendel soll sich nur in einer Ebene unter den Fahrschienen bewegen können (Begrenzung auf die Ebene). Am unteren Ende des Pendels befindet sich die zu verladende Lastmasse. Die Laufkatze wird über einen elektrischen Antrieb bewegt. Es sind Messeinrichtungen für die Laufkatzenposition und den Pendelwinkel vorhanden. Die reale Stellgröße u sei auf ± 10 V beschränkt.

Diese Regelstrecke lässt sich beschreiben durch die zwei nichtlinearen Differentialgleichungen

$$\ddot{x} = \frac{1}{M + m\sin^2\varphi}[m\sin\varphi(g\cos\varphi + l\dot\varphi^2) + F - R\,\mathrm{sgn}(\dot x) - B\dot x], \tag{10.4.1}$$

$$\ddot\varphi = \frac{1}{l(M + m\sin^2\varphi)} \tag{10.4.2}$$
$$\cdot\,[-m\sin\varphi(g + l\dot\varphi^2\cos\varphi) - Mg\sin\varphi - \cos\varphi(F - R\,\mathrm{sgn}(\dot x) - B\dot x)]$$

mit folgenden Bezeichnungen und Kennwerten einer Versuchsanlage:

Antriebskraft, Stellgröße:	$F = u$,
Masse der Laufkatze:	$M = 12.42$ kg,
Masse der Last:	$m = 0\ldots 12.5$ kg,
Pendellänge:	$l = 0.985$ m,
Erdbeschleunigung:	$g = 9.80665$ m/s^2,
Pendelwinkel:	φ,
Position der Laufkatze:	x,
statische Reibungskraft:	$R = f(x)$ und
dynamischer Reibungskoeffizient:	$B = 7.773$ kg/s.

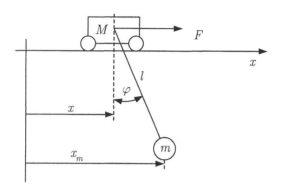

Bild 10.4.14. Schematische Darstellung eines Verladekrans

10.4.3.2 Fuzzy-Reglerentwurf

Einer der Nachteile von Fuzzy-Reglern, der häufig verschwiegen wird, ist der, dass bislang weitestgehend nur heuristische Verfahren für den Reglerentwurf existieren. Falls also kein Experte oder Bediener zur Verfügung steht, kommt man ohne vorherige Analyse der Regelstrecke auch hier nicht aus. Der folgende Fuzzy-Regler wurde direkt an einer Versuchsanlage entworfen und erprobt, da von einem fehlenden Regelstreckenmodell ausgegangen werden sollte. Für einfache Regelstrecken mag dies praktikabel sein, bei komplexen Industrieanlagen ist dies wohl kaum noch der Fall. Im wesentlichen lässt sich der Entwurf eines Fuzzy-Reglers durch den folgenden Ablauf beschreiben [KF93]:

1. Wahl der Messgrößen und der daraus abgeleiteten Größen als Eingangsgrößen des Fuzzy-Reglers, sowie der Stellgröße als Ausgangsgröße,

2. Festlegung der möglichen Wertebereiche für die Ein- und Ausgangsgrößen (Skalierung der linguistischen Variablen),

3. Definition der linguistischen Terme und ihrer Zugehörigkeitsfunktionen für sämtliche linguistischen Variablen,

4. Aufstellen der Regelbasis,

5. Simulation des Regelkreises (falls möglich) oder Erprobung am Prozess.

Da die maximale Anzahl der Regeln n_R bei Berücksichtigung aller möglichen Verknüpfungen in Abhängigkeit der Anzahl der Eingangsgrößen n_E und Zugehörigkeitsfunktionen (ZGF) n_Z mit

$$n_R = (n_Z)^{n_E} \qquad (10.4.3)$$

stark ansteigt, sollte man zunächst bemüht sein, diese gering zu halten. Daher wurden im ersten Schritt als linguistische Eingangsvariablen die Regelabweichung $e(E)$ und der Winkel $\varphi(PHI)$ gewählt mit jeweils drei Zugehörigkeitsfunktionen N („negative"), Z („zero") und P („positive"). Die linguistische Ausgangsvariable U wird ebenfalls in drei unscharfe Mengen unterteilt, was auf insgesamt 9 Regeln führt. Somit besitzt der Regler eine reine P-Struktur. Um auch unbekannte sprungförmige Störungen, z.B. in Form der statischen Reibung, ausregeln zu können, wird im Reglerausgang noch ein Integrator parallel geschaltet. Diese einfache Ausführung liefert zwar schon brauchbare Ergebnisse, fällt im Betrieb an der Anlage jedoch durch ein Überschwingen der Position der Laufkatze und ein relativ langes Nachpendeln der Last auf, da die Reaktion der Anlage auf Stellgrößenänderungen aufgrund ihrer relativ großen Ausmaße (Trägheit) bereits recht langsam ist. Diese Beobachtungen führen zu dem Schluss, dass die Informationen über die Zustände der Laufkatzen- und Winkelgeschwindigkeiten $\dot{e}(DE)$ und $\dot{\varphi}(DPHI)$ zu einer höheren Regelgüte führen müssen. Die neue Struktur ist im Bild 10.4.15 dargestellt. Da Fuzzy-Regler quasikontinuierlich mit einer Abtastzeit $T < T_{\text{dominant}}/10$ ($T_{\text{dominant}} =$ dominante Zeitkonstante der Regelstrecke) implementiert werden müssen (das Regelstreckenmodell wird nicht im Regelgesetz berücksichtigt), werden für die Berechnung der Ableitungen die Differenzenquotienten verwendet.

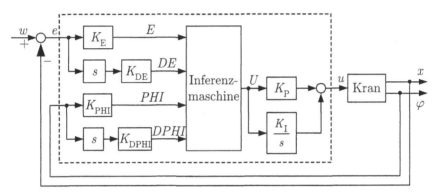

Bild 10.4.15. Struktur des entworfenen Fuzzy-Reglers

Durch die Verdopplung der Anzahl der Eingangsgrößen steht man nun allerdings vor dem Problem, eine möglichst effiziente Regelbasis aufzustellen. Behält man die Anzahl der Zugehörigkeitsfunktion bei drei, so ergibt sich gemäß Gl.(10.4.3) eine maximale Regelanzahl von $n_R = 3^4 = 81$, sofern alle Eingangsgrößen in die Prämisse einer Regel eingehen. Diese Vorgehensweise kann schnell unübersichtlich werden, außerdem ist es sicherlich sehr schwierig, für diesen Fall überhaupt Regeln aufzustellen. Deshalb wird ein wesentlich einfacherer Weg beschritten. Es werden zwei getrennte Regelbasen für die linguistischen Eingangsgrößen E und DE, sowie PHI und $DPHI$ aufgestellt, die miteinander durch eine ODER-Verknüpfung verbunden werden. Dadurch wird die maximale Anzahl der Regeln auf 18 reduziert, wobei im Verlauf der Experimente diese Anzahl noch auf 14 minimiert wird, indem Regeln, die zu keinem Zeitpunkt „gefeuert" haben oder aktiv waren, entfernt werden. Bild 10.4.16 zeigt die verwendeten Zugehörigkeitsfunktionen für die fünf linguistischen Variablen. Die Regeln sind im Bild 10.4.17 tabellarisch dargestellt. Die UND-Verknüpfung in der Prämisse wird durch den MIN-Operator und die ODER-Verknüpfung aller Regeln durch den MAX-Operator ausgeführt. Die Inferenzmaschine arbeitet mit der Max-Min-Methode, und zur Defuzzifizierung dient die erweiterte Schwerpunktmethode.

Zur Feineinstellung und Verbesserung der Regelgüte werden die Verstärkungsfaktoren K_x ($x =$ P, I, E, DE, PHI und DPHI) aus Bild 10.4.15 verwendet. Hiermit hat man vielfältige Möglichkeiten, um die Regelcharakteristik einzustellen. Man kann beispielsweise durch

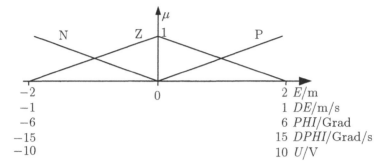

Bild 10.4.16. Zugehörigkeitsfunktionen der fünf linguistischen Variablen E, DE, PHI, $DPHI$ und U

	DE					$DPHI$		
E	N	Z	P		PHI	N	Z	P
N	N	N	Z		N		N	
Z	N	Z	P		Z	N	Z	P
P	Z	P	P		P		P	

Bild 10.4.17. Regelbasis für Positions- und Winkelregelung

eine in der Größenordnung gleiche Bewertung aller Größen erreichen, dass der Pendelwinkel schon zu Beginn klein gehalten wird, was z.B. für den Transport von Schüttgütern wichtig ist. Dadurch wird die Regelung der Wagenposition natürlich langsamer. Hier soll jedoch das Ziel der Regelung darin bestehen, dass der Winkel φ nur beim Erreichen des Ziels gleich null sein soll und die Endposition möglichst schnell erreicht wird. Bild 10.4.18 zeigt diesen Fall für eine sprungförmige Sollwertänderung der Position x der Laufkatze von - 0.9 m nach 0.9 m bei einer Last von 10 kg. Für die Verstärkungsfaktoren gilt $K_{\text{PHI}} = K_{\text{DPHI}} = 0.1$, $K_{\text{E}} = 1.05$, $K_{\text{DE}} = 0.8$, $K_{\text{P}} = 1.0$ und $K_{\text{I}} = 1.4$. Zu erkennen ist, dass der Sollwert nach etwa 5 s erreicht wird und die Lastpendelung vollständig gedämpft ist. Im Bild 10.4.19 sind die zwei verschiedenen Kennfelder, $U = F_1(E,DE)$ und $U = F_2(E,PHI)$, des Fuzzy-Reglers dargestellt. Deutlich zu erkennen ist jeweils die nichtlineare Charakteristik.

10.4.4   Fuzzy-Regler nach Takagi und Sugeno

Neben dem zuvor behandelten linguistischen Fuzzy-Regler nach Mamdani wird gelegentlich auch der Regler nach Takagi und Sugeno [TS85] verwendet, der sich grundsätzlich in der Form und Struktur der Regelbasis vom erst genannten unterscheidet. Da der Konklusionsteil der Regeln u_l jeweils eine nichtlineare Funktion der Eingangsgrößen $e_i, i = 1,2,\ldots,q$ darstellt, wird dieser Regler im Gegensatz zum rein linguistisch formu-

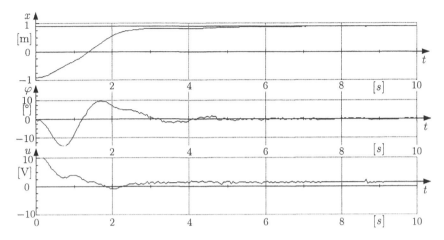

Bild 10.4.18. Einschwingverhalten der entworfenen Fuzzy-Regelung bei einer sprungförmigen Sollwertänderung (x Position der Laufkatze, φ Pendelwinkel, u Stellgröße

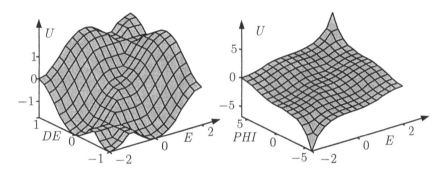

Bild 10.4.19. Kennfelder des Fuzzy-Reglers

lierten Fuzzy-Regler auch als *funktionaler Fuzzy-Regler* bezeichnet. Bei diesen Reglern sind die Regeln der Regelbasis von nachfolgender WENN-DANN-Form:

$$R_l : \text{WENN} \ (e_1 = A_{l_1}) \ \text{und/oder} \ \ldots \ \text{und/oder} \ (e_q = A_{l_q}) \ \text{DANN} \ u = u_l \qquad (10.4.4)$$

mit der i.a. nichtlinearen Funktion

$$u_l = f_l(e_1, \ldots, e_q) \qquad (10.4.5)$$

und den Parametern $l = 1, \ldots, L$, $i = 1, \ldots, q$. Die DANN-Teile der einzelnen Regeln bestehen also aus Funktionen der q Eingangsgrößen e_i. Dabei liefern die Regeln keine unscharfen Ergebnisse in Form von modifizierten unscharfen Mengen, sondern scharfe oder reelle Werte $u_l = u_l(k)$, die sich als Funktionswerte der aktuellen Eingangsgrößen $e_i(k)$ ergeben. Für den speziellen Fall, dass f_l eine lineare Funktion ist, also

$$u_l = c_{l_0} + c_{l_1}e_1 + \ldots + c_{l_q}e_q \qquad (10.4.6)$$

gilt, spricht man auch von einem funktionalen Fuzzy-Regler erster Ordnung.

Zur Bestimmung der scharfen und eindeutigen Stellgröße u muss bei diesem Regler keine Defuzzifizierung durchgeführt werden, vielmehr ergibt sich diese aus dem gewichteten Mittelwert

$$u = \frac{\sum\limits_{l=1}^{L} a_l u_l(e_1,\ldots,e_q)}{\sum\limits_{l=1}^{L} a_l} \tag{10.4.7}$$

der Einzelergebnisse u_l der L Regeln und ihren jeweiligen Aktivierungsgraden nach Gl.(10.3.3).

Abschließend sei noch darauf hingewiesen, dass für den speziellen Fall $c_{l_i} = 0$, $i = 1,\ldots,q$ Gl.(10.4.6) übergeht in

$$u_l = c_{l_0} = c_l \tag{10.4.8}$$

und die Regelbasis gemäß Gl.(10.4.4) dann lautet:

$$R_l : \text{WENN } (e_1 = A_{l_1}) \text{ und/oder } (e_q = A_{l_q}) \text{ DANN } u = e_l. \tag{10.4.9}$$

Dies stellt einen funktionalen Fuzzy-Regler nullter Ordnung dar. Betrachtet man die Parameter c_l als spezielle unscharfe Mengen, nämlich als Singletons gemäß Gl.(10.2.9), so sind funktionale Fuzzy-Regler nullter Ordnung äquivalent mit dem linguistischen Fuzzy-Regler. Daher werden funktionale Fuzzy-Regler nullter Ordnung auch als Singleton-Fuzzy-Regler bezeichnet.

Literatur

[Ack88]   Ackermann, J.: *Abtastregelung* (Bd. 1 und Bd. 2). Springer-Verlag, Berlin 1988.

[Ack93]   Ackermann, J.: *Robust control systems with uncertain physical parameters.* Springer- Verlag, New York 1993.

[AH84]   Aström, K. und T. Hägglund.: Automatic tuning of simple regulators with specification on phase and amplitude margins. *Automatica,* 20 (1984), S. 645-651.

[And86]   Anderson, B. et al.: *Stability of adaptive systems.* M.I.T. Press, Cambridge(Ma) 1986.

[Ann03]   Annaswamy, A.: Model reference adaptive control. In: H. Unbehauen (ed.): *Control systems, robotics and automation - UNESCO-Encyclopedia of Life Support Systems (EOLSS).* Eolss-Publishers (Internet), Oxford (UK) 2003.

[AW89]   Aström, K. und B. Wittenmark: *Adaptive control.* Verlag Addison-Wesley, Reading (Ma) 1989.

[Bah54]   Ba Hli, F.: A general methode for the time domain network synthesis. *Trans. IRE on Circuit Theory,* 1 (1954), S. 21-28.

[Bar94]   Barmish, B.: *New tools for robustness of linear Systems.* Verlag Macmillan, New York 1994.

[BB91]   Boyd, S. und C. Barratt: *Linear controller design: Limits of performance.* Prentice-Hall, Englewood Cliffs (N.J.) 1991.

[BCK95]   Bhattacharyya, S.; H. Chappelat und L. Keel: *Robust control: The parametric approach.* Prentice-Hall, Upper Saddle River (N.J.) 1995.

[Bel57]   Bellman, R.: *Dynamic programming.* Princeton University Press, Princeton (New York) 1957.

[BG90]   Bandemer, H. und S. Gottwald: *Einführung in Fuzzy-Methoden – Theorie und Anwendung unscharfer Mengen.* Akademie-Verlag, Berlin 1990.

[BM61]   Beilsteiner, G. und W. Mangoldt: *Handbuch der Regelungstechnik.* Springer-Verlag, Berlin 1961.

[Bod45]   Bode, H.: *Network analysis and feedback amplifier design.* Verlag Van Nostrand, New York 1945.

[Bol73]   Bolch, G.: *Identifikation linearer Systeme durch Anwendung von Momentenmethoden.* Dissertation, Universität Karlsruhe 1973.

[BR79a]   Braae, M. und D. Rutherford: Selection of parameters from a fuzzy logic controller. *Fuzzy Sets and Systems,* 2 (1979), S. 185-199.

[BR79b] Braae, V. und D. Rutherford: Theoretical and linguistic aspects of fuzzy logic controller. *Automatica*, 15 (1979), S. 553-577.

[CA98] Chen, H. und F. Allgöwer: Nonlinear model predictive control schemes with guaranteed stability. In: Berber, R. und C. Kravaris (eds.): *Nonlinear model based process control*. Kluwer Academic Publishers, Dordrecht 1998.

[CB99] Camacho, E. und C. Bordons: *Model predictive control*. Springer-Verlag, London 1999.

[CF78] Close, C. M. und D. K. Frederick: *Modelling and analysis of dynamic systems*. Verlag Houghton Miffling Company, Boston 1978.

[CG75] Clarke, D. und P. Gawthrop: Self-tuning controller. *IEE Proc. Pt.D: Control Theory and Applications*, 122-9 (1975), S. 929-934.

[Cha87] Chalam, V.: *Adaptive control Systems*. Verlag M. Dekker, New York 1987.

[CKKP68] Crandall, S. H., D. C. Karnoop, E. F. Kurtz und D. C. Pridmore-Brown: *Dynamics of mechanical and electromechanical systems*. Verlag McGraw-Hill, New York 1968.

[Cla94] Clarke, D.: *Advances in model-based predictive control*. Oxford University Press, New York 1994.

[Cos58] Cosgriff, R.: *Nonlinear control systems*. Verlag McGraw-Hill, New York 1958.

[Cre53] Cremer, L.: Die algebraischen Kriterien der Stabilität linearer Regelungssysteme. *Regelungstechnik*, 1 (1953), S. 17-20 und 38-41.

[Csa73] Csaki, F.: *Die Zustandsraummethode in der Regelungstechnik*. VDI-Verlag, Düsseldorf 1973.

[DHR93] Driankow, D., H. Hellendorn und M. Reinfrank: *An introduction to fuzzy control*. Springer-Verlag, Berlin 1993.

[Doe85] Doetsch, G.: Anleitung zum praktischen Gebrauch der Laplace-Transformation und der Z-Transformation (5. Auflage). Oldenbourg-Verlag, München 1985.

[DP98] Driankow, D. und R. Palm, (Hrsg.): *Advances in fuzzy control*. Physica Verlag, Heidelberg 1998.

[DV70] Dolezal, R. und L. Varcop: *Process dynamics*. Verlag Elsevier-Publishing-Company, Amsterdam 1970.

[Eva50] Evans, W. R.: Control system synthesis by root-locus method. *Trans. AIEE*, 69 (1950), S. 66-69.

[Eva54] Evans, W. R.: *Control system dynamics*. Verlag McGraw-Hill, New York 1954.

[Föl77] Föllinger, O.: *Laplace- und Fourier-Transformation*. Elitera-Verlag, Berlin 1977.

[Föl93] Föllinger, O.: *Lineare Abtastsysteme* (5. Auflage). Oldenbourg-Verlag, München 1993.

[Föl94]   Föllinger, O.: *Regelungstechnik* (8. Auflage). Hüthig-Verlag, Heidelberg 1994.

[For71]   Forrester, J.: *World Dynamics*. Verlag Wright-Allen Press, Cambridge (MA) 1971.

[FU04]   Filatov, N. und H. Unbehauen: *Adaptive dual control*. Springer-Verlag, Berlin 2004.

[Fun89]   Funahashi, K.: On the approximate realization of continuous mapping by neural networks. *Neural Networks*, 2 (1989), S. 183-192.

[FW75]   Francis, B. und W. Wonham: The internal model principle for linear multivariable regulators. *Applied Mathematics and Optimization*, 2 (1975), S. 170-194.

[Gaw87]   Gawthrop, P.: *Continuous-time self-tuning control. Vol. 1: Design*. Research Study Press, Lechworth (UK) 1987.

[Gil73]   Gilles, E.-D.: *Systeme mit verteilten Parametern*. Oldenbourg-Verlag, München 1973.

[Git70]   Gitt, W.: *Parameterbestimmung an linearen Regelstrecken mit Hilfe von Kennwertortskurven für Systemantworten deterministischer Testsignale*. Dissertation, TH Aachen 1970.

[GL53]   Graham, D. und R. C. Lathrop: The synthesis of optimum transient response: criteria and standard-forms. *Trans. AIEE*, 73 (1953), S. 273-288.

[Hal43]   Hall, A. C.: *Analysis and synthesis of linear servomechanisms*. Verlag Technology Press, Cambridge (MA) 1943.

[Hal03]   Halldorsson, U.: *Synthesis of multirate nonlinear predictive control*. VDI Verlag, Düsseldorf 2003.

[Han03]   Hang, C. C.: Smith predictor and modifications. In : H. Unbehauen (ed.): *Control systems, robotics and automation - UNESCO-Encyclopedia of Life Support Systems (EOLSS)*. Eolss-Publishers (Internet), Oxford (UK) 2003.

[HB81]   Harris, C. und S. Billings: *Self-tuning adadaptive control*. Verlag P. Peregrinus, London 1981.

[HBB 96]   Harris, C., M. Brown, M. Bossley, D. Milis und M. Feng: Advances in neuro-fuzzy algorithms for real-time modelling and control. *Engng . Applic. Artif. Intell,*. 9 (1996), S. 1-16.

[HGH93]   Hung, J.Y., W. Gao und J.C. Hung: Variable structure control. *IEEE Trans*. IE 40-1 (1993), S. 2-22.

[HØ82]   Holmblad, L. und I. Østergaard: Control of a cement kiln by fuzzy logic. In: M. Gupta und E. Sanchez (Hrsg.): *Fuzzy information and decision-process*, S. 388-398, Verlag North-Holland, Amsterdam 1982.

[Hud69]   Hudzovic, P.: Die Identifizierung von aperiodischen Systemen (tschech.). *Automatizace*, XII (1969), S. 289-293.

[Hur95]   Hurwitz, A.: Über die Bedingungen, unter welchen eine Gleichung nur Wurzeln mit negativen reellen Teilen besitzt. *Math. Annalen*, 46 (1895), S. 273-284.

[ILM92]   Isermann, R., K. Lachmann und D. Matko: *Adaptive control Systems*. Prentice-Hall, New York 1992.

[JNP47]   James, H. M., N. B. Nichols und R. S. Philipps: *Theory of servomechanisms*. Verlag McGraw-Hill, New York 1947.

[Kah95]   Kahlert, J.: *Fuzzy Control für Ingenieure*. Vieweg-Verlag, Braunschweig 1995.

[Kal61]   Kalman, R. E.: On the general theory of control systems. In: J. F. Coales (Hrsg.): *Automatic and remote control*, Band 1, S. 481-492 (Proc. of 1st IFAC World Congress, Moskau 1960), Oldenbourg-Verlag, München 1961.

[KF88]   Klir, G. und T. Folger: *Fuzzy sets, uncertainty and information*. Verlag Prentice-Hall, Englewood Cliffs 1988.

[KF93]   Kahlert, J. und H. Frank: *Fuzzy-Logik und Fuzzy-Control*. Vieweg-Verlag, Braunschweig 1993.

[Kha78]   Kharitonov, V.: Über eine Verallgemeinerung eines Stabilitätskriteriums (russ.). *Izvetiy Akademii Nauk Kazakhskoi SSR, Seria Fizikomatematicheskaia*, 26 (1978), S. 53-57.

[Kha02]   Khalil, H.: *Nonlinear Systems*. Verlag Prentice-Hall, Upper Saddle River (N.J.) 2002.

[Kie97]   Kiendl, H.: *Fuzzy Control methodenorientiert*. Oldenbourg-Verlag, München 1997.

[Kin99]   King, R. E.: *Computational intelligence in control engineering*. Verlag Marcel Dekker, New York 1999.

[KKK95]   Krstic, M., L. Kanellakopoulos und P. Kokotovic: *Nonlinear and adaptive control design*. Verlag Wiley, New York 1995.

[KKO99]   Kokotovic, P., H. Khalil und J. O'Reilly: *Singular perturbation methods in control: Analysis and design*. SIAM, Philadelphia 1999.

[KKW96]   Koch, H., T. Kuhn und J. Wernstedt: *Fuzzy Control*. Oldenbourg-Verlag, München 1996.

[KM78]   Kickert, W. und E. Mamdani: Analysis of a fuzzy logic controller. *Fuzzy Sets and Systems*, 1 (1978), S. 29-44.

[Krä92]   Krämer, K.: *Ein Beitrag zur Analyse und Synthese adaptiver prädiktiver Regler*. VDI-Verlag, Düsseldorf 1992.

[Küp28]   Küpfmüller, K.: Über die Dynamik der selbsttätigen Verstärkungsregler. *Elektrische Nachrichtentechnik*, 5 (1928), S. 459-467.

[Kut68]   Kutz, M.: *Temperature control*. Verlag Wiley, New York 1968.

[KvN76]   Kickert, W. und H. van Nauta-Lemke: Applications of a fuzzy controller in a warm water plant. *Automatica*, 12 (1976), S. 301-308.

[Lan79]   Landau, Y.: *Adaptive control*.: Verlag M. Dekker, New York 1979.

[Led60]   Ledley, R.: *Digital computer and control engineering*. Verlag McGraw-Hill, New York 1960.

[Lee90]   Lee, C.: Fuzzy logic in control systems: Fuzzy logic controller. *IEEE Trans. on Systems, Man and Cybernetics*, 20 (1990), S. 404-418 und 419-435.

[Leo40]   Leonhard, A.: *Die selbsttätige Regelung in der Elektrotechnik*. Springer-Verlag, Berlin 1940.

[Leo44]   Leonhard, A.: Neues Verfahren zur Stabilitätsuntersuchung. *Archiv Elektrotechnik*, 38 (1944), S. 17-28.

[Lep72]   Lepers, H.: Integrationsverfahren zur Systemidentifizierung aus gemessenen Systemantworten. *Regelungstechnik*, 10 (1972), S. 417-422.

[Lin94]   Lin, C.: *Advanced control systems design*. Verlag Prentice-Hall, Englewood Cliffs 1994.

[Lip68]   Lippmann, H.: *Schwingungslehre*. Bibliographisches Institut, Mannheim 1968.

[LN96]   Linkens, D. und H. Nyongesa: Learning systems in intelligent control: An appraisal of fuzzy, neural and genetic control applications. *IEE Proc. CTA* 143 (1996), S. 367-386.

[MA75]   Mamdani, E. und S. Assilian: An experiment in linguistic synthesis with a fuzzy logic controller. *Int. J. of Man-Machine Studies*, 7 (1975), S. 1-13.

[Mag69]   Magnus, K.: *Schwingungen* (2. Auflage). Teubner-Verlag, Stuttgart 1969.

[Mam74]   Mamdani, E.: Applications of fuzzy algorithm for control of simple dynamic plant. *Proc. IEE*, 121 (12)(1974), S. 1585-1588.

[MAT05]   MATLAB: *Control system toolbox user's guide*. The Math Works Inc., Natik (MA) 2005.

[Max68]   Maxwell, I. C.: On governors. *Proc. Roy. Soc.*, 16 (1868), S. 270-283.

[May69]   Mayr, O.: *Zur Frühgeschichte technischer Regelungen*. Oldenbourg-Verlag, München 1969.

[Mic38]   Michailow, A. W.: Die Methode der harmonischen Analyse in der Regelungstheorie (Russ.). *Automatik und Telemechanik*, 3 (1938), S. 27-81.

[MMSW92]   Mayer, A., B. Mechler, A. Schlindwein und R. Wolke: *Fuzzy Logic, Einführung und Leitfaden zur praktischen Anwendung*. Verlag Addison-Wiley, Bonn 1992.

[MZ89]   Morari, M. und E. Zafiriou: *Robust process control*. Verlag Prentice-Hall, Englewood Cliffs (N.J.) 1989.

[NA89]   Narendra, K. und A. Annaswami: *Stable adaptive systems*. Verlag Prentice-Hall, Englewood Cliffs (N.J.) 1989.

[NGK57]   Newton, G. C., L. A. Gould und J. F. Kaiser: *Analytical design of linear feedback control*. Verlag Wiley, New York 1957.

[NS90]   Nijmeijer, H. und A. van der Schaft: *Nonlinear dynamic control systems*. Springer-Verlag, Berlin 1990.

[Nyq32]   Nyquist, H.: Regeneration theory. *Bell Syst. techn. J.*, 11 (1932), S. 126-147.

[Oga90]   Ogata, K.: *Modern control engineering*. Verlag Prentice-Hall Inc., Englewood Cliffs, (New York) 1990.

[Opp39]   Oppelt, W.: Vergleichende Betrachtung verschiedener Regelaufgaben hinsichtlich der geeigneten Regelgesetzmäßigkeit. *Luftfahrtforschung*, 16 (1939), S. 447-472.

[Opp72]   Oppelt, W.: *Kleines Handbuch technischer Regelvorgänge*, S. 462-467. Verlag Chemie, Weinheim 1972.

[OS44]   Oldenbourg, R. und H. Sartorius: *Dynamik selbsttätiger Regelungen*. Oldenbourg-Verlag, München 1944.

[PBGM64]   Pontrjagin, L. S., V. G. Boltjanskij, R. V. Gamkrelidze und E. F. Misčenko: Mathematische Theorie optimaler Prozesse. Oldenbourg-Verlag, München 1964.

[Pro62]   Profos, P.: *Die Regelung von Dampfanlagen*. Springer-Verlag, Berlin 1962.

[Rad66]   Radtke, M.: Zur Approximation linearer aperiodischer Übergangsfunktionen. *Zeitschrift messen, steuern, regeln*, 9 (1966), S. 192-196.

[Raw00]   Rawlings, J.: Tutorial overview of model predictive control. *IEEE Contr. Syst. Magazine* 20-3 (2000), S. 38-52.

[RF58]   Ragazzini, J. und G. Franklin: *Sampled-data control systems*. Verlag McGraw-Hill, New York 1958.

[RL93]   Ragot, J. und M. Lamotte: Fuzzy logic control. *Int. J. Systems Sci.*, 24 (1993), S. 1825-1848.

[Rör71]   Rörentrop, K.: *Entwicklung der modernen Regelungstechnik*. Oldenbourg-Verlag, München 1971.

[Rou77]   Routh, E. J.: *A treatise on the stability of a given state of motion*. Verlag Macmillan, London 1877.

[SB98]   Sastry, S. und M. Bodson: *Adaptive control - Stability, convergence and robustness*. Prentice-Hall (N.J.), Englewood Cliffs 1998.

[SB04]   Samal, E. und W. Becker: Grundriß der praktischen Regelungstechnik. Oldenbourg-Verlag, München 2004.

[Sch62]   Schwarze, G.: Bestimmung der regelungstechnischen Kennwerte von P-Gliedern aus der Übergangsfunktion ohne Wendetangentenkonstruktion. *Zeitschrift messen, steuern, regeln*, 5 (1962), S. 447-449.

[Sch64]   Schwarze, G.: Algorithmische Bestimmung der Ordnung und Zeitkonstanten bei P-, I- und D-Gliedern mit zwei unterschiedlichen Zeitkonstanten und Verzögerung bis 6. Ordnung. *Zeitschrift messen, steuern, regeln*, 7 (1964), S. 10-18.

[Sch68a] Schlitt, H.: *Stochastische Vorgänge in linearen und nichtlinearen Regelkreisen*. Vieweg-Verlag, Braunschweig 1968.

[Sch68b] Schwarz, H.: *Frequenzgang und Wurzelortskurvenverfahren*. Bibliographisches Institut, Mannheim 1968.

[Sch71]   Schink, H.: *Fibel der Verfahrenstechnik*. Oldenbourg-Verlag, München 1971.

[Sch74]   Schöne, A.: *Simulation technischer Systeme* (3 Bände). Hanser-Verlag, München 1974.

[SD69]   Schlitt, H. und F. Dittrich: *Statistische Methoden der Regelungstechnik*. Bibliographisches Institut, Mannheim 1969.

[Shi63]   Shipley, P.: A unified approach to synthesis of linear systems. *IEEE*, 8 (1963), S. 114-120.

[SIM05]   SIMULINK: *Dynamic system simulation for MATLAB*. The Math Works Inc., Natik (MA) 2005.

[Smi59]   Smith, O.: A controller to overcome dead-time. *ISA Journal* 6-2 (1959), S. 28-33.

[Soe92]   Soeterboek, A.: *Predictive control: A unified approach*. Verlag Prentice-Hall, New York 1992.

[Sol63]   Solodownikow, W. W.: *Einführung in die statistische Dynamik linearer Regelsysteme*. Oldenbourg-Verlag, München 1963.

[Sol71]   Solodownikow, W. W.: *Stetige lineare Systeme*, S. 680-692. VEB Verlag Technik, Berlin 1971.

[Sto93]   Stodola, A.: Über die Regulierung von Turbinen. *Schweizer Bauzeitung*, 22 (1893), S. 27-30 und 23 (1894), S. 17-18.

[Str59]   Strejc, V.: Approximation aperiodischer Übertragungscharakteristiken. *Regelungstechnik*, 7 (1959), S. 124-128.

[Str66]   Strobel, H.: On a new method of determining the transfer function by simultaneous evaluation of the real and imaginary parts of measured frequency response. *Proc. of the 3rd IFAC-World-Congress*, Vol. 1, paper 1F, London 1966.

[Str68]   Strobel, H.: *Systemanalyse mit determinierten Testsignalen*. Verlag Technik, Berlin 1968.

[Str96]   Strietzel, R.: *Fuzzy-Regelung*. Oldenbourg-Verlag, München 1996.

[Tho73]   Thoma, M.: *Theorie linearer Regelsysteme.* Vieweg-Verlag, Braunschweig 1973.

[Til92]   Tilli, T.: *Grundlagen, Anwendungen, Hard- und Software.* Franzis-Verlag, München 1992.

[TL56]   Thal-Larsen, H.: Frequency response from experimental nonoscillatory transient-response data. *Trans. ASME*, Part II 74 (1956), S. 109-114.

[Tol05]   Tolle, M.: *Regelung der Kraftmaschinen.* Springer-Verlag, Berlin 1905.

[Tru55]   Truxal, J. G.: *Automatic feedback control system synthesis.* Verlag McGraw-Hill, New York 1955. (Aus dem Englischen: Entwurf automatischer Regelsysteme, Oldenbourg-Verlag, München/Wien 1960).

[Tru60]   Truxal, J. G.: *Entwurf automatischer Regelsysteme*, S. 297-338. Oldenbourg-Verlag, Wien 1960.

[TS85]   Tagaki, T. und H. Sugeno: Fuzzy identifiaction of systems and its applications to modelling and control. *IEEE Trans. on Systems, Man and Cybernetics*, 15 (1985), S. 116-132.

[TS93]   Tietze, U. und C. Schenk: *Halbleiter-Schaltungstechnik* (10. Auflage). Springer-Verlag, Berlin 1993.

[UGB74]   Unbehauen, H., B. Göhring und B. Bauer: Parameterschätzverfahren zur Systemidentifikation. Oldenbourg-Verlag, München/Wien 1974.

[Unb66a]   Unbehauen, H.: Bemerkungen zur Arbeit von W. Bolte „Ein Näherungsverfahren zur Bestimmung der Übergangsfunktion aus dem Frequenzgang". *Regelungstechnik*, 14 (1966), S. 231-233.

[Unb66b]   Unbehauen, H.: Kennwertermittlung von Regelsystemen an Hand des gemessenen Verlaufs der Übergangsfunktion. *Zeitschrift messen, steuern, regeln* 9 (1966), S. 188-191.

[Unb66c]   Unbehauen, R.: Ermittlung rationaler Frequenzgänge aus Meßwerten. *Regelungstechnik*, 14 (1966), S. 268-273.

[Unb68]   Unbehauen, H.: Fehlerbetrachtungen bei der Auswertung experimentell mit Hilfe determinierter Testsignale ermittelten Zeitcharakteristiken von Regelsystemen. *Zeitschrift messen, steuern, regeln*, 11 (1968), S. 134-140.

[Unb70]   Unbehauen, H.: *Stabilität und Regelgüte linearer und nichtlinearer Regler in einschleifigen Regelkreisen bei verschiedenen Streckentypen mit P- und I-Verhalten.* Fortschritt-Berichte Reihe 8. VDI-Verlag, Düsseldorf 1970.

[Unb73]   Unbehauen, H.: Übersicht über Methoden zur Identifikation (Erkennung) dynamischer Systeme. *Regelungstechnik und Prozeß-Datenverarbeitung*, 21 (1973), S. 2-8.

[Unb93]   Unbehauen, R.: *Synthese elektrischer Netzwerke und Filter* (4. Auflage). Oldenbourg-Verlag, München 1993.

[Unb98]   Unbehauen, R.: Systemtheorie Bd. 1 und Bd. 2 (8. Auflage). Oldenbourg-Verlag, München 1998 und 2002.

[Unb00]   Unbehauen, H.: *Regelungstechnik III* (6. Auflage). Vieweg Verlag, Wiebaden 2000.

[Unb07]   Unbehauen, H.: *Regelungstechnik II (9. Auflage).* Vieweg Verlag, Wiebaden 2007.

[Utk]   Utkin, V.: Variable structure systems with sliding modes. *IEEE Trans. AC* 22 (1977), S. 212-222.

[Web67]   Weber, W.: Ein systhematisches Verfahren zum Entwurf linearer und adaptiver Regelungssysteme. *Elektrotechn. Zeitschr.*, Ausgabe A 88 (1967), S. 138-144.

[Wei90]   Weihrich, G.: Automatisierungstechnik mit Fuzzy-Logic in Japan zunehmend erfolgreich, *Automatisierungstechnische Praxis*, 32 (1990), S. 526-527.

[Wie48]   Wiener, N.: *Cybernetics or control and communication in the animal and the machine.* Massachusetts Institute of Technology, Wiley-Verlag, New York 1948. (Aus dem Englischen: Econ-Verlag, Düsseldorf 1963).

[Wie49]   Wiener, N.: *Extrapolation, interpolation and smoothing of stationary time series.* Verlag Wiley, New York 1949.

[WT93]   Wang, P. und C. Tyan: Fuzzy dynamic systems and fuzzy linguistic controller classification. *Proc. of 12th IFAC World Congress* (Sydney), 5 (1993), S. 565-568.

[WZ91]   Wellstead, P. und M. Zarrop: Self-tuning systems. Chichester(UK): Wiley 1991

[YLZ95]   Yen, J., R. Langari und L. Zadeh: *Industrial applications of fuzzy logic and intelligent systems.* Verlag IEEE Press, Hoes Lane 1995.

[YM70]   Yang, W und M. Masubuchi: Dynamics for process and system control. Verlag Gordon and Breach, New York 1970.

[YM85]   Yasunobu, S. und S. Miyamoto: Automatic tram operation by predictive fuzzy control. In: H. Sugeno (Hrsg.): *Industrial application of fuzzy control*, S. 1-8, Verlag North-Holland, Amsterdam 1985.

[Zad65]   Zadeh, L.: Fuzzy Sets. *Information and Control*, 8 (1965), S. 338-353.

[Zam81]   Zames, G.: Feedback and optimal sensitivity: Model reference transformations, multiplicative seminorms, and approximate inverses. *IEEE Trans.* AC 26 (1981), S. 301-320.

[ZJ01]   Zilouchian, A. und M. Jamshidi (eds.): *Intelligent control systems using soft computing methodologies.* CRC Press, Boca Raton (Fl.) 2001.

[ZN42]   Ziegler, J. G. und N. B.~Nichols: Optimum settings for automatic controllers. *Trans. ASME*, 64 (1942), S. 759-766.

Ergänzende Literatur

Neben den im Text zitierten Literaturstellen sind nachfolgend in alphabetischer Reihenfolge einige weitere im deutschsprachigen Raum während der letzten Jahre erschienenen Bücher zusammengestellt, die sich ebenfalls mit den Grundlagen der Regelungstechnik befassen.

[ABRW05]   Angermann, A., M. Beuschel, M. Rau und U. Wohlfarth: *MATLAB-SIMULINK-Stateflow* (4. Auflage). Oldenbourg-Verlag, München 2005.

[Ber99]   Bergmann, J.: *Automatisierung und Prozeßtechnik*. Fachbuchverlag, Leipzig 1999.

[Bod98]   Bode, H.: *MATLAB in der Regelungstechnik*. Teubner-Verlag, Stuttgart 1998.

[Böt98]   Böttiger, A.: *Regelungstechnik* (3. Auflage). Oldenbourg-Verlag, München 1998.

[Cre95]   Cremer, M.: *Regelungstechnik. Eine Einführung*. Springer-Verlag, Berlin 1995.

[Dic85]   Dickmanns, E. D.: *Systemanalyse und Regelkreissynthese*. Teubner-Verlag, Stuttgart 1985.

[DL93]   Dörrscheidt, F. und W. Latzel: *Grundlagen der Regelungstechnik*. Teubner-Verlag, Stuttgart 1993.

[Ebe87]   Ebel, T.: *Regelungstechnik* (5. Auflage). Teubner-Verlag, Stuttgart 1987.

[Fei99]   Feindt, E.-G.: *Computersimulation von Regelungen*. Oldenbourg-Verlag, München 1999.

[Gee04]   Geering, H.: *Meß- und Regelungstechnik* (6. Auflage). Springer-Verlag, Berlin 2004.

[GG04]   Grupp, F. und Fl. Grupp: *MATLAB 7 für Ingenieure*. Oldenbourg-Verlag, München 2004.

[GS90]   Gißler, J. und M. Schmid: *Vom Prozeß zur Regelung*. Verlag Siemens AG, München 1990.

[Gün97]   Günther, M.: *Kontinuierliche und zeitdiskrete Regelungen*. Teubner-Verlag, Stuttgart 1997.

[Har76]   Hartmann, I.: *Lineare Systeme*. Springer-Verlag, Berlin 1976.

[KJ05]   Kienke, U. und H. Jäkel: *Signale und Systeme* (3. Auflage). Oldenbourg-Verlag, München 2005.

[Leo92]   Leonhard, W.: *Einführung in die Regelungstechnik* (6. Auflage). Vieweg-Verlag, Braunschweig 1992.

[Lit05]   Litz, L.: *Grundlagen der Automatisierungstechnik*. Oldenbourg-Verlag, München 2005.

[Lud77]   Ludyk, G.: *Theorie dynamischer Systeme.* Elitera-Verlag, Berlin 1977.

[Lud95]   Ludyk, G.: *Theoretische Regelungstechnik I und II.* Springer-Verlag, Berlin 1995.

[Lun03]   Lunze, J.: *Automatisierungstechnik.* Oldenbourg-Verlag, München 2003.

[Lun05]   Lunze, J.: *Regelungstechnik 1* (5. Auflage). Springer-Verlag, Berlin 2005.

[Lun06]   Lunze, J.: *Regelungstechnik 2* (4. Auflage). Springer-Verlag, Berlin 2006.

[LW98]   Lutz, H. und W. Wendt: *Taschenbuch der Regelungstechnik* (2. Auflage). Verlag H. Deutsch, Frankfurt 1998.

[Mak94]   Makarov, A.: *Regelungstechnik und Simulation.* Vieweg-Verlag, Braunschweig 1994.

[MJ03]   Merz, L. und H. Jaschek: *Grundkurs der Regelungstechnik* (14. Auflage). Oldenbourg-Verlag, München 2003.

[MSF03]   Mann, H., H. Schiffelgen und R. Froriep: *Einführung in die Regelungstechnik* (9. Auflage). Hanser-Verlag, München 2003.

[OP93]   Olsson, G. und G. Piani: *Steuern, Regeln, Automatisieren.* Hanser-Verlag, München 1993.

[PK79]   Pestel, E. und E. Kollmann: *Grundlagen der Regelungstechnik* (3. Auflage). Vieweg-Verlag, Braunschweig 1979.

[Pol94]   Polke, M.: *Prozeßleittechnik.* Oldenbourg-Verlag, München 1994.

[Rei74]   Reinisch, K.: *Kybernetische Grundlagen und Beschreibung kontinuierlicher Systeme.* VEB Verlag Technik, Berlin 1974.

[Rei79]   Reinisch, K.: *Analyse und Synthese kontinuierlicher Steuerungssysteme.* VEB Verlag Technik, Berlin 1979.

[Rei96]   Reinhardt, H.: *Automatisierungstechnik.* Springer-Verlag, Berlin 1996.

[Rei06]   Reinschke, K.: *Lineare Regelungs- und Steuerungstheorie.* Springer-Verlag, Berlin 2006.

[Rot01]   Roth, G.: *Regelungstechnik* (2. Auflage). Hüthig-Verlag, Heidelberg 2001.

[RZ04]   Reuter, M. und S. Zacher: *Regelungstechnik für Ingenieure* (11. Auflage). Vieweg-Verlag, Wiesbaden 2004.

[Sch84]   Schönfeld, R.: *Grundlagen der automatischen Steuerung.* VEB Verlag Technik, Berlin 1984.

[Sch91]   Schmidt, G.: *Grundlagen der Regelungstechnik* (2. Auflage). Springer-Verlag, Berlin 1991.

[Sch93]   Schlitt, H.: *Regelungstechnik* (2. Auflage). Vogel-Verlag, Würzburg 1993.

[Sch94]   Schneider, W.: *Regelungstechnik für Maschinenbauer*. Vieweg-Verlag, Braun-schweig 1994.

[Sch04]   Schulz, G.: *Regelungstechnik Bd. 1 und 2*. Oldenbourg-Verlag, München 2004.

[Tew02]   Tewari, A.: *Modern control system design with MATLAB*. Verlag Wiley, Chi-chester 2002.

[TB90]   Töpfer, H. und P. Besch: *Grundlagen der Automatisierungstechnik* Hanser Ver-lag, München 1990.

[Wei95]   Weinmann, A.: *Regelungen Band 1 bis 3*. Springer-Verlag, Wien 1995.

[Wei99]   Weinmann, A.: *Computerunterstützung für Regelungsaufgaben*. Springer-Verlag, Wien 1999.

Sachverzeichnis